辽河油田滚动勘探
与油藏评价技术

主编◎孙洪军

副主编◎谷 团 李铁军 崔成军 李渔刚 郭 东

石油工业出版社

内 容 提 要

　　本书对渤海湾盆地辽河坳陷地质特征进行了系统描述，介绍了油藏评价及滚动勘探的新思路、新方法，阐述了以复式油气成藏理论为指导，综合应用物探、录井、测井、体积压裂等技术手段破解增储瓶颈的配套技术。总结了火山岩油藏、基岩潜山油藏、岩性油藏、低渗特低渗油藏的评价实例，介绍了页岩油先导试验的最新进展，对辽河油田未来增储潜力进行了分析与展望。

　　本书可供从事油气田勘探开发的相关科研人员参考，也可为高等石油院校相关专业师生提供借鉴。

图书在版编目（CIP）数据

　　辽河油田滚动勘探与油藏评价技术 / 孙洪军主编 .
—北京：石油工业出版社，2022.12
　　（辽河油田 50 年勘探开发科技丛书）
　　ISBN 978-7-5183-5811-3

　　Ⅰ.①辽… Ⅱ.①孙… Ⅲ.①油气勘探－研究－盘锦
②油藏评价－研究－盘锦 Ⅳ.① P618.13

　　中国版本图书馆 CIP 数据核字（2022）第 236677 号

出版发行：石油工业出版社
　　　　　（北京安定门外安华里 2 区 1 号　100011）
　　　　　网　　址：www.petropub.com
　　　　　编辑部：（010）64253583　　图书营销中心：（010）64523633
经　　销：全国新华书店
印　　刷：北京中石油彩色印刷有限责任公司

2022 年 12 月第 1 版　2022 年 12 月第 1 次印刷
787×1092 毫米　开本：1/16　印张：22
字数：513 千字

定价：120.00 元
（如出现印装质量问题，我社图书营销中心负责调换）

《辽河油田 50 年勘探开发科技丛书》

编委会

主　　编：任文军

副 主 编：卢时林　于天忠

编写人员：李晓光　周大胜　胡英杰　武　毅　户昶昊

　　　　　赵洪岩　孙大树　郭　平　孙洪军　刘兴周

　　　　　张　斌　王国栋　谷　团　刘宝鸿　郭彦民

　　　　　陈永成　李铁军　刘其成　温　静

《辽河油田滚动勘探与油藏评价技术》

编写组

主　　编：孙洪军

副 主 编：谷　团　李铁军　崔成军　李渔刚　郭　东

编写人员：韩　东　马成龙　宁金华　李　龙　徐大光

　　　　　荆　涛　李洪霞　汪淑娟　张丽环　纪　加

　　　　　唐春燕　李　敏　李雅南　董文波　吉明艳

　　　　　张　芳　马　哲　邹文海　崔继承　张天文

　　　　　杨行军　常敬德　丁朝辉　曹雨晨　宋　洁

　　　　　吕盈蒴　刘　燊　于海龙

辽河油田从 1967 年开始大规模油气勘探，1970 年开展开发建设，至今已经走过了五十多年的发展历程。五十多年来，辽河科研工作者面对极为复杂的勘探开发对象，始终坚守初心使命，坚持科技创新，在辽河这样一个陆相断陷攻克了一个又一个世界级难题，创造了一个又一个勘探开发奇迹，成功实现了国内稠油、高凝油和非均质基岩内幕油藏的高效勘探开发，保持了连续三十五年千万吨以上高产稳产。五十年已累计探明油气当量储量 25.5 亿吨，生产原油 4.9 亿多吨，天然气 890 多亿立方米，实现利税 2800 多亿元，为保障国家能源安全和推动社会经济发展作出了突出贡献。

辽河油田地质条件复杂多样，老一辈地质家曾经把辽河断陷的复杂性形象比喻成"将一个盘子掉到地上摔碎后再踢上一脚"，素有"地质大观园"之称。特殊的地质条件造就形成了多种油气藏类型、多种油品性质，对勘探开发技术提出了更为"苛刻"的要求。在油田开发早期，为了实现勘探快速突破、开发快速上产，辽河科技工作者大胆实践、不断创新，实现了西斜坡 10 亿吨储量超大油田勘探发现和开发建产、实现了大民屯高凝油 300 万吨效益上产。进入 21 世纪以来，随着工作程度的日益提高，勘探开发对象发生了根本的变化，油田增储上产对科技的依赖更加强烈，广大科研工作者面对困难挑战，不畏惧、不退让，坚持技术攻关不动摇，取得了"两宽两高"地震处理解释、数字成像测井、SAGD、蒸汽驱、火驱、聚 / 表复合驱等一系列技术突破，形成基岩内幕油气成藏理论，中深层稠油、超稠油开发技术处于世界领先水平，包括火山岩在内的地层岩性油气藏勘探、老油田大幅提高采收率、稠油污水深度处理、带压作业等技术相继达到国内领先、国际先进水平，这些科技成果和认识是辽河千万吨稳产的基石，作用不可替代。

值此油田开发建设 50 年之际，油田公司出版《辽河油田 50 年勘探开发科技丛书》，意义非凡。该丛书从不同侧面对勘探理论与应用、开发实践与认识进行了全面分析总结，是对 50 年来辽河油田勘探开发成果认识的最高凝练。进入新时代，保障国家能源安全，把能源的饭碗牢牢端在自己手里，科技的作用更加重要。我相信这套丛书的出版将会对勘探开发理论认识发展、技术进步、工作实践，实现高效勘探、效益开发上发挥重要作用。

　　早在 20 世纪 80 年代初期我国的石油行业就已开始出现勘探开发一体化的提法，90 年代华北油田、辽河油田等东部油田率先开展的滚动勘探开发工作是对勘探开发一体化工作模式的探索。1995 年，原中国石油天然气总公司制定了《石油天然气滚动勘探开发条例》，其后，滚动勘探开发提交的可动用探明储量达到亿吨级规模，为中国石油增储建产作出了积极的贡献。2002 年，中国石油明确提出要实施勘探开发一体化的工作模式，将原有的勘探开发业务划分为预探、评价、产能建设和油田生产 4 个工作阶段。油藏评价是勘探与开发的结合点，承担着勘探与开发纽带的作用，接预探成果、想开发建设的指导思想贯穿油藏评价的整个过程。自油藏评价工作开展以来，辽河油田着力把握油藏评价与预探、油藏评价与新区产能建设两个方面的关系，在评价工作实践中探索出一套适合辽河裂谷盆地地质体特点的油藏评价和滚动勘探的工作思路和技术系列，在辽河断陷西部凹陷、东部凹陷、大民屯凹陷及外围开鲁盆地的勘探开发中取得了很好的效果，为辽河油田年产千万吨持续稳产提供了资源保障。

　　本书系统总结了辽河油田滚动勘探与油藏评价工作思路和技术对策。为了编写好本书，进行了广泛调查研究和深入讨论交流，对辽河油田滚动勘探与油藏评价的历程、思路、方法、技术、成果及认识进行了综合分析，拟定了写作提纲并组织相关专家和技术骨干进行了认真编写。

　　本书系统阐述了滚动勘探与油藏评价的概念、思路及工作原则，全面总结了辽河油田滚动勘探及油藏评价历程、研究的难点、取得的成果和认识，以及辽河油田复杂油气藏石油地质特征、油气藏成藏特征及实践中形成的适合复杂油气藏油藏评价的配套技术。书中列举了辽河油田火山岩、基岩潜山、岩性油藏、低孔特低渗等油气藏滚动勘探与油藏评价的典型实例，对辽河油田复杂油气藏评价增储潜力进行了详尽分析，并对下步评价工作面临的形势及拟采取的技术对策进行了系统梳理。

　　本书由孙洪军、谷团、李铁军组织编写，并提出整体编写构架，崔成军、李渔刚、郭东负责审核、修改。第一章由韩东、汪淑娟、纪加、唐春燕编写，第二章由郭东、李雅南、李敏、张芳编写，第三章由郭东、吉明艳、张丽环编写，第四章由李渔刚、崔成军、李洪霞、李龙、荆涛、董文波、邹文海、崔继承编写，第五章由崔成军、马成龙、宁金华、李龙、徐大光、荆涛、韩东、张天文、杨行军、常敬德、丁朝辉、曹雨晨、宋洁、吕盈蓢、刘燊、于海龙编写，第六章由韩东、汪淑娟、宁金华编写。

辽河油田分公司勘探开发研究院油藏评价所马成龙、纪加等同志对本书进行了精细校对。

在本书编写过程中，得到了辽河油田分公司及分公司开发事业部、勘探开发研究院领导的大力支持和关怀指导，同时得到了分公司勘探开发研究院相关研究所技术人员的多方帮助，在此表示由衷的感谢。

本书引用了从辽河油田勘探、开发初期到现今大量的科研、生产成果，在此向完成这些成果的石油工作者们表示衷心的感谢。

本书内容涉及领域广、时间跨度大，受编者自身知识水平限制，难免有不足之处，恳请读者批评指正。

目录

第一章 辽河油田滚动勘探与油藏评价概述

辽河油田滚动勘探与油藏评价工作是按照中国石油天然气股份有限公司（以下简称"股份公司"）勘探开发管理机制及业务流程改革要求，结合辽河油田自身长远稳定发展需求而开展的。历经数十年的生产实践形成了一套行之有效的工作思路、研究方法和技术体系，取得了显著的工作成效，为辽河油田年产千万吨持续稳产提供了重要支撑。

第一节 滚动勘探与油藏评价工作思路与方法

2003年，股份公司明确将勘探开发划分为四个阶段：预探阶段、油藏评价阶段、产能建设阶段、油气生产阶段。油藏评价是做好与预探阶段和产能建设阶段的工作衔接，加快从资源向效益转化进程的重要途径，是辽河油田实现探明增储、为产能建设提供目标储备的主要来源[1]。油藏评价工作充分兼顾了勘探开发的业务特点，提高了资料利用率，缩短了评价周期，提高了上报探明储量的可靠性，降低了投资风险，为产能建设提供了大量可供开发的优质高效后备资源，并通过研究使不具备开发效果的评价区块及时终止评价，节省了人力、物力、财力，提高了勘探开发工作整体经济效益。

辽河油田油藏评价的主要工作领域包括新区控制预测储量升级评价、预探新发现井点及时评价和老区滚动增储评价，在研究实践中逐渐形成了老区滚动勘探研究及新区油藏评价研究技术系列，为油田实现探明增储规模持续增长提供了支撑和保障。

一、新区油藏评价

新区油藏评价是勘探开发一体化工作的一个重要环节，是连接勘探开发的纽带。含油构造或圈闭经预探提交控制储量（或有重大发现），并经初步分析认为具有开采价值后，进入油藏评价阶段。油藏评价主要任务是在预探阶段提交控制储量的基础上，利用各种手段对油藏进行评价，并对油藏开发的经济价值作出评估，对于经评价具有开发价值的油藏，要提交探明储量，并完成开发方案设计。

新区油藏评价阶段的主要内容：（1）编制油藏评价部署方案。（2）为提交探明储量和编制油田开发方案，取全取准所需要的各项原始资料。（3）进行油藏开发技术经济评价，对有经济开发价值的油藏提交探明储量。（4）开展开发先导试验。（5）建立概念地质模型，编制油藏工程初步方案。油藏评价所处的工作阶段决定了在评价工作开展过程中必须应对井资料少，工作周期短，工作任务重的挑战；同时辽河油田整体处于开发中后期，且地质条件十分复杂，油藏评价工作顺利开展难度很大。因此，油藏评价部署要遵循整体部署、分批实施、及时调整的原则，不同类型油藏应有不同的侧重点，根据油藏地质特征（构造、储层、流体性质、油藏类型、概念地质模型及探明储量估算、产能分析等）论证油藏评价部署的依据，明确油藏评价部署解决的主要问题、评价工作量及工作进度、评价投资和预期评价成果。

为了满足申报探明储量和编制开发方案的需要，新区油藏评价阶段要取全取准以下资料。

（1）地震资料：要满足储层构造解释和可能产油气层的追踪预测，并尽可能为油气水边界解释、储层参数场分布预测提供相关信息。复杂油田必须做三维地震，三维地震面元视油藏复杂程度具体制定；对于目前不适于部署常规三维地震区域（特殊黄土塬及其他复杂地表条件地区），视具体情况确定地震资料录取要求。

（2）钻井取心、录井资料：钻井取心部署要满足储层评价的要求，一个含油构造带或大中型油田，为确定油层厚度，至少要有一口全含油井段的系统取心井；为确定原始含油饱和度，至少有一口或两口井系统密闭取心或油基钻井液取心。每口评价井都要进行岩屑录井。资料录取要求根据股份公司有关规范安排，特殊情况下可增加其他录井内容。

（3）测井资料：应根据取心井区地层情况、储层改造要求、取心和其他录井资料，确定相应的测井系列。测井系列应满足孔隙度、含油气水饱和度、储层解释及薄层划分的需要。裂缝、孔洞型及复杂岩性储层要进行特殊测井，选择的测井系列要能有效地划分出渗透层、裂缝段、隔层或其他特殊岩层，并有效地解释出储层物性参数。

（4）试井、试油、试采资料：为满足储层产能预测的需要，对于油气显示层段及解释的油气层都要进行中途测试或完井测试；获得工业油流层段要进行油气层测试；低产油气层在采取改造措施前后要进行相关测试。要选择不同部位的储层岩心和流体样品，进行室内实验分析，取全取准室内实验资料，掌握储层物理性质和流体的物理、化学性质。其中，岩心分析资料包括常规岩心分析（孔隙度、含油饱和度、空气渗透率、粒度、岩石矿物及胶结物成分含量等）、孔隙结构分析（铸体薄片、扫描电镜图片等）、特殊岩心分析（毛细管压力、润湿性、相对渗透率曲线、压缩系数等）。流体分析资料包括原油分析（密度、黏度、凝固点、含蜡量、含胶量、含硫量、酸值等）、地层水分析（矿化度、氯离子、钙、镁等六项离子分析）、天然气分析（常规组成分析：密度、组分等）、油藏饱和压力、原始气油比等。

油藏评价阶段中需以上述资料为基础开展初期油藏描述工作，其主要内容包括：构造或圈闭特征，储层沉积特征，储层与盖层岩性、物性及其空间展布，油、气、水分布及流体性质，温度及压力系统，储层渗流物理特征（储集空间类型及润湿性、毛细管压力曲线、相对渗透率曲线、储层敏感性等）。在此基础上，建立概念地质模型（构造格架模型、油藏属性模型）。

在油藏描述基础上，需对油藏开展开发技术经济评价，其中主要包括以下内容。

（1）储量计算：确定储量参数，计算油藏的探明石油地质储量。分析不同开采方式下采收率，确定石油可采储量。

（2）产能预测：确定单井产油量、产气量、产水量、生产压差、气油比、含水；产量、压力情况；酸化、压裂等改造油层措施的效果；油田整体产能规模。

（3）油藏工程初步方案：确定油藏天然驱动能量与可能的开发方式；可能采用的开发层系与井网系统；可能采用的先进适用技术，包括水平井、复杂结构井等技术。

（4）经济评价与风险分析：经济评价应按股份公司要求计算投资项目评价指标，并对可能出现的风险开展评估。

在近 20 年的油藏评价技术攻关实践中，辽河油田充分发挥多专业协同攻关的优势，紧密围绕部署方案编制和评价井部署两大中心工作开展一系列技术研究，不断丰富、完善油藏评价规划部署方法，准确、客观地评价辽河油田的增储潜力，及时优化油藏评价目标，适时转变部署理念，积极探索砂岩油藏、火山岩油藏、碳酸盐岩油藏及潜山油藏等不同油藏类型的油藏评价适用技术，为辽河油田产量有序接替提供了资源保障。

二、滚动勘探

滚动勘探是相对于常规勘探而言，新增设的一个勘探阶段。常规勘探分为四个阶段：第一阶段为区域概查阶段。研究内容：板块研究及沉积盆地研究；研究目的：寻找含油气盆地。第二阶段为区域勘探阶段。研究内容：含油气盆地勘探；研究目的：寻找含油气构造带。第三阶段为区带整体解剖和圈闭预探阶段。研究内容：含油气构造带勘探；研究目的：寻找油气田。第四阶段为圈闭评价或油气藏评价阶段。研究内容：油气田勘探（油气田评价）；研究目的：提交油气田控制及探明储量。

近年来，辽河油田不断总结勘探实践经验，提高理论认识，已经使滚动勘探形成了独具特色的工作模式。研究内容：补充油气田勘探，解决复杂地质情况；研究目的：提交探明储量。

如今，滚动勘探已经不是一个单纯的勘探"阶段"的概念，而是被赋予了相当丰富的勘探思路和操作方法等内容。这是具有中国特色的勘探工作模式。中国石油工作者在勘探渤海湾油区的过程中，面对裂谷盆地（断陷盆地）地质体十分破碎复杂的含油气目标，无法仅在常规勘探的四个阶段中完成油气田勘探的目标评价，于是就逐渐产生并形成了"滚动勘探开发"这个新的阶段、新的工作模式。

在滚动勘探开发工作模式构建过程中，形成了一些行之有效的工作思路和方法。

（1）勘探与开发相结合的原则：滚动勘探的井位部署坚持勘探与开发相结合的原则。在选定的滚动勘探区块，以获得工业油气流井为起点，参照未来可能采用的开发井网（多种预设计井网之一），部署含油气目标评价井；尽可能让这些评价井兼顾未来的开发井网，处于合理的位置。在发现油气藏后就要为开发方案采集资料。这便是勘探与开发结合的概念。

（2）承担整体解剖任务的原则：滚动勘探工作，始终要跟从常规勘探完成第三勘探阶段的目标评价，阶段不可逾越，程序不可打乱。不能在第三勘探阶段放弃"构造带整体解剖"而各行其是，见到油气就去搞滚动勘探；而是要积极地去完成"构造带整体解剖"的目标评价。首先要完成"带"的评价，在"带"内再去优选"远景圈闭"，开展滚动勘探。

（3）补充勘探原则：滚动勘探的内容主要是深入勘探、补充勘探，而不是提前部署开发井网。提前部署开发井网只是工作内容之一。初期常犯的错误就是简单思维，只考虑提前部署开发井网，而开发井网一提交，就以为完成了任务。常导致打一批空井才回头，甚至打了许多空井还不知回头。这就是不明白滚动勘探是补充勘探的道理。滚动勘探一般是在发现油气藏之后才进行的补充勘探。在勘探阶段的第三阶段、第四阶段，发现了油气藏，需要开展滚动勘探；对开发区的未探明油气藏、尚未发现的油气藏，也需要开展滚动勘探，这是在盆地勘探晚期滚动勘探的重点目标。由此可见，滚动勘探可以放在"油气田评价"前、"油气田评价"后、"油田开发"后。

（4）按工作程序展开勘探的原则：滚动勘探已经形成了思路模式，有一定的工作程序，应该理性遵守。

滚动勘探一般在"油气田评价阶段"之后，有时（特殊情况下，如在区带整体解剖和圈闭预探阶段发现高产油气流）也可提早到"油气田评价阶段"之前。这就是渤海湾盆地复杂断块油气田勘探的特点。但是，滚动勘探阶段不可逾越，程序不可打乱，不能在做区带整体解剖和整体评价之前，见到工业油气流井就盲目部署开发井网。不可随意"滚动"。

滚动勘探模式的理论工作程序与方法如下。

（1）遇到了复杂地质情况就转入滚动勘探。

在第四阶段，即"油气田勘探阶段"，遇到了复杂地质情况，无法探明含油圈闭，提交不出可信的控制储量。这时，就转入滚动勘探。加大勘探工作量，提高勘探精度，加快完成"油气田勘探阶段"的评价，尽早提交一批含油圈闭。这里必须强调，对于简单构造，有比较简单的油、气、水关系，在第四勘探阶段，就能顺利完成评价，探明含油圈闭，提交可靠的控制储量，也就没有必要开展滚动勘探。常规勘探就是最合理的选择。

（2）发现了高产油气流就有必要提前插入滚动勘探。

在第三阶段，即"区带整体解剖和圈闭预探阶段"，如果发现了高产油气流就有必要提前插入滚动勘探，围绕在已发现的高产油气流井周围，深入勘探，提前提交一批含油圈闭，探明储量，提前转入开发，提前回收成本，实现资金的滚动扩展。

（3）"带"内优选"远景圈闭"目标进行滚动勘探。

滚动勘探都是"带"内的勘探。在第三阶段整体解剖油气聚集带之后，对带内的各类圈闭作出评价，按有利条件的优劣排序，择优分批开展滚动勘探。必须强调几点：① 简单油气藏不必开展滚动勘探。② 发现高产油气流就可提前转入滚动勘探。③ 发现工业油气流，待圈闭评价排序后，再择优分批开展滚动勘探。只有从优选出的最有利"远景圈闭"入手，才能缩短勘探时间。

（4）分析研究找出主控因素，参考主控因素，追踪含油气圈闭。

勘探思路重点在追踪主控因素。不同的构造类型和构造部位，成藏的主控因素是不同的，是各式各样的。追踪的途径也是曲折多变的。例如：① 若主控因素是背斜，勘探的思路就是在背斜的圈闭线范围内，按有利成藏条件将各个断块排序，按顺序尽快探明整个背斜带。② 若主控因素是同沉积断层，勘探的思路就是沿着断层的下降盘，追踪各滚动背斜、断鼻构造和有利断块。③ 若主控因素是地垒，勘探的思路就是追踪地垒带上的各断块和上覆的背斜。④ 若主控因素是反向正断层，勘探的思路就是沿着反向正断层追踪由它控制的翘倾断块带，以及相关的断裂背斜、断鼻、潜山等圈闭。⑤ 若主控因素是岩性尖灭，勘探的思路就是沿着尖灭带找岩性油气藏。⑥ 若主控因素是粒屑灰岩，勘探的思路就是寻找石灰岩的圈闭带、高孔渗带和裂缝带等。⑦ 若主控因素是潜山，勘探的思路就是在潜山面的圈闭范围内寻找内幕地层中的储层。⑧ 若主控因素是火山岩中的粗面岩，勘探的思路就是寻找粗面岩的裂缝带和高孔渗带。⑨ 若主控因素是花岗岩潜山裂缝带，勘探的思路就是首先沿着产生裂缝的断裂带勘探，然后扩展勘探。

如此，不胜枚举。每一种主控因素都可引领勘探工作发现一批有利勘探目标。每一轮滚动勘探，往往都是从追踪单一控制因素（主控因素）开始，结果往往揭示出多种控制因素，常有超越认识的新发现。这就启迪石油工作者，在用已知的规律预测和指导勘探工作时，切忌简单思维；要综合多种因素考虑问题，特别要勇于探索，勇于实践，力求有新发现。这就提醒我们，在许多问题难于弄清时，适当部署风险井是非常有必要的。这是石油勘探工作的一大特点。

在各种控制因素的引领下，一轮又一轮地开展滚动勘探，一个复杂成藏带上的各种"远景圈闭"就会不断被发现，从而不断发现新的油气藏。勘探工作总是从比较明显的目标开始，逐渐去发现隐蔽的油气藏。工作越来越深入，发现的隐蔽油气藏就会越来越多。

勘探开发的新技术、新手段不断提高，就会促进滚动勘探开发不断走向深入。

（5）坚持评价优选"远景圈闭"、择优开展滚动勘探的原则。

对油气聚集带进行整体解剖，对勘探目标进行排序，选择最有利的区块，选择能最快探明整"带"的关键部位，优先投入滚动勘探，力求尽早完成"带"的解剖，尽早探明油气聚集带，尽快发现高产区块。绝不能一发现工业油气流就部署开发井网，盲目滚动勘探，延误对油气聚集带的整体勘探。渤海湾油区，各盆地都有过惨痛教训。一个大型整装的油气聚集带，刚发现工业油气流就急于开展滚动勘探；在财政困难的勘探初期，把大量资金和设备投入低产油气区块；过了相当长时间，才发现储量大得多、单井产量高得多的高产区块被忽视了。这在经济上是很不合算的。正确的做法，应优先开采大储量的高产区块，早日获得大效益，回收资金，再投入下步勘探；实现财政上的低投入、高产出，这才是滚动勘探的智慧所在。

（6）勘探工作全程配合的原则。

决策者、管理者、研究者、实施者必须紧密配合，勤于学习、善于学习，及时理解勘探实践和地质研究所揭示的地质规律，作出正确决策。形成部署方案之后，就要严格按部署方案执行，探井按排序施工。绝不能见油气流就上开发井网"滚动"，或者见不到油气流就不敢前进。以往成功的经验和失败的教训都很多，后文将会提到，供石油工作者参考。

第二节　滚动勘探与油藏评价现状

一、滚动勘探现状

辽河断陷为我国主要的含油气构造之一，具有复式油气聚集的基本特点，上有古近系盖层的砂岩油藏、火山岩油藏，下有前新生界基底岩性各异的潜山油藏。在近50年的勘探中，历经了由古近系砂岩油气藏到基岩潜山油气藏，由背斜、断块等构造油气藏到复杂隐蔽油气藏，由浅层到深层，由陆地到滩海的勘探过程。目前，中、浅层已成为高成熟探区，辽河断陷内相对大型的、整装的、丰度高的富集区块已基本被探明，进一步寻找构造油气藏已经越来越困难，因此那些以低渗透、深埋藏、小丰度、隐蔽的油气藏，或以特殊岩性为主要特点的复杂油气藏便成为重点勘探目标，与之相对应的复杂油气藏类型、特征的研究也就变得愈发重要。在勘探思路上坚持立足于老区，在常规勘探模式的基础上，以发现中、小型油气藏为主要目标的同时，勇于突破，向精细勘探转变，同时注意油气并举。这就需要更多地采用滚动勘探开发方式来完成这一艰巨任务。

辽河油田于1986年原油年产突破1000×10^4t，成为中国第三大油田。产量增长态势一直保持到1996年，达到产量最高点，原油年产1550×10^4t。其后，由于油田老区含水率不断上升，产量自然递减加快，而同期的勘探目标面临着丰度低、埋藏深、目标小、隐蔽性强、岩性特殊等现状，新区产能建设速度明显低于老区递减速度，原油产量呈下降趋势。

为缓解这种局面，实现老区稳产目标，辽河油田自1994年起加强了以围绕老区扩边为主要形式的滚动勘探开发工作，取得了丰硕成果。截至2020年底，完钻滚动勘探井683口，探明石油地质储量4.0693×10^8t。其中，2011—2020年动用石油地质储量0.7794×10^8t，建成原油生产能力73.96×10^4t/a，整体动用率达73%，体现了滚动勘探开发投资少、见效快的特点。

辽河油田滚动勘探开发的稳步发展是由区域油气地质特点和勘探开发阶段等因素所决定的，由此在不同时期分别制定了不同的指导方针。辽河油田在1997年以前实施滚动勘探的过程中，坚持"滚动勘探开发的阶段不可逾越，程序不可打乱，节奏必须加快，效益必须提高"的原则，1998年和1999年受国际石油价格危机的影响，辽河油田及时转变滚动勘探思路，以经济效益为中心，多中选优，充分利用"老区、老井、老资料"深挖细找。2001年以后，从老区地质实际出发，按照辽河油田分公司"新区预探、老区滚动和老井复查三位一体"的勘探总战略，以"三老资料"复查为基础，以科技进步为先导，重在突破，为老区稳产提供后备资源。2003年以来，针对辽河断陷陆上盆地勘探程度较高、勘探目标日趋复杂的实际情况，滚动勘探作为辽河油田勘探工作的重要组成部分，从解剖老油田、复查老资料入手，按照"老区扩展找边界、开发区内找新层、老区周边找新块、新区新带找发现"的新勘探开发原则开展工作。在不断认识、实践、再认识的过程中，逐步形成了具有辽河特点的滚动勘探技术系列和管理实施模式，确立了科学的工作思路，明确了科技进步是搞好滚动勘探开发的关键这一认识；建立健全组织机构，逐步完善工作程序，加强全过程管理，成为提高滚动勘探开发整体效益的重要保障；实施勘探开发一体化，使辽河油田滚动勘探开发工作逐步走上系统化、规范化、科学化的轨道，取得了显著的勘探开发成果和经济效益。

二、油藏评价现状

2003 年，股份公司将勘探开发业务划分为四个阶段：预探阶段、油藏评价阶段、产能建设阶段和油气生产阶段。油藏评价是勘探开发一体化的一个重要环节，是连接勘探开发的纽带。油藏评价就是在预探提交控制预测储量和重大发现的基础上，按照评价项目的资源吸引力、落实程度、开发价值等因素进行优选排序。对评价有经济价值的油藏，要提交探明储量，并完成油田开发方案的编制。

通过近 20 年评价工作的开展，已评价目标复杂多样，为了解决不同类型油藏制约评价工作的技术瓶颈，开展了有针对性的技术攻关，实现了不同类型目标的探明升级，确保了储量任务的完成。通过应用针对不同油藏类型的油藏评价适用技术，近 20 年来共实施评价井 193 口，累计上报探明储量 $3.5331 \times 10^8 t$，新建产能 $256.9 \times 10^4 t/a$，为油田年产千万吨稳产提供了强力支撑。

第三节　滚动勘探与油藏评价历程

辽河油田是一个多凹陷、多断块、多含油层系和多种油气藏类型的狭长裂谷型断陷盆地，油区资源十分丰富。其地质条件极为复杂，断陷内构造活动十分频繁，NNE 向主干断裂和 NWW 向次级断裂组成断裂网络系统控制断陷的生成、发展和演化，每个沉积凹陷自成一个独立的沉积系统和成油单元。

在凹陷不同部位发育多种类型的断裂构造带，并与陆相湖盆不同类型的储集体和古潜山配合，形成数量众多、规模不一、类型多样的油气圈闭及多种类型的复式油气聚集带，具有独特的地质结构和成藏规律。

经过近 50 年的勘探开发实践，以及大量的地质综合研究，并反复实践、反复认识，逐步掌握了复式油气聚集区带的理论，认识了复杂断块油气田的本来面貌，建立了较完善的以"断裂构造油气藏"为主的滚动勘探开发程序和方法，取得了明显的效果。与此同时，适合滚动勘探特点的管理模式也日臻成熟。

从 2003 年开始，辽河油田分公司勘探开发研究院成立了滚动评价室，专门开展滚动探井部署研究，为辽河油田增储稳产作出了突出贡献。

一、滚动勘探开发历程

滚动勘探开发的产生与对辽河断陷陆上含油气状况及油气富集规律的阶段性认识密不可分。辽河断陷陆上的勘探历程可简要分成以下七个阶段：

（1）原地质部勘探阶段（1955—1966 年）。

（2）区域展开预探和局部详探阶段（1967—1971 年）。

（3）以兴隆台为主的勘探阶段（1970—1975 年）。

（4）以西斜坡为主的勘探阶段（1975—1979 年）。

（5）二探大民屯凹陷，持续勘探西斜坡，甩开预探找发现阶段（1980—1989 年）。

（6）勘探新领域，取得新突破（1987—1995 年）。

（7）深化坳陷陆上勘探，不断有新发现（1996 年至今）。

（一）滚动勘探开发初始阶段（1955—1982 年）

原地质部勘探阶段（第一阶段）是一个以地球物理方法为主的普查勘探阶段，也是辽河断陷的前期勘探阶段。自 1964 年钻探辽 1 井，到 1966 年共完钻 13 口探井，取得了较好的勘探成果：在 5 个构造上有 7 口井获工业油气流或油气流，发现了大平房油田、荣兴屯油田，肯定了辽河断陷是一个有希望的油气勘探领域。这一阶段的地质研究主要是确定地层层序和勘探目的层系，初步研究断陷的区域构造，了解断陷的分布范围、基底结构及其埋藏深度、边界位置和接触关系，划分次一级的构造单元，并对辽河断陷的含油气远景进行初步评价。

区域展开预探和局部详探阶段（第二阶段）勘探工作的特点：以地震详查、落实局部构造为主，寻找更多的有利圈闭。钻探部署着眼于区域展开，预探构造为主要目标，局部详探建产能。至 1969 年，发现了兴隆台、黄金带、于楼、榆树台、欧利坨子、牛居等具有工业开采价值的含油气构造，证实热河台和黄金带两个含油气构造为油气田。1970 年发现了桃园含油气构造。

在这一阶段初期，由于对小凹陷的石油地质特征缺乏认识，把东部凹陷中部构造看作长垣式的构造带，于 1967 年确定了整体解剖的部署方案。采用先打高点，后打鞍部和两翼的做法，结果在高点部位的井出油，而在鞍部及两翼的井如热 1 井、热 2 井、黄 2 井落空。根据钻在翼部的辽 4 井、辽 7 井、辽 13 井等的钻探情况，得出了"下辽河断陷构造小，油气分布受局部构造的高点控制"的反面结论。导致形成了"找鸡蛋，占高点，守山头"的部署指导思想，具体做法：在第一口井出油后，"顺着轴线追，向着两翼摸，打到油层往外扩，打到水层往里缩"，摸着石头过河。这一思想正是在勘探实践中形成的朴素的滚动勘探思想，但由于当时进行的是区域勘探，因此未能打开局面。黄金带勘探两年，还是在 3km² 范围内拿面积。因此，滚动勘探必须在区域勘探的基础上进行，如果提前到区域勘探阶段，必将影响到区域勘探的整体部署，这一时期产生了滚动勘探思想的萌芽。

1971 年在总结经验教训的基础上，确定"区域甩开找资源，集中兵力拿能力"的勘探部署原则，在区域勘探上大步甩开，对大民屯凹陷、西部凹陷和东部凹陷展开区域预探，并在大民屯、双台子、油燕沟等构造获得工业油气流。这个阶段的地质研究主要是开展地层、构造等基础研究，为石油地质特征和油气分布规律的初步研究。这一阶段得出的主要认识是油气受局部构造的控制。

以兴隆台油田为主的勘探阶段（第三阶段）的主导思想：在重点地区，集中力量进行钻探，并以一定力量进行区域预探，在有利的勘探领域继续扩大勘探成果。经过会战初期进一步甩开钻探，勘探范围已扩展到大民屯、西部、东部等 3 个主要生油凹陷，并且有 9 个二级构造带获得了工业油气流。1973 年，制定了"区域甩开与重点解剖相结合，集中主要力量拿面积、夺高产"的勘探原则，加强高产规律的研究，提出"占断块，打高点，沿断层找高产，找到高产多打眼"的勘探方法。这里面同样渗透着滚动勘探的思想，是不适合用来进行区域勘探的，因而效果不理想。由于过分强调夺高产，眼睛盯着小断块，忽视了解剖二级构造带。结果造成后备探区、后备储量跟不上油田开发需要，以及"多处出油无面积，找到高产无储量"的被动局面。1974 年，进一步总结经验教训，提出"着眼于二级构造带区域含油，狠抓二级构造带整体勘探"的部署原则，以兴隆台构造带为主战场，集中优势兵力打歼灭战，探面积，建能力，成果显著，很快扩大了含油面积，形成了生产能力。到 1975 年全面拿下了兴隆台油田，年产原油从 1970 年的 2152t 增长到 1975 年的 245.4×10^{4}t。这也是勘探开发一体化所取得的成果。同时更加明确了二级断裂构造带是油气聚集的基本单元，突破了"局部构造控制含油"的认识。在兴隆台构造带解剖初期，兴 1 井出油后，采用常规的勘探程序和一般的详探井网，在不到 5km^2 的兴 1 块先后钻探井和取心井 34 口，需要解决的地质问题却仍没搞清。在无法部署探井的情况下，勉强部署了 31 口生产井，其中一部分生产井仍没把握，仍然起到探井的作用，使得探井越打越多，投入开发的时间拖得很长。

通过对辽河断陷多年的勘探实践和认真总结经验，逐步认识到断陷盆地独特而复杂的地质条件，其油藏形成机理与大庆长垣油田完全不同，关键是搞清各级断裂的分布，不同级次的断裂控制不同级次的构造单元和油气藏的分布。在这种认识的启发下，兴隆台油田首次采用多次覆盖，较大地改善了地震剖面的质量，基本搞清了二级构造带轮廓和三级断层的展布，随后在低断阶发现兴 42、马 20 等高产断块，突破了"小断块无高产、低断块无油"的思想束缚，建立了"油气聚集受二级构造带控制，油气富集受断块控制，立足于断裂构造带整体部署、分步实施"的思想，大大加快了兴隆台二级断裂构造带的勘探步伐。"整体部署、分步实施"的思想应该是滚动勘探思想的雏形。

在勘探第四阶段，即 1975 年西斜坡的突破和后来的发展，又经历了三大认识阶段：

（1）突破斜坡找油悲观论，建立地层油气藏的概念。

（2）突破单一地层含油的观点，建立多套层系含油的概念。

（3）突破勘探到头的观点，建立认识更新、勘探无止境的找油理念。

在诸多新认识的基础上，建立了对陆相断陷盆地勘探具有重要指导意义的复式油气藏概念体系，它的主要观点：复式油气聚集带上的油气藏分布在不同层位、不同构造位置，具有不同的圈闭类型，在横向上连片，在纵向上叠加。断块分割的复杂性和油藏类型的多样性是它的两个基本特征。这种基本特征不仅使认识其地质规律和油、气、水分布规律变得困难，还大大增加了勘探和开发的难度，难以按正常的勘探、开发程序进行。即使已全面投入开发的油田或区块，也存在深化勘探的问题。

为了解决上述问题，加快辽河油田的勘探开发步伐，于 1978 年提出断块油田详探 –

开发相结合的做法和设想。首先在西部凹陷西斜坡南段的欢喜岭油田进行详探与基础井网相结合。按照"先肥后瘦、先易后难、先浅后深"的原则，集中勘探了高垒带上的锦16、欢26两个高产区块，之后以滚动勘探开发方式逐步扩展。到1982年底，欢喜岭油田探明石油地质储量达到 1×10^8 t，动用储量达到 9300×10^4 t，采油速度为2.3%，建成日产油水平7000t。这便是滚动勘探思想产生的雏形，但当时并未形成滚动勘探概念。

（二）滚动勘探开发扩展应用阶段（1983—1993年）

勘探与开发相结合的方法较好地解决了勘探开发的速度，"七五"期间辽河油田成功地以最快的速度建成全国第一个高凝油生产基地——沈阳油田，两年建成 300×10^4 t/a 原油生产能力。

勘探第五阶段是二探大民屯凹陷，持续勘探西斜坡，甩开预探发现阶段。大民屯凹陷的二次勘探是在地震先行、应用新技术的同时，加强基础地质研究、综合研究，按程序实行综合勘探。首先，进行区域勘探，选择有利二级构造带，精选预探井位；其次，二级构造带整体评价，定储量规模，控制油气富集块；然后勘探开发相结合，开展油藏评价，同时滚动勘探，继续扩展。仅用了几年的时间就基本完成了勘探的主要任务，至1989年，累计探明石油地质储量达 26686×10^4 t，建成年产 300×10^4 t 原油生产能力，成为我国最大的高凝油生产基地。

"八五"期间（勘探第六阶段前4年），相继建成海外河、牛心坨、大小洼、齐108、欢127、杜212、千12、锦25和外围陆家堡凹陷包1块等9个油田和区块，均为当年施工当年建产，并经过10年的工作实践，建立了一套适合辽河断陷复式油气聚集区的滚动勘探开发程序。

由于滚动勘探开发的实施，"七五""八五"期间探明石油地质储量呈台阶式增长，特别是1984年，当年增长探明石油储量 1.9×10^8 t，创造了辽河油田历年探明石油地质储量增长的最好水平。年增长石油地质储量 1×10^8 t 左右这种状况持续了5年，直到1988年，年增长采油量在 100×10^4 t 以上。

"八五"之后的几年，继续运用滚动勘探开发手段不断进行调整部署，逐步扩大开发面积，深化油藏认识，不断挖掘油层潜力。对"八五"期间投产的包1块、齐108块、洼38块、杜212块及海外河油田等继续实行滚动勘探开发，并成为"九五"期间的重点产能区块，为全局产量接替作出了重要贡献。

（三）滚动勘探开发全面发展阶段（1994—2005年）

1994年3月，中国石油天然气总公司为了从总体上加快勘探步伐，把老油区勘探增储的部分任务交给了开发生产系统，确定由开发生产系统负责老油区周围包括老油区内部的勘探增储任务，同时要求勘探部门加快工作节奏，开辟新的战场，从总体上解决资源不足的问题。根据这一形势的需要和中国石油天然气总公司的总体安排，1994年辽河油田开发部门开始承担滚动勘探开发工作，滚动勘探开发已经成为辽河油田油气勘探开发必不可少的组成部分，滚动勘探与新区勘探每年完成的探明储量基本持平，在科研、生产、增储上产中发挥了重要的作用，特别是 1998 年以后，滚动勘探占据了辽河油田增储、稳产的"半壁江山"。

1994 年已经形成一套滚动勘探开发的理论体系，系统总结了滚动勘探开发的六条成功经验：

（1）整体部署，分步实施。

（2）分片实施，不断认识，逐步完善。

（3）开展精细地质研究，不断发现新层系。

（4）利用三维地震，加强构造研究，保证开发井部署的准确性。

（5）不断进行调整部署，逐渐扩大开发面积。

（6）加强油藏研究，深化油藏认识，不断挖掘油层潜力。

1995 年，由辽河油田油藏工程处负责，开始编制《辽河断陷滚动勘探开发年报》，年报中提出坚持"滚动勘探开发的阶段不可逾越，程序不可打乱，节奏必须加快，效益必须提高"的原则，按照"滚动、甩开、准备、突破"八字方针开展工作，加强了组织领导，规范了项目管理程序，运用先进适用的新方法、新技术深入开展圈闭评价、油藏描述等工作，使滚动勘探开发工作有条不紊地进行。至此，已经进入勘探历程的第七阶段，随着勘探程度的不断提高，断陷内深化勘探的力度不断加大，勘探目标已转向潜山、岩性、火山岩和复杂断块。随之，滚动勘探的难度也越来越大，勘探对象主要以"低、深、难、稠、小"为主。针对这种现状，1997 年对滚动勘探程序和工作方法进行了细化和调整，使之更趋向于正确和客观，总结出滚动勘探的八项配套技术：

（1）区带综合评价技术。

（2）三维地震技术。

（3）VSP 地震勘探新技术。

（4）处理解释一体化技术。

（5）叠前深度偏移技术。

（6）早期油藏描述技术。

（7）现代试井技术。

（8）计算机应用技术。

1998 年，提出项目管理是最直接、高效的管理方式，并提出"井位跟着项目走"，确立了西部凹陷西斜坡、兴隆台—双台子、东部凹陷北段、大民屯凹陷等 7 个构造带为滚动勘探的主要区带。1999 年，在资金不足的情况下，更新观念，提出了新的部署原则，强调了对"老区、老井、老资料"的充分利用，辽河油田油气开发部编制了《"三老"复查工作条例及奖励办法》，并于 2000 年制定了"新区预探、老区滚动和老井复查三位一体"的勘探总战略，两年时间共复查老井 5000 余口，实施老井试油 93 口，获工业油流 62 口，成功率达 67%，上报探明石油地质储量 $1984 \times 10^4 t$。

2003 年，工作程序进一步得到完善，在工作难度越来越大、资源接替越来越紧张的情况下，成立了油藏评价系统，该系统包括一般评价和滚动评价两部分，相当于成立了专门的滚动勘探研究机构，配备了新的软硬件和研究人员，以完成当年或今后一到两年内可以动用的探明储量为目的，主要实施滚动评价井和开发控制井。

自 2003 年以来，持续按照辽河油田"新区预探、老区滚动和老井复查三位一体"的勘探总战略，以"三老"资料复查为基础，以科技进步为先导，以探明优质高效储量为目的，积极为老区油气稳产提供优质后备接替资源。先后在欢 127 块、锦 25 块、牛 74 块、洼 60 块和包 14 块等老区扩边勘探，在锦 612 等区块薄油层、胜 3 和茨 32 等区块老井复查中取得显著成果，在欧利坨子、茨榆坨、法哈牛等地区火山岩、砂岩岩性油气藏及太古宇低潜山油气藏的滚动勘探中取得突破。从 2003 年到 2005 年，在勘探日益艰难（实施开发控制井的数量逐年增多）、资金严重不足的情况下，每年仍然以 1000×10^4t 的储量稳定增加，每年建成生产能力 30×10^4t。

（四）富油区带"整体评价"阶段（2006 年至今）

在资源探明程度变高、资源品质变差的背景下，滚动勘探面临寻找目标难、规模增储难、有效动用难的"三难"局面，从而储量增长进入低位徘徊期，进而导致储量替换率和储采平衡系数长期小于 1。为满足辽河油田年产千万吨规模稳产，评价理念由单断块评价向整体评价转变，整体评价更利于认识地质规律及资源潜力。整体评价阶段按照"大尺度整体编图与小目标刻画相结合、整体规律认识与局部个性解析相结合、滚动扩边增储与快速高效建产相结合"的三结合工作思路，既注重分析区域性背景，又着眼解析局域性特点；由偶然发现的目标引导向持续性的地质规律引导转变，既剖析目标个性，又认识整体规律。近年来，在东部、西部、大民屯三大凹陷多个区带，与采油单位通力协作，富有成效地推进评价工作。

据"四次资源评价"研究结果，东部凹陷待探明资源量高达 2.9×10^8t，增储空间大。依据"长期规划与近期目标相结合、整体评价与目标评价相结合、滚动增储与效益建产相结合"的工作思路，开展重新构建地质体系、重新形成地质认识、重新评价老区潜力、重新谋划增储建产四方面研究工作，形成了以下六项关键技术：

（1）复杂断块地震资料大连片处理技术。

（2）"震控"复杂结构地层层序划分技术。

（3）复杂断块构造精细解释整体成图技术。

（4）多尺度沉积特征描述与再评价技术。

（5）富油气区带"多维成藏"模式解析技术。

（6）井、层多重优化潜力评价筛选技术。

通过富油气区带关键技术应用，对龙 606 块、热 44 块、于 606 块、荣 72 块、黄 606 块展开整体评价再认识，共部署滚动井 23 口、开发井 115 口，实施后均取得好的效果，共上报探明石油地质储量 1065×10^4t，实现由资源向储量、由储量向产量、由产量向效益的有效转化。

清水洼陷是辽河油田最富集的生烃洼陷，2016—2019 年在清东陡坡带沙一段开展持续评价，累计探明石油地质储量 2180×10^4t。该区带能否再有新发现，主要受到"物源供给差储层不发育、深层储层压实强物性差、断层活动强油藏保存难"三方面传统认识的制约。以复式油藏理论为指导，逐一破解认识误区，实施平面纵向立体评价，由沙一段向浅层东营组、深层沙二段拓展。一方面，系统梳理反掉断层、断层封闭性及不整合面三要素控藏作用，厘清缓坡带、陡坡带、浅层三种油气运移方式，构建"近源控烃、成洼控储、复合输导"立体成藏模式。认识到浅层东营组、深层沙二段均具有一定的增储空间。另一方面，剖析深层沙二段高渗储层成因：成烃成岩演化产生有机酸，溶蚀长石形成次生孔隙；储层成分成熟度高，刚性碎屑含量高，抗压实能力强，保留大量原生孔隙，且孔喉连通性好。表明在埋藏深度大于 3500m 的深层，仍然具备发育优质储层的有利条件。发现 3 个有利圈闭。按照"资料应用多元化，参数评价精细化，单井分析个性化"思路，引入地球化学指标识别油水层、评价储量规模，落实了"小气顶、窄油环、边底水"的油藏特征。实施的 14 口井均自喷高产，百吨井 4 口，探明优质储量 592×10^4t，当年建产 16×10^4t。突破了 3500m 深度砂岩物性"死亡线"，走出了认识误区，为深层增储建产提供了新思路。

二、油藏评价历程

2003 年，股份公司明确将勘探开发划分为四个阶段：预探阶段、油藏评价阶段、产能建设阶段和油气生产阶段。含油构造或圈闭经预探提交控制储量（或有重大发现），并经初步分析认为具有开采价值后，进入油藏评价阶段。油藏评价是勘探开发一体化工作的一个重要环节，是连接勘探开发的纽带。评价阶段的主要任务是在预探阶段提交控制储量的基础上，利用各种手段对油藏进行评价，并对油藏开发的经济价值作出评估，对于经评价具有开发价值的油藏，要提交探明储量，并完成开发方案设计。

油藏评价分为以下三个阶段。

（一）单块零散评价阶段（2003—2005 年）

自 2003 年以来，辽河油田勘探开发研究院针对辽河油田可供升级评价的剩余控制储量严重不足的实际，加大了预探新发现区块的研究力度，对目标区块评价潜力进行精细研究，对目标区圈闭进行精心培植、准备，筛选出具有评价潜力的目标区块，对每个区块从基本地质特征、油藏评价部署及实物工作量安排、投资安排、预期评价效果、产能预测到经济评价等都做了系统的部署。该阶段注重单井点评价，"打一枪换一个地方"，工作延续性差。评价目标零散、规模小，整装区块少，研究工作量大，物性差、埋藏深、岩性复杂（特殊岩性油藏高达 68.5%），评价研究难度大。

为了完成任务指标，采取"紧跟预探新发现，实行早期介入，跟踪评价"的办法，充分发挥勘探开发一体化协调机制，继承性应用勘探成果开展研究部署，成为辽河油田开展油藏评价的一项重要成果。2003—2005 年，共实施评价井 56 口，上报探明储量区块 34 个，上报探明石油地质储量 5734×10^4t。针对评价目标多为特殊岩性（白云岩、粗面岩、流纹岩）油气藏这一现状，综合应用 VSP 测井、构造精细解释、储层预测、测井综合评价、地质建模等技术手段，开展油藏评价综合研究，在欧利坨子—黄沙坨构造带取得十分明显的效果，准确预测了欧 50 块沙三段中亚段砂砾岩的构造特征和油层分布情况，以及欧 51—小 33 构造带粗面岩的有利储层分布，部署并完钻评价井 9 口，获工业油流 6 口，其中 4 口获自喷工业油流，新增探明石油地质储量 1086×10^4t，是油藏评价效果显著的典范区块。

为保证评价效果，在加大研究力度的同时，加强油藏评价管理工作：一是严格执行"区块按方案、单井按设计、其他按标准和规定"的原则，重点抓好方案设计管理。二是坚持"四会制度"——设计审查会、钻前交底会、实施过程协调会和完井汇报会。三是加强评价井跟踪实施研究，针对实施过程中出现的各种问题，及时跟踪研究、调整部署。如根据马古 1-8-8 井主井眼钻探及试油试采情况，暂缓两口分支井的实施；沈 267 块部署的两口评价井在钻探过程中均未钻遇预计油气层，分析认为沉积相带分布发生变化，储层减薄，物性变差，经重新开展构造、储层、沉积相研究，决定实施侧钻，其中沈 267-26—新 22 井取得较好效果，获得日产油 30t 的高产工业油流。四是加强对施工队伍的监督管理，建立早八点施工进度汇报制度。

（二）基岩油藏评价阶段（2006—2012 年）

自 2006 年开始，辽河油田加大了深层和潜山的研究力度，油藏评价的目标也逐步由浅层的碎屑岩油藏转向深层的太古宇基岩油藏和中、上元古界及古生界碳酸盐岩基岩油藏。基岩油藏储层为裂缝型储层，油藏规模受控于基岩裂缝发育状况。针对基岩潜山油藏构造复杂、储集空间类型多样等地质特点，评价部署坚持整体部署评价原则，2006—2012 年，油藏评价相继在兴隆台潜山带、大民屯凹陷胜西低潜山、边台—曹台潜山共实施评价井 36 口，新增探明石油地质储量 $17853.51.68 \times 10^4$t。

兴隆台潜山是辽河油田历史上的重大发现，潜山地层由中生界和太古宇组成。中生界地层岩性纵向上具有"四层结构特征"，即顶部发育稳定的火山岩，上部为砂砾岩夹火山岩，下部发育角砾岩，底部为凝灰质泥岩。太古宇地层岩性为变质岩夹后期（中生代）侵入岩。该构造带断裂发育、潜山地质结构复杂、构造沉积演化不清，经过预探、评价、开发联合攻关，取得了重大成果，预探上，以潜山内幕模式指导勘探，获得历史性突破，发现了世界上罕见的巨厚变质岩潜山油藏，揭开潜山油藏厚度达 1600m，含油底界达到了 3960m，创下辽河油田含油底界最深纪录。评价上，在预探获得突破的基础上，制定了"平面控制与纵向拓展同步、中生界评价与太古宇评价同步、新井部署与老井侧钻同步、油藏评价与产能建设同步、资料录取与综合研究同步"五个同步的评价方针，将预探认识进一步深化，在全面收集整理研究区钻井、测井、试油、分析化验等各类资料的基础上，在构造研究方面首先对速度进行了研究，建立了三维空间速度场，以准确地落实太古宇潜山的顶面构造；利用年代学研究对潜山的年龄进行了确定，并对潜山内幕逆断层的组合进行了研究，从构造发育史方面入手对潜山内幕逆断层的发育机制进行了探索；利用地层岩矿分析手段对潜山储层岩性及裂缝特征进行了研究和评价；在综合地质研究的基础上对潜山成藏条件进行了研究，进一步扩大了预探成果，将含油底界加深到 4500m，发现了兴隆台潜山逆断层，进一步搞清了潜山内幕成藏的机制；同时，通过评价向开发延伸，在潜山内幕油藏研究成果的基础上，进一步评价潜山油层产能，通过部署大斜度井获得日产 100t 以上产能，不但激励了预探向整个构造带的深化，也进一步验证了对兴隆台潜山带的评价认识。油藏评价按照"整体部署、整体评价"的工作思路，通过加强多学科联合攻关，最终在兴隆台潜山带实现亿吨级探明储量。通过对兴隆台潜山带 5 年的评价研究，总结出如下综合技术：

（1）潜山顶面识别技术。

（2）潜山储层评价与岩性识别技术。

（3）U-Pb 原位同位素测年方法。

继 2010 年，辽河油田在兴隆台潜山整体上报 1.27×10^8t 探明储量，创新应用水平井、鱼骨井纵叠平错立体井网开发，已连续两年实现百万吨产量，2011 年在胜西潜山带开展整体评价，按照"三先三后"（先获得产量后形成储量、先补充能量后探明升级、先取得效益后开发建设）的工作思路，创新应用复杂结构井开展评价部署，实现规模增储 2470×10^4t，为后续油藏的高效开发奠定了基础，为同类油藏的有效评价开发提供了依据。

胜西低潜山油藏储量规模大，完钻井较多，但产能分布不均、差异特别大，产能主控因素认识不清，通过国内、国外文献调研，从胜西低潜山油藏的地质特点出发，结合完钻井产能动态资料，通过评价综合研究，进一步落实了胜西低潜山太古宇顶面构造，全面开展潜山内幕研究，搞清了潜山油藏分布特征；从地震、地质、开发及测井岩性评价、裂缝预测等全方位开展研究工作，搞清了胜西低潜山油藏分布规律及产能主控因素。部署实施的评价井胜 601-H709 井，获得了日产百吨原油的好效果，并有效指导了开发井部署。

2012 年，根据曹台潜山深层勘探成果及利用复杂结构井在边台北部和西部评价低品位潜山油藏的成功做法，油田公司领导科学决策，强化复杂结构井等新技术的应用，集中力量对边台—曹台潜山开展增储会战，开展了"辽河大民屯富油区带重构地质体系及油藏整体评价研究"项目，利用在变质岩潜山油藏的勘探开发技术储备，通过整体评价，利用导眼井控制含油面积、有效厚度，确定水平段位置，采用双分支鱼骨水平井评价落实产能，完成 10 口复杂结构井部署，成功实施 8 口，实施过程中采用双分支多级压裂完井和水力喷射压裂技术，实现了水平井产量大幅提升，为后续开发提供了技术支撑。2012 年，上报探明石油地质储量 2677×10^4t，实现了当年决策、当年部署、当年设计、当年实施、当年探明。

（三）低品位油藏评价阶段（2013 年至今）

随着潜山整装规模储量减少，规模储量发现难度增大，储量增长进入低位徘徊期；资源的隐蔽性增强，寻找有利目标难度增大。近年来，辽河剩余控制、预测储量中低渗、特低渗砂岩油藏比例逐年升高，资源品质劣质化成为新常态，评价增储目标主要特点：埋藏深、物性差、丰度低、产能低。面对评价目标地质体复杂、油藏品质逐年变差的不利局面，油藏评价继续贯彻落实"继承性、整体性、进攻性"评价原则，坚持不能动用不评价，没有效益不探明，评价安排按照准备、培植、探明分层次部署，逐级推进落实，全力构建良好资源接替格局；评价井部署实施以多学科协同攻关为基础，以工艺技术进步为依托，借助老井复查手段，市场化运作机制，努力探明规模效益储量，实现高效评价、低成本评价，为油田千万吨油气持续稳产提供资源保障。

清水洼陷作为辽河坳陷最大的生烃洼陷，其周边有 3152×10^4t 预测、控制储量可供升级评价，洼 111、双 229 等井高产稳产，勘探上取得重大突破，展现出良好的评价增储前景。但是，要落实探明储量并实现有效动用，主要面临四方面难点：（1）负向构造带岩性油藏的成藏规律认识不清；（2）油层识别及储量参数研究难度大；（3）深层薄砂体有效储层预测难度大；（4）低品位油藏经济有效开发难度大。通过开展评价综合研究工作，以探明规模效益储量、实现整体有效动用为核心，开展基础地质特征评价、低渗储层测井解释、有效砂体储层预测、储量计算参数研究及油藏工程设计等五个方面的研究工作，确定了油层下限及分布特征，准确界定了储量计算的各项参数，并实现整体注气开发，2016—2018 年，连续三年新增探明储量 2048×10^4t。在探明增储的同时，完成了开发方案编制，为储量实现整体动用提供保障。同时，探索了注空气开发深层特低渗油藏的新的开发方式，为同类型低品位油藏的有效动用提供借鉴。

"十三五"时期资源评价表明，辽河探区页岩油资源量达 7.9×10^8t，是较为现实的资源接替领域，2014—2017 年率先在雷家地区沙四段取得重要勘探进展，上报控制储量 4199×10^4t，预测储量 4711×10^4t。要使该区亿吨级的低级别储量实现规模探明、有效建产，面临着储层岩性杂、变化快、产能低的现实挑战，亟须开展页岩油升级评价研究攻关，以加快雷家地区由资源向产量转换的进程。针对制约页岩油储量评价升级的瓶颈难题，开展了有效储层识别评价、井间"甜点"综合预测及体积压裂提产攻关三大类技术攻关，形成了页岩油有效储层评价技术、页岩油井间"甜点"预测技术、体积压裂提产设计技术，为实现择优探明升级、推进有序建产提供了技术支撑。雷家地区曙古 169 块高升油层升级探明储量 382.22×10^4t；部署开发井 11 口，预计建产 4×10^4t/a。

大民屯凹陷为新生代陆相断陷湖盆，沙四段处在最大湖泛期，发育的厚层泥页岩是主力烃源岩；西斜坡发育砾岩—砂岩组合，与烃源岩直接接触，成藏条件有利，增储建产潜力大。但评价区整体储层条件差，表现为"低孔、低渗、低丰度、低产"的特点，"十三五"期间对大民屯凹陷沙四段致密油藏开展了整体评价研究，重研成藏规律实现探明增储、地球物理攻关评价"甜点"、体积压裂优化提高产能，建立了评价开发一体化全生命周期效益建产新模式。大民屯凹陷西斜坡整体评价阶段探明石油地质储量 2574×10^4t，共实施水平井 34 口，新井单井初期日产油 17.1t，已建产能 13.1×10^4t/a，实现了探明储量有效动用及效益建产。依托水平井体积压裂有效推进大民屯凹陷页岩油新领域的研究进程，在沈页 1 块、沈 224 块完成评价研究，部署水平井 21 口，有望建成首个页岩油开发试验区。大民屯西斜坡评价理念、技术和方法，对辽河油田特低渗—致密油乃至页岩油藏勘探开发具有重要的战略意义和示范引领作用。

第四节 滚动勘探与油藏评价研究难点

一、滚动勘探研究难点

（一）研究目标日益复杂，难度增大

辽河断陷经过近 40 年的勘探，随着勘探程度的提高，勘探难度日益增大。在实施滚动勘探的早期，每年上报的探明石油地质储量以大于 $100 \times 10^4 t$ 的区块为主，许多区块甚至大于 $500 \times 10^4 t$，小于 $100 \times 10^4 t$ 储量的区块相对较少。随着滚动勘探工作的深入，探明储量区块越来越小，近几年小于 $100 \times 10^4 t$ 储量的区块数量已开始占绝对优势，而且单块储量也越来越小，2020 年上报小于 $100 \times 10^4 t$ 储量的区块 8 个，探明储量仅为 $507 \times 10^4 t$，区块滚动勘探难度和储量上报工作难度都很大（表 1-4-1）。

表 1-4-1　1994—2001 年滚动勘探储量规模及油品性质统计

| 年度 | 探明储量 | | 区块储量规模 | | | | | | 油品性质分类 | | | | | |
| | 储量/ $10^4 t$ | 块数/ 个 | >300× $10^4 t$ | | （100~300） × $10^4 t$ | | <100× $10^4 t$ | | 稀油 | | 稠油 | | 高凝油 | |
			块数/ 个	储量/ $10^4 t$	块数/ 个	储量/ $10^4 t$	块数/ 个	储量/ $10^4 t$	储量/ $10^4 t$	比例/ %	储量/ $10^4 t$	比例/ %	储量/ $10^4 t$	比例/ %
1994	2268	12	3	1128	7	1075	2	65	1013	44.7	1223	53.9	32	1.4
1995	3695	20	4	1866	7	1315	9	514	1474	39.9	2010	54.4	211	5.7
1996	3467	18	3	1701	7	1258	8	508	1552	44.8	1915	55.2	0	0
1997	2939	21	2	1042	8	1425	11	472	1283	43.7	1656	56.3	0	0
1998	1648	5	2	1474	1	135	2	39	174	10.6	1474	89.4	0	0
1999	3157	21	3	1490	7	1099	11	568	1260	40.0	1634	51.8	263	8.2
2000	2510	26	1	780	6	740	19	990	1329	52.9	955	38.1	226	9.0
2001	2524	12	3	1873	4	515	5	136	1220	48.3	372	14.7	932	36.9
2002	2427	15	2	996	6	1053	7	378	1262	52.0	895	36.9	270	11.1
2003	1181	15	1	656	1	158	13	367	345	42.6	781	66.1	55	4.7
2004	809	12	0	0	2	381	10	428	472	58.3	337	41.7	0	0
2005	1069	11	1	385	2	271	8	413	598	73.6	471	44.1	0	0
2006	812	9	0	0	4	600	5	212	279	27.9	295	36.3	238	29.3
2007	1001	11	0	0	4	743	7	258	138	13.8	863	86.2	0	0
2011	3246	3	2	3102	1	144	0	0	776	23.9	0	0	2470	76.1

年度	探明储量		区块储量规模						油品性质分类					
	储量/	块数/	>300×10⁴t		（100～300）×10⁴t		<100×10⁴t		稀油		稠油		高凝油	
	储量/10⁴t	块数/个	块数/个	储量/10⁴t	块数/个	储量/10⁴t	块数/个	储量/10⁴t	储量/10⁴t	比例/%	储量/10⁴t	比例/%	储量/10⁴t	比例/%
2012	3178	4	1	2677	2	418	1	83	277	8.7	0	0	2901	91.3
2014	1244	12	1	382	4	478	7	384	566	45.5	559	44.9	119	9.6
2015	154	1	0	0	1	154	1	1	154	100	0	0	0	0
2016	401	4	0	0	2	322	2	79	189	47.1	154	38.4	58	14.5
2017	614	5	0	0	4	519	1	95	367	59.8	30	4.9	217	35.3
2018	1502	9	1	658	4	618	4	226	1122	74.7	272	18.1	108	7.2
2019	618	6	0	0	2	365	4	253	90	14.6	97	15.7	431	69.7
2020	893	11	0	0	3	386	8	507	441	49.4	362	40.5	90	10.1
合计	41357	263	30	20210	88	14172	145	6976	16381	39.6	16355	39.5	8621	20.8

油藏的埋藏深度也越来越大。1994 年，滚动探井和控制井的平均进尺为 1681m，1998 年平均单井进尺为 2300m，2020 年平均单井进尺达到 2713m。为了更多地勘探深层潜山和砂岩油藏，目前井深超过 3000m 的滚动探井已不鲜见。油藏埋深的增大不仅加大了勘探难度，还不可避免地提高了勘探成本。

从表 1-4-1 可以看出，滚动勘探前 14 年已探明的石油储量中，稠油占了 1/2 以上。由于前几年曙一区超稠油油藏储量的上报，辽河油田全油区的探明储量中，稠油所占的比例更大。近年来，随着三大凹陷勘探程度的提高，滚动勘探发现目标越来越难，近 6 年里有 5 年滚动探明储量规模在 1000×10⁴t 以下。

总之，目前辽河油田的滚动勘探对象以低渗透、深埋藏、低丰度、隐蔽性和特殊岩性为主要特点，它们在时间和空间上分布的复杂性大大增加了滚动勘探的难度，是导致辽河油田资源接替困难的最主要原因。

（二）工作量逐年增大

滚动勘探以老开发区的扩边展沿为重点，因此评价井和控制井的部署要基于已钻探的所有探井和开发井的动态和静态资料，经过综合研究和图件分析后完成。与新区探井相比，更多的井资料分析是滚动勘探的特点。从信息角度看，增加 N 口井的资料，需要处理的信息量为 N^2。可以预测，随着油田勘探开发工作的不断深入，这种工作量将越来越大。

根据辽河断陷滚动勘探目标的特点，将其分为老区新块、老区新层、老区扩边等类型，并对 10 年来滚动勘探的探明储量进行了分类统计，其结果：老区新块类型约占 1/3，这类储量的勘探难度和风险较大；老区新层类型以老井复查为主要方法，所用资料以录井、测井和试油试采资料为主；占总储量的 1/2 以上的老区扩边类型，在综合各类井资料的同时，还要利用三维地震资料结合区域地质条件对已知储量区和勘探开发现状作出合理解释，部署扩边评价井，最终达到储量复算目标。

二、油藏评价研究难点

（一）寻找目标难

根据"四次资源评价"结果，辽河油田总资源量 $46.14 \times 10^8 t$，已探明储量 $25.05 \times 10^8 t$，探明率 54.3%，西部凹陷、东部凹陷、大民屯凹陷三大凹陷探明率已达 62.8%（表 1-4-2）。储量替换率和储采平衡系数长期小于 1，储采失衡矛盾未能得到缓解，增储建产压力较大。历经 20 世纪 70 年代、80 年代、90 年代三次增储高峰后，2011—2018 年探明储量在 $2000 \times 10^4 t$ 左右，而且区块零散。受勘探程度限制，预探提交规模优质储量区块的难度逐年增大，在此条件下优选出探明潜力大、实施风险小、预期开发动用效益好的评价目标难度较大，储量增长进入低位徘徊期；资源的隐蔽性增强，寻找有利目标难度增大。

表 1-4-2 辽河油田不同区域油气资源量对比图

区域	资源量 / $10^8 t$	探明储量 / $10^8 t$	探明率 / %
西部凹陷	24.80	16.80	67.7
东部凹陷	5.35	2.49	46.5
大民屯凹陷	6.36	3.63	57.1
滩海	4.62	1.23	26.6
外围盆地	5.01	0.90	18.0
合计	46.14	25.05	54.3

（二）目标品质差

近年探明储量目标以低品位储量为主，近 5 年低品位储量均在 80% 以上（图 1-4-1），表现为埋藏深、物性差、丰度低、产能低等特点。而且，近 5 年探明储量中深层占 69.3%，低渗、特低渗占 85.9%，低丰度占 80.1%，低产占 80.4%。

（三）实施成本高

由于近年油藏评价目标以低品位目标为主，油井自然产能低，需要进行压裂改造。尤其越来越多低品位区块直井压裂后仍低产，如沈 358、沈 232、河 19 等区块，须通过水平井体积压裂改造才可获得工业油流，导致成本上扬。另外，材料费刚性上涨及土地法、环保法新要求，也导致实施成本增高。

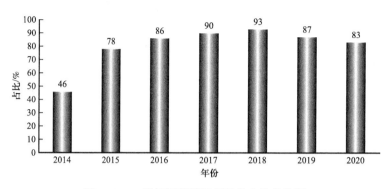

图 1-4-1　近年探明储量低品位占比柱状图

第五节　滚动勘探与油藏评价成果与认识

一、滚动勘探与油藏评价取得成果

"九五"以来，辽河油田积极应对有效勘探面积小，资源探明程度高，后备资源不足、资源品质逐年变差的现实挑战，坚持"继承性、整体性、进攻性"部署原则，按照"整体探明、重点培植、积极准备"的思路，突出基岩潜山整体评价，加强岩性油藏精细评价，推进富油区带整体再评价，深挖老区滚动勘探及新区油藏评价等各领域增储潜力。评价过程中认真贯彻落实中国石油"有质量、有效益、可持续"的发展方针，将评价重点由强调储量规模向储量、成本、效益并重转变，以强化地质综合研究为基础，以多学科联合攻关为手段，以加强新技术、新方法、新工艺应用为依托，积极探索增储、提产、降本的有效途径。在评价井部署实施过程中，着力强化地质、地震、油藏一体化攻关，评价开发一体化部署，以及地质工艺一体化设计，努力缩短资源探明进程，提高评价成效。"九五""十五"期间，以层序地层学分析技术、构造精细解释技术、波阻抗反演储层预测技术等先进适用的技术为支撑，持续加大老区滚动勘探增储力度，充分发挥其投资少、见效快的特点，阶段增储规模达 $2 \times 10^8 t$。"十一五"期间，立足兴隆台潜山油藏勘探开发一体化评价，将评价视角由传统的局部"潜山"勘探评价拓展至全凹陷"基岩"勘探评价，圆满完成了"探明亿吨级储量，建产百万吨产能"的预期目标。"十二五""十三五"期间，先后立足大民屯凹陷、东部凹陷等富油气区带开展整体再评价，将老区评价引入新思路，传统老技术注入新思维，构建了老区持续增储、高效建产的新局面（表 1-5-1）。

"九五""十五"期间，按照"老区扩展找边界、老区内部找新层、老区周边找新块、老区新带找发现"的滚动增储技术路线发现了一批当年探明、当年动用、当年建产、当年见效的储量区块，茨 601 块、西斜坡稠油连片、冷家含油主体扩边等千万吨级以上增储目标相继被发现并投入规模开发。

表 1-5-1　1996—2020 年老区滚动勘探与新区油藏评价探明增储成效结果统计表

阶段	年度	新增探明储量/ 10^4t	老区滚动勘探新增探明储量/ 10^4t	新区油藏评价新增探明储量/ 10^4t
"九五"	1996	5915	3467	2448
	1997	8058	2939	5119
	1998	8374	1648	6726
	1999	7453	3157	4296
	2000	6551	2510	4041
	小计	36351	13721	22630
"十五"	2001	5801	2524	3277
	2002	5858	2181	3677
	2003	3018	1181	1837
	2004	2525	809	1716
	2005	3250	1069	2181
	小计	20452	7764	12688
"十一五"	2006	5371	812	4559
	2007	5363	1001	4362
	2008	3338	1123	2215
	2009	3288	115	3173
	2010	6676		6676
	小计	24036	3051	20985
"十二五"	2011	3237	632	2605
	2012	3178		3178
	2013			
	2014	1244	418	826
	2015	1385	1231	154
	小计	9044	2281	6763
"十三五"	2016	1312	406	401
	2017	1589	614	614
	2018	760	1502	1502
	2019	1901	618	618
	2020	4089	2683	745
	小计	9651	5823	3880
合计		99535	32640	66947

西部凹陷冷家堡油田是台安—大洼断裂带的富含油构造之一，于 1989 年开始实施大规模勘探，1996—1998 年持续强化滚动勘探，利用叠前深度偏移处理技术、波阻抗反演储层预测技术、神经网络技术、地质综合分析等多项技术，重点落实了该区陈家逆断层下降盘的构造，对该区成藏条件和油气分布控制因素进行了深入分析，将主体构造的翼部作为滚动扩边的有利目标，针对厚层块状砂砾岩体的特点，建立了厚层状储层波阻抗预测模型，利用神经网络砂体预测方法对沙三段含油砂体进行了平面预测，使冷家油田冷东断裂背斜构造带滚动勘探开发取得较好效果，3 年累计投资 7472 万元，累计增加探明石油地质储量 $3483 \times 10^4 t$，新建产能 $39.35 \times 10^4 t/a$。

锦 612 块位于西部凹陷西斜坡南段，在沙三段沉积时期处于由斜坡向洼陷过渡的构造坡折带位置。通过层序地层学分析认为，该部位有利于浊积砂体的发育，主要目的层为大凌河油层。大凌河油藏为比较典型的构造岩性油气藏，滚动勘探研究重点在于搞清本区断裂的展布规律、发育期次及构造对成藏的控制作用，经构造精细解释和储层反演，2001年，在该井区共部署滚动勘探井 9 口，完钻 5 口，其中 3 口井获高产油气流，新增含油面积 $1.3 km^2$，新增探明石油地质储量 $505 \times 10^4 t$。锦 612 块的成功，对指导大凌河构造岩性油气藏的滚动勘探具有重要意义。近年来，大凌河油层又不断有新的发现。

茨 601 构造带位于东部凹陷北段，该区在滚动勘探过程中充分利用"三老"资料复查结合地震资料的各项信息，采用地震解释和地质分析技术，落实断裂及派生断层的走向和组合方式，改变原有认识，相继获得重要发现和进展。如 1996 年，在老井复查过程中，对茨 46-70 井沙一段原解释水层井段进行了重新试油，获得日产油 50t、日产气超过 $1 \times 10^4 m^3$ 的高产油气流，以此为出发点，对该区二维地震资料进行重新处理和解释，发现了茨 601 断层，并落实了 6 个有利圈闭，先后部署实施了茨 601 井、茨 48-72 井、茨 605 井、茨 606 井，其中茨 601 井和茨 606 井获高产油气流。茨 601 块是 1996 年度滚动勘探取得的重大发现之一，当年上报含油面积 $3.0 km^2$，探明石油地质储量 $645 \times 10^4 t$，含气面积 $0.5 km^2$，天然气地质储量 $2.33 \times 10^8 m^3$。次年部署实施了 $60 km^2$ 的三维地震资料采集、处理和解释，重新落实了构造，并于 1997 年先后部署了两批滚动探井，也取得了较好的效果，当年上报探明石油地质储量 $388 \times 10^4 t$，使茨 601 构造带两年累计探明石油地质储量达 $1033 \times 10^4 t$。

兴隆台潜山带是"十一五"期间重点评价增储目标，该区位于辽河坳陷西部凹陷中南段，由北向南依次为陈古潜山、兴古潜山和马古潜山。该区早在 20 世纪 70 年代便开始了勘探工作，但受当时技术条件和成藏理念的局限，未获得实质性突破。2005 年，兴古 7 井在太古界深层试油获高产油气流，揭开了该区新一轮勘探开发的序幕。自 2006 年起，以"勘探开发并行增储、勘探指导开发、开发推动勘探、产量促进储量"的一体化工作方针为指导，开展了兴隆台潜山带整体评价和开发部署研究工作。随着评价井兴古 7-10 井、预探井陈古 3 井、马古 8 井的陆续实施，平面上含油范围不断扩大，纵向上含油底界拓展至 4680m。2007 年，部署大斜度开发井 5 口，进一步落实油藏产能，投产后日产油气当量均在百吨以上，揭示了该区高效开发的前景。2006—2010 年，共部署实施评价井 27 口、开发井 48 口，推动了潜山内幕成藏理论的不断完善，储量规模的不断夯实及油藏产能水平的不断落实。

评价研究中通过三维地震精细解释，结合相干体断层识别技术、变速成图技术等手段精细刻画潜山顶面形态及内幕断层的空间分布，重点刻画了中生界储层四层结构分布和逆断层的产状。应用声 / 电成像测井、3Dmove 软件分析等方法对储层裂缝的空间分布规律开展攻关研究，提高了评价井的成功率。创新了用岩心、旋转式井壁取心校准录井岩屑的岩石学评价方法，在此基础上综合建立了太古宇潜山岩石测井评价、储层识别及储层参数测井解释等配套技术，岩性识别由原来一种岩性发展到能准确识别 7 种岩性，符合率达到 86%，储层识别符合率由 70% 提高到 90% 以上。在储量计算中打破了潜山油藏出油底界是"一条线"的传统认识，摒弃了采用水平切片计算潜山储量的传统方法，创新采用平行潜山顶面划分纵向计算单元的方法，并综合运用多种方法论证储量参数，提高了储量计算的科学性和合理性。通过应用双重介质油藏数值模拟技术、油井动态分析技术等手段高效完成动静态资料系统录取、试油井段优化设计、老井侧钻可行性评价及优化井型评价产能等工作，提高了变质岩潜山油藏的控制程度和认识程度。由于兴隆台潜山带内幕构造复杂，油藏埋深大，含油层巨厚高达 2345m，跨越中深层、深层和超深层且地处城区，造成开发难和稳产难。开发部署研究中打破传统的一套层系、一套井网的开发模式，采用直井控制垂向、叠置式复杂结构井控制平面的"四段七层、纵叠平错、平直组合"立体井网进行开发，形成多段、多层的三维立体部署，充分利用平面径向驱和垂向重力驱等多种驱动方式，使区块日产油持续攀升，实现油藏的高水平和高效益开发。

历经 5 年的刻苦攻关，形成了变质岩潜山评价研究的 7 项特色技术，使兴隆台潜山带成为中国石油"十一五"期间 16 个规模储量地区之一，整体探明石油地质储量 $1.27 \times 10^8 t$，被原国土资源部油气储委树为国内特殊岩性油气藏储量研究的成功典范。首次创立巨厚潜山油藏立体开发新模式，建成了百万吨原油生产能力，为辽河油田千万吨油气稳产及产量结构调整提供重要保障。

"十一五"期间，兴隆台潜山带实现亿吨级增储、百万吨建产，推动了辽河潜山的深入勘探和评价。"十二五"期间，辽河油田继续将变质岩潜山油藏锁定为主要评价目标和增储主战场。在中国石油支持下，辽河油田开展了大民屯富油区带整体再评价工作，通过分层系构造成图，精细落实构造和小断层，精细刻画局部构造形态，掌握了大民屯凹陷油气富集规律与控制因素，在此基础上相继落实了胜西潜山、边台—曹台潜山两个规模增储潜力区。但与兴隆台潜山相比，上述目标构造更为复杂，裂缝发育程度差，油、水关系复杂，油井产能低，潜山品质明显变差，评价难度大。在评价研究中，以大民屯富油气区带整体再评价为依托，以潜山内幕成藏理论为指导，以精细刻画潜山内幕寻找裂缝发育区为基础，以实施复杂结构井评价钻探落实油藏产能为手段，开展低品位潜山进攻性评价。在充分借鉴吸收兴隆台潜山带整体评价成功经验的基础上，进一步丰富和完善了变质岩潜山油藏评价方法和手段，形成涵盖测井曲线特征定性识别技术、常规测井裂缝性储层识别技术、多极子阵列声波测井识别裂缝技术等多种技术手段的变质岩潜山储层测井识别技术系列，在此基础上分岩性建立储层识别图版，解释符合率达到 90% 以上；确立了以地震地质统计法、蚂蚁体分析法、绕射波分析法及地震属性分析法为主体的潜山裂缝预测技术，确保了水平井的油层平均钻遇率达到 70% 以上，大大提高了单井产量。在潜山评价技术创新完善的同时，打破了传统认识禁区，将变质岩潜山勘探评价深度从风化壳延伸至不大于烃源岩埋藏的最大深度，从而大大拓展了含油气盆地的勘探空间，使大民屯凹陷潜山出油底界由深度 3600m 下拓到 3850m，确立了低潜山内幕成藏新模式。"十二五"期间，共在胜西、边台—曹台、沈 286 等 3 个潜山区块新增探明石油地质储量 5266×10^4t，新建产能 17.9×10^4t/a。

其中，大民屯凹陷胜西低潜山位于静安堡潜山与东胜堡潜山西侧，为以微裂缝为主的低渗潜山，表现出投产井产能差异大、直井产量低的特点。在整体研究中，将"点—线—面—体"相结合，开展测井、地震、地质多学科一体化研究。充分利用三维地震构造精细解释技术、储层测井识别和综合评价技术、三维可视化技术、地震属性分析技术及裂缝预测技术，开展精细构造解释、裂缝分布规律、有利储层空间分布和储量参数确定等相关研究，落实增储潜力。通过深入分析储层岩性、构造应力、岩脉分布及构造位置等因素控制下的油藏产能分布规律，在此指导下采用水平井、复杂结构井进行评价部署，以提高微裂缝钻遇率，增加泄油面积，提高单井产能。在部署设计过程中，加强了地震、地质资料的结合，努力挖掘地震资料中隐藏的地质信息，总结太古宇潜山内幕岩性界面反射规律，部署时水平段与潜山面保持一定距离，且井眼轨迹选择在地震同向轴有错断或者与潜山面呈一定角度相交的部位，提高了布井成功率，催生了胜 601-H709 井等一批百吨高产井。通过开展滚动勘探开发，新增探明石油地质储量 2470×10^4t，新建产能 17.1×10^4t/a。

辽河油田历经三次增储高峰后，资源的隐蔽性增强，寻找有利目标难度增大，储量增长进入低位徘徊期。"十三五"期间，为有效应对老油田增储建产面临的严峻挑战、深入挖掘资源潜力，优选剩余资源量可观、增储空间较大的东部凹陷开展整体评价研究。按照"长期规划与近期目标相结合、整体评价与局部增储相结合、深部探明与浅层调整相结合"的三结合工作思路，重新构建地下地质体系、重新形成油藏地质认识、重新评价老区资源潜力，形成了一套行之有效的工作方法，发现了一批以龙 606 块为代表的有利目标，实现了由资源向储量、由储量向产量、由产量向效益的有效转化。

一是引入整体评价新模式，系统解剖夯基础。整体评价研究中辩证把握整体与局部、继承与转变、规律性与特殊性三大关系，推进"五个转变"，完成全区统层、整体编图、沉积规律、成藏规律、储量归位等基础研究，为潜力目标筛选和增储建产部署奠定扎实基础。

二是制定潜力评价新策略，定向攻关求突破。重新构建地质认识体系，重新评价老区资源潜力，阶段落实老井复查、滚动增储、未动用建产及老区调整四种潜力类型、有利目标 39 个，实现了目标优选的"系统化、多元化、规模化"。在有利目标评价过程中，注重凝练思路，注重基础工作，深刻剖析油藏信息，切实做好精细文章，紧密围绕"潜力点、突破点、关键点"三个节点，挖掘资源潜力，推动增储建产。

通过几年的攻关实践，成果显著。一是挖掘了老油田的资源潜力，2014 年以来累计探明增储 $2381 \times 10^4 t$，阶段累计建产 $44 \times 10^4 t$；二是完善了油藏评价工作理念，丰富了评价增储途径，延展了评价工作领域，更有利于老油田资源潜力的充分发挥；三是具有较好的示范引领作用，形成的整体评价理念和有效做法可推广应用至西部凹陷曙光地区、清水凹陷周边及外围张强凹陷的整体评价研究实践中。

二、滚动勘探与油藏评价工作主要认识

滚动勘探井位部署推行风险协作机制，将钻探成功率作为考核依据，获工业油流后每口支付 30 万～50 万元的研究费用，提升研究质量，降低井位实施风险。

滚动勘探开发投资少、见效快，是现阶段辽河油田产量稳定的重要保证。在几年的深入研究和认识过程中，已经总结出辽河油田滚动勘探开发的配套技术、适应于滚动勘探开发的研究思路及科学管理措施。

（一）科学的工作程序是滚动勘探和油藏评价工作的前提

复杂的地质情况不可能一次认清，必须分阶段逐步勘探、加深认识、逐渐开发。总结多年来滚动勘探和油藏工作实践，始终按照"整体部署、分批实施、跟踪研究、及时调整、逐步完善"的工作原则有序推进，形成了一套科学的工作程序，既加快了目标区带、目标区块的整体推进速度，又有效避免了实施风险。油藏评价过程中重点突出预探评价协同攻关，滚动勘探过程中突出主体区调整与扩边区增储统筹推进。

（二）完善配套的方法和技术是搞好滚动勘探和油藏评价工作的关键

自 1996 年以来，在滚动勘探和油藏评价工作实践中相关技术逐渐成熟配套，形成有效技术包括 15 项：（1）地震资料采集、处理新技术。（2）地震资料人机交互精细解释技术。（3）地震资料储层预测技术。（4）烃类检测技术。（5）油藏描述技术。（6）三维可视化技术。（7）地震相干数据体分析技术。（8）古应力场模拟裂缝预测技术。（9）含油气系统、层序地层学理论及技术。（10）配套的钻井、试油、测试及井下作业技术。（11）水平井技术。（12）油藏建模技术。（13）勘探开发一体化技术。（14）潜山内幕刻画技术。（15）地质工程一体化压裂设计技术。

高分辨地震采集技术首次在齐 108 地区获得应用并取得了较好效果，资料品质有很大幅度提高（主频提高 1 倍以上），发现了层间微幅度构造，预测了沉积相带及砂体连通状况，弄清了构造高部位钻探效果较差的原因。利用含油气系统、层序地层学综合评价技术为油藏建模技术的应用搭建准确的构造、沉积、储层属性等定性格架，通过油藏建模技术的应用建立油藏各项地质参数的定量模型，为滚动井位部署提供直观、科学的参考依据，提高滚动勘探部署水平。该项技术在锦 612 块大凌河油藏滚动井位部署和开发井位调整中发挥了重要作用。水平井技术的应用使平面上分布稳定的薄层稠油、薄层稀油、底水油藏得以有效开发，能够提高储量动用程度、抑制底水锥进、提高采收率，已经成为油藏开发

中的一项重要技术，在国内外油田中得到广泛应用，形成比较成熟的技术系列。辽河油田自 2004 年以来加大了滚动水平井的实施力度，最典型的成功实例为锦 612 块 – 平 1 井兴隆台油层薄层稠油的钻探。

总之，不同勘探阶段发展不同配套技术，满足了评价目标的需要，拓宽了勘探领域，使辽河油田的评价增储工作不断有新的突破。

（三）加强"三老"资料复查是降低勘探评价成本的有效途径

勘探中、高成熟期，要深化勘探工作，仅仅依靠地震的单方面信息源是不够的。自 1994 年以来，通过老井试油、试采与落实勘探目标相结合，老区油藏描述与滚动勘探相结合，开展动态资料与区块评价相结合，老区调整与兼探相结合的方法，开展老区深化勘探开发工作，总结出适合辽河油田特点的"三老"资料复查方法，取得了显著成果。1999 年以前，"三老"资料复查发现的探明储量占总滚动储量的 70% 以上，2000—2002 年在 40% 左右，到 2003 年达到 78%。同时统计表明，"十二五"以来，新区评价中基于"三老"资料复查升级探明储量占新区总储量比例也达 30% 以上。

（四）强化精细是搞好滚动勘探和油藏评价工作的关键

为确保滚动勘探开发的长期性和连续性，在遵照执行中国石油《石油天然气滚动勘探开发条例》的基础上，成立了专门的组织领导机构，即以分公司职能部门油藏开发处（原为油藏工程处）为核心，以分公司勘探开发研究院为技术支持，以研究院、采油厂和分公司为实施实体的滚动勘探开发两级组织机构。

一级组织机构负责增储计划安排、立项审查、资金分配、实施过程管理、组织、协调、检查和指导。二级组织机构负责编制滚动勘探开发年度及中、长期计划，负责研究项目实施，进行部署设计，并跟踪研究。形成各层次责、权、利明确，资料、信息共享，互相补充、互相支持的分工协作氛围，为滚动勘探开发提供组织上的保障。

在资金管理上，采取按增储任务测算工作量，按工作量立项测算资金投入，按工作量调整相应资金等办法。

（五）强化精细管理是搞好滚动勘探和油藏评价工作的保障

自"十五"以来，在评价工作开展过程中加快评价井部署节奏，强化精细管理风险管控，全力提高降本增效水平。通过对预探新发现的"四个及时"评价，"四老四新一整体"滚动评价，以加快资源探明进程；借助持续加大工程服务市场化力度，实施投资 – 效益 – 风险一体化控制，通过优化资金配置、一井多能、老井试油等措施，有效降低评价成本，通过风险研究部署，保障井位数量与质量，提高评价效果。

1. 提高布井成效

一是在预探新发现跟踪评价过程中着力实施"四个及时"评价：（1）探井钻遇好的油气显示及时介入。（2）探井获得工业油流后及时部署评价井。（3）探井试采获得稳定产能后及时实施评价井。（4）紧密跟踪评价井钻探情况及时调整。预探出油井点以低渗透砂岩、火山岩等岩性目标为主，储量规模较小。在岩性目标跟踪评价过程中，加强成藏规律研究，综合应用钻井、录井、测井资料，借助储层反演、地震属性分析等技术手段，深化沉积特征、储层分布研究，综合精细刻画含油储层的分布范围，在此基础上完成评价部署，有效克服了完钻井数少、评价周期短的困难。二是优化单井设计，结合区块实际情况，优选部分开发井代替评价井控制油藏和试采落实产能，纵向多靶点设计，兼顾多套目的层，降低钻探实施风险。三是强化老井复查评价，通过老井重新试油、试采、侧钻等方式代替新井钻探，缩短评价周期，降低评价成本。如对西部凹陷曙古 169 井高升油层实施老井试油 12t 稳定产能，推动了曙光地区沙四段页岩油的勘探评价进程。

2. 完善管理机制

不断完善油藏评价管理制度，加强现场的跟踪监督与调整。相继制定《滚动勘探开发项目实施细则》《滚动勘探开发项目管理办法》等制度，使滚动勘探和油藏评价工作更加程序化、系统化、规范化；建立并实施过程管理"四会"制度，从设计到施工，再到最后验收，都有章可循，使实施过程得到有效监控，以确保油藏评价工作的顺利开展。

3. 优化资金配置

在评价工作推进过程中，依据评价阶段进展不断优化资金配置。一是通过与长城钻探协商降价、市场化招标等多种举措降低钻井费用。二是在水平井体积压裂等投资较大的领域继续推行风险合作机制，尝试推行"风险共担、效益共享"降本模式，在雷 88 块低品位油藏评价过程中，采用市场招标方式，兼顾技术水平和工程成本，优选施工队伍（西安通源公司 + 哈里伯顿公司），产油量与投资捆绑，既提高乙方风控意识，又降低甲方实施成本。三是评价工作量向稀油、高凝油、浅层、中—高渗等优质目标倾斜。

参 考 文 献

[1]田军.对油藏评价管理工作的认识和探讨[J].中国石油勘探，2007，12（2）：58-65.

第二章　辽河油田基本石油地质特征

辽河油田地跨辽宁省及内蒙古自治区东部。本区油气勘探始于 1955 年，1970 年开始大规模勘探开发建设；1995 年原油年产量达到 $1552 \times 10^4 t$，创历史最高水平。按自然地理条件和勘探程度，辽河油田又可划分为三大探区，即辽河盆地陆上、浅海—海滩地区及外围中生代盆地群，有效勘探总面积 $18626 km^2$。辽河盆地陆上是由三个凹陷组成的含油气"盆地"，盆地虽小，但油气资源十分丰富，主要体现在资源丰度高、探明储量大、探明储量丰度高，这是由盆地的基本石油地质条件决定的。

第一节　地层简述

辽河断陷是在华北克拉通基底上发育起来的中新生代断陷盆地，断陷内部可划分为三个凸起和四个凹陷，凹陷和凸起呈北东向相间排列。

地层发育可分为两个大的构造阶段：一是断陷形成前的基底发育阶段，构造运动以垂直升降为主，构造走向为近东西向，受晚期构造抬升运动的影响，地层保存不全，分布不均，多以残留形式存在，地层序列自下而上包括太古宇、中—新元古宇、早古生界、晚古生界（图 2-1-1）。二是断陷形成阶段，构造走向以北北东向为主逐渐向晚期的北西西向转变，早期断陷走向以北北东向为主，主要发育在中央凸起侧翼低部位及东部和西部凹陷两侧，沉积了晚侏罗世和早白垩世火山陆源碎屑含煤地层，仅局部残留有晚白垩世早期的红杂色沉积。新生代以来，辽河断陷经历了早期古近纪拉张差异断陷（或裂陷）阶段和晚期新近纪挤压整体坳陷阶段。古近纪断陷区由早期白垩系断陷区逐渐向中央凸起方向迁移，并最终形成东部、西部和大民屯三大古近纪沉积凹陷。该阶段经历了古近纪早期的房身泡组玄武岩喷发和随后的沙河街组沉积时期至东营组沉积时期的断陷湖泊发育阶段，沉积了一套由湖泊发生、发展直到消亡的湖相碎屑岩沉积体系，纵向上构成一个完整的正旋回沉积，分布在辽河断陷相互隔离的西部、东部和大民屯三大凹陷内；新近纪断陷阶段结束了三大凹陷相互分离的历史，首次与邻近的凸起连为一个整体，接受了以河流相至泛滥平原相为主的新近系馆陶组、明化镇组和第四系平原组沉积。整体覆盖在下伏各凹陷和凸起之上。从而构成辽河断陷新生代以来典型的先断后坳的双层沉积结构。

辽河断陷地层序列自下而上依次为断陷基底太古宇、中—新元古界、古生界；断陷盖层包括中生界上侏罗统和下白垩统，新生界古近系房身泡组、沙河街组、东营组及新近系馆陶组、明化镇组和第四系平原组（图 2-1-1、图 2-1-3）。

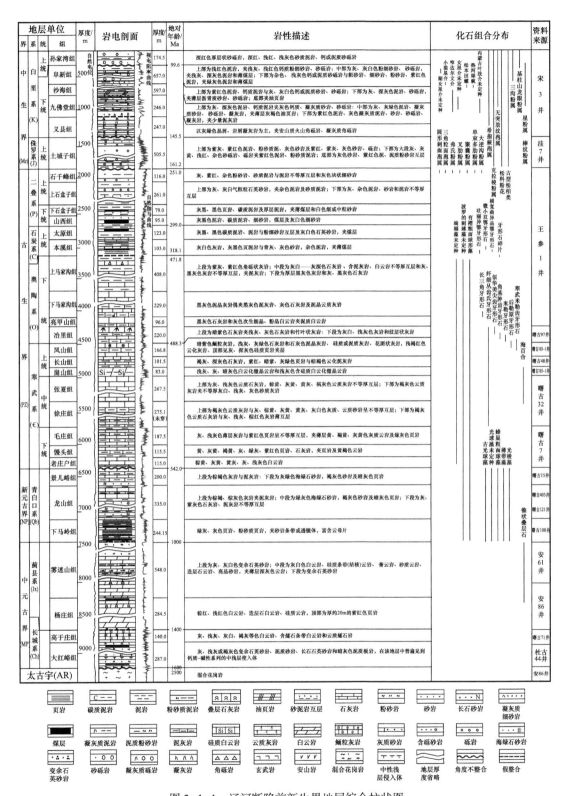

图 2-1-1　辽河断陷前新生界地层综合柱状图

辽河外围探区在行政区划上是指除辽河断陷盆地之外的辽宁省及内蒙古自治区通辽市和赤峰市的部分地区。在大地构造上处于华北地台东北部和吉黑地槽褶皱系南部。由于受太平洋板块向西俯冲的影响和控制，形成一些中、新生代裂谷盆地群。地层序列自下而上依次为：基底地层，南部为太古宇、元古宇、局部发育中生代地层；北部基底时代较新，主要为早、晚古生界地层，区域盖层主要有白垩系下统、白垩系上统、新生界地层。

一、太古宇（宙）（AR）

太古宇是辽河断陷最古老的结晶基底，在漫长的地质历史中，经历了强烈的褶皱变形、区域变质作用、普遍花岗岩化和混合岩化。断陷内钻遇的结晶基底主要为黑云斜长片麻岩、混合花岗岩、花岗斑岩、闪长玢岩、角闪变粒岩等。钾氩法同位素绝对年龄为20亿~21亿年左右，受后期地热事件影响，较周边露头区太古宇年龄值偏小。层位相当于辽东地区广泛出露的鞍山群和辽西地区的建平群。外围地区太古宇基底地层主要分布在南部的华北地块，代表岩性为建平群的各类片麻岩。

二、中—新元古界（代）（Pt）

辽河断陷中—新元古宇多以残留古山体的形式叠覆在太古宇之上，并为上覆不同时代的新地层所覆盖，成为现今的地下潜山形态。根据前人研究成果，辽河断陷基底缺失下元古界和中元古界长城系下部的常州沟组、串岭沟组和团山子组，钻探仅揭示中—新元古代的部分地层。地层层序自下而上分别为：中元古界长城系大红峪组、高于庄组；中元古界蓟县系杨庄组和雾迷山组；新元古界青白口系下马岭组、龙山组和景儿峪组（表2-1-1）；岩性主要为一套近海环境的碎屑岩与碳酸盐岩交互的沉积体系，并有轻度变质现象，普遍见到钙碱性－碱性系列的中性浅层侵入体，岩性总体发育特征与邻近的辽西地区一致，为辽西中、新元古界海盆向东延伸部分。地层发生了强烈的构造变形，并以潜山的形式构成辽河断陷的部分基底，仅在西部凹陷中段的曙光地区和杜家台地区钻遇，大民屯凹陷静北地区仅钻遇中元古界杨庄组和雾迷山组（表2-1-1）。东部凹陷及外围地区未钻遇。

三、古生界（代）（Pz）

辽河断陷古生界主要钻遇曙光古潜山、东部凸起、东部凹陷中段三界泡潜山和南段燕南潜山、大民屯凹陷静北灰岩潜山及滩海地区海南潜山等地区（表2-1-2），辽河断陷古生界的发育和分布情况多以残留山体的形式叠覆在中、新元古界和太古宇之上，并为上覆中、新生代地层所覆盖，以现今地下潜山表层状态存在。根据前人研究成果，辽河断陷古生界地层以中央隆起为界可进一步划分为辽西和辽东两种类型，中央凸起西侧的西部凹陷和大民屯凹陷与辽西型一致（表2-1-2），属于辽西型，是辽西型古生代海盆向东部的自然伸展；而中央凸起东侧的东部凹陷及东部凸起与辽东型一致，属于辽东太子河海盆向西部的延伸。

表 2-1-1　辽河断陷不同地区元古宇潜山钻遇地层分布特征

地层单元				分布地区			
				辽西型		辽东型	
界	系	统	组	曙光潜山	静安堡潜山	三界泡潜山	东部凸起
新元古界 Pt$_3$	青白口系		景儿峪组（Qbj）	—			
			龙山组（Qb）	—			
			下马岭组（Qbx）	—			
中元古界 Pt$_2$	蓟县系		雾迷山组（Jxw）		—		
			杨庄组（Jxy）		—		
	长城系		高于庄组（Chg）	—			
			大红峪组（Chd）	—			

注："—"代表该组在对应分区钻遇。

表 2-1-2　辽河断陷古生宇潜山钻遇地层分布特征

地层单元				分布地区			
				辽西型		辽东型	
界	系	统	组	曙光潜山	静安堡潜山	三界泡潜山	东部凸起
古生界 Pz	二叠系	上统	石千峰组（P$_3$sq）				—
			上石盒子组（P$_3$ss）				—
		中统	下石盒子组（P$_2$xs）				—
		下统	山西组（P$_1$s）		—		—
	石炭系	上统	太原组（C$_2$t）		—		—
			本溪组（C$_2$b）		—		—
	奥陶系	下统	上马家沟组（O$_1$sm）				
			下马家沟组（O$_1$xm）				
			亮甲山组（O$_1$l）			—	—
			冶里组（O$_1$y）				
	寒武系	上统	凤山组（€$_3$f）	—		—	—
			长山组（€$_3$c）				
			崮山组（€$_3$g）				
		中统	张夏组（€$_2$z）	—			
			徐庄组（€$_2$x）				
		下统	毛庄组（€$_2$mz）				
			馒头组（€$_2$mt）				
			老庄户组（€$_1$lz）	—			

注："—"代表该组在对应分区钻遇。

中央凸起两侧的古生界发育特征有如下差异：一是西部凹陷的下古生界顶部地层剥蚀严重，缺失东部凹陷钻遇的下奥陶统亮甲山组和上、下马家沟组（表2-1-2）。二是西部凹陷的早古生代地层普遍遭受了挤压变形，褶皱断裂作用明显，而东部凹陷和东部凸起钻遇的古生界没有明显的挤压变形，地层相对平整。三是西部凹陷普遍缺失晚古生代的石炭系和二叠系沉积（可能被剥蚀殆尽），仅在大民屯凹陷的静北石灰岩潜山顶部有少量残留。而晚古生代的上石炭统和二叠系主要残存于东部凹陷东侧及东部凸起（表2-1-2）。

辽河断陷古生界与其所在的华北克拉通一样，普遍缺失中奥陶统至下石炭统，上、下古生界之间为华北克拉通普遍存在的平行不整合面所分隔。辽河断陷古生界与其东、西两侧的辽东和辽西露头区的古生界作为一个整体呈近东西向的条带状展布。辽河断陷下古生界岩性主要以陆表海的碳酸盐岩沉积为主，下部以夹紫色泥岩为主的陆源碎屑岩，岩相厚度稳定，各类动物化石和微古植物化石发育。辽河断陷上古生界地层序列仅在东部凸起发育相对完整，大民屯凹陷仅残留有上石炭统和下二叠统，西部凹陷未见任何上古生界残留地层。地层序列见图2-1-1和表2-1-2。岩性发育特征与华北克拉通区一致，上石炭统—下二叠统以近海和海陆交互相的碳酸盐岩与含煤陆源碎屑岩交互沉积为主，属于海退陆进时期的过渡型沉积，岩相厚度稳定，生物化石较发育，除含有较丰富的植物及其孢粉化石外，在海陆交互相的海相夹层中还发现少量有孔虫类和牙形石类等动物化石。中—上二叠统主要为近海平原相的陆源碎屑岩沉积，基本不含煤层和海相的石灰岩层，已完全过渡到近海的陆地平原沉积环境，岩相厚度比较稳定，局部沉积厚度较大，仅发现较丰富的植物及其孢粉化石[1-2]。外围地区未钻遇。

四、中生界（代）（Mz）

中生界作为辽河油田的勘探目的层之一，在辽河断陷内部及其周边的辽西、辽东、辽北及外围地区均有分布。辽河油田以北北东向分布的长条状小断陷群控制了中生代地层的分布范围。其中，早白垩世地层分布最广，遍布整个辽河油田，是中生代断陷（裂陷）活动最强烈的时期，也是中生代断陷湖盆最发育的时期，为中生代勘探找油的主要目的层，并不同程度地获得了工业性油流。但由于这一时期的断陷湖盆成湖时间较短、湖水规模较小、水体较浅及后期抬升破坏等先天性不足，决定了这些小断陷生油潜力有限。本油区中生界地层发育特征如下（表2-1-3、图2-1-1、图2-1-2）。

中生代早期的三叠纪时期，受印支运动的强烈影响，上述地区总体上处于挤压隆升剥蚀阶段，仅在个别山间低凹处沉积有零星的三叠纪碎屑岩地层，呈残留形式出现在辽西、辽东及开鲁盆地南部个别地区（表2-1-3、图2-1-2），辽河断陷内部未见三叠纪地层，说明三叠纪时期，辽河断陷区整体处于隆升剥蚀状态。地层序列以辽西地区为代表，自下而上依次为下三叠统红砬组、中三叠统后富隆山组和上三叠统老虎沟组（表2-1-3），三个组均为异地零星见及的残留沉积，未见连续剖面。

表 2-1-3　辽河油田中生界岩石地层划分对比

年代地层单位			岩石地层单位				
			内蒙古地轴以北	内蒙古地轴以南			
界	系	统	通辽、赤峰地区	辽西、辽北地区	西部、大民屯凹陷	东部凹陷区	辽东地区
中生界	白垩系	上统（坳陷阶段）	明水组	缺失	缺失	缺失	缺失
			四方台组				
			嫩江组				
			姚家组				
			青山口组				
			泉头组	孙家湾组	孙家湾组	大峪组	大峪组
		下统（断陷阶段）	阜新组	阜新组	阜新组	聂尔库组	聂尔库组
			沙海组	沙海组	沙海组		
			九佛堂组	九佛堂组	九佛堂组	梨树沟组	梨树沟组
			义县组	义县组	义县组	小岭组	小岭组
	侏罗系	上统（初期断陷阶段）	土城子组	土城子组	土城子组	小东沟组	小东沟组
		中统	蓝旗组 海房沟组	蓝旗组 海房沟组	缺失	缺失	三个岭组
							大堡组
							转山子组
		下统	北票组	北票组			长梁子组
				兴隆沟组			缺失
	三叠系	上统（台隆阶段）	缺失	老虎沟组			
		中统		后富隆山组			林家组
		下统	哈达陶勒盖组	红砬组			郑家组

中生代中期的侏罗纪时期，在燕山运动的影响下，上述隆起区内产生了一系列北北东向的小断陷盆地，沉积了侏罗系（表 2-1-3），岩性总体上以一套火山碎屑含煤地层为主，少见稳定的湖相沉积，沉积地层全部遭受后期抬升剥蚀，呈残留状态分布。辽河断陷内部未见早—中侏罗世地层，仅在局部见有零星的晚侏罗世红杂色砂砾岩。说明该时期辽河断陷区继承了三叠纪时期的隆升剥蚀状态。地层序列以辽西地区为代表，自下而上依次为下侏罗统兴隆沟组火山岩、北票组含煤碎屑岩，中侏罗统海房沟组砂砾岩和蓝旗组大套火

山碎屑岩，上侏罗统土城子组厚层杂色砂砾岩（图 2-1-2）。各沉积单元之间均为不整合接触。

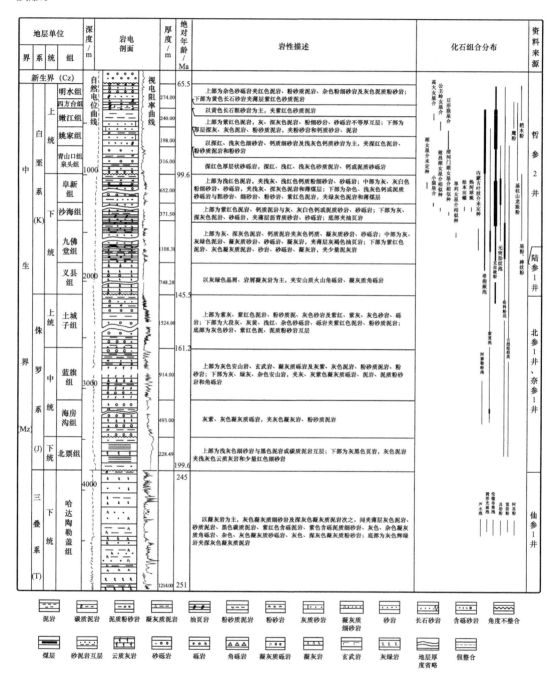

图 2-1-2　辽河油田中生界地层综合柱状图

晚中生代的早白垩世是燕山运动活动最强烈的时期，表现为北北东向的小断陷数量急剧增多，单个断陷范围侧向迁移并有所扩大。沉积特征上表现为早期火山活动强烈，呈现遍地火山喷发的古地理景观，沉积了一套区域广布的火山碎屑岩系。随着火山活动的减弱，断陷湖盆开始发育，沉积了一套以滨浅湖相为主的暗色油页岩和砂泥岩地层，由于这套湖相地层具有一定的生油能力，已经成为辽河油田的勘探找油目的层之一。早白垩世晚期，受燕山运动晚期挤压抬升运动的影响，上述小断陷湖盆整体抬升淤浅直至消亡，沉积了一套湖沼相至河沼相的碎屑含煤地层，提前结束了断陷湖盆发育史。辽河断陷区两侧及中央凸起侧翼和南部下倾部位也不同程度地发育有该时期的火山碎屑和湖相碎屑岩沉积，并在牛心坨和宋家两个洼陷获得工业油流。这一时期的地层序列以辽西地区为代表（表2-1-3），自下而上依次为下白垩统义县组厚层火山碎屑岩、九佛堂组火山质湖相砂页岩、沙海组湖相砂泥岩和阜新组河湖沼泽相含煤碎屑岩（图2-1-2）。除义县组与下伏土城子组为不整合接触外，其他各组之间均为整合接触。

晚中生代的白垩纪晚期，以内蒙古地轴为界，其以南地区，除个别山间凹地零星发育有上白垩统底部的孙家湾组红杂色山麓洪积相沉积外，这一区域总体上处于隆升剥蚀状态。内蒙古地轴以北地区则与松辽盆地大型坳陷湖盆连为一体，成为该盆地东南缘的组成部分，进入整体坳陷湖盆发育阶段，所沉积的松花江群叠覆在早白垩世众多小断陷盆地之上，构成下断上坳的双层结构。地层序列自下而上依次为：上白垩统泉头组红杂色砂砾岩、青山口组厚层暗色砂泥岩、姚家组灰白色含钙砂岩、嫩江组质纯暗色泥岩、四方台组黄色长石粗砂岩和明水组杂色砂泥岩（图2-1-2、表2-1-3）。除四方台组与嫩江组为假整合接触外，其他各组之间均为整合接触。

五、新生界（代）（Cz）

新生代古近纪初期，辽河断陷在区域拉张应力场作用下，地壳强烈块断，差异陷落，切割地壳较深，引起大陆碱性玄武岩喷发，沉积了巨厚的新生界地层。早古近纪的沉积具有沉降沉积速度快、沉积旋回韵律多、岩相厚度变化大等特点，属河流相、扇三角洲相、湖相沉积体系。纵向上发育有三个大的沉积旋回：即古新世至早始新世时期的玄武岩喷发沉积旋回、中晚始新世至渐新世湖相至扇三角洲相沉积旋回、中新世至更新世和全新世河流平原相沉积旋回。自下而上划分为：古近系房身泡组、沙河街组、东营组，新近系馆陶组、明化镇组和第四系平原组（图2-1-3）。外围盆地，前人研究有上第三系泰康组（Nt）和第四系松散砂和黏土沉积，勘探时未经过详细研究和划分。钻井揭露最大厚度为150m。与下伏中生界地层为不整合接触。辽河断陷新生界地层分述如下。

（一）古近系（纪）（E）

1. 房身泡组（$E_{1-2}f$）

在古新世断陷张裂初期，沿基底断裂溢出了大量基性熔岩流，它的分布面积很广，最大厚度超过1000m，绝对年龄为63.2Ma，把这套玄武岩及其同期沉积的红色砂泥岩称为房身泡组。层位相当于渤海湾盆地中南部地区广泛分布的孔店组和沙河街组四段中下亚段之和，其中房身泡组下段玄武岩与济阳凹陷的侯镇组玄武岩相当。

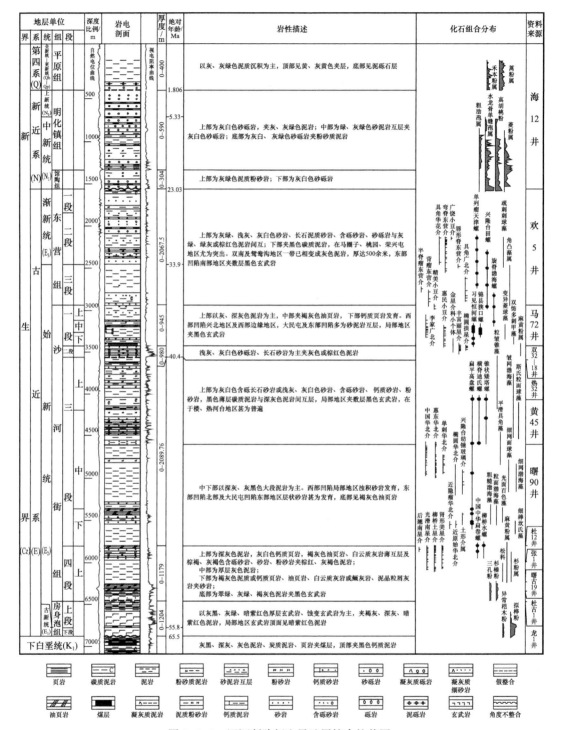

图 2-1-3　辽河断陷新生界地层综合柱状图

2. 沙河街组（E_2s）

房身泡组形成以后，辽河断陷快速进入湖泊发育阶段。

（1）沙河街组四段上亚段：辽河断陷第一次湖侵，范围局限于西部凹陷和大民屯凹陷，沉积了一套以湖泊扇三角洲为主体的砂体，但沉积的厚度与砂体的分布都明显受古地形的控制，厚度一般为100～250m，向下伏房身泡组及潜山部位层层超覆，厚度明显变薄，甚至缺失。下部牛心坨油层段为一套翠绿、灰绿和褐灰色泥岩夹玄武岩，局部相变为大套厚层砂砾岩；中部高升油层段底部为暗色泥岩、油页岩、白云质灰岩、钙质页岩，局部有粒屑灰岩和生物灰岩沉积或夹有薄层粉细砂岩，中上部为连续厚层暗色泥岩沉积；上部杜家台油层段为油页岩和暗色泥岩或砂泥岩互层，属三角洲相沉积，其顶部为油页岩、钙质页岩与暗色泥岩互层。东部凹陷沙四段湖盆不发育。大民屯凹陷沙四段是湖盆发育的主要时期，沉积了厚度较大的暗色泥岩。

（2）沙河街组三段沉积时期是沙四期湖盆进一步深陷和扩展时期。西部凹陷湖盆范围迅速扩大，水体急剧加深，广泛发育深湖相暗色泥岩和湖底扇砂砾岩体。沙三期也是东部凹陷湖盆开始发育、扩展和深陷的时期，但水体较西部凹陷浅，湖盆范围也比较小，岩性在平面上和纵向上变化较大。而大民屯凹陷湖盆环境自沙三段沉积中期开始衰退，水体变浅，为砂泥岩互层沉积。沙三末期整个辽河断陷区域性上升，水体显著变浅，但各个凹陷上升强度不同，西部凹陷西斜坡就是这次掀斜抬升运动形成的箕状翘倾基底。沙三段顶部普遍遭受剥蚀；东部凹陷自沙三中期开始进入湖沼及泛滥平原环境，碳质泥岩发育。后期亦有明显抬升。

（3）沙河街组二段在西部凹陷和东部凹陷均为一个新的沉积旋回的底部砂砾岩沉积，属于沙一段的底砾岩层，与沙三段地层为假整合接触，湖盆范围局限在个别低洼地带，具有水浅和范围小等特点。河流三角洲相沉积十分发育，粗碎屑岩占较大比例。大民屯凹陷无沙二段沉积，东部凹陷局部地区有沙二段沉积。

（4）沙河街组一段沉积时期水体再次加深，湖盆范围扩大，形成第二次湖侵，各个凹陷都为超覆沉积。湖盆中心以暗色泥岩和油页岩为主；湖盆边缘碎屑岩增多，多为滩坝砂体；局部地区沉积生物碎屑岩；沙一段上部沉积水体变浅，湖盆缩小，向南退缩。

3. 东营组（$E_{2-3}d$）

西部凹陷东三段沉积的湖盆范围比沙一段上部更小，水体进一步向南退缩，水体变浅，以湖沼相沉积为主。东部凹陷虽然水体变浅，但沉积范围有所扩大，大民屯凹陷和东部凹陷北部，自东三段起湖泊已经消亡，为一套河流沼泽相的粗碎屑岩夹杂色泥岩沉积。东二段沉积时期湖水再次向北扩展，形成第三次湖侵，水体变深，中央凸起的南部沉没，使东、西部凹陷连成一片，湖盆局限于断陷的南部，为灰色、灰绿色泥岩与长石砂岩互层。东一段沉积时，湖盆向南迁移，变浅直至消亡。断陷南部多为浅灰色砂岩与黄绿色泥岩互层。

这里需要重点提出的是，根据国际地层委员会2002年最新颁布的标准，古近系始新统顶界已由原来的40Ma上移至33.9Ma，相当于由沙河街组二段的底界上移至东营组二段的底界，原渐新统的底界也相应上提至东营组二段的底界。

综上所述，辽河断陷在古近纪经历了三次大的水进和水退，水进强度自下而上逐渐减小，水退强度自下而上逐渐增大，最后结束湖盆的发育历史，形成了三个各具特色的沉积旋回。辽河断陷古近纪断陷湖泊沉积具有如下特点：

（1）它的沉降和沉积速度都很快，始新统地层的最大厚度达6000m，但各阶段有差异，早期沉降速度大于沉积速度，中期沉降速度与沉积速度基本平衡，晚期沉降速度小于沉积速度。

（2）湖盆呈狭长状，如西部凹陷长110km，宽12～13km；东部凹陷长140km，宽8～18km。湖盆窄，地势高差大，剥蚀速度快，物源充足，有较多大致垂直岸线的小型河流注入湖盆。因此，地层中的碎屑岩比例大，粒度粗，分选差，成熟度低，多属硬砂质和长石砂砾岩。

（二）新近系（纪）（N）

新近纪时期，辽河断陷差异块断活动基本停止，辽河断陷整体下降进入坳陷沉积阶段，接受河流相沉积，形成馆陶组和明化镇组。下部为馆陶组厚层状含砾砂岩、砂砾岩、含砂砾岩；中部为明化镇组砂岩、泥岩间互和上部砂砾岩、砾岩。纵向上组成一个完整的沉积旋回。

1. 馆陶组（Ng）

视厚度0～304m。岩性以灰白色厚层砂砾岩、含砂砾岩、砾岩为主，夹少量灰绿、黄绿色砂质泥岩。底部砾岩富含燧石颗粒，砾石成分复杂，地层厚度自北向南增大。大平房地区有黑色玄武岩呈层状分布。东部凹陷牛居地区、大民屯凹陷和沈北凹陷本组缺失，沉积间断明显，与下伏地层呈不整合接触，其底界相当于T_2地震反射界面。

2. 明化镇组（Nm）

视厚度107～823m，分上、下两段：下部为黄绿、灰绿、浅棕红色泥岩、紫斑杂色泥岩与浅灰、灰白、黄绿色粉砂岩、砂岩、含砾砂岩间互层；上部为以浅灰白色粗粒含砂砾岩、砂岩为主，夹黄绿色砂质泥岩。颗粒下细上粗，分选性差，成分复杂，以石英为主，含较多的长石及花岗岩、石英岩、火山岩岩块，砂泥质胶结，胶结松散，化石甚少。

（三）第四系（纪）（Q）[包括更新统（Qp）和全新统（Qh）]

第四纪时期（包括更新世和全新世），辽河断陷继新近纪之后，坳陷范围不断扩大，发展成为现今的下辽河平原。所沉积的地层单位为平原组，视厚度0～417m，上部为浅灰色粉砂层夹土黄色黏土、砂质钙质黏土层，泥砾层与浅灰、黄灰色砂层、砂砾层间互；底部为褐黄色砂层、含砾粗砂层。在坳陷南部地区见丰富的现代海相生物化石。

这里需要提出的是，国际地层委员会2002年最新颁布的新标准已明确将第四系（纪）取消，统一划归新近系（纪）。同年，中国地层委员会颁布的国家标准仍沿用第四系（纪），本书执行国家地层委员会标准。

第二节　构造特征

一、区域构造背景

　　辽河盆地及辽河外围地区的诸多盆地，隶属于环太平洋带的内陆区。环太平洋带西界在大兴安岭、华北和扬子地块的面缘。郯庐—致密—跃进山断裂带将环太平洋带分为内（断裂以东）、外（断裂以西）两带，各自包括了许多次级构造单元。辽河断陷属华北地台东北部的一部分，东临辽东台隆，西接燕山沉降带，北达内蒙古地轴东段，与松辽盆地相望。辽河断陷属大陆裂谷盆地，是渤海湾裂谷系的一部分，大地构造位置处于华北板块东北部（图 2-2-1）。辽河外围盆地主要分布在环太平洋外带华北板块的北缘、东北板块的南部和内带的辽东地块内。

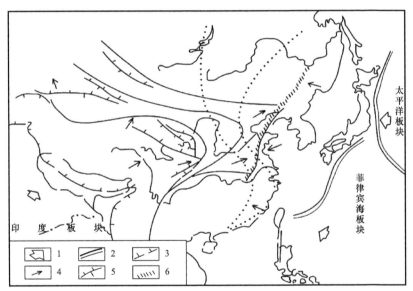

图 2-2-1　新构造期和板块运动与郯庐断裂构造应力场
1—板块运动方向；2—西太平洋板块；3—板块运动构造；4—板内构造应力方向；
5—逆冲—逆掩断层；6—郯庐断裂

　　辽河断陷所对应的幔隆，是渤中幔隆区三岔分支的北支。辽宁南部地区莫霍面深度为 30～36km，地壳等厚线走向呈 NE 向，其中东南部和西北部地壳较厚，中间地壳较薄。在隆起带东部海城附近，有一个上地幔局部凸起，凸起西缓东陡，顶点地壳厚度为 32km，幅度为 1～3km。在区域重力异常图上，凸起部位表现为 NE 向链状正重力异常带。异常带形态和范围与隆凹构造吻合程度好。东北地区航磁正负值呈较大面积片状相间分布。总体趋势以 NE 为主。

　　郯庐断裂带大地热流值较高，渤中幔隆区在 2000m 深处的地温为 80～90℃，大地热流值平均为 $2.1 \times 41.868 \text{mW/m}^2$（$87.923 \text{mW/m}^2$），辽河断陷大地热流值平均为

$1.5 \times 41.868 \text{mW/m}^2$（62.802mW/m²），最高值达 $2.2 \times 41.868 \text{mW/m}^2$（92.110mW/m²），按地热分类辽河断陷属中偏低热类型。

从火山活动看，辽河断陷火山活动频繁，有多期火山活动，古近系火山岩大部分属碱性玄武岩系列。

断陷内控制凹陷的主干断裂以伸展运动为主，后期受走滑作用的改造，使其基底伸展率达 23.8%。

二、盆地地质结构

辽河断陷盆地呈北北东向延伸，长 200km，宽 80km，自地壳深部向上，盆地具有太古宇—下元古界、中上元古界—古生界、中新生界三层地质结构。各层之间既相互继承，又各有不同的演化特征。

（一）莫霍面的形态

盆地深部为上地幔隆起带。在地壳等厚图上，自营口至沈阳一带显示为北北东向带状低值区，地壳厚度一般为 33～35km，东部等值线较密集，莫霍面较陡峻，西部莫霍面较平缓。据人工爆破及海城地震余震测得地幔隆起带之上又有较窄的地幔突带，位于东缘的营口—海城一带，地壳厚度为 30km。

在此莫霍面隆起带以西的锦州—阜新一带，地壳厚度达 35～37km，隆起带以东的大连—鞍山一带，地壳厚度为 39km（图 2-2-2）。

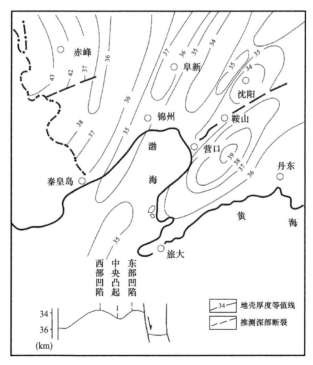

图 2-2-2　辽河盆地地壳厚度

（二）太古宇—下元古界

辽河断陷的基底结晶岩石属太古宇，为混合花岗岩、混合岩、变粒岩、斜长角闪岩、角闪岩、片岩、片麻岩等，相当于鞍山群，用钾－氩法测得同位素年龄在 21 亿年左右，较鞍山群（铀—铅法测得的年龄为 24 亿年）偏小。

辽宁省内太古宇的构造轮廓基本上都是呈东西向平行排列的隆起与凹陷，鞍山群的褶皱也多呈东西向紧闭线状构造，应是纬向的阴山构造带的雏形。

下元古界的辽河群（碳同位素年龄为 18 亿年左右）为沉积变质岩系，其构造轮廓仍为东西向的隆起和凹陷。在辽河断陷的基底没有发现这套地层。

（三）中上元古界—古生界

1. 中上元古界

与华北地区同属地台型海相陆屑与碳酸盐岩建造，其分布受早元古代后期在纬向构造格局上出现的北东向巨型隆起和凹陷所控制。在郯庐断裂带以西，由冀北—辽西凹陷和泛河凹陷组成大向斜；以东为浑江凹陷、太子河凹陷、大连—复州凹陷断续连接成凹陷带，形成辽西、辽东两套不同的中上元古界剖面。

盆地西侧的中上元古界已测得的同位素年龄在 6.55 亿～7.97 亿年（钾—氩法）之间，包括长城系的大红峪组石英岩，蓟县系高于庄组的白云岩、板岩，雾迷山组的白云岩、白云质灰岩，洪水庄组、铁岭组的石灰岩、泥灰岩、白云岩、海绿石砂岩，以及青白口系的下马岭组页岩，景儿峪组的石灰岩、海绿石砂岩等，剖面比较完整，构造呈北东向、倾向北西的单斜，属辽西大向斜东翼的一部分。

盆地北端的中上元古界在沈阳以西、西北一带，仅钻遇大红峪组和高于庄组，为石英岩、板岩、白云岩等。构造呈东西向西翘东倾的向斜，属泛河向斜的西延部分。

2. 古生界

其分布受到新生的东西向隆起与凹陷所控制。自北而南有凌源—锦西（辽西）和太子河（辽东）构成的东西向凹陷带及大连—复州凹陷并向西延伸至辽东湾的东西向凹陷带。区内的下古生界普遍缺失下寒武统及上奥陶统—志留系及泥盆系，只分布着地台型中上寒武统及下奥陶统海相陆屑与碳酸盐岩建造。

辽河断陷仅在东侧分布有太子河凹陷西端的下古生界，钻遇地层厚度为 730m，包括：寒武系中统毛庄组的粉砂岩及薄层石灰岩，徐庄组的砂岩、页岩及薄层石灰岩，张夏组的石灰岩、鲕状灰岩；寒武系上统的崮山组、长山组、凤山组的石灰岩、粉砂岩、页岩；下奥陶统冶里组的石灰岩、页岩，亮甲山组的石灰岩；中奥陶统马家沟组的厚层石灰岩。

上古生界为海陆交互的碳酸盐岩建造及含煤建造，在辽河断陷内没有被发现。

（四）中、新生界

1. 中生界

印支运动在辽宁地区主要表现为地壳隆起，中上元古界及古生界形成北东向的褶皱、断裂，伴有强烈的花岗岩浆活动。三叠系下统在绝大部分地区缺失，三叠系中、上统为偶见于山间盆地的磨拉石建造。在辽河断陷无三叠系分布。

自燕山运动开始，区内地壳运动性质发生明显变化，受太平洋板块与欧亚板块相对运动的控制，进入以裂谷断陷活动为主的新阶段，形成一系列北东向成带分布而又南北分隔的侏罗—白垩系断陷盆地，以含煤建造为主，火山岩活动广泛发育。据火山岩的化学分析资料，二氧化硅指数值及玄武岩判别指数均反映属于远离消减带的弧后大陆型岩浆活动产物。辽宁地区自西向东侏罗—白垩系盆地时代自老向新递变。

辽河断陷的中生界属上侏罗统—下白垩统，为中酸性火山岩建造及含煤砂、泥岩建造，厚度达 500～2500m，用钾—氩法测定火山岩全岩同位素年龄为 102.7～176.2Ma，分布在古近系沉积盆地的东、西两侧。中生界在南北方向其层位、岩性都不完全相同，分隔性强。

外围盆地主要发育白垩系地层，平面上可划分为五个构造区：Ⅰ大兴安岭隆起区。Ⅱ开鲁—赤峰坳陷区。Ⅲ保康—辽西隆起区。Ⅳ昌图坳陷区。Ⅴ辽东隆起区。

2. 新生界

新生界地层是辽河断陷沉积地层的主体，其沉积特征反映了裂谷断陷盆地张裂—深陷—消亡的完整过程。主要有以下特点：

（1）狭长的盆地形态，垒堑相间的地质结构。新生界组成的辽河断陷宽 80km，陆地部分长 200km，其地貌反映为一负向的狭长断陷带。盆地内分为东部、西部及大民屯三个古近系凹陷，中央为大型的凸起（主要分布新近系），其边界均被张性断层所控制，呈垒堑相间的结构。在凹陷中与凸起上均发育着次级的垒堑与断阶构造，也反映出裂谷断陷盆地的结构特征。

（2）盆地内广泛发育着张性与张扭性断裂，其中较大者即有数百条，这些断层落差大（一般为数百米，最大达 4000～6000m），延伸长（可超过 100km），成组成带分布，不同方向、不同时期的断层相互切割，形成许多高低不同的断块。

（3）古近纪裂谷盆地形成之初喷溢较厚的火山岩（古新世—始新世），随即迅速下沉成为湖盆，底砾岩不太发育，深陷时期为早渐新世，沉积物多为深湖相泥岩和三角洲或浊积砂岩体。渐新统沙河街组三段及一段的泥岩中富含介形类化石，根据古近系的厚度计算，其沉积速率为 0.2～0.33mm/a，沉积速率是很高的。

（4）盆地古近纪火山活动频繁，火山岩分布比较普遍，超基性发育，古近系底部普遍存在玄武岩层，厚度可达 1200m，据岩石矿物及岩石化学分析为碱性橄榄玄武岩，据 REE 测定和模式分析为轻稀土元素富集型，具有典型的裂谷特征。钾—氩法同位素年龄测定值为 58.9～73.5Ma，相当于古新世—始新世。渐新世也有多期火山活动，主要分布于盆地东部，玄武岩与砂、泥岩层间互，最大厚度亦可达 400～500m，沿基底断裂带厚度最大，向两侧减薄。

（5）盆地具有较高的地温场及大地热流值，根据现今地温实测资料及古地温研究，新生代古地温梯度为 3.05~4.06℃/100m，平均为 3.75℃/100m，现今实测地温梯度为 3.14~4.0℃/100m。据对盆地大地热流值的实测结果，实测频率最高区间热流值为（1.4~1.6）×41.868mW/m²（58.615~66.989mW/m²），平均为 1.5×41.868mW/m²（62.802mW/m²）。研究结果认为，古近纪早期的古热流值高出现代热流值的 20%，古近纪晚期低于现代 20%~25%，新近纪后期的热流值约等于今日热流值或略高。这显然是受到盆地张裂时期岩浆活动的影响，对油气的生成演化有着重要的意义。

三、盆地演化分析

本书主要从地幔包体特征、深部构造背景等方面阐述辽河断陷及外围盆地的形成与演化。

（一）地幔包体特征

地幔包体一般是指直接生成于地幔中或是来自地幔物质的局部熔融而产生的超镁铁质或镁铁质岩浆中的结晶堆积物，经金伯利岩岩浆或玄武岩岩浆携带到地表的岩石碎块。由于地幔包体是上地幔被带出的岩石标本，因此通过对其研究可以为研究地球深部动力学过程、裂谷发生的岩石圈动力学背景提供重要信息。

根据东北地区计算所得到的超镁铁岩包体的压力估算出相应的深度，并考虑到岩浆起源的深度、地球物理资料等，可作出东北地区上地幔组成的概略柱状图（图 2-2-3）。可以看出，在莫霍面之下为尖晶石二辉橄榄岩层。自莫霍面（约 35km）到约 120km，其组成主要为尖晶石二辉橄榄岩，少数为贫单斜辉石的尖晶石二辉橄榄岩及方辉橄榄岩。在大约 60~70km 处见含角闪石的尖晶石二辉橄榄岩。在 50~100km 范围内广泛分布各种辉石岩分凝体。根据北京—萨哈林剖面地幔纵向速度结构，在 60~120km 深度范围内为低速层。低速层分布于该尖晶石二辉橄榄岩层的中、下部。从辽河断陷及周围地区发现的新生代幔源包体主要为二辉橄榄岩、橄榄岩、部分方辉橄榄岩及少量二辉岩，可以看出，新生代幔源原生玄武岩岩浆应起源于该低速层的顶部。这一深度为 50~80km。因此，辽河断陷等新生代裂谷的形成应与上述低速层顶部形成的岩浆库有关，该岩浆库是由低速层内少量的局部溶浆向顶部分凝集中而形成的。新生代大陆裂谷发育过程中，许多岩石圈断裂亦与此岩浆库有关，地幔底辟过程中

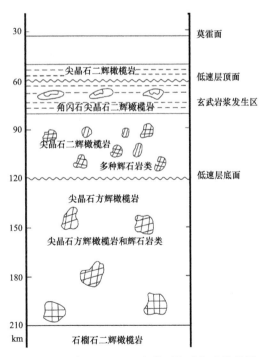

图 2-2-3　东北地区上地幔物质组成概略柱状图

熔浆沿这些断裂上升，并携带大量弱亏损的尖晶石二辉橄榄岩碎块，快速上升至地表。

据上述在辽河断陷范围内及其外围盆地发现的地幔包体特征可以推断地幔内低速层顶部岩浆库岩浆（50～80km）底辟，岩石圈抬升、伸展、变薄，并形成深断裂。这为辽河中—新生代裂谷盆地形成提供了重要的岩石圈动力学机制[3]。

（二）深部构造背景

辽河断陷区内地壳可分为上、中、下三层结构。中地壳下部低速层在盆地东侧的海城一带纵波速度极小值为 5.5～6.1km/s，埋深 20km 左右，厚 3～5km，而盆地区没有明显的低速度层，盆地区下地壳明显较东部山区薄，大地电磁测深资料亦表明中地壳内高导层埋深及厚度变化极大，辽河断陷东部边缘的感王地区埋深约 20km，厚约 8km，而海城以东地区高导层埋深约 15km，厚度也明显增大（15km）。

渤中—辽东湾—辽河断陷区位于北北东向的莫霍面隆起带上，地壳厚度 28～32km。软流圈顶面埋深图表明，渤中—辽东湾—辽河断陷区亦位于北北东向软流圈上隆带上，盆地区岩石圈厚度 50～70km，两侧山区则明显加厚。此外，新生代裂谷盆地区大地热流值明显高于周围山区，前者为（1.5～2.0）×41.868mW/m²（62.802～83.736mW/m²），后者（如燕山地区）为（0.6～1.3）×41.868mW/m²（25.121～54.428mW/m²）。古近纪古热流值较现今热流值偏高。盆地区地壳及岩石圈均减薄的特征及热流的时空变化可能是软流圈上涌、岩石圈不同层次的伸展减薄变形的结果，它为探讨盆地形成的岩石圈动力学机制提供了重要线索。

（三）盆地演化

早古近纪，在太平洋板块 NNW 方向强烈俯冲和印度板块向 NE 方向不断推压的区域应力场作用下，辽河地区及相应的外围地区发生张裂，形成裂谷型断陷，其发育演化大致分为三个阶段。

1. 古新世房身泡时期——盆地拱张期

古新世，在太平洋板块向欧亚板块俯冲作用下，辽河地区热地幔上拱，地壳拉张变薄，随着地幔物质不断上涌，火山岩沿断层以裂隙式喷发，在断裂交会处也可形成中心式喷发，形成巨厚的火山岩。西部凹陷房身泡组火山岩以高升地区为中心向南、北逐渐变薄，东部凹陷以小龙湾地区为中心向南、北变薄，大民屯凹陷则沿着大民屯断裂分布，在远离火山口的地区则沉积了暗紫红色砂泥岩。

2. 始新世—渐新世——盆地裂陷期

随着地壳被拉开，火山岩大量喷发，地下热能散失，地下亏空，引起地壳深部重力和热能不平衡，在重力均衡调整作用下，沿着拉开的断裂面做垂直滑动，成为主导因素，上盘向下滑动，盆地进入以拉张裂陷为主的深陷阶段，即湖盆发育演化阶段。

（1）始新世（沙四、沙三时期）第一沉降期。

始新世沙四沉积时期，辽河地区不断拉张，不断裂陷，呈现浅湖沉积环境。但由于主干断裂发育时间、活动强度存在差异性，各凹陷发育亦不同，沈北凹陷、大民屯凹陷、西部凹陷广泛发育沙四段，且地层厚度较大，而东部凹陷此时还处在隆起区，目前在钻探资料中没发现沙四段。

大民屯凹陷沉降中心位于东界断裂一侧，钻探资料揭露沙四段厚度 813.5m（安 40 井），据地震资料分析最厚可达 1000m，为靠近荣胜堡。整个凹陷平均厚度为 400~500m，沈 50 井位于凹陷东缘，还残存 215m 暗色泥岩，没见到边缘相沉积，可见沙四期沉积范围较现今残存范围要大。

西部凹陷沙四上沉积时期具有北早南晚的特点，牛心坨油层段主要在牛心坨地区，最大厚度为 600m，然后逐渐向南移，沉降幅度大，目前钻探揭露最大厚度为 1434.19m 未穿（坨 25 井），预测可达 1600m，中部陈家洼陷沉降幅度相对要小，推测为 600~700m，在西部斜坡带，其湖盆东侧边界大致在陈家、兴隆台、双台子潜山西侧，即清水洼陷主体当时并未沉降接受沉积。

沙四时期湖盆水体较稳定，水体较浅，在湖盆边缘及浅水地区沉积了以砾岩、砂砾岩为主夹泥岩的扇三角洲沉积体系，在沉降中心则呈现半深湖 – 深湖相泥岩沉积，以厚层状纯暗色泥岩为主，大民屯凹陷和牛心坨地区较发育，局部发育浊积岩（安 74 井）。此时，气候暖湿，有机质丰度高，并有较好的还原环境，使沙四段地层成为很好的烃源岩。

始新世沙三沉积时期，盆地发育处于鼎盛时期，断裂活动加剧，盆地大幅度急剧深陷，沉降速度大于沉积速度，湖盆范围最大，四个凹陷均沉积巨厚的沙三段，沉降中心沿主干断裂的下降盘分布。由于断裂活动的差异性，各凹陷或同凹陷不同部位仍存在差异性。

大民屯凹陷东界断层南部活动增强，使沉降中心由北向南转移，仍有两个中心，在荣胜堡洼陷沙三段最大厚度可达 3500m，钻探资料揭露最大厚度为 3050m 未穿（新沈 60 井），三台子洼陷厚度为 3000m。由于在过补偿和补偿条件下，沙三段以由湖相转为沼泽河流沉积为主，在 $E_2s_3^1$ 湖域消亡。

西部凹陷的台安—大洼断裂中南段开始强烈活动，沉降中心南移，此时，清水洼陷成为最大沉降中心，清水洼陷沉降幅度达 2800m，使之成为典型的簸状凹陷。沙三末期西斜坡抬升幅度较大，地层遭受剥蚀，使凹陷范围向东退缩。总之，西部凹陷沙三时期急剧沉降，形成深水环境的浊积岩及泥岩沉积物。

东部凹陷沙三期断裂开始活动，特别沙三中、后期活动加剧，伴随强烈的玄武岩岩浆喷发。由于断裂活动的差异，各部位表现特征是不同的，北部牛、青、茨地区，受茨西、茨东、佟二堡断层控制，形成茨西和牛青两个沉降中心，前者厚度达 1300m（湾 6 井揭露 1299m），后者可达 3000m，牛深 2 井揭露 1600m 沙三段未穿，向南欧利坨子地区，在三界泡潜山西侧形成沉降中心——朱家房子，沉积厚度达 1200m。在黄金带地区，受二界沟和营口断裂相向下掉的控制，形成地堑型黄金带——驾掌寺沉降中心，沉积厚度达 2000m，浅海地区二界沟洼陷沙三段厚度大于 2600m，因此东部凹陷沙三期是南、北两段沉降幅度大，中段相对较小，而火山岩岩浆喷发则是中间强烈，两头弱，沙三段从沉降中心向周边和古隆起超覆，并超覆于中央凸起、东部凸起、茨榆坨潜山、三界泡潜山和油燕沟潜山。沙三早期沉积巨厚的暗色泥岩，沙三晚期大部分地区转变为以湖—沼、河流相沉积为主，广泛发育三角洲体系和泛滥平原体系。

沙三末期，辽河断陷有过抬升剥蚀，在西部凹陷西斜坡可见明显的剥蚀现象，它与上覆沙二段地层呈不整合关系，但在洼陷区此现象不明显。大民屯凹陷和东部凹陷大部分地区缺失沙二段地层，青龙台、茨榆坨地区缺失沙三段中、上部地层，与上覆地层呈不整合或假整合接触。

第一沉降期，辽河断陷所发育的主干断裂均为伸展断层，控制凹陷沉降，此期是快速沉降时期，广泛发育了深湖—浅湖相沉积，在各个凹陷形成多个生油中心，这些生油中心均靠近主干断裂分布，但由于各凹陷发育特点不一致，形成凹陷之间的差异性，大民屯凹陷、西部凹陷比较开阔，沉积范围较广，沉降幅度大，沉积补偿速度较慢，生油岩体积较大，油气资源丰富，而东部凹陷沉降幅度相对小一些，沉积补偿速度较快，凹陷狭窄，生油岩体积较小，油气资源相对少一些。

（2）渐新世（沙一、沙二期和东营期）第二沉降期。

渐新世中、晚期整个中国东部区域应力场发生改变，由原来引张（拉伸）逐渐转化为张扭或压扭。但仍以拉伸活动为主。

辽河断陷经过第一沉降期后，发生了短暂的回返间歇，渐新世早期，凹陷又开始新的下陷，但各凹陷下降时间、下降幅度不同。

渐新世早期（沙二时期），主干断裂活动量小，扩张速度较慢，主要是在西部凹陷沙二段有较大的范围，东部凹陷仅在黄金带和牛居地区有分布，大民屯凹陷处在隆起区。此时，总体看湖盆小，水体浅，沉积以粗碎屑岩为主，东部凹陷上述两地区有火山岩喷发。

沙一时期，断裂活动加剧，湖盆扩大变深，各凹陷均接受沉积，据钻井资料揭露，东部凹陷最大厚度为 721m（牛深 2 井），西部凹陷最大厚度为 696m（双 22 井），大民屯凹陷最大厚度为 610m（沈 138 井）。

大民屯凹陷两个沉降中心仍存在，但以荣胜堡洼陷为主体，广泛发育泛滥平原相，仅在南部短暂出现浅湖环境。

西部凹陷北部台安洼陷沉降中心移至岳 1 井区，沉积厚度达 800m，陈家洼陷形态不明显，沉积最大厚度达 1000m，由于大洼断层活动加强，对沉积有明显的控制作用，使清水洼陷沉降中心向南转移，沉积厚度达 1600m，南部海南洼陷已有雏形，沉积厚度达 800m。

东部凹陷有四个明显的沉降中心，即长滩、朱家房子、驾掌寺和二界沟，其沉积厚度分别为 1400m、1200m、1200m 和 1400m，南北厚中间薄，四个沉积中心呈足迹状排列。

沙一时期东、西凹陷均以浅湖相沉积为主，发育扇三角洲沉积体系。西部凹陷呈北窄南宽、东陡西缓的地貌特征，河流从东、西两侧沿短轴方向进入湖盆，沉积速度快，扇三角洲比较发育。东部凹陷除沉降中心保持水体较深外，广大地区为浅水沼泽，南部以扇三角洲沉积为主，凹陷北部两侧为冲积扇沉积，其他低洼地区则为泛滥平原或浅湖相带，岩浆活动由凹陷中段向南、北迁移，玄武岩广泛分布。

（3）渐新世（东营期）第三沉降期。

渐新世中—晚期（东营时期），断裂活动进一步加剧，湖盆进一步扩张、深陷。东部凹陷沉降幅度最大，其中，南、北两头大，中段相对较小，北部牛居地区沉积厚度达2500m（牛10井2105m），南部滩海地区沉积厚度达3000m（LH13-2-1井揭露2297m东营组未穿），界东及朱家房子沉积厚度达1400m。西部凹陷沉降中心总的方向往南转移，北部的台安洼陷已转移到岳1井附近（岳1井东营组厚度为1322m），清水洼陷该时期发育最盛，面积大，陆滩连片，厚度大（清20井揭露东营组厚度为2035.36m未穿），推测厚度达2800m。大民屯凹陷下沉幅度最小，沉降中心在荣胜堡，最大厚度达900m（法24井708m）。

可见，第二、第三沉降期，三个凹陷的发育演化有很大差异，东部凹陷沉降幅度大于西部凹陷，大民屯凹陷沉降幅度相对最小。第二、第三沉降期受构造活动控制，总的趋势是沉降中心向南东转移，三大凹陷以沟槽连通，东营期曾存在短暂浅湖环境，但更多的是河流—沼泽相沉积，同时火山活动再次活跃，特别是东部凹陷南、北两端，西部凹陷和大民屯凹陷亦发育少量薄层玄武岩。

至东营组末期，盆地整体抬升受剥，牛心坨地区剥蚀最明显，西部凹陷西斜坡也有明显的剥蚀现象，东部凹陷仅在三界泡地区缺失东一段。第二、第三沉降期，特别是东营组沉积时期，区域应力场呈现张扭应力场。区域应力场的改变，不仅继承性地发育伸展构造，同时还产生扭动构造，且构造多样化。据目前资料统计，此期构造圈闭数和圈闭面积占总数的60%。

3. 新近纪到现今——坳陷期

新近纪，盆地整体坳陷，坳陷较平坦，坳陷沉降、沉积中心进一步向南转移，坳陷期沉积物超覆于前新生界之上，岩性比较单一，平面分布稳定，岩性为厚层状砂砾岩和砂泥岩互层。

第四纪，坳陷范围进一步扩大，主要沉积物为松散堆积物。

四、断裂特征分析

辽河断陷经历了多期构造运动，断裂十分发育，主干断裂控制着凹陷的形成、发育，次级断层控制着二级构造带的形成与展布，其余为数量众多的控制局部构造及油气分布的三级、四级断层。

按断裂展布方向分为：北东向（盆地的主干断裂走向，控制着盆地的构造格局）、北东东向、北西向、近南北向和近东西向等。

按断裂发育时间分为：沙四—沙三中期、沙三中—沙一时期、沙一—东营时期三个主要发育时期。

按断裂性质分为：伸展断层（正断层）、走滑断层、挤压断层（逆冲断层）三大类。

不同走向、不同发育时间、不同断裂性质相互交错，组成辽河断陷复杂的断裂构造样式。

（一）郯庐断裂在辽河断陷的展布及其特征

众所周知，郯庐断裂是贯穿中国东部的一条大断裂，整个辽河断陷的主要断裂是郯庐断裂的组成部分，新生代前有两条断裂，一条在今东部凹陷中间，另一条在今西部凹陷西斜坡带上。新生代早期有四条主干断裂，即营口—佟二堡断裂、台安—大洼断裂、大民屯断裂及法哈牛断裂等。它们的共同特点：北东方向展布，延伸长，断层落差大，多期发育，分段展布，以及性质多变。

在辽河断陷一带，中生代时期郯庐断裂东面一支位于今东部凹陷的中间，即从荣兴屯西侧，经黄金带、欧利坨子至青龙台，在永乐地区与浑河断裂相接，最后与密山—敦化断裂相连。其依据：（1）荣兴屯地区大地电磁测深资料表明断裂两侧基岩性质不同，西侧电阻率较高，为 $1500\sim2000\Omega\cdot m$，从中央凸起已知区推断为太古宇花岗片麻岩或混合岩，东侧电阻率较低，为 $500\sim750\Omega\cdot m$，推断为古生界或下元古界。（2）永乐以南、欧利坨子以东存在较厚的中生界和古生界，东部凸起上许多浅孔资料及凹陷内的界3井已证实，界3井中生界厚度为1830m，古生界揭露731.24m未穿，而西侧只残存不厚的中生界。（3）断裂两侧中生界岩性不一致，据刘香婷分析，"洼7井中生界土城子组为中酸性火山岩，以下是一套以红色、杂色砂砾岩为主的碎屑岩沉积，无疑其相当的井有董1井、董3井、曙32井等"，属西部凹陷类型。李平鲁等研究认为，"界3井中酸性火山岩以下为一套以紫红色泥质粉砂岩为主夹灰绿色页岩、灰色石灰岩、泥灰岩的红色沉积，底部的有一层石灰质砾岩是区域标志，属东部凹陷类型"[4]。

上述说明断裂从凹陷中间通过，并且对中生代以前的地层有分割作用，东部中、上元古界为辽东型，鞍山旧堡一带见南芬组，为一套浅海相的碎屑沉积，岩性为紫红、青灰色硅质页岩、页岩夹泥灰岩、灰绿色页岩。西部为辽西型，在曙光地区钻遇青白口系下马岭组，为一套连续的页岩夹泥灰岩、砂岩等，蓟县系铁岭组为白云岩夹石英砂岩及页岩与白云岩互层，雾迷山组为碳酸盐岩。

西支位于今西部凹陷西斜坡，即欢喜岭至高升并进一步北延至大民屯凹陷西侧，往北东经沈北凹陷西侧与依兰伊通断裂相连，为一条西掉正断层，其依据：（1）在今西斜坡带上可见延续发育到沙三段的一组西掉正断层，在断层西侧有多个中生代沉积洼陷，如兴隆镇、公兴河、胡家、宋家等洼陷均沉积较厚中生界，特别宋家洼陷更厚，宋1井中生界2297m未穿，这些洼陷呈北东向串珠状展布，大民屯凹陷西侧也有较厚的中生界，安92井钻探揭露527.27m未穿。（2）沿该断裂第三纪早期广泛分布火山岩，局部还相当厚，如高参1井房身泡组火山岩厚度为1204m未穿。（3）中、上元古界分布有错动，可能与该断层左旋活动有关。

1. 断裂发育的多期性

辽河断陷新生代断裂活动，有继承性和新生性。继承性表现为断裂展布仍与中生代断裂展布方向基本一致，有的中生代断裂继续发育；新生性表现为断裂在空间上发生位移，同时还发育了其他方向的断裂，如近东西向断裂等。

新生代断裂发育期大致可分为三个主要时期，即房身泡—沙三中时期、沙三中—沙一时期、沙——东营时期。

2. 断裂展布分段性

佟二堡—营口断裂和台安—大洼断裂分段性是十分明显的，呈左侧列式排列。

（1）佟二堡—营口断裂带分段特点。北段指房身泡至永乐段，其断面北西倾，呈较陡的平面状，倾角60°～80°，断层落差大，基底落差达4000m，延伸长度70km，控制东部凹陷北段沉积，是一条长期发育的断层。

中北段指腾鳌断层至房身泡段，其断面南东倾，倾角52°～66°，延伸长度37km，是一条后期发育为主的断层，控制界东洼陷沉积，界6井E_3d厚1706m，而断层上升盘界1井E_3d仅厚189.5m。

中南段指腾鳌断层至油燕沟段，此段作为东部凹陷在此段的边界。其断层面产状从北向南，由高角度逆冲断层转为高角度正断层，它的发育从北向南时代变新，在E_2s_3期，该断层被近东西向沟沿断层所转换至沟沿西侧，沟沿至油燕沟一带缺失或沉积较薄的沙三段以下地层，沙——东营时期才发育，并延伸至水源地区。断层落差具有两头小、中间大的特点，最大落差达5000m，控制驾掌寺洼陷古近系沉积。

南段指从荣兴屯以南至滩海地区，该段断层面产状较陡，北缓南陡，至龙王庙2号构造变为逆冲断层，在区内延伸长度39km，控制着古近系沉积。

可见，佟二堡—营口断裂带是由多条断层组成的，各段发育时间、断面倾向、倾角不尽相同，各段之间连接关系亦不一样。

（2）台安—大洼断裂带分段特点。北段指高升至牛心坨一段，有明显伸展断层特征，断面为铲式，它的北端出现逆冲断层与伸展断层并存，断层最大落差4700m，延伸长度46km，控制着台安洼陷的形成与发展。

中北段指冷家铺地区，断裂比较复杂，有三条不同发育期的断层，从东往西，发育期由老变新，东侧靠中央凸起一条是沙三前期的，仍保持伸展断层特征，与派生断层组合为羽状断层，控制沙三段沉积；中间一条（位于冷东油田）断面倾角变陡，为正断层；靠西一条为逆冲断层（冷家铺逆断层），断层延伸长度33km。

中南段指小洼至海外河一段，断面北陡南缓，断面形态由板状变为铲状，有明显的伸展断层特点，延伸长度38km，控制清水洼陷的形成与发展。

南段指浅海滩地区，断面多为板状，倾角北缓南陡，沿断层发育派生断层呈阶梯状组合。区内延伸长度58km，最大落差3500m。

上述两条断裂带，在每段首尾交接处均为一个转换带，且具有一定的分布规律，两转换带之间相距约30km。

3. 断裂性质多样性

整个地质历史进程中，不同地质时期的地质应力场是发生变化的，某一个地质时期应有一个主应力场，其他是次要的，这种应力场对断裂作用不同，产生不同的地质效应。新生代早期辽河断陷主要受拉张作用，以伸展盆地为特征，断裂以伸展断层为特征，控制盆地的形成，到渐新世后，区域应力场发生变化，在右旋运动作用下，产生走滑断层和挤压断层——逆冲断层。

（1）逆冲断层。大民屯西界断层是一条逆冲断层，倾角由南向北，由陡变缓，在断裂带上产生许多小断裂，该断层北东走向与沈北凹陷北界断层连成一体，延伸长度98km。还有西部凹陷冷家断层、大民屯凹陷三台子断层、东部凹陷荣兴屯断层等均为逆冲断层。

（2）走滑断层。走滑断层主要表现为早期伸展、后期走滑特征，具有走滑性质的断层在辽河断陷主要有大民屯凹陷西界断层、东部凹陷驾掌寺断层、茨西断层、茨东断层等，西部凹陷台安—大洼断层、东部凹陷佟二堡—营口断层和二界沟断层等也具有走滑性质。

（二）盖层断裂展布及其特征

断陷内具有断层性质多样，展布方向各异，组合类型多样，以及多期发育等特点（图2-2-4）。

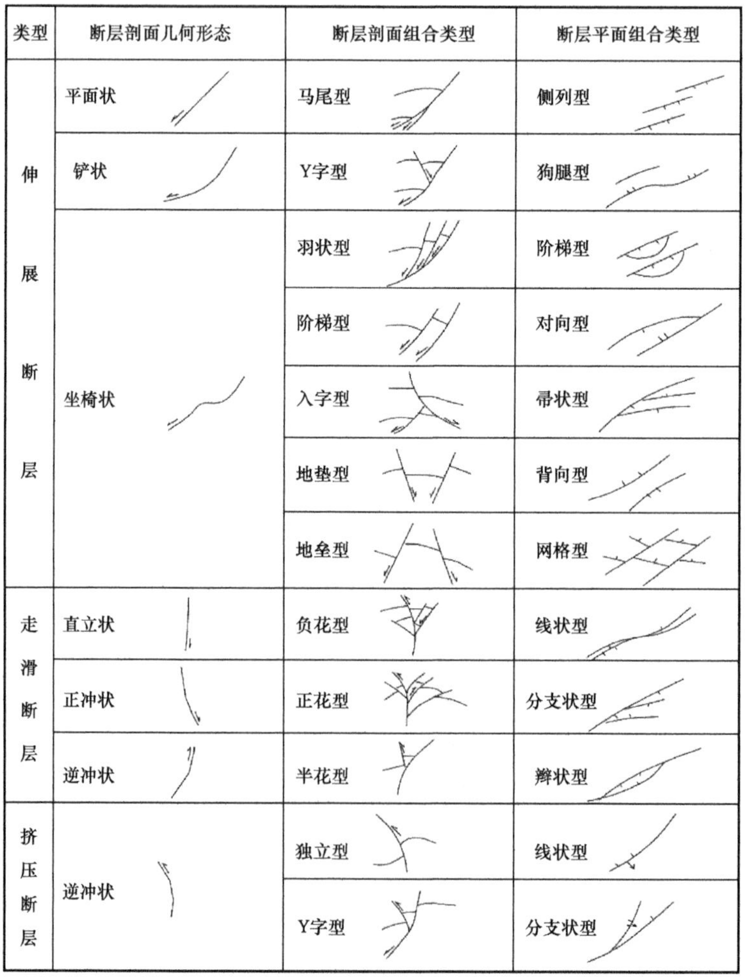

类型		断层剖面几何形态	断层剖面组合类型	断层平面组合类型
伸展断层	平面状		马尾型	侧列型
	铲状		Y字型	狗腿型
	坐椅状		羽状型	阶梯型
			阶梯型	对向型
			入字型	帚状型
			地垫型	背向型
			地垒型	网格型
走滑断层	直立状		负花型	线状型
	正冲状		正花型	分支状型
	逆冲状		半花型	辫状型
挤压断层	逆冲状		独立型	线状型
			Y字型	分支状型

图2-2-4 辽河盆地断裂组合类型模式图

1. 伸展断层展布及其特征

辽河断陷早期是一个裂谷型盆地，伸展断层（正断层）十分发育。

（1）伸展断层的剖面几何形态。平面状断层，断面形状平直，倾角较大；坐椅状断层，上下陡，中间缓；铲状断层，上陡下缓。

（2）伸展断层平面组合类型。侧列型，多条断层彼此近平行；狗腿型，总体与变形带平行；帚状型，树叉状；阶梯型，近平行阶梯状；菱形网格状；背向型，背向状。

（3）伸展断层剖面组合类型。辽河断陷伸展断层是主要断层，从数量上占绝对优势，约占总数的80%，分布于各构造单元。从伸展断层的几何形态看，西部凹陷和大民屯凹陷其特征更为明显，东部凹陷由于后期改造，其特征不像前者突出。

阶梯型断层：在较开阔的缓坡带上或向着深洼陷边缘交替带上比较发育。如西部凹陷西斜坡，出现一系列阶梯型断层，兴隆台构造带与清水洼陷交替带上也有阶梯型断层，这些断层均向洼陷一侧节节下掉，形成台阶，每个台阶均可能形成局部圈闭——断鼻构造。

入字型断层：在西部凹陷欢喜岭、齐家地区和大民屯凹陷东胜堡地区比较发育。它由古近纪早期发育的西掉正断层和后期发育的东掉正断层构成入字型断层。它是辽河断陷十分重要的断层组合类型，能形成潜山与盖层叠覆式复合圈闭。

羽状型断层：剖面呈羽状，平面呈帚状或树枝状分布，常发育于主干断层下降盘一侧，主干断层与低序次的分支断层呈一定交角，其角度可为20°~70°，主干断层与分支断层之间均可构成小幅度圈闭，如大洼—海外河地区。

Y字型断层：在狭长深凹陷的主干断层之下表现明显，东部凹陷较常见，如牛居地区可以看成以佟二堡为主干断裂，以牛居断层为分支断层构成一个大的"Y"字，断层面呈狭长条带状分布，西部凹陷笔架岭构造也见此断层类型。

地堑型断层：往往在深洼陷出现，它可以由主干断层之间构成，也可以由次一级分支断层之间组合形成，如牛居地区可以认为佟二堡与茨东断层是一个地堑型，龙王庙构造上是小地堑。在地堑中常形成褶皱构造。

马尾型断层：主干断层与其派生分支断层构成马尾状，断层向下撒开，分布在主干断层下降盘一侧，如佟二堡—营口大断裂上形成一些小型阶状断块。

地垒型断层：由两条背向的断层构成地垒状，在基底和盖层构造均可见，分布于各个凹陷二级构造带上，分布较广，常常形成局部地垒型圈闭。

2. 走滑断层展布及其特征

渐新世晚期，在右旋地质应力场作用下，在辽河断陷产生明显的走滑现象，特别是东部凹陷比较发育，西部凹陷和大民屯凹陷也比较明显。

走滑断层的一般特征：（1）在平面图上是一些直线状或曲线状或次级断层组合成辫状的主位移带。（2）在剖面图上断面倾角陡，有时同一断层正、逆交替变化。（3）在沉积盖层内，从交织状到向上分枝状都有，常常组成花状构造。（4）在主位移带内或其毗邻地区出现雁行式断层和褶皱。（5）同时存在正分离和逆分离的断层。（6）盆地内和盆地边缘处地质上不协调。（7）由于沉积中心随时间迁移，盆地趋于在纵向上及横向上不对称。（8）有由厚地层剖面记录下的阶段性快速下沉的证据。（9）地形起伏发育显著，伴有突然的岩相变化和盆地边缘的局部不整合。（10）在一个地区，从一个洼陷（凹陷）到另一个洼陷（凹陷）出现地层厚度、岩相几何形态、不整合产状等方面明显的差异。

对第一条断层来说，不可能看到其所有特征，但总有主要特点，营口—佟二堡断裂往北向东弯与密山—郭化断裂相连、大民屯断层与沈北断层相接、台安—大洼断层等都具有弯曲特征，茨东断层基本上为直线状，驾掌寺断层具有典型的辫状组合特征。

走滑断层在深部由比较狭窄的、近直立的主位移带组成，而在沉积盖层内由向上和向侧发散和聚合的交织状分叉断层组成，向上发散的分叉断层系列被称为"花状构造"。花状构造的主要特征为基底卷入型，主位移带在深部近直立，向上为发散的和汇聚的断层群。走滑断层从基底到盖层，其断层两侧差异明显：如东部凹陷，以驾掌寺—界西—茨东断层为界，以东为中生界和古生界基底，以西则为太古宇基底。在一个地层单位内，厚度和岩相有突然变化。从单一剖面上的分离特征来看，花状构造在同一剖面上有正分离和逆分离的断层（如黄金带—欧利坨子地区）。对不同的层位来说，同一断层造成的距离有变化，并且正分离和逆分离断层的比例可变。如黄金带、欧利坨子、驾掌寺和曹台等地区有典型花状构造。

许多走滑断层的突出特征是在主位移带内和毗邻主位移带的地方出现雁行状的断层和褶皱。东部凹陷雁行状断层和褶皱比较发育，特别是在凹陷中南部大平房、二界沟、驾掌寺、黄金带、于楼、热河台和欧利坨子地区最发育，茨西断层东侧的地垒和半地垒也呈雁行式排列，主断层间的分支正断层和次级正断层可见左行雁行式排列。

地质不协调现象，因断层作用，使不同岩石发生较大位移，如静北潜山带上早期断层使中、上元古界和太古宇发生左移。新生代渐新世时期，由于区域应力场的变化，驾掌寺断裂发生了右旋走滑运动。沙一段下部火山岩在该断裂两侧不连续分布，而是被错开了，错距约4.5km。

3. 挤压断层特征

目前，已识别出的挤压断层有七条：冷东、牛心坨、曹台、三台子、张二、荣兴屯、西三家子等。

挤压断层的特征：（1）平面上，挤压断层与主干断层有交角，约30°，断层走向近南北。（2）逆冲断层上盘出现挤压褶皱。（3）剖面上，下伏反射层最终收敛于后翼倾向上，有逆冲断距。（4）地层产状向着逆冲断层一侧倾斜，为上陡下缓。

五、多种构造样式

裂谷盆地沉积盖层的构造形态，主要受基底断块运动和盖层断裂活动的控制。在各凹陷中，盖层有各类构造带和大型洼陷带。而同一构造带中往往下伏基底潜山圈闭，上覆多种构造或其他类型圈闭，构成具成因联系、空间上多种圈闭类型叠置的复合型构造（圈

闭）带，称为复式构造（圈闭）带。根据基底断块体活动和盖层构造的成因联系，以及油
气运聚特点，并结合其凹陷中的分布部位，可将辽河断陷划分出七种复式构造（圈闭）带
类型。外围地区按其边界特征可分为双断地堑型和单断箕状两类[5]。

（一）复式构造（圈闭）带类型

1. 斜坡鼻状构造带

主要发育在箕状凹陷的缓坡带和"V"字形凹陷的两侧，基底为倾斜断块或微弱的翘
倾断块；沉积盖层明显有底超上剥，构造形态较为简单，以鼻状构造为主。鼻状构造有两
种成因：一是在基底起伏古地貌背景上披覆形成；二是沉积的差异压实作用所形成。前者
如柳豪、驾东、高升等鼻状构造，后者如大湾、董家岗、齐家等鼻状构造。斜坡鼻状构造
带可形成多种圈闭类型：基底有潜山圈闭，沉积盖层有鼻状构造圈闭、断块圈闭、地层超
覆圈闭、不整合遮挡圈闭和岩性圈闭等。

2. 断阶构造带

主要发育在凹陷的陡坡带。边界主干断裂是一条断距在数千米的大型断裂。它们有的
呈雁行排列，如二界沟断裂，有的在不同地段由不同的多条断层组成，因而形成多个阶状
构造单元——断阶构造带。以台安—大洼边界主干断裂系为例，从北往南发育有牛心坨、
冷家堡、大洼、海外河、仙鹤、月牙等六个断阶构造带。边台、佟二堡、二界沟等边界主
干断裂系均发育有断阶构造带。这类构造带基底可形成潜山圈闭，沉积盖层以发育断块和
断鼻构造为主，也有同生背斜构造和岩性圈闭发育。

3. 翘倾断块披覆背斜构造带

在各凹陷斜坡构造带和洼陷带之间广泛发育，一般是典型的箕状凹陷出现在缓坡内
带，"V"字形凹陷则多出现在凹陷两侧。它是由翘倾的基岩块体和披覆其上的沉积盖层
所形成。如前当堡、欢喜岭、齐家、茨榆坨、三界泡等翘倾断块披覆背斜构造带。这类构
造带可形成多种构造和非构造圈闭类型：下伏基岩块体可形成潜山圈闭，上覆沉积盖层可
发育披覆背斜、断鼻、断块和地层超覆等圈闭。

4. 中央断裂背斜构造带

一般发育在凹陷中央深陷带。它由两种类型构成：

（1）基底为陷落断块型的中央背斜构造。发育在凹陷的深陷带，基底为陷落断块。该
带在裂陷阶段深陷期为洼陷带，有巨厚的暗色泥岩沉积，一般厚度大于1000m，是超压异
常的发育带。衰减期是洼陷边缘，多为扇三角洲发育区。到再陷期有巨厚的东营组（多属
泛滥平原相）覆盖其上。在再陷期区域张扭应力场的控制下，主干断裂带发生右行平移，
引起侧向挤压，形成下洼上隆的右行雁行的断裂背斜构造，如热河台、于楼、黄金带、荣
兴屯、双台子等断裂背斜构造。显然，这类背斜构造属晚期发育的，且基底对其形成影响
极小。它主要以背斜构造圈闭为主，还有断块、地层超覆和岩性圈闭类型[6]。

（2）基底属地垒型或断阶型的中央背斜构造。主要发育在深陷带或深陷带一侧。基底陷落断块没有前者剧烈，呈地垒型或断阶型，有的为前期的翘倾断块陷落而成，其盖层背斜构造的形成，既受主干平移断裂系的影响，又受基底断块的控制。如静安堡、东胜堡、兴隆台、马圈子、青龙台、欧利坨子、桃园、大平房等断裂背斜构造。其形成圈闭类型，在沉积盖层上与前者一致，但基底可形成潜山圈闭。

在同一凹陷的中央断裂背斜带，均由一系列上述两种类型的断裂背斜构造组成。

5. 同生断裂滑脱构造带

在同生断裂发育区，在重力作用下，断层下降盘一侧的地层，沿断面下滑而形成的一系列小型的同生背斜或变形断块，构成复杂的同生断裂滑脱构造带。如大民屯凹陷荣胜堡构造带，西部凹陷欢喜岭、齐家和曙光下台阶、鸳鸯沟等构造带，东部凹陷二界沟、望海山等构造带。它们主要发育在斜坡至深陷区的转折大坡降部位或"V"字形凹陷主干断裂带的下降盘一侧。这类构造带所形成的圈闭类型与中央断裂背斜构造带基本相似。

6. 平移断裂破碎构造带

在裂谷再陷期，在区域张扭应力场作用下的平移断裂发育带，剖面上呈现一系列"花瓣状"的派生断层，使之沿断裂带形成许多变形断块、小型背斜或鼻状构造等圈闭类型，构成与主干断裂平行展布的破碎而复杂的构造带。这类构造带以东部凹陷牛居—荣兴屯平移断裂带上发育的最为典型。牛居—荣兴屯平移断裂带中段，在中央断裂背斜与主干断裂之间，形成了一系列由多条派生断层与主干断裂呈平行展布所构成的极其复杂的破碎的地带，这在地垒带中存在一系列小型的构造圈闭。在该平移断裂南段，主干平移断裂切割中央断裂背斜带的红星、大平房、荣兴屯背斜构造，从而改造和复杂化了中央断裂背斜带，形成复合型的平移断裂—中央断裂背斜构造带，增加了构造圈闭数量和圈闭面积。

7. 逆冲断裂构造带

在张扭性平移断裂系统中，逆冲断裂发育。在逆冲断裂的上升盘可形成褶皱背斜或断鼻构造，下降盘则可形成断鼻或变形断块构造，从而构成逆冲断裂构造带。最典型的是西部凹陷冷家堡逆冲断裂构造带和大民屯凹陷三台子逆冲断裂构造带。东部凹陷又单独发育此类构造带，它与其他构造带联合组成一个复合型的构造带。如东部凹陷南段荣兴屯地区，形成逆冲断裂—中央断裂背斜构造带。

除上述正向构造带外，盆地内还发现两种特殊类型的正向构造，即泥丘底辟构造和火山岩穿刺构造。前者在大民屯凹陷的荣胜堡洼陷中被发现，后者主要发育在东部凹陷南部的火山岩发育区，如沟沿构造等。

辽河断陷负向构造带（洼陷）的分布极其广泛，三个凹陷形成了九个大型洼陷。其古近系底界深度一般大于5000m，最大可达9600m（盖洲滩地区），它们为油气源岩的形成与演化提供了良好的地质条件，从而为各复式构造带油气富集奠定了物质基础。这些大型洼陷，也有较深层次的构造和非构造圈闭发育。

8.外围地区构造类型

地堑型：以阜新盆地最为典型，还包括龙湾筒、八仙筒、奈曼、甘旗卡等凹陷。阜新盆地东界断裂为大巴—锦州断裂，西界为兴隆沟—敖喇嘛荒断裂。以东界断裂最为发育，南北长度为140km，西倾，地面倾角为70°左右。靠近该断裂—侧中生代沉积层厚度最大，控制着盆地的沉降中心。但不同时期两条断裂的控制作用有所差异。西界断裂第120km，东倾，倾角70°，在九佛堂时期活动最强烈，沉降中心靠近该断裂。

单断型：有陆西、陆东、钱家店、张强、昌图、四官、朝阳、三家子、新宾等凹陷。以陆西凹陷研究最为清楚，该凹陷东界西绍根断裂延伸长度为40km，西倾，与其平行的有两条断裂，使凹陷东界呈台阶状，明显为控制上侏罗统沉积厚度的同生断层。西界为一斜坡，上侏罗统逐渐变薄尖灭或剥蚀。

坳陷型：有北票、马友、北广富、章吉、建昌等凹陷，这些凹陷勘探程度低，从仅有的地震剖面上看，地层厚度各处基本均一，无明显受断层控制的迹象。虽然目前凹陷边界发育有北东向的断层，但为逆冲性质，逆冲时代被初步认为在中侏罗世以后。这类盆地的研究程度比较低，还有待进一步深入。

（二）复式构造（圈闭）带分布

辽河断陷三个凹陷都有多个复式构造（圈闭）带，不同类型的复式构造带分布在凹陷不同部位，而某种类型复式构造带则是位于凹陷的特定部位。

西部凹陷是典型的单断型的箕状凹陷。断阶带分布在凹陷的陡坡带一侧，沿主干断裂带呈带状展布。在冷家堡地区，在断阶构造带和深陷带之间有逆冲断裂构造带分布。深陷带位于主干断裂带附近，属洼陷的最深部位。中央断裂背斜构造带邻近深陷带分布，或位于深陷带之上。同生断裂滑脱构造带位于中央断裂背斜构造带与翘倾断块披覆背斜构造带之间的大坡降部位。翘倾断块披覆背斜构造带分布在斜坡构造带向洼陷过渡的转折地段。斜坡构造带位于箕状凹陷缓坡侧的边缘地带。平移断裂破碎构造带在本凹陷基本不发育。由此可见，箕状凹陷从控制凹陷边界的主干断裂带→缓坡带，各复式构造带展布模式：断阶构造带→逆冲断裂构造带（局部）→深陷带（洼陷）和中央断裂背斜构造带→同生断裂滑脱构造带→翘倾断块披覆背斜构造带→斜坡构造带（图2-2-5）。这些构造带，在平面上沿凹陷的长轴方向（NE向）呈条带状展布。翘倾断块披覆背斜构造带、同生断裂滑脱构造带、断阶构造带在该凹陷分布最广泛，西侧斜坡构造带分布也较广，中央断裂背斜构造带仅在凹陷南部分布。大民屯凹陷属双断型凹陷，凹陷两侧无斜坡构造带发育。因东界和南界断裂活动强度大，凹陷内亦呈箕状形态。在横向上和平面上，各复式构造带的展布规律与西部凹陷基本一致。

东部凹陷因牛居—荣兴屯主干断裂系贯穿凹陷中央，形成以"V"字形凹陷形态为主。故复式构造带的展布比西部凹陷和大民屯凹陷更为复杂。凹陷北段东侧受佟二堡边界主干断裂作用，形成与西部凹陷基本相似的一个箕状凹陷复式构造带展布模式；而凹陷中、南段，东、西两侧分别受油燕沟和二界沟边界主干断裂的作用，构成似"双断型"凹陷，因而形成近似于两个不完全的箕状凹陷的构造带展布模式。其展布特点：中央断裂背斜构造带贯穿凹陷中央，分布最为广泛；斜坡构造带和翘倾断块披覆背斜构造带在凹陷两侧均有分布；在凹陷中、南段邻近中央断裂背斜构造带，有平移断裂破碎构造带分布，在大平房地区两个构造带合二为一，构成复合型的平移断裂—中央断裂背斜构造带展布于凹陷中央；而凹陷南段又有复合型的逆冲断裂—中央断裂背斜构造带分布。这些众多的复式构造带在三个凹陷的广泛分布，为辽河断陷丰富的油气资源的聚集提供了良好的圈闭条件，从而相应地形成了众多的各具特色的复式油气聚集带。

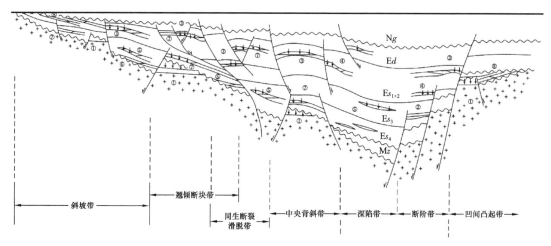

图 2-2-5　箕状凹陷复式构造带分布模式

①潜山圈闭；②断块圈闭；③滚动背斜圈闭；④鼻状构造圈闭；⑤岩性尖灭圈闭；
⑥地层超覆圈闭；⑦披覆背斜圈闭；⑧不整合面遮挡圈闭

（三）构造样式

构造样式分析所要考虑的问题主要包括几何学、运动学、动力学和时间，这四个因素有一定联系。几何学分析是通过地表观察及地震剖面解释来获得三维构造几何特征，将各种变形组合起来对构造应变场与应力场结合起来；运动学分析是侧重于将板块运动与盆地深化序列结合起来对构造位移变化进行推测；动力学分析主要考虑全球三种动力系统：伸展构造体系、压缩构造体系和走滑构造体系与盆地分类及形成机制的关系。盆地构造样式分析为油气勘探提供了思维方法和技术路线，技术路线主要是依靠构造样式对比为预测和外推盆地的构造圈闭类型及反射地震剖面解释提供各种地质模型与盆地动力学特征分析。研究盆地构造样式的演化是揭示盆地原形、恢复盆地构造演化历史的重要途径，对盆地内油气的勘探有着重要的意义。辽河断陷构造样式如图 2-2-6 所示。

类型		平面特征	剖面特征	实例
伸展构造样式	翘倾断块体	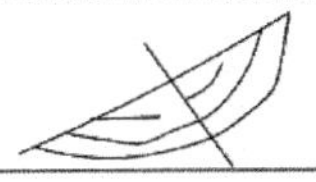	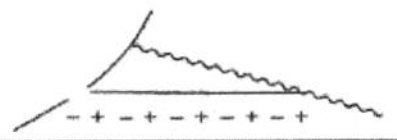	欢喜岭潜山 东胜堡潜山
	滚动背斜	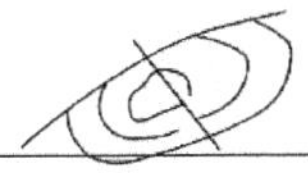	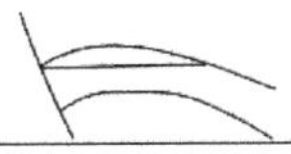	双台子 滚动背斜
	断裂鼻状构造		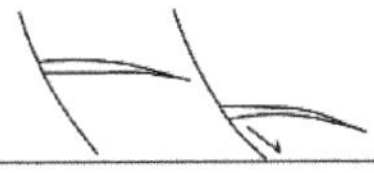	锦16断块 马圈子构造
	披覆背斜		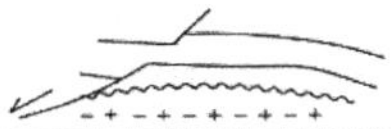	兴隆台背斜 榆树台背斜
	断块(天窗式构造)		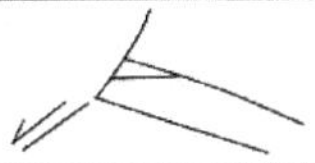	齐40断块
	叠覆构造		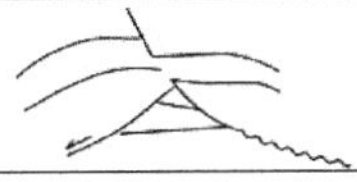	静安堡构造
	洼陷	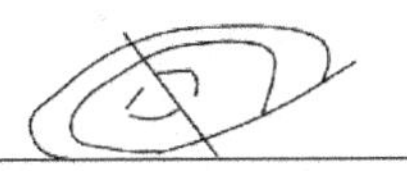		荣胜堡洼陷 清水洼陷 二界沟洼陷
走滑构造样式	雁列构造		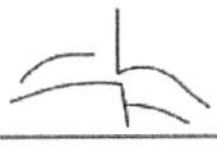	茨榆坨构造带 黄金带构造带
	花状构造			黄金带
挤压构造样式	牵引构造	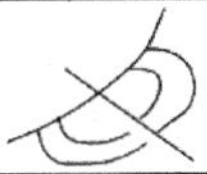	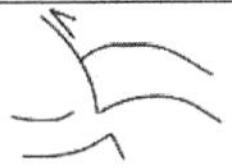	三台子构造
泥底劈构造			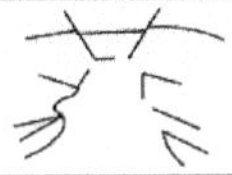	荣胜堡泥底劈
反转构造			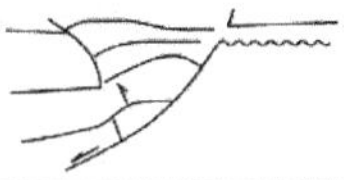	龙王二号构造 冷东构造带

图 2-2-6　辽河断陷构造样式

第三节　沉积特征

一、沉积演化背景

　　裂谷的演化控制了沉积环境的变迁，沉积环境控制着沉积体系及沉积相带的形成，因而构造—沉积旋回的差异性也就导致了沉积环境的巨大差异，使得辽河油田具有以下基本的沉积演化特征[7-11]。

（一）中生代沉积演化背景

1. 单断单旋回盆地（凹陷）沉积演化背景

此类凹陷以控陷断裂一侧为主，具有近物源、多物源、快速沉降、快速沉积的特点。以陆家堡坳陷为典型代表，其构造演化可分为四个阶段，不同构造阶段其构造特征、沉积建造均不相同。

（1）初始初裂阶段（义县期）。晚侏罗纪早期，地壳上部岩层出现拉张构造环境，产生一系列断裂，壳下深部熔融物质沿深大断裂向上运动，发生了大面积的火山喷发，同时盆地缓慢下沉，堆积了巨厚的火山岩和火山碎屑岩，主要有凝灰岩、安山岩、玄武岩，火山喷发间歇曾有过短暂的湖泊碎屑沉积。

（2）强烈深陷阶段（九佛堂组）。该阶段构造运动转换为沿断裂面滑动以垂直运动为主，盆地急剧下沉，与周边山区形成大的高差，凹陷两侧山区受到强烈的风化剥蚀，大量物质堆积在山前地带。在断裂陡坡带，由于水深坡陡的古地貌条件，使碎屑物质直接进入湖盆，形成一系列近岸水下扇，或以冲积扇快速进入湖盆，形成扇三角洲；凹陷缓坡带或斜坡带，由于没有边界断层的控制，碎屑物质主要由多条山区辫状河流携带入湖，形成辫状河三角洲；在凹陷中央深水区局部发育有滑塌浊积扇或槽形浊积岩。不同期次的近岸水下扇和扇三角洲垂向叠置、横向连片，围绕凹陷中心成裙边状展布。

（3）稳定下沉阶段（沙海期）。断裂活动已大大减弱，盆地由快速下陷转变为缓慢地稳定下沉，在风化剥蚀作用减弱、入湖水系减少、碎屑物质供给不充足的条件下，整个坳陷表现为广阔的半深湖环境，仅洪水期坳陷南侧才有小型扇三角洲发育，北侧局部地区发育了辫状河三角洲，坳陷中央仍有槽形浊积岩分布。

（4）衰减萎缩阶段（阜新期）。此时断裂活动进一步减弱，沉积速率已大于沉降速率，整个坳陷表现为充填式沉积。在物源区进一步后退，以及碎屑物质供给严重不足的条件下，坳陷大部分地区为开阔的滨浅湖环境，局部地区出现了滨湖砂砾滩和滨湖沼泽。阜新期末，坳陷普遍抬升，遭受剥蚀，从而结束了其断陷发育历史，至白垩纪，盆地进入坳陷发展阶段。

2. 双断双旋回盆地（凹陷）沉积演化背景

此类凹陷在充填演化过程中受两侧控陷断裂的控制，凹陷两侧均为沉积物堆积提供了物源，物源体系的类型具有相似性。表现为近物源、快速堆积、厚度大、粒度粗，以及沉积体伸入较深水湖区与湖相沉积交互的特征。阜新盆地为其典型代表，晚侏罗世纪历了两次成盆期，垂向上具有双旋回充填序列，即义县—九佛堂期为第一旋回，沙海—阜新期为第二旋回。由于受两侧边界断层控制，不同旋回的不同阶段沉积体系的分布均有差异。

（1）第一旋回早期（义县期）。控制该阶段盆地发育的为西侧边界大断裂，断裂的强烈活动导致大规模的火山喷发，堆积了一套巨厚的火山岩系，在火山岩系中夹有多层厚度不等的湖相沉积层。此时，盆地呈一单断式箕状形态，边界断层限定了盆地的走向和火山岩系的分布。

（2）第一旋回晚期（九佛堂组）。在该阶段中，西侧边界大断裂更加活跃，东侧边界断裂也开始活动并有逐渐加强的趋势；形成东、西两侧断面倾向相向的正断层夹持的地堑构造，东、西两侧边界断层相比，西侧断层的活动性仍强于东侧。在两条断裂的作用下，盆地基底大幅度沉降，形成了以浅—半深湖为主的沉积环境，东、西两侧不对称地发育了冲积扇—扇三角洲，中央深水区发育了湖底扇，浅水区局部发育有滩坝砂体。湖盆的沉降中心和沉积中心均偏向盆地西侧。本阶段末期，断裂活动减弱，盆地回返，第一旋回沉积结束，九佛堂组上部地层遭受剥蚀。

（3）第二旋回早期（沙海期）。断裂重新活动而开始了新的沉降运动，与之相伴的是最大规模的水进。早期（沙下段沉积时期）湖泊范围较小，两侧冲积扇—扇三角洲发育，中、晚期（沙上段沉积时间）湖泊范围大，多为半深湖—深湖环境，仅东、西两侧边缘地带有冲积扇—扇三角洲发育。湖盆的沉降、沉积中心也由前一个旋回的西侧转移到本阶段的东侧。

（4）第二旋回晚期（阜新期）。此时，东、西两侧边界断裂虽然在活动，但活动性不一，东侧稍强于西侧，且其活动强度远不及前阶段。在湖盆的扩展已趋于停顿、周边陆源碎屑少量供给的条件下，湖盆的环境发生了重大改变，大部分地区均为开阔的冲积平原环境，发育了河道、河道间沼泽及洼地沉积物，仅盆地边缘发育了冲积扇。阜新期末，盆地隆升较为明显，遭受区域性剥蚀，从而也结束了其断陷发育历史。至白垩纪，仅盆地东侧有小型冲积扇发育。

（二）新生代沉积演化背景

辽河坳陷新生界演化，经历了地壳拱张、裂陷和坳陷三大发育阶段。其中的裂陷阶段又进一步分为初陷期、深陷期、持续—衰减期，是辽河断陷古近系生油层、储层、盖层形成的主要时期[7-9]。

1. 拱张阶段（古新世）

古新世早期，本区地壳处于区域性拱张状态，进入新一幕裂谷发育的初始阶段，当时地面海拔较高，在相对低洼地区，普遍发育红色粗碎屑沉积；沿中部古隆起区，东、西两侧产生了一系列北北东向和北西西向的张性断裂系统。北北东向形成控制裂谷盆地发育的主干断裂，如边台断裂、法哈牛断裂、大民屯断裂、牛心坨断裂、台安断裂、大洼断裂、牛居断裂、三界泡断裂、驾掌寺断裂、荣兴屯断裂、佟二堡断裂、油燕沟断裂和二界沟断裂等。它们都具深断裂性质，伴有多期次碱性玄武岩喷发。这是辽河裂谷规模最大、分布最广的一次岩浆活动，在三个凹陷均有广泛分布。

2. 裂陷阶段（始新世—渐新世）

1）初陷期（始新世中期）

随着主干断裂活动的增强，基底断块发生差异裂陷。由于主干断裂发育时间和活动强度的差异，各凹陷的发育时间和下陷幅度也不同。

大民屯凹陷最早成为地堑式凹陷，沙四段沉积范围广、厚度大，沉降中心在边台主干断裂附近的静安堡地区，最大幅度大于1700m。

西部凹陷随着牛心坨、台安主干断裂活动依次增强，处于下降盘的基底断块依次陷落，沉降中心紧靠主干断裂。牛心坨断裂发育早、强度大，沙四上段沉积较齐全（牛心坨、高升、杜家台三套油层都发育），厚度也大，沉降中心在牛心坨地区，下陷幅度超过1500m，而台安断裂下陷较小，幅度为500～600m。

东部凹陷在始新世中期，基本处于隆起剥蚀状态，局部范围可能有零星沉积。

初陷期基本上是浅湖沉积环境，沉降中心部位呈现半深湖环境。水系多属短小河流，流域窄、水量小、物源补给不足。在湖盆边缘发育小型冲积扇或扇三角洲，更广泛的湖域为泥晶白云岩、钙质页岩、油页岩或黑色泥岩沉积，仅局部地区有浊流沉积。

2）深陷期（始新世中晚期）

进入沙三段沉积时期，辽河坳陷处于进一步快速扩张、大幅度下陷的深陷时期。三个凹陷主干断裂均经历大规模陷落活动，在东部凹陷有强烈的玄武岩浆喷发过程。

大民屯凹陷近东西向的法哈牛断裂形成，并强烈活动，与持续活动的边台断裂和大民屯断裂构成三角形地堑盆地。沉降中心由北向南迁移到法哈牛断裂周边的荣胜堡地区，最大下陷幅度达3000m。这个时期，前当堡、东胜堡、静安堡翘倾断块带已开始形成。

西部凹陷牛心坨、台安、冷家堡、大洼断裂在这个时期已先后连成一个整体，形成主干断裂系。主干断裂的拉张陷落，使凹陷东侧大幅度沉降，形成典型的箕状凹陷。由于断裂活动强度的差异，从北至南形成四个沉降中心：台安洼陷、盘山洼陷、清水洼陷和鸳鸯沟洼陷，其沉降幅度分别为1500m、2200m、3200m和2000m。这个时期，曙光、齐家、欢喜岭、兴隆台等翘倾断块带出现雏形。

东部凹陷主干断裂在沙三早期继续活动，到沙三中期进入大规模的强烈拉张陷落，牛居断裂、欧利坨子断裂、驾掌寺断裂、荣兴屯断裂发育成贯穿凹陷中央并连成一体的主干断裂系。油燕沟断裂、佟二堡断裂、二界沟断裂也相继强烈活动。主干断裂的展布及其组合形式，决定了东部凹陷是一个狭长形凹陷，其结构形态复杂，中段为缓斜的"V"字型，南、北两段为复杂的箕状型。由于断裂活动的差异，从北向南，形成了四个沉降中心，即长滩、沙岭、驾掌寺、二界沟洼陷，其最大沉降幅度分别为3000m、2100m、3000m和3300m。伴随有强烈的火山岩浆喷发，主要分布在青龙台、黄沙坨和热河台—黄金带的广大地区。这个时期，茨榆坨、三界泡等翘倾断块带已开始形成。

大规模的快速拉张、裂陷，使凹陷湖盆呈现深水或半深水湖盆的沉积环境，沉积了巨厚的暗色泥岩。西部凹陷根据其地震资料推测最大厚度可达1200m。在非补偿条件下，广泛发育浊流沉积，以西部凹陷最为典型。到沙三晚期，各凹陷又出现了明显的差异：西部凹陷基本上保持前期沉积环境；大民屯凹陷北部和东部凹陷中、北部的广大地区，在过补偿和补偿的条件下，转为湖泊沼泽、河流沉积，广泛发育三角洲体系和泛滥平原体系。

3）持续裂陷—衰减期（渐新世早期—中晚期）

相当于沙一段、沙二段—东营组沉积时期。

沙三段沉积末期，盆地内三个凹陷经历了不同程度的抬升剥蚀。渐新世早期，区域拉张裂陷再次增强，基底差异陷落。由沙二段至沙一段水体逐渐扩大，此时最大沉降速率达0.9mm/a，各凹陷中，西部凹陷沉降幅度为1800m，东部凹陷沉降幅度为1600m，大民屯凹陷沉降幅度为700m，大民屯凹陷沉降幅度最小。火山活动仍以东部凹陷为主，有两期喷发，主要分布在青龙台、黄金带—大平房一带。这个时期，东部和西部凹陷均以浅湖相沉积为主，发育扇三角洲体系；大民屯凹陷仅有短暂浅湖环境，主要为泛滥平原相沉积。

到东营组沉积期，辽河裂谷再度扩张，基底差异沉陷，但沉降速率相对较小，最大沉降速率为0.23mm/a。各凹陷的下陷幅度差异较大，且明显地表现为南段大于北段。大民屯凹陷下陷幅度最小，北段最大下陷幅度仅200m，南段下陷幅度为900m；西部凹陷居中，北段下陷幅度为1600m，南段下陷幅度达2600m；东部凹陷下陷幅度最大，北部下陷幅度为2400m，南段下陷幅度达2600m。渐新世晚期，区域应力场发生变化，使凹陷的主干断裂产生右行平移。它使主干断裂系的不同地段产生正断层与逆冲断层转换、派生断裂雁行排列和逆冲断层等多种形式。

岩浆活动仍然活跃，各凹陷仍以东部凹陷火山活动最为强烈。玄武岩主要分布在东部凹陷南段大平房和北段牛居等地区，中段驾掌寺地区还有浅层侵入的辉绿岩；大民屯凹陷东胜堡地区亦有玄武岩分布；西部凹陷仅在西八千地区有零星分布。这个时期，各个凹陷的正向和负向构造带均已发育成现今的形态。由于侵蚀基面的不断下降，水系流域扩大，以及河流沉积作用，浅水湖盆均迁缩至各凹陷南端。在过补偿条件下，广泛发育冲积扇、泛滥平原、三角洲相沉积。到东营组沉积末期，裂陷阶段趋于停止，古近系经历了大约6~8Ma的抬升剥蚀。

3. 坳陷阶段（新第三纪至今）

自新近纪开始，辽河坳陷的发育进入整体坳陷阶段。馆陶组巨厚砂砾岩、砾岩覆盖在老第三纪不同时代的地层之上，呈区域不整合接触。

这个时期，火山活动明显减弱，仅在东部凹陷南段大平房、荣兴屯地区见零星的新近纪早期的玄武岩分布。主干断裂仍在活动，但强度较小，断距一般为50~100m；原控制各凹陷边界的主干断裂，往往有反向活动。构造形态起伏较小，基本上呈现由北向南倾斜，沉降中心位于渤中凹陷，在区域上与其他邻区坳陷构成统一的渤海湾大型坳陷。

二、沉积相类型及相标志

沉积相是在一定沉积环境中所形成的岩石组合，它是沉积环境的产物，各个成因上有关联的沉积相组合在一起构成沉积体系。

辽河油田中、新生代主要发育河流、湖泊作用形成的典型沉积相类型，主要包括冲积扇相、泛滥平原相（河流相）、三角洲相、扇三角洲相、湖相、湖底扇相等。

（一）冲积扇相

冲积扇是碎屑岩中最近源的沉积体系，多位于活动的断层边缘或沟谷出山口的山麓地带，由洪泛沉积物和辫状河流沉积物组成，碎屑组分以砾岩为主。沉积过程突发性和间歇性强，分选性差。其形成机制为不稳定的洪流或山地辫状河流携带碎屑堆积而成，碎屑颗粒的搬运方式既有牵引流性质，也有沉积物重力流（主要为碎屑流或泥石流）性质；形态常为堆积在山口或山前的扇状体，多个扇状体侧向相连呈裙边状。

冲积扇的组成物质从扇顶至扇缘颗粒逐渐变细，分选性逐渐变好，自上而下可分为扇根、扇中、扇端三个亚相。

辽河凹陷冲积扇相多位于盆地（凹陷）边缘，以东部凹陷边缘最为发育，在 E_2s_3 上部—E_3d 地层均有分布。辽河外围主要分布于阜新盆地、张强和安乐凹陷，尤以前者为甚，从九佛堂—阜新期均有分布。从所揭露的剖面分析，具有以下特征：

（1）岩性和沉积结构、构造特征。多为粗粒碎屑岩，以砾岩、砂砾岩为主体，夹有红色及杂色泥岩和碳质层。单层厚度较大，粗碎屑比例相当高，砾：砂：泥大约为 4：3：3。

在岩石学性质方面，以成熟度极低为其显著特征。颗粒分选较差，多为基质支撑，磨圆为次棱角状。在砂岩类型上为长石砂岩、硬砂质长石砂岩和杂砂岩。在碎屑颗粒成分上，视产出地区不同有较大差异：在东部凹陷东部北段，岩屑含量较高，达 28%～45%，长石含量为 25%～30%，石英含量为 32%～35%；在东部凹陷西部斜坡中段和南部（董家岗地区），长石含量较高，达 28%～45%，岩屑含量为 5%～32%，石英含量为 27%～38%。泥质夹层薄而不稳定，多为红色、杂色含砂泥岩。层理发育程度较差或中等，可见块状层理，也可见较强水流下形成的大型槽状交错层理、楔状交错层理等。

（2）粒度特征。概率累积曲线表现为两段式，以宽区间 [（1～7）Φ]、低斜率为特征。主要以滚动方式搬运，为水动力较强的牵引流特征。

（3）电性特征。自然电位曲线主要为箱形和钟形，其次也可见指形、锯齿形；电阻率曲线多呈正韵律组合的高幅锯齿状，反映了沉积物在沉积过程中能量较大、快速堆积、砂泥分异差的特点。

（4）地震相特征。在平行扇体轴向的地震剖面上呈楔状，在垂直扇轴的地震剖面上呈丘状或透镜状，内部反射呈杂乱、空白或断续状。

（二）泛滥平原相

在盆地演化过程中，旋回水退时期的低洼处和相对平坦的地域发育泛滥平原沉积体系。E_2s_3 后期—E_3d 时期在大民屯凹陷、东部凹陷广泛发育，西部凹陷仅在 E_3d 时期发育，发育于水退时期盆地低洼平坦地域。辽河外围主要发育于阜新盆地、安乐凹陷、大洼昌图凹陷，尤以阜新盆地阜新组最发育泛滥平原为河流冲积作用形式。主要沉积了两类岩性，即砂质岩类和泥质岩类。垂向上具有典型的"二元结构"，按岩性、沉积构造和岩相等特征，进一步划分为河道、天然堤、决口扇和泛滥盆地等微相。其主要沉积特征如下：

（1）岩性和沉积结构、构造特征。岩性分为泥质岩和砂质岩两类：① 泥质岩类，多形成于河道间的广阔地域。在排水不畅的环境中，例如东部凹陷沙三和沙二后期及东营期的盆地南部，为广泛的沼泽环境。在沉积剖面中，为杂色的泥岩夹碳质和薄煤层、薄层粉砂岩等组合，局部见植物根系。泥岩质不纯，常混有粉砂，甚至粗砂和砾石；在排水较畅通的高地环境中，例如大民屯凹陷沙三中、后期及东部凹陷沙一沉积时期的凹陷边缘，暴露而导致氧化条件更为明显，泥岩颜色较杂，其中红色地层相当发育，大民屯凹陷静安堡地区红色地层厚度可达 150～250m，成为一片具有相当面积的红色泥岩沉积区。此外，泥岩中夹有大量钙质和铁锰质结核，植物碎屑和植物根系减少，植物向河道方向转移，故植物根系多在粉砂质泥岩中。② 砂质岩类，其与河道的沉积作用关系密切。三个凹陷中所见到的泛滥平原相中的砂岩，以河道（包括侧缘漫滩）沉积为主，其次为天然堤、决口扇等。河道沉积粒序为下粗上细的正韵律，底部为冲刷面，砂砾中具少量泥质滞留物，向上由砾岩过渡到粉砂岩甚至泥岩。河道砂的颗粒成分视不同地区而异，总的规律是长石含量变化不大，多数地区长石含量在 25%～35% 之间，石英和岩屑因地而异，其含量变化较大。河道砂结构较均匀，以中—细砂岩最为常见，粉砂岩次之。具有长距离搬运的特点。

在沉积构造上，砂层底部冲刷现象普遍，冲刷面常可见河床滞留沉积；具小型槽状交错层理、楔状交错层理、板状交错层理、平行层理和波状层理等。

在结构上，颗粒分选差—中等，磨圆呈次棱角状—次圆状。缺乏古生物化石，可见植物根系和虫迹。

（2）粒度特征。概率累积曲线主要为由跳跃总体和悬浮总体组成的两段式，河道微相以跳跃组分为主；泛滥盆地微相以悬浮总体为主，总体表现为牵引流特征。

（3）电性特征。在自然电位曲线上，河道微相对应于箱形、钟形、指形；在视电阻率曲线上，河道微相对应于指形、齿形，泛滥盆地微相多对应于低幅齿化的指形、锯齿形或平直基线。

（4）地震相特征。河道砂体在地震剖面上呈顶平底凸或顶凸底凹的透镜体、充填型地震相，内部为近平行或杂乱反射。

（三）三角洲相

三角洲相是在以沉积作用占优势的地区，携带大量陆源碎屑的河流流经泛滥平原后，在临近湖盆开始分流的陆上低地至湖泊浅水区域发育的沉积体。在横向上具有清晰的三带（平原相带、前缘相带、前三角洲相带）结构；在纵向上具有明显的三层（底积层、前积层、顶积层）结构。湖相三角洲是河流的分流河口向蓄水湖盆不断推进过程中形成的具有明显水退序列的砂泥岩沉积体。

辽河断陷的三角洲相为数不多（扇三角洲较为发育），但均出现在盆地演化的水退时期，例如第一旋回中—后期大民屯凹陷的静安堡三角洲；第三旋回盆地南部发育的三角洲。其中，大民屯凹陷静安堡三角洲是断陷盆地中较为典型的三角洲。

大民屯凹陷沙三早期三角洲的形成有其特定的沉积环境，是第一旋回早期水进达到最高水位、湖盆转入水退阶段的产物。由于沉降中心南移，北部的静安堡地区相对抬升，湖盆面积渐次缩小。沿凹陷长轴方向发育了河流－三角洲体系。三角洲的三层和三带结构十分清晰。

（1）三角洲平原亚相。其为三角洲相的水上部分，沉积作用与河流相无本质区别，都属河流冲积作用形成的沉积物。唯有在微环境上，二者具有一定差异：三角洲平原位于河流临近入湖处的陆上一侧，地势为半积水洼地，河流分流现象明显。

因此，河道沉积具有下游河流的特点，沉积砂层具有较高的成分和结构成熟度。层理构造常见小型、弱水流的交错层理，例如小型板状、槽状、波状、楔状交错层理及水平纹层、波状纹层等；非河道沉积的分流间洼地多发育沼泽沉积，如炭屑、草炭屑、碳质泥岩及薄层粉砂岩等。生物遗迹较多。

（2）三角洲前缘亚相。其为三角洲的主体，沉积剖面中砂岩相对集中，具有较高的砂泥比，砂泥岩具有较好的分异，是较好的油气储层。

前缘砂在水下的分布形态是河流水动力（流量、势能）和湖泊水动力（波浪、潮汐、沿岸流）综合作用的结果，同时也受气候（季风、降水量）和地貌形态的制约。因此，进入湖盆的前缘砂几乎无一例外地要受到湖水水动力的改造作用。视改造作用的主导因素不同，前缘砂的分布形态多种多样。在大民屯凹陷静安堡三角洲沉积时期，持续水退，湖泊的水动力条件相对较弱，波浪和潮汐对砂体的改造作用微弱甚至几乎没有，因此发育的三角洲具有河控性质。前缘砂向湖中心方向伸展、前积受水下地形形态的影响，呈不规则的扇状。

由于受到一定程度的湖水改造作用，前缘砂的层理构造无论在种类上还是在规模上，均不及陆上河流发育，层理的细层也不如河流相的清晰。层理类型以小型、弱水流的层理类型和组合为主，如斜层理、小型交错层理、波状纹层、平行层理、爬升层理等。另外，由于湖盆较小，极易受突发事件的影响，在前缘砂的正常层序中，夹有洪积事件的粗大颗粒沉积夹层。宏观上，三角洲的前积结构清晰，前积结构清楚地显示了前积作用最强的部位逐层向湖中心方向推进，持续而稳定的水退过程十分明显，由此而形成了前缘砂的反韵律粒度结构特征。这是三角洲前缘砂最重要、最易区别于其他沉积相类型的典型标志，该三角洲的反韵律砂体为指状砂坝。

（3）前三角洲相。其位于前缘亚相前方，是河流带进湖盆中砂级碎屑物沉积作用不能波及的地区。实际是以悬浮的黏土沉积作用占优势的浅湖、甚至半深湖沉积区。大民屯凹陷沙三早期的三角洲前缘向湖中心推进过程中，并未覆盖全部湖盆，仍保留了以泥岩沉积为主的区域。前三角洲相的泥岩颜色较暗，以深灰、灰色为主，夹有少量炭屑和粉砂岩条带。层理构造类型较为简单，以水平层理和块状层理为主，也见波状纹层。

（四）扇三角洲相

发育在湖盆两侧边缘依山傍水的部位，具有与冲积扇相似的形成机制和正常三角洲相似的沉积环境，是冲积扇前端辫流河道在浅水湖盆边缘的水下延伸，水下前积层是扇三角洲的沉积主体。

扇三角洲相在整个辽河油田均有发育，以西部凹陷最为典型。大民屯凹陷发育于E_2s_4，东部凹陷发育于E_2s_3早期和E_3s_1，西部凹陷发育于E_2s_4早期和E_3s_2—E_3s_1。辽河外围主要见于陆家堡坳陷和张强凹陷。张强凹陷发育于九佛堂期，陆家堡坳陷发育于九佛堂—

沙海组，分布在坳陷北侧缓坡带上。扇三角洲沉积体具明显的近源、快速沉积的特点。可进一步划分为扇三角洲平原、扇三角洲前缘和前扇三角洲三个亚相单元，扇三角洲前缘亚相可进一步分为水下分支河道微相和支流间湾微相等，扇三角洲平原亚相可进一步分为分支河道微相和分支河道间浅滩微相等。其主要沉积特征如下：

（1）岩性和沉积结构、构造特征。岩性剖面以颗粒粗大的砂岩和砂砾岩为主，在岩石类型上属低成熟度的硬砂质长石砂岩和杂砂岩。在矿物成分中，石英含量不高，仅为30%～40%，成分复杂的岩块（花岗岩、中酸性及基性喷发岩）含量为25%～30%，高者竟达40%以上，杂基含量10%左右；结构上多为分选性差、颗粒不均匀的不等粒结构，颗粒形态呈不规则的、具棱角的片状、条状和球状，磨圆度低。层理构造和构造组合与辫状河流相似，冲刷面和冲刷充填构造较发育，粗颗粒的砂砾岩底部常见冲刷面，具滞留沉积物，向上分别为槽状和板状交错层理、斜层理和迭复层理等，此外还发育有薄层的平行层理和少量粒序层理，顶部为纹层状泥岩，几乎每个单砂层均为正韵律层序，是水下河道的形成、充填直至废弃的全过程。

（2）粒度特征。概率累积曲线表现为三段式或以跳跃总体为主的两段式，总体上反映了牵引流的水动力搬运特征。

（3）古生物特征。具有浅水—较深水的生物化石组合，主要见螺化石碎片或完整的螺化石，也可见植物树叶。煤层主要发育于平原亚相中，局部也可见于前缘亚相中。

（4）电性特征。在自然电位曲线上，呈现前积式或加积式的异常幅度组合。分支河道和水下分支河道的自然电位曲线呈突变的钟形，视电阻率显示高阻特征；分支河道间和水下分支河道间的自然电位曲线为平直基线，视电阻率曲线为微齿形或平直基线。

（5）地震相特征。在平行岸线的联络线上，扇三角洲沉积体响应于丘形，具双向下超，在顺水流方向的主测线上显示了斜交前积或楔形反射结构。

（五）湖底扇相

湖底扇沉积体系的发育与凹陷强烈沉降和持续的深水湖盆环境有关。湖底扇体系是重力流作用形成的浊积岩集合体，包括滑塌、近源、远源浊积亚相。

古近纪以西部凹陷沙河街组三段沉积时期的湖底扇体系最为典型。西部凹陷在该时期强烈沉陷的结果是，形成了持续时间较长的深水湖盆环境，为湖底扇体系的沉积提供了良好的场所。白垩纪以陆家堡坳陷和钱家店凹陷九佛堂组最为发育。

在组成湖底扇的三个相带中，滑坡相分布在凹陷的最外侧，不同的古地貌环境造成了该相带分布范围的不同，在陡坡（西部凹陷及东部凹陷）该相带狭窄，受古地形控制，分布在断崖下的断槽内。在缓坡（西部凹陷）该相带较宽，沉积物是通过峡谷滑坡到坡脚谷口处，水下天然堤分布于峡谷两侧。近源浊积岩分布于滑坡相内侧，该相带在各处分布不均，地形平缓处，此带则宽，如兴隆台沙河街组三段上部；地形较陡处窄，如高升莲花浊积体。远端浊积岩相是在两侧近源浊积相所包围的中间部分，截至2022年底，该相带仅有零星揭露。

1. 滑塌浊积亚相

凹陷东、西两侧边缘发育此相带，是以碎屑流成因机制为主、兼有其他成因机制浊积岩的复合体，是由某些诱发因素（洪水、地震）引起的滑塌事件形成的沉积物。碎屑物质滑入湖盆时，往往是泥、砂俱下，因此组成岩石的颗粒成分十分复杂。

（1）岩性特征。以粗碎屑为主，石英和长石含量很低（以曙2-8-005井为例），分别占颗粒总量的5%～10%和6%～8%，杂基含量10%左右，岩屑含量高达70%～80%。岩屑成分包括岩浆岩、喷发岩、变质岩、沉积岩等数十种岩石。并且，东、西两侧因受各自物源区母岩岩性影响，其岩屑成分差异很大。西侧供给的碎屑成分以变质岩类和喷发岩类为主；东侧供给的碎屑成分以花岗岩为主。颗粒分选性较差，形状不规则，有的棱角分明，有的磨圆很好；砾岩多为基质支撑，砾石颗粒之间被砂级细颗粒充填、包围呈致密的镶嵌状。

（2）沉积构造特征。垂向组合关系以"混凝土"状、无分选、无层理的块状体层层叠置为主，粗尾递变层理次之。

2. 近源浊积扇亚相

近源浊积扇位于滑塌的内侧，碎屑流在向前运动中，随着距离的加大和液相的加入，其密度和黏度也随之降低，向湍流支撑的浊流和其他类型的沉积物重力流转化。因而在沉积剖面上，呈现碎屑流浊积岩与浊流浊积岩交替出现，在某一层段（或某一地区）以其中的一类占优势。

（1）岩性及沉积构造特征。岩性以含砾砂岩为主，夹有砾岩和中—细砂岩甚至粉砂岩。砂岩产状的中、薄层增多，岩石的粒级、产状、碎屑颗粒成分在垂向上变化极大。垂向层序上递变层理（A段）较为发育，与鲍马序列的A段相比，颗粒仍偏粗，为中粗砂岩至细砂。A段与下伏层具冲刷痕、槽模及负荷印痕，见有少量B段，偶见C段。沉积构造组合变化较多，也有A段与碎屑流块体或粗尾递变的组合，同时还有A段与暗色泥岩的冲刷接触组合。

间歇期的泥岩层段明显增多，泥岩层具清晰的纹层，以水平纹层为主，波状纹层较少。

（2）粒度特征。分选性较差，正态概率曲线呈分段式，粒级区间宽，粗粒部分含量较高。在C—M图上对应大部分呈悬浮搬运状态，但仍有一部分颗粒成滚动状态。

3. 远端浊积亚相

远端浊积亚相分布于凹陷最低轴线部位，沉积剖面上具有与前两个亚相带不同的特征：浊积岩层数多、单层厚度薄，多呈中—薄层状，偶见厚层至块状体；沉积构造中较多见鲍马序列，但是不完整，A-A、A-B组合形式较前增多，但不占优势，其中C段中炭屑含量较多；浊积岩碎屑颗粒粒级明显变细，粗碎屑已不占优势，以砂级颗粒为主；泥岩隔层增多增厚，砂岩与泥岩比例呈降低的趋势；事件性影响依然存在，在一定层段、一定地区见厚块状碎屑流层；在纵向上砂体呈分散状夹于大段泥岩中，在横向上连片性较差，呈孤立的、大小不等的透镜体状。

三、沉积模式

构造活动和古地理环境控制不同沉积体系在时空上的分布。在裂谷发育的一定阶段，有一种主导的沉积作用，发育一种占优势的沉积体系，形成相应的沉积模式。例如，在沙四上段与沙二—沙一段沉积时期，以扇三角洲沉积体系占优势；沙三段沉积时期，以浊积扇体系占优势，但并不排斥在凹陷的长轴方向同时存在泛滥平原或三角洲体系。

在沉积模式上，小型断陷湖盆多物源、近距离、大坡降、快速堆积的基本沉积条件，决定它与大型坳陷湖盆具有明显的区别，各沉积体系在其发育过程中，不仅缺乏广阔的空间，也没有充分的分异时间，以致有成因联系的冲积扇、扇三角洲、水下扇等沉积体系，在横向上压缩得很紧，相带一般狭窄，分异不明显，甚至连为一体，或缺失某一部分（图 2-3-1）。

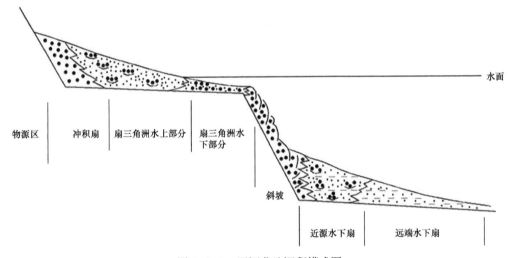

图 2-3-1　辽河盆地沉积模式图

第四节　生油岩、储层、盖层发育特征

一、生油岩特征

辽河断陷存在多套烃源岩：前新生界有石炭—二叠系、侏罗系—白垩系等烃源岩，古近系有沙四、沙三、沙一和东营组等多层次、大面积的烃源岩分布。石炭—二叠系气源岩主要分布在东部斜坡；侏罗系—白垩系烃源岩则主要分布在东、西两凹陷的外侧和外围中生代小断陷群；古近系烃源岩分布在三个凹陷之中[7-8]。

目前，对石炭—二叠系气源岩的地球化学特征尚缺乏认识，但对中生界上侏罗统烃源岩，已有多井钻达，钻井揭露暗色泥岩最大厚度达 400m，煤层累计厚度大于 80m，就目前揭露的层段而言，有机质丰度相对较高，有机碳含量在 0.5%～2% 之间，最高达 3.36%，氯仿沥青 "A" 在 0.02%～0.2% 之间，最高达 0.5%，总烃含量在（100～750）$\times 10^{-6}$mg/L 之间，最高达 2083×10^{-6}mg/L。根据干酪根镜鉴、饱和烃色谱分析和色质分析资料，东、西两凹陷中生界烃源岩有机质类型相似。母质类型均以陆源高等植物为主，属 II_B—III 型、以 III 型为主的干酪根类型，热演化程度相对较高，R_o 值一般为 0.74%～1.25%，大致相当于长焰煤至肥煤演化阶段，而深部情况尚待认识。

下面着重对古近系、白垩系烃源岩作较详细分析。

（一）生油岩分布特征及发育特点

1. 古近系生油岩特征

辽河凹陷古近系发育了沙四段、沙三段、沙一段、沙二段及东营组四套烃源岩层。

西部凹陷的沙四段呈北厚南薄分布，牛心坨洼陷烃源岩厚达 700m，盘山—双西厚约 350m，大民屯凹陷则相反，沙四段厚度一般在 400～500m，而南部荣胜堡洼陷厚达 700m。

沙三段是辽河断陷主力烃源岩，分布面积广、厚度大。西部凹陷沙三段烃源岩南厚北薄，清水洼陷烃源岩厚达 1200m，台安洼陷厚约 800m，平均厚度为 500m；东部凹陷烃源岩主要分布在南、北两端的洼陷区及中央深陷带，厚达 1000m 以上；大民屯凹陷沙三段烃源岩相当发育，厚度超过 800m 的地层占其面积的 1/2，最厚在荣胜堡洼陷为 2000m。

沙一段各凹陷烃源岩发育都比沙三段差。东、西部凹陷烃源岩厚度一般为 250m 左右，烃源岩最厚在长滩洼陷和清水洼陷，厚度均达到 600m。大民屯洼陷沙一段烃源岩比较薄，大部分地区在 200m 以下，荣胜堡洼陷最厚为 400m。

东营组烃源岩不但面积比沙河街组小，而且厚度也薄。西部凹陷大部分地区烃源岩厚度在 400m 以下，仅在鸳鸯沟、清水洼陷中心厚度达 1000m，东部凹陷相对较厚，南、北部洼陷中均达到 1000m 以上，最厚在二界沟洼陷（厚达 1500m）。

总之，本断陷生油岩分布层位多、面积广、纵向厚度大。丰富的生油岩发育，为辽河油气资源提供了基本的物质基础。

2. 白垩系生油岩特征

经钻探证实，辽河凹陷白垩系主要发育了九佛堂组、沙海组、阜新组三套生油岩系，程度不同地分布在辽河外围各个凹陷之中，是其重要生油岩系。其发育规模及分布情况受到多方面地质因素影响。

（1）九佛堂组。九佛堂组主要分布于嫩江—八里罕和依兰—伊通两断裂之间。在七个重点凹陷中均有发育，生油岩累计厚度为 250～460m，其早期的沉积含凝灰质且岩性相对较粗，充分反映了早白垩世之初大规模火山活动接近尾声与凹陷强烈下陷的构造背景。晚期洪积物面貌较早期有了明显的改变，沉积物颜色变暗，以深灰、灰黑色泥岩、油页岩为主，含丰富的介形虫、叶肢介等水生生物，有机质丰富，有些凹陷发育为油页岩。以半深—深湖相沉积为主，具有较强的生油气能力。

（2）沙海组。沙海组与九佛堂组相伴发育，在各凹陷均有分布，其中以钱家店、张强等凹陷沙海组泥岩最发育。为凹陷发展过程中稳定沉降阶段的沉积产物，生油岩厚度一般为200～370m，为一套以深灰色泥岩为主夹油页岩，为弱还原、还原环境下的半深湖和湖沼相沉积，含丰富的叶肢介、介形虫、瓣鳃类等水生生物及植物碎屑，尤其在张强凹陷具有很强的生油能力。

（3）阜新组。阜新组生油岩为凹陷发育晚期的产物，主要发育在陆家堡、龙湾筒、茫汉凹陷，钱家店、张强、宋家凹陷发育不全。总体发育特点：含煤普遍；沉积厚度整体上比沙海组和九佛堂组薄，生油岩厚度为240～580m，以深灰、灰绿色泥岩为主夹煤层，见大量植物碎片，生物贫乏。为弱还原环境下河湖沼泽相沉积，生油条件差。

（二）生油岩有机质丰度

烃源岩中有机质是油气形成的物质基础，有机碳含量、氯仿沥青"A"含量、总烃和生烃潜量是评价烃源岩有机质丰度的重要指标。

因此，烃源岩中有机质的含量及分布是评价烃源岩最基本的指标。以往从生油角度曾对生油岩的有机质丰度做过系统分析（表2-4-1），从表中看出各层系有机质丰度较高，西部凹陷明显优于其他两个凹陷；从层系来看，以沙四段最高，其次为沙三段、沙一段，东营组最低。由于当时是从生油角度研究有机质丰度，烃含量中未计气态烃，现评价为差的生油岩，并不等于差的气源岩，因为在一定范围内，不利于生油的源岩，却可能有利于生气（如 E_3d、E_3s_1、$E_2s_3^{\perp}$），甚至是较好的气源岩，但至少目前的各项指标可看作比实际偏低的气源岩丰度指标。

表2-4-1 暗色泥岩地球化学指标平均值

凹陷	层位	有机碳含量（TOC）/%	氯仿沥青"A"含量/%	总烃/10^{-6}mg/L	S/%	烃/C/%	氯仿沥青"A"/C/%	烷烃/芳烃/%
西部	E_3d	1.07	0.0219	60	0.17	0.710	2.81	1.42
	E_3s_1	1.85	0.1103	358	0.54	1.688	5.25	1.29
	E_2s_3	1.99	0.1375	543	0.59	2.590	6.13	1.62
	E_2s_4	2.83	0.2167	1142	0.42	3.920	7.65	1.72
东部	E_3d	0.38	0.0159	39	0.06	0.804	4.03	1.83
	E_3s_1	1.09	0.0452	149	0.45	1.020	3.45	1.34
	E_2s_3	1.94	0.0894	314	0.26	1.297	3.82	1.56
大民屯	E_3s_1	0.60	0.0262	24	0.45	0.260	2.67	1.29
	E_2s_3	1.68	0.0570	152	0.19	0.800	2.86	1.08
	E_2s_4	1.59	0.1154	501	0.18	2.320	5.63	1.09

外围盆地从层系来看，九佛堂组烃源岩有机质丰度最高，沙海组次之，阜新组最低。

阜新组：除张强、龙湾筒凹陷有机碳含量较低外，其他凹陷均具有"一高三低"的特点，即有机碳含量高，氯仿沥青"A"、总烃和生烃潜量含量低。反映阜新组的生油岩成烃作用小且母质类型差，总体上为一套非—差生油岩，对本区液态烃的生成几乎没有贡献。

沙海组：各项丰度指标介于阜新组和九佛堂组之间，总体上为一套较好的生油岩。其中，张强凹陷均达到了好生油岩的标准，而安乐和大洼—昌图凹陷则为一套非—差生油岩。

九佛堂组：各项丰度指标均高于上述两组，总体上为一套好—最好生油岩。有机质丰度以陆家堡坳陷和安乐凹陷为最高，已达到了最好生油岩标准，其次为茫汉、钱家店、龙湾筒凹陷和阜新盆地，四官营子凹陷丰度最低。值得提出的是，安乐和四官营子凹陷目前各只有一口井的资料，受其所处构造位置、取心条件和井深的限制，所反映的丰度值代表性可能差一些。因此，尽管四官营子凹陷总体上显示为一套差生油岩，但该凹陷中喀9406井590m处的样品，其有机碳含量达2.05%，氯仿沥青"A"含量达到0.13%，总烃高达913.8μg/g，生烃潜量为12.78kg/t，各项指标均已达到好生油岩标准，预示着九佛堂组在该凹陷中应具有较强的生烃力。

北票组：上、下两段有机质丰度相差较悬殊。上段为浅湖—半深湖相沉积，有机质丰度较高，为中等—好生油岩；下段为沼泽至浅湖相沉积，有机质丰度偏低，为非—差生油岩。

（三）生油岩有机质类型

如果说岩石中的有机质丰度是生成油气的物质基础，那么岩石中有机质的类型则决定着生油岩的优劣，生油岩中有机质类型不同，所生成的油气类型及生油的潜力亦不相同。此次研究采用三类四分划分标准：即腐泥型（Ⅰ）、腐殖腐泥型（ⅡA）、腐泥腐殖型（ⅡB）和腐殖型（Ⅲ），对有机质类型进行了综合判别分析。

西部凹陷以ⅡA—ⅡB型为主，大民屯凹陷以ⅡB型为主，东部凹陷为ⅡB—Ⅲ型，这与当时的沉积环境是吻合的；从层位上看，西部凹陷的沙四段、沙三段以ⅡA型为主，其他层系以ⅡB型为主；东部凹陷的沙三段、沙一段以ⅡB型为主，东营组以Ⅲ型为主；大民屯凹陷的沙四段、沙三段以ⅡB型为主（表2-4-2）。

表 2-4-2 干酪根显微组分含量统计

凹陷	层位	类脂体/%	壳质体/%	镜质体/%	惰质体/%	类型指数	类型	样品数
西部	E_3d	37.9	8.0	51.9	2.2	0.6	ⅡB	24
	E_3s_1	55.9	5.7	34.9	3.6	28.8	ⅡB	45
	E_2s_3	66.9	5.0	25.8	2.4	48.5	ⅡA	69
	E_2s_4	71.5	3.5	21.8	3.2	53.7	ⅡA	28
东部	E_3d	24.1	9.4	58.2	8.4	−24.4	Ⅲ	13
	E_3s_1	47.7	8.0	41.9	2.5	18.2	ⅡB	48
	E_2s_3	45.8	6.9	43.1	4.3	11.7	ⅡB	67
大民屯	E_2s_3	52.4	4.5	42.1	1.2	21.0	ⅡB	56
	E_2s_4	54.6	3.6	41.2	0.7	25.1	ⅡB	11

辽河外围盆地母质类型以九佛堂组为最好，总体上为 II_A 型。其中，陆家堡坳陷和安乐凹陷最好，为 II_A—I 型；其次为钱家店、龙湾筒和茫汉凹陷，以 II_A 型为主，以 II_B 型为辅；阜新盆地和四官营子凹陷最差，为 II_B—III 型。沙海组总体上显示为 II_B 型；其中张强凹陷母质类型最好，为 II_A—II_B 型；其次为陆家堡坳陷、钱家店和茫汉凹陷，为 II_B 型；阜新盆地、安乐、龙湾筒、大洼—昌图凹陷最差，为 II_B—III 型。阜新组在各盆地中的类型基本相同，为 III 型，只在陆家堡坳陷有部分样品达到了 II_B 型。

（四）生油岩有机质成熟度

镜质体反射率是有机质经受热力作用及其受热时间的综合记录，具有不可逆转性，已成为划分有机质演化阶段的重要参数。一般认为，$R_o<0.5\%$ 为有机质未成熟带；R_o 介于 0.5%~0.7% 为低成熟带；R_o 介于 0.7%~1.3% 为成熟带；R_o 介于 1.3%~2.0% 为高成熟带。

1. 大民屯凹陷

大民屯凹陷有机质热演化的纵向分布特征明显，具有随埋深加大，地层年代变老，有机质热演化程度逐渐增大的规律。以 $R_o=0.5\%$ 为界来区分未成熟和成熟的烃源岩，$R_o=0.5\%$ 对应的门限深度为 2300m 左右，可以看出大民屯凹陷中大部分烃源岩处于成熟阶段［图 2-4-1（a）］。

从大民屯凹陷沙三、沙四段镜质体反射率等值线图可以看出，南部荣胜堡洼陷沙三、沙四段的源岩，成熟度处于 0.5%~1.2% 之间，洼陷中心的成熟度 R_o 最高值可达 1.7%。沙三、沙四段有机质成烃演化处于成熟阶段，成熟烃源岩面积为 670km²。

从大民屯凹陷沙四段源岩镜质体反射率等值线图可以看出，沙四段的源岩成熟度主体处于 0.6%~1.0% 之间，推测南部洼陷中心深度大于 4500m 的源岩成熟度$>2.0\%$。整体上看，沙四段有机质成烃演化主体处于成熟阶段，成熟烃源岩面积为 661km²。

2. 西部凹陷

西部凹陷有机质热演化的纵向分布特征明显，具有随埋深加大，地层时代变老、有机质热演化程度逐渐增大的规律。据目前实测数据分析，沙三段取样最大深度为 4800m，实测 R_o 值为 1.14%，在深度约 2700m 处达到成熟门限；沙四段已实测 R_o 值的样品最大埋深为 4940m，对应 R_o 为 2.0%［图 2-4-1（b）］。

沙四段烃源岩主体处于低成熟—成熟期，沙三段烃源岩主体进入生烃高峰期，普遍 $R_o>0.5\%$，局部洼陷深层进入高成熟期，R_o 达 2.0%。

3. 东部凹陷

据源岩实测 R_o 数据统计，东部凹陷源岩热演化程度大部分处于 0.5%~1.0% 之间，为低熟至成熟阶段［图 2-4-1（c）］。南、北两端地层埋深大的地区，源岩热演化程度高，如牛居—长滩达到 2.0%，南部地区热演化程度更高，如二界沟洼陷中心部位，最高可达 3.0%，中部埋深小的地区源岩热演化程度低。

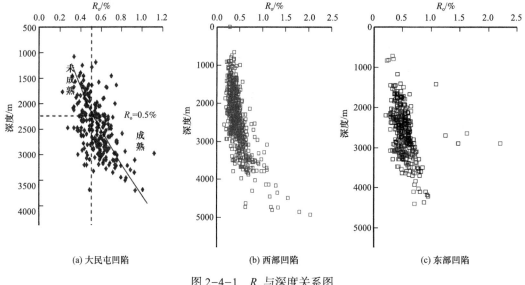

(a) 大民屯凹陷　　　　　　　　　　(b) 西部凹陷　　　　　　　　　　(c) 东部凹陷

图 2-4-1　R_o 与深度关系图

4. 外围盆地

陆家堡凹陷：以陆参 1 井、陆参 3 井为代表。陆参 1 井井深小于 1400m，$R_o < 0.5\%$；井深 1400～2100m，R_o 为 0.50%～0.70%；井深 2100～2200m，R_o 为 0.70%～0.80%；大于 2250m 未取资料。陆参 3 井井深小于 1150m，$R_o < 0.5\%$；井深 1150～1550m，R_o 为 0.50%～0.70%；井深 1550～1700m，R_o 为 0.70%～0.96%。

龙湾筒凹陷：井深小于 1350m，$R_o < 0.50\%$；井深 1350～2750m，R_o 为 0.50%～0.70%；井深 2750～3000m，R_o 为 0.70%～1.30%。

钱家店凹陷：以钱参 1 井为代表，井深小于 1540m，$R_o < 0.5\%$；井深 1540～1980m，R_o 为 0.50%～0.70%；井深 1980～2600m，R_o 为 0.70%～1.30%；埋深大于 2600m，$R_o > 1.30\%$。

奈曼凹陷：以奈 1 井为代表，井深小于 1000m，$R_o < 0.5\%$；井深 1000～1520m，R_o 为 0.50%～0.70%；井深 1520～2600m，R_o 为 0.70%～1.3%；井深大于 2600m，$R_o > 1.30\%$。

张强凹陷北部章古台洼陷沙海组埋深小于 800m，$R_o < 0.50\%$，有机质演化处于未成熟带。埋深 800～1000m，R_o 为 0.68%～0.72%，平均为 0.68%，处于低成熟带。凹陷南部的七家子洼陷以强参 1 井为例。随埋藏深度的加深，R_o 值增大。埋深 960～1380m，R_o 为 0.63%～0.67%；埋深 1380～2100m，R_o 为 0.70%～0.94%。

元宝山凹陷以元参 1 井为例，埋深小于 730m，$R_o < 0.50\%$，未成熟阶段；埋深 730～1725m，R_o 为 0.53%～0.77%，处于低成熟阶段。元 2 井埋深小于 510m，R_o 为 0.5% 左右，未成熟阶段；埋深 510～1900m，R_o 由 0.5% 增加到 0.94%，由低成熟阶段进入成熟阶段；埋深 1900～2273m，R_o 达 1.05%～1.14%，进入成熟阶段。元 1 井埋深小于 1050m，$R_o < 0.5\%$，未成熟阶段；埋深 1050～1538.84m，R_o 为 0.5%～0.63%，低成熟阶段。

综上所述，外围盆地九佛堂组基本进入低成熟和成熟阶段。其中，钱家店凹陷、奈曼凹陷九佛堂组下部已进入高成熟阶段。沙海组演化程度较低，只有下部进入低成熟和成熟阶段。阜新组演化程度更低，均处在未成熟阶段。

二、储层特征

辽河坳陷有多种类型储层。从层系看，主要有基岩潜山储层和中生界、新生界储层；从储层岩性看，可分为混合花岗岩、石英岩和变余石英砂岩、火山岩、碳酸盐岩和碎屑岩等储层。且以新生界碎屑岩储层为主[7-9, 12-13]。

（一）太古宇变质岩潜山储层特征

辽河断陷太古宇变质岩潜山地层应属鞍山群，岩心全岩分析同位素年龄值为20.1亿～20.4亿年。其岩性主要为花岗片麻岩、角闪花岗岩、混合花岗岩，以花岗片麻岩分布最为广泛。储集空间为晶孔、溶孔和裂缝，且以裂缝为主。溶蚀作用对裂缝起到一定的改造作用，连同其他孔隙，是太古宇潜山的主要储集空间。

1. 太古宇变质岩潜山储层岩性及分布

1）片岩类

片岩类在盆地中不但分布很局限，而且岩石类型也很少。西部凹陷齐家古潜山见白云母石英片岩，大民屯凹陷东胜堡古潜山见阳起石片岩。

2）片麻岩类

主要为黑云母斜长片麻岩，次之为黑云角闪斜长片麻岩，具明显的片麻状构造，中—粗晶花岗变晶镶嵌结构。黑云母斜长片麻岩的主要矿物为斜长石、钾长石、石英、黑云母，黑云母含量10%～30%；黑云角闪斜长片麻岩的主要矿物为斜长石、石英、普通角闪石，次要矿物为黑云母，且为交代角闪石而形成，其角闪石含量25%～30%，黑云母含量5%～10%。

片麻岩类在辽河断陷分布极为广泛，三个凹陷及三个凸起的结晶基底主要由片麻岩类及其混合岩所构成。

3）粒状岩石类

在盆地内部出现的粒状岩石包括浅粒岩、黑云母变粒岩、绿帘钠长变粒岩、角闪变粒岩四种。

浅粒岩：主要为二长浅粒岩，具细晶花岗变晶镶嵌结构，主要矿物为钠长石、钾长石、石英，含极少量的黑云母等暗色矿物（一般含量不超过30%）；石英含量一般为20%，其余钠长石与钾长石各半。推测其原岩为酸性火山岩或火山沉积岩，因此易产生混合岩化作用而形成线理明显的中晶浅粒岩质混合岩。线理由石英拉长定向排列所形成。浅粒岩及其混合岩主要分布于大民屯凹陷东胜堡古潜山，是东胜堡古潜山油藏的主要储集岩类，在西部凹陷海外河及齐家古潜山也广泛分布。

黑云母变粒岩：呈微片麻状构造，中、细粒花岗变晶镶嵌结构，主要矿物为斜长石、石英及黑云母，其中黑云母含量15%～30%。主要分布于东胜堡古潜山的北部及齐家古潜山。

绿帘钠长变粒岩：条带状构造，细粒变晶镶嵌结构，主要矿物为钠长石、石英及粒状绿帘石，绿帘石含量10%～25%。仅见于东胜堡古潜山。

角闪变粒岩：具微片麻状构造，细粒花岗变晶镶嵌结构，主要矿物为斜长石、石英、普通角闪石。角闪石含量15%～25%。见于东胜堡古潜山，与浅粒岩呈互层出现。

4）角闪质岩类

仅见一种类型，即斜长角闪岩。具芝麻点式及片麻状构造，中—细粒花岗变晶镶嵌结构，主要矿物为斜长石及普通角闪石，两者含量各半，角闪石常蚀变为绿泥石，次要矿物为石英，一般含量极少，斜长角闪岩分布广泛，多与黑云母变粒岩或黑云母斜长片麻岩呈互层出现，或为其夹层，或为透镜体。

5）混合岩类

主要为长英质混合岩脉体，一般为粗至巨晶，主要矿物有钾长石、斜长石、石英。暗色矿物为黑云母或普通角闪石，一般含量很少。这种混合岩脉体在各种变质岩中均呈脉体出现，一般顺层的脉体为混合岩化早期形成，如肠状混合岩；穿切变质岩的层理或片麻理的脉体为混合岩化晚期形成。

6）花岗岩类

分布于大民屯凹陷静安堡及中央凸起南部地区的花岗岩为真正趋于岩浆性质的深成侵入岩体。花岗岩的颜色呈肉红色，结构均匀，为粗晶—巨晶花岗镶嵌结构，主要矿物有钾长石、斜长石、石英；次要矿物为黑云母，含量一般为5%～10%。静北灰岩潜山元古宇地层以角度不整合超覆在静安堡花岗岩之上，而中央凸起南部赵家地区为—燕山期花岗岩。

2. 太古宇变质岩潜山储层孔隙类型及其分布规律

太古宇变质岩是一种典型的结晶岩石，孔隙都是在构造变动、风化淋滤过程中及深埋地层条件下的次生变化中形成。根据成因和孔隙的几何形态，辽河断陷太古宇变质岩有以下三种孔隙类型。

1）碎裂粒间孔隙

基岩张性断裂带及挤压型的逆断层带往往可形成断层角砾岩。这种角砾岩中的角砾之间可形成"粒间"孔隙，因此可称为似砂状粒间孔隙。基岩在破碎时，其角砾的大小是极不相同的，这样使得孔隙结构具有极大的非均质性，粒间孔隙的孔喉半径分布是随机的。例如东胜堡古潜山具这种粒间孔隙的储层的最大孔喉直径可达5mm；常规物性分析最大孔隙度为12.2%，渗透率可达900～1000mD。

2）溶蚀孔隙

太古宇变质岩主要由硅酸盐矿物所组成，因此表生和雨水、地下水对其溶蚀作用较之碳酸盐岩，无论是在规模上还是在溶蚀的速度上都要小得多、缓慢得多。所以，变质岩在表生应力作用下所产生的溶孔、溶洞是极为有限的，仅沿着裂缝产生一些溶蚀现象，形成数量很少的溶孔、溶缝等。东胜堡古潜山、齐家古潜山等混合岩中均可见溶孔、溶缝的零星分布。由溶蚀作用所形成的溶孔、溶洞数量虽然很少，但对于裂缝开度的加大却起了重要作用。

3）裂缝

裂缝是变质岩储层最主要的孔隙类型，它不仅是在油藏条件下流体流动的喉道，同时又是最主要的储集空间。根据裂缝的规模，把裂缝划分为两类：以岩心所能测量的最小裂缝开度 $10\mu m$ 为限，则裂缝开度大于 $10\mu m$ 者为宏观裂缝，小于 $10\mu m$ 者为微裂缝。实际上，这两种裂缝在结晶岩石中总是同时存在的。宏观裂缝一般包括两种成因类型：一类是成因不明的区域性节理缝。根据野外露头观察，岩石节理缝裂缝密度很小，一般在线距几米范围内仅有 1 条，因此不大可能成为变质岩的主要储集空间，但分布广泛而均匀。另一类是由构造运动特别是由断裂构造所形成的构造裂缝。裂缝密度大，分布不均匀，一般沿着基岩断裂带可形成裂缝高密集带。这是油、气在变质岩储层中的主要储集空间。

（二）元古宇灰岩潜山储层特征

元古宇潜山主要分布在西部凹陷的曙光潜山和大民屯凹陷的静北灰岩潜山。

1. 储集岩类型

元古宇潜山源岩为浅海—较深海环境下沉积的一套泥岩、碳酸盐岩、砂岩交互的地层。岩石主要有三种类型，即碳酸盐岩、石英岩和泥质岩。碳酸盐岩以白云岩为主，以及泥质白云岩；石英岩多为碎屑结构变余石英岩，由砂岩变质而来；泥质岩（板岩）多为变余泥岩，以及云质泥岩。

石英岩类：一般为灰—灰白色，局部为深灰色。为变余结构，块状构造，中—细粒，可见明显的石英结晶颗粒，直径为 $0.03\sim0.8mm$，颗粒为次圆状，线接触，石英自生加大达 $8\%\sim15\%$，石英含量为 $96.5\%\sim99.4\%$，主要出现在高于庄组 g_8、g_4 小层中，在 g_1、g_3 小层中偶有夹层出现。

白云岩类：颜色多为鲜艳的肉红、紫红、粉红色，偶见灰色；薄片鉴定表明，白云岩具有细—粉晶、泥晶结构，块状、角砾状构造，晶粒大小为 $0.03\sim0.25mm$，以粉晶、细晶为主，以及少量泥晶，成分以白云石为主。

泥质岩类：主要为紫红色及深紫红色变余泥岩、云质泥岩。

2. 储集空间类型及特征

元古宇潜山储层储集空间类型复杂，有缝、洞、孔三类。裂缝主要以构造成因的宏观缝和微裂缝为主，晶间缝次之。洞主要以沿裂缝的溶洞和粒间溶洞为主。孔隙主要以粒间溶孔为主，晶间孔次之。较发育的宏观裂缝与微观孔、缝结合构成元古宇潜山复合型储层。

3. 储层孔隙结构特征

根据研究区元古宇潜山压汞资料分析可知，元古宇白云岩储层微观孔隙可划分为两大类：

第一类是溶孔、溶洞等溶蚀孔隙，最大进汞饱和度在 50% 以上，孔喉半径一般为 0.16～6.3μm，孔隙分布比较集中，显示了以孔隙为主的特征。

第二类以构造缝、晶间微裂缝为主，最大进汞饱和度一般在 50% 以下，孔隙分布相对比较分散，是以裂缝为主的特征。

溶蚀孔洞、构造缝是主要的宏观孔隙，晶间孔隙、晶间缝是主要的微观孔隙。

4. 储层物性特征

根据元古宇潜山岩心物性统计，白云岩储层孔隙度最大达 14%，一般为 1%～10%，渗透率最大达 90mD，一般分布在 0.1～50mD；石英砂岩储层孔隙度最大也可达 14%，一般分布在 2%～9%，渗透率最大达 80mD，一般分布在 0.1～30mD。

辽河油田元古宇潜山储层基质物性具有较好的储渗能力。发育的宏观缝、洞与较好的基质物性配置，使元古宇储层试油获得了单井 100t/d 以上的稳定产油量。

（三）火山岩储层特征

火山岩储层是辽河断陷发育相对广泛、储集条件十分复杂的储层，主要集中于中生界和古近系，其中中生界以安山岩为主，古近系以玄武岩为主[12-13]。

1. 岩性特征

气孔玄武岩和角砾化熔岩是最优储层，尤其后来又经构造运动和溶蚀作用，大量的构造缝连接气孔和溶孔，并可作为部分储集空间，溶蚀的孔、洞、缝增大了储集空间，形成良好的运聚状态。对于粗面岩类来讲，其原生孔隙不发育，后期的构造和溶蚀作用形成的次生孔隙显得更为重要。此外，火山碎屑岩中的角砾化熔岩和凝灰熔岩也可能成为良好的储层。

2. 储集空间类型及特征

辽河断陷火山岩储层的储集空间主要由裂缝、溶孔、斑晶裂纹、气孔、杏仁体内孔等组成。

1）裂缝

火山岩的裂缝既包括岩石冷凝过程中的收缩裂缝和在超浅层隐爆成因的裂缝，也包括岩石受后期构造应力作用而形成的构造裂缝，甚至包括岩石经溶蚀改造或充填后又溶蚀形成的溶蚀裂缝。

2）溶孔

通过部分火山岩样品的铸体薄片观察发现，基质中微晶间的溶孔也是火山岩储层中不容忽视的储集空间，尽管溶孔体积小，但数量多，如果连通成片，可起到连通孔隙和裂缝的作用，其对油气运聚有利。

3）斑晶裂纹

斑晶裂纹在粗面岩类的长石斑晶中极其普遍，有的被碳酸盐充填，有的被泥质充填，与斑晶外裂缝相连的斑晶裂纹也有油气充填情况。

4）气孔及杏仁体内孔

气孔构造在中基性熔岩当中发育，气孔的形状有圆形、椭圆形、葫芦形及不规则形态，大小不均一，数量也不同，在熔结凝灰岩、凝灰岩及玄武岩中常发育气孔构造。

气孔中被后期各种矿物如沸石、方解石、绿泥石、硅质、玉髓等单一矿物或几种矿物充填后形成杏仁体，组成杏仁体矿物之间的孔隙或充填矿物，后期遭受溶解所形成的孔隙称为杏仁体内溶孔，在玄武岩中常见很发育的杏仁体内溶蚀孔。

5）晶间孔

多指长石微晶间的微孔隙，只有在扫描电镜下才可见到。

上述各类孔隙并不是均匀地分布在火山岩体中，因受喷发类型、岩浆成分、构造变动、古地貌等多种因素控制，从而呈严重的非均质性，如靠近断层处裂缝、溶蚀孔隙发育；富气孔的岩浆则形成多孔的玄武岩；贫气的玄武岩则形成致密玄武岩等。孔隙连通性差，裂缝和微裂缝起改善储层物性的重要作用。火成岩虽然有原生孔隙存在，但多数呈孤立状，因而难以对储层渗透性起明显作用。且岩浆后期的热液作用会使大部分气孔被沸石、碳酸盐和硅质等矿物所充填，增加了储集空间连通的难度。而在有微裂缝存在的火山岩段中，孔隙度几乎没有增大，但渗透率却增大很多，由此可见微裂缝在改善火山岩储集性能方面所起的直接作用。

3. 物性特征

物性较好的岩类是凝灰熔岩、角砾熔岩，其次是角砾化粗面岩，再次为粗面岩（表2-4-3）。

表 2-4-3　欧利坨子—热河台地区火山岩类储层物性统计

井位	深度 /m	岩性	孔隙度 /%	渗透率 /mD
欧 8 井	2197.09	角砾熔岩	21.08	2.42
	2193.5	凝灰熔岩	20.65	0.292
欧 26 井	2193.5	粗面岩	11.37	0.277
	2195.2	角砾化粗面岩	10.63	1.67
	2195.2	粗面岩	9.91	0.0905
	2308.9	粗面岩	3.93	0.315
热 27 井	2555	粗面岩	12.46	0.0272
	2718	介壳砂岩	8.53	48
	2718	介壳砂岩	7.91	35.2
热 103 井	2287.5	杏仁玄武岩	8.66	0.14
热 105 井	2198.45	凝灰熔岩	28.88	8.62

（四）古近系碎屑岩储层特征

古近系碎屑岩储层是辽河坳陷储集层的主体，在数千米的沉积剖面中，发育多套具有以粒间孔为主要储集空间的砂岩、砂砾岩储层。仅在局部地区的个别层段（例如西部凹陷高升地区 E_2s_4）见到具有类似砂岩结构的粒屑（鲕）灰岩储层。

1. 岩石学特征

古近系碎屑岩储层的岩性以颗粒粗大（中—粗砂岩及含砾砂岩较多）、结构混杂、分选性及磨圆度均较差、碎屑物与母岩组分相似为特征，反映了沉积过程的近物源特点。碎屑成分上，石英含量较低，一般为30%左右；长石含量为20%～30%，高者可达50%；岩屑含量相对较高，可达20%～40%，高者大于50%，以岩屑长石砂岩、长石岩屑砂岩为主，硬砂岩次之，成分成熟度低。在岩石结构上，除少数相带分选性较好外，多数相带砂体分选性差，甚至分选性极差，颗粒大小严重不均。填隙物含量变化较大，大致在2%～45%之间。填隙物中的陆源杂基以泥质为主，其含量以扇三角洲辫状河道、河口坝微相部位较低（小于5%）为主，以泛滥平原河道、三角洲平原河道次之（5%～10%），湖底扇及扇三角洲水下分流间等部位最高（大于10%）；填隙物中的次生胶结物多为碳酸盐岩类（菱铁矿、方解石等）及次生高岭石，石英与长石次生加大较普遍。

2. 砂体发育与展布特征

碎屑岩砂体的发育往往受沉积条件所控制，不同阶段发育的各类沉积体系砂体具有不同的产状：冲积扇、湖底扇和扇三角洲相砂体一般呈中—厚层块状，单层厚度为2～50m，沉积体系砂体总厚度均大于100m，砂体多呈带状或不规则扇状，砂体规模为数十平方千米；泛滥平原及滨湖滩坝相砂体一般呈中—薄层状，单层厚度小于5m，砂体呈带状、片状或透镜体状，泛滥平原砂体分布面积较大，可达100km² 以上。扇三角洲和湖底扇砂体在辽河盆地储层中占重要位置。

3. 成岩特征与孔隙发育

辽河断陷盆地古近系的快速沉降及近源快速堆积的埋藏条件决定了辽河盆地碎屑岩储层的成岩作用特点。

三个主要凹陷主力油气储层埋藏深度多在1600～2600m，所处的成岩阶段以中成岩阶段的次成熟期—成熟A期为主，部分为中成岩阶段未成熟期。

对原生孔隙的破坏作用以机械压实作用为主，以化学压实（次生矿物胶结、次生加大）作用为辅。以刚性碎屑供应为主（例如中央凸起）的沉积砂体，由于碎屑颗粒粗大、性硬，颗粒支撑的抗压实能力强，在原始杂基含量少的情况下（如扇三角洲河道、河口坝等部位），虽然分选性差，但仍可保存较好的粒间孔隙，表现为大孔、粗喉、高渗透性能的特点。早期菱铁矿、含铁白云石的胶结与交代发育，是构成次生溶孔的主体。

不同沉积体系的沉积环境差异，导致不同砂体的多种孔隙结构类型、复杂孔隙体系及较大的储层物性差异。

4. 物性特征

古近系碎屑岩储层属于高孔渗储层，孔隙很发育，可以分为三种基本类型：原生孔隙、溶蚀孔隙和缝隙。缝隙基本上属于次生的，可以分为层间裂缝、缝合线、矿物裂缝、收缩裂缝等。碎屑岩储层缝隙很发育，见到最广泛的是纹层状泥云岩、泥灰岩中的层间裂缝，往往充填有石油或含有天然气。缝合线，主要是由压溶作用产生的颗粒接触面。矿物裂缝，许多颗粒在受机械压实作用时发生破裂，形成裂缝，有些含水颗粒在脱水收缩时发生收缩裂缝，或者在发生重结晶作用时也可产生收缩裂缝。

这三种孔隙互相窜通形成一个统一的储集空间系统。通常见到的是原生孔隙和次生孔隙联合在一起的叠合孔隙。只要在镜下细心观察，就能区别出叠合孔隙是以原生孔隙为主还是以次生孔隙为主。以原生孔隙为主的叠合孔隙为"次—原生型"，以次生孔隙为主的叠合孔隙为"原—次生型"。

随着埋藏深度加深，各类孔隙都在发生变化，大量镜下观察和物性资料分析表明：孔隙随着埋藏深度而演变，有明显的规律性。例如在 1500m 深度以上，原生孔隙受机械压实作用逐渐缩小；最浅的岩心资料为 800m，孔隙度大于 35%，到 1500m 深处，机械压实基本消失，保留原生孔隙约 25%，局部可保留 30%。1500～4000m 深度区间，化学压实作用逐渐增强，大量自生矿物析出，使原生孔隙从 25% 减少到 15% 左右。4000～5100m 深度区间，原生孔隙进一步减少到 10% 左右。

次生孔隙的演变主要是溶蚀孔隙的变化，其次是微裂缝的发育，其他类型的孔隙对油气影响不大。1200m 深度以上见到少量的溶孔，少于 3%。1200～1500m 深度区间，在边缘地带，溶蚀孔隙很发育，如曙一区和曙三区一带，特别是在（鲕）粒屑灰岩发育的高一区，溶蚀孔隙可高达 10%。1500～4000m 深度区间，是次生孔隙发育带，溶蚀孔隙变动在 1%～10% 范围内。次生孔隙并不严格随深度增加而增加。只是随深度增加，原生孔隙减少而次生孔隙的比例相对升高。次生孔隙的发育，与多种因素有关，特别是与沉积间断有关，还与地表水渗入有关。在这些地质条件下，次生孔隙就比较发育，出现次生孔隙高峰值。古近系有多层次的局部沉积间断，因此次生孔隙存在多个高峰。叠合的孔隙也存在多个高峰，例如兴隆台的沙一下储层，至少存在两个孔隙发育峰。4000～5100m 深度区间，次生溶孔减少，原生残孔也很少，但颗粒裂缝相对发育起来，总的孔隙度仍可达到 10%。牛深 2 井在 4445m 深处孔隙度达到 10.8%，双深 3 井在 5010m 深处孔隙仍然较发育。可见在 4000m 深度以下普遍进入低孔渗储层分布段，但仍然存在有利储集层。目前，尚未发现深部次生孔隙发育而形成的高孔渗带。

总之，古近系是辽河裂谷发育的全盛时期，具有多物源、近物源、快速堆积和多旋回的沉积特征。凹陷小，沉积砂体规模一般亦小，在横向上，相带窄、递变快；凹陷深，则是受控于块断活动的多期性和持续性。不同时期沉积体系继承性发育，形成多层叠置的砂岩储集层，导致砂岩储层在垂向上的多层系分布特征和平面上不同层系可叠合连片，呈大面积分布，为复式气藏的形成奠定必要的储层条件。成岩作用研究表明，在埋深小于

4000m 层段的储层，不仅保留有良好的原生孔隙，同时还有次生孔隙发育，是石油和天然气聚集最佳层段；在 4000～5000m 深度区间，尽管原生孔隙进一步减少，但总孔隙度可达 10%，对深层天然气仍是良好的储层条件（表 2-4-4）。

表 2-4-4　辽河坳陷古近系储层基本特征

盆地	主力产层	层系符号	主力供烃层系	岩性	储集空间	孔隙度（区间值 / 平均值）/%	渗透率（区间值 / 平均值）/mD	油气性质
辽河盆地	东营段	Ed	Es_3	砂岩、细砂岩	粒间孔、构造裂缝	12.3～32.1 /23.7	5.5～642 /285.6	稀油、稠油
				砂岩	粒间孔、构造裂缝	12.3～32.1 /24.1	5.5～1700 /586.1	溶解气
	沙一二段	Es_{1+2}	Es_3	砂岩、砂砾岩	粒间孔、构造裂缝	10.8～134 /21.8	10～1985 /795.1	稀油、稠油、超稠油
				砂岩	粒间孔、构造裂缝	10.8～134 /21.6	10～1985 /546.5	干气、溶解气
	沙三段	Es_3	Es_3	砂岩、砂质细砾岩、砂砾岩、粗面岩、玄武岩	粒间孔、构造裂缝、缝洞－孔隙	11.6～35 /20.1	15～2128 /310.4	稀油、稠油、高凝油
				砂岩、粗面岩、玄武岩	粒间孔、构造裂缝	8.5～30 /20.3	5～1245 /370.3	干气、溶解气
	沙四段	Es_4	Es_3	砂岩、砂砾岩、白云岩	粒间孔、裂缝	8.5～30 /19.2	1.05～536 /220.9	高凝油
				砂岩	粒间孔、构造裂缝	25.6	536	溶解气

（五）白垩系碎屑岩储层特征

中生界白垩系碎屑岩储层主要发育在辽河外围地区，共有三套碎屑岩储集层，即九佛堂组、沙海组和阜新组。九佛堂组储层以陆家堡凹陷和钱家店凹陷最发育，沙海组与阜新组储层均以阜新盆地最发育，张强凹陷次之。九佛堂组储层，无论其累计厚度，还是所占地层厚度比例，总体上在各地区要比其他两组的都发育。

1. 储层岩性特征

碎屑岩储层为一套成分成熟度和结构成熟度均低的陆源碎屑岩系，岩石类型主要为岩屑砂岩、长石岩屑砂岩和岩屑长石砂岩。碎屑成分中石英含量低，以岩屑为主，其中中性、酸性岩浆岩岩屑含量占碎屑总量的 1/2 以上，其余为变质岩屑和沉积岩屑；填隙物以泥质杂基和方解石胶结物充填为主，少数见泥微晶碳酸盐和白云石充填。碎屑颗粒分选性中等—差，磨圆度为次圆、次棱—次圆。接触关系以线—点接触为主，少量点接触、悬浮—点接触。胶结类型以孔隙式胶结为主。

2. 储层物性特征

根据储层物性统计资料（表2-4-5），阜新组属中—高孔中渗储层，沙海组碎屑岩储层属于中孔、低渗储层，九佛堂组上段碎屑岩储层属于中—低孔、低渗、特低渗储层，九佛堂组下段属于低孔、特低渗储层。

表2-4-5　外围盆地白垩系储层物性统计表

凹陷	地区	层位	孔隙度 /%			渗透率 /mD		
			平均	最大	最小	平均	最大	最小
陆家堡	包1块	K_1sh	15.5	34.1	3.5	5.5	8528.0	<1
		K_1jf	16.2	26.0	5.1	35.8	1265.0	<1
	包14块	K_1sh	22.5	24.5	20.6	<1	<1	<1
		K_1jf	16.5	25.5	8.5	62.7	273.0	<1
	交力格	$K_1jf^{上}$	16.7	23.6	3.3	15.5	152.5	<1
		$K_1jf^{下}$	14.5	21.0	3.5	<1	15.0	<1
	前后河	$K_1jf^{上}$	18.9	22.6	14.7	11.0	91.1	<1
		$K_1jf^{下}$	18.2	22.7	13.8	15.0	124.9	<1
龙湾筒	汉代	K_1sh	16.3	20.8	8.3	23.6	82.0	<1
		$K_1jf^{上}$	14.7	18.0	11.4	<1	3.0	<1
钱家店	钱2块	$K_1jf^{上}$	11.7	17.4	6.4	21.4	565.0	<1
奈曼	双河	$K_1jf^{上}$	14.8	23.0	7.0	11.2	804.0	0.06
		$K_1jf^{下}$	11.8	15.6	8.0	0.29	0.8	0.1
张强	北部	K_1sh	12.7	17.8	8.08	3.35	10.6	0.3
		K_1jf	12.9	20.4	7.8	7.8	57.05	0.01
	南部	K_1sh	12.3	16.6	7.9	1.42	3.71	0.47
元宝山		$K_1jf^{下}$	11.9	14.5	4.4	33.79	116	0.11
		$K_1jf^{上}$	17.6	31.4	8.8	513.1	8611	0.6
		K_1sh	23.8	32.3	14.6	686.85	1852	263
		K_1f	25.4	37.4	11.8	68.15	533	0.75

3. 储集空间类型

储层储集性能的好坏，取决于储集空间类型及其发育程度。根据普通薄片、铸体薄片、扫描电镜及岩心观察，开鲁盆地碎屑岩储层的储集空间类型，按其成因分为原生孔隙、次生孔隙、微孔和裂隙等四种类型。

（1）原生孔隙。包括原生粒间孔、残余粒间孔。其中，原生粒间孔少见，多见的是原生粒间孔经压实又被矿物充填后残余粒间孔隙，占总孔隙类型的22.71%～32.35%。

（2）次生孔隙。本区次生孔隙以岩屑、长石或石英颗粒内的粒内溶孔、粒间溶孔、铸模孔及粒缘孔最发育，占总孔隙类型的48.93%～64.93%。

（3）微孔。微孔是指孔径小于0.5μm的孔隙，多分布于杂基间和火山岩岩屑基质中。

（4）裂隙。分三种裂隙类型：第一种为层间裂隙；第二种为岩石压缩过程中产生的裂隙；第三种为构造裂缝。其形态有平行层理和垂直层理及斜交层理或割切碎屑层。这类裂隙约占总孔隙类型的12%～21.6%。

三、盖层特征

辽河油田是以白垩系、古近系为主要目的层的含油气断陷。辽河断陷所发现的盖层有泥质岩、砂质岩及火山岩三大类。泥质岩包括泥岩、页岩、钙质页岩等。分布于各时代的广阔区域，是主要的封盖层。火山岩盖层主要是层状分布的玄武岩，在局部地区构成良好的直接盖层。砂质岩盖层是特殊条件下形成的盖层，主要是致密化的低渗透砂岩，如富泥粉砂岩、富泥浊积砂岩、高成岩强度的致密砂岩等。现已确认，有许多小油藏、小气藏的直接盖层为致密化的砂岩。泥质岩盖层是形成区域盖层和直接盖层的主要类型[7-9, 14-15]。

（一）沙四段泥岩盖层

沙四沉积时期发育了牛心坨、高升、杜家台三套地层，每一套地层下部都是以扇三角洲或浅湖砂层为主，上部都以浅湖相泥质岩为主。泥质岩为泥岩、页岩、灰云质纹层状泥岩，这部分位于上部的泥岩，正是下部砂岩的直接盖层。

牛心坨泥岩，累计厚度可达500m，泥岩段上部有一层含砂量极少的深水泥岩，连续厚度可达30～50m，是良好的直接盖层。牛心坨古潜山油藏和牛心坨油层的油藏，就被这段泥岩直接封盖。

高升泥岩，在高升和盘山洼陷地区，累计厚度达50～100m。泥岩段上部有一层质地较纯的深湖相泥岩，俗称低阻泥岩，厚度20～30m，在高升油田是粒屑灰岩油藏的直接盖层。

牛心坨和高升两套地层，在大民屯凹陷属于连续的深湖沉积，没有明显的界线，下部为砂质岩，上部为深灰色深湖泥岩，质纯，厚度为100～800m，连续厚度可达200～300m，是良好的区域性盖层。在东部凹陷未发现这两套地层，可能缺失沉积。

杜家台泥岩，在西部凹陷北起牛心坨，南到齐家、欢喜岭地区广泛分布，累计厚度可达350m。泥岩段上部有一层深湖相泥岩，连续厚度为30～80m，是其下泥岩的直接盖层。

曙光油田杜家台油层各个油藏、曙光古潜山油藏、杜家台古潜山油藏、齐家古潜山油藏、齐家—欢喜岭地区杜家台油层各油藏、兴隆台古潜山气藏等许多油气藏的直接盖层，都是由这层泥岩充当的。

在大民屯凹陷，该泥岩分布广泛，厚度为100～500m，是潜山油气藏和深部油气藏的良好盖层。在东部凹陷，仅在热河台地区发现这套地层，厚度不大，深洼陷内是否存在，目前尚无资料证实。

（二）沙三段泥岩盖层

西部凹陷沙三段泥岩除凹陷边缘地区外，都属于深湖相泥岩，含砂量很少。包括褐灰色泥岩、油页岩、页岩等岩性。岩性组合一般为厚层泥岩夹厚层浊积砂岩，在边缘为扇三角洲，在盘山洼陷地区厚度在1388m以上（曙1井和曙古19井）。

沙三中上部的泥岩，质地较纯，连续厚度可达100～500m，一般大于200m，大部分地区处于产生欠压实的深度范围内，是广泛分布的最优区域性盖层。沙三段各类油气藏的直接盖层都是沙三段的优质泥岩，封盖性能良好。

东部凹陷的厚层泥岩主要发育在沙三下段，北部的牛居、茨榆坨，中部的热河台、黄金带，南部的桃园、荣兴屯，各处都发现了沙三下段的厚层泥岩，连续厚度为50～200m，累计厚度可达500m以上，可以成为区域性盖层。沙三中上段，多为砂泥岩薄互层，泥岩层厚度为10～30m，连续性差，只能形成局部盖层。在茨榆坨、牛居、青龙台地区，发育连续厚度大于50m的厚层泥岩，封盖条件较好。

大民屯凹陷沙三段泥岩，也是沙三下段较发育，呈厚层状，分布广泛，而沙三中上段则为薄层，分布局限。

（三）沙一段泥岩盖层

西部凹陷沙一段上部和下部都属于浅湖扇三角洲沉积，砂泥互层，以砂岩为主，泥岩夹层较薄，一般厚度为20～30m。这种泥岩常可作为直接盖层，分布很局限，不能成为区域性盖层。例如，在台安、高升、曙光、西八千、冷家堡等凹陷边缘地带，沙一段上部和下部泥岩都不发育，甚至砂岩也比较薄。

沙一中段，属水进期沉积，泥岩分布广泛，除边缘地区外，泥岩都很发育，累计厚度为300～500m，连续厚度也比较大（100～400m）。这层泥岩质纯，处于形成欠压实的有利深度，大范围内形成超压，是优质区域性盖层。兴隆台、双台子、齐家、欢喜岭等高产油气田，都在这个区域盖层的保护之下。

东部凹陷沙一段泥岩盖层与西部凹陷相似，也是沙一中段泥岩较发育，连续厚度为20～30m，厚者可达80m，主要发育于凹陷中段，凹陷南北泥岩盖层变为薄层，与砂岩组成薄互层，封盖条件变差。

东部凹陷沙一上段和下段都是薄层泥岩，夹于砂岩之中，成为各砂岩的良好直接盖层。北部牛居地区和南部二界沟地区较发育。

大民屯凹陷沙一段泥岩盖层都很薄，一般厚度为5～15m，呈薄互层夹于砂岩之中，仅在洼陷深部位和边台地区发现厚度大于30m的泥质盖层。

（四）东营组泥岩盖层

西部凹陷东营组是河湖相沉积。在鸳鸯沟洼陷有较大范围的深湖相泥岩，连续厚度可达300m，可以成为小区域的优质盖层，在清水洼陷和盘山洼陷也有较厚的泥岩夹层，连续厚度可达20～30m。其余广阔地区都是以河流相沉积为主，砂岩夹薄层泥岩。泥岩层厚度一般为5～10m，含砂较重，不能形成区域性盖层，只能作为直接盖层。

东部凹陷东段和南段泥岩盖层较发育，可以在较大范围内连片分布，如黄金带地区沙二段的"细脖子"泥岩就是优质盖层，连续厚度可达20～40m。其他地区多以薄层状夹于砂岩之间。

大民屯凹陷东营组泥岩多为薄层状，夹于砂岩之间，含砂量很高。厚度大于10m的泥岩层不多，仅在洼陷带小范围分布。

（五）火山岩盖层

辽河断陷火山岩多为玄武岩，沿断裂喷溢。单层厚度可达20～50m，覆盖面积为10～100km²，甚至更大。沙一至东营时期火山活动频繁，主要集中分布于东部凹陷南部地区，有数十层玄武岩与砂泥岩交互成层，其他地区这个时期的玄武岩不甚发育。这些玄武岩是良好的局部盖层，遮盖了许多油气藏。如大平房和荣兴屯地区，就有一些油气藏的直接盖层为玄武岩，油气藏的分布与玄武岩的分布密切相关。西部凹陷锦州油气田锦45块油气藏，有一些就是由玄武岩作盖层。这层玄武岩厚度为10～30m，封盖了大片油气藏。牛居地区和大民屯凹陷中部地区，发育东二段的玄武岩，厚度为10～20m，也成为良好的盖层。

总体看来，泥岩盖层沙三段最发育，分布最广；东营组最差，多为薄层，连片范围广；沙四段居中，厚度不大但分布较稳定；沙一段的泥岩比较厚，分布较广，最大的优点是埋藏深度合适，最有利于形成超压封盖层。

参 考 文 献

[1] 翟光明.中国石油地质志[M].北京:石油工业出版社,1998.

[2] 陈焕疆.论板块大地构造与油气盆地分析[M].上海:同济大学出版社,1990.

[3] 郭颖,李智陵.构造地质学简明教程[M].武汉:中国地质大学出版社,2002.

[4] 李德生.中国含油气盆地的构造类型[J].石油学报,1982,3(3):1-12.

[5] 李军.渤海湾盆地构造格架及演化[J].石油与天然气地质,1998,19(1):63-67.

[6] 康竹林,翟光明.渤海湾盆地新层系新领域油气勘探前景[J].石油学报,1997,18(3):1-6.

[7] 辽河油田石油地质志编辑委员会.中国石油地质志(卷三):辽河油田[M].北京:石油工业出版社,1993.

[8] 马玉龙,牛仲仁.辽河油田勘探与开发(勘探分册)[M].北京:石油工业出版社,1997.

[9] 朱夏,徐旺.中国中新生带沉积盆地[M].北京:石油工业出版社,1990.

［10］王仁厚，李瑜，王铁玲，等.辽河断陷早第三纪湖泊水体深度与油气分布［J］.石油学报，1992, 13，
　　　（2）：240-244.

［11］柳成志，霍广君，张冬玲.辽河盆地西部凹陷冷家油田沙三段扇三角洲－湖底扇沉积模式［J］.大庆
　　　石油学院学报，1999, 23（1）：1-4.

［12］邢志贵，王仁厚，蒋学君，等.辽河坳陷碳酸盐岩地层及储层研究［M］.北京：石油工业出版社，
　　　1999.

［13］孟卫工，孙洪斌.辽河坳陷古近系碎屑岩储层［M］.北京：石油工业出版社，2009.

［14］付广，杨勉.盖层发育特征及对油气成藏的作用［J］.天然气地球科学，2000, 11（3）：18-24.

［15］孟卫工.辽河坳陷大民屯凹陷古近系盖层特征及对油气系统的影响［J］.古地理学报，2005, 7（1）：
　　　25-33.

第三章　辽河油田复杂油气藏成藏特征

辽河油田具有裂谷盆地的构造演化序列，经历了张裂、深陷、收敛等三个发育阶段；沉积了多套巨厚生油岩，具有较高的有机质丰度和多种母质类型；具有多物源的沉积特征，主要发育冲积扇、泛滥平原、扇三角洲和湖底扇等沉积体系；油气藏类型丰富，总体上呈复式油气聚集；油品性质多种多样，有稀油、稠油和高凝油；复式油气聚集带是油气聚集的基本单元，生油洼陷控制油气的分布。

第一节　油气藏特征及成藏条件分析

按照有机成因学说观点，油气藏的形成必须具备"生、储、盖、圈、运、保"六大要素，它们有机配合，才能形成丰富多样的油气藏。在辽河裂谷及外围盆地，这些条件都是十分优越的。

一、优质的生油岩发育奠定资源基础

辽河裂谷盆地发育演化主要经历了初陷期（沙四段）、深陷期（沙三段）和扩展期（沙一段），三个时期均有多层次、大面积的生油、生气源岩分布。由于这些时期裂谷湖盆的发育演化具有旋回性和继承性，多为半深水—深水的还原环境，沉积了厚达400~2000m 的生油岩系，富集有机质的暗色泥质岩厚达 300~1300m，分布面积约占凹陷总面积的 48%~85%。研究认为，辽河裂谷盆地的生油岩具有有机质丰度高、母质类型和转化条件好，具有从未成熟到过成熟的完整热演化系列，且处于中等的地温场之中，具有很宽的成油窗。因此，辽河裂谷盆地具有丰富的油气资源，为各类油气藏形成奠定了雄厚的物质基础。

辽河外围盆地在沉积演化过程中，沉积环境为弱还原—还原环境下的半深湖—深湖相，主要发育九佛堂、沙海、阜新三套烃源岩。烃源岩的发育程度与时空展布各具不同的地质特征，而且烃源岩在有机地球化学方面也存在较大差异，沙海组烃源岩为湖盆发育鼎盛期的产物，厚度为 160~2438m，占地层厚度的 43.8%~82%，单层厚度为 20~230m，最厚在 160m 以上，为主要烃源岩层。

二、生油岩、储层、盖层配置合理确立成藏优势

辽河裂谷盆地发育演化特征表明，古近系具有多旋回的沉积特征，而且在深陷期和扩展期具有非补偿和中补偿；在收敛期具有过补偿或补偿的充填特征，因此，从基底至盖

层具有多类型和多套生储盖组合。依据对辽河外围盆地演化方面的研究成果，将开鲁盆地晚中生代的构造演化分为早白垩世断陷阶段、晚白垩世早期坳陷阶段及晚白垩世晚期盆地萎缩反转阶段，开鲁盆地的构造演化，为形成断坳盆地，发育多套烃源岩、多套生储盖组合和多套含油气层系提供了有利条件。据其纵向、横向分布与配置关系，将辽河裂谷盆地及外围盆地生油层、储层、盖层时空配置分为下生上储型、自生自储型和新生古储型成油组合。

（一）下生上储型

为原生成油组合，即生油层、储层、盖层自下而上紧密配合、有序分布，这是裂谷盆地中最主要的生储盖组合形式。生油层生成的油气可以直接运移到储油层圈闭中保存下来，所以，这也是最好的成油组合形式，主要分布在裂谷盆地腹部，直接受沉积旋回控制。因此，多旋回的连续复出，造成旋回式成油组合在纵向上连续叠加。如沙四上亚段生成的油气可以直接运移到沙四上亚段杜家台油层和高升油层中，沙三段生成的油气可以直接运移到沙三段大凌河油层、莲花油层、热河台油层和沙二段兴隆台油层中，沙一段生成的油气可以直接运移到沙一段黄金带油层和沙二段兴隆台油层中，等等。结果形成多套含油气层系叠加，有利于油气富集。

（二）自生自储型

亦为原生成油组合，即生油层与储油层同属一套层系，受岩性变化的控制，生油层与储油层横向侧变相接，裂谷腹部生油层生成的油气运移到侧翼的储油层中。外围盆地的开鲁盆地以九佛堂组烃源岩为核心，形成以自生自储型为主的成油组合。

（三）新生古储型

年青生油层生成的油气运移到古老的地层中储集起来，这种成油组合亦是裂谷中重要的成油组合之一。有两种成油形式：一种是古潜山直接被年青的生油层覆盖，生油层生成的油气通过不整合面直接运移到古潜山中储集起来，例如东胜堡、安福屯低潜山和曙光低潜山等古潜山油气藏；另一种是年青生油层生成的油气或年青储油层中的油气通过断层和不整合面运移到古潜山中储集起来，如曙光、静安堡、兴隆台、齐家、欢喜岭、马圈子等古潜山油藏，以及外围盆地的开鲁盆地、张强凹陷、元宝山凹陷皆为此种成油组合。

三、储集空间具有多样性特点

辽河裂谷及外围盆地发育多种类型油气储集体，按层系划分，主要有基岩潜山储集体、中生界和新生界储层；按储层岩性划分，主要有混合花岗岩、变粒岩、石英岩和变余石英砂岩、火山岩、碳酸盐岩和碎屑岩等储层（体）（表3-1-1）。这些储集体为油气藏的形成提供了充分的储集空间。

古潜山储层，以发育次生储集空间为特征，有缝、孔、洞三类。其中，裂缝型储集空间按成因又有构造裂缝（花岗岩、石英岩潜山属此类）和风化裂缝，主要发育在风化壳中，如兴隆台潜山顶部风化壳中，见众多的节理、裂缝。孔－洞型储集空间，主要发育于碳酸盐岩、火山岩储层之中，如曙光、静安堡灰岩潜山储层（表 3-1-2）。

表 3-1-1　辽河坳陷变质岩储层岩性统计表

分类	亚类	主要类型	主要岩石名称
变质岩	区域变质岩	片麻岩类	（黑云母）二长片麻岩、（黑云母）斜长片麻岩、角闪斜长片麻岩
		长英质粒岩类	黑云母变粒岩、角闪斜长变粒岩
		石英岩类	石英岩
	混合岩	混合岩化变质岩类	混合岩化（黑云母）钾长片麻岩、混合岩化（黑云母）二长片麻岩、混合岩化变粒岩
		注入混合岩类	长英质黑云斜长片麻岩条带状混合岩
		混合片麻岩类	斜长混合片麻岩、二长混合片麻岩
		混合花岗岩类	钾长混合花岗岩、二长混合花岗岩
	碎裂变质岩	构造角砾岩类	构造角砾岩
		碎裂岩类	碎裂混合花岗岩、碎裂片麻岩、长英质碎斑岩与碎裂岩
		糜棱岩类	糜棱岩

表 3-1-2　变质岩储层储集空间类型分类

分类	孔隙类型	孔隙成因
裂缝	构造裂缝	构造作用形成的裂缝
	溶蚀裂缝	前期形成的裂缝，受溶蚀扩大，或充填的裂缝再溶蚀
	解理缝	沿矿物解理形成的缝隙，受应力或风化作用后更明显
隙	溶蚀孔隙	早期形成的孔隙经溶蚀作用形成的孔隙
	晶间孔	矿物晶体间孔隙
	破碎粒间孔	受构造应力作用造成的岩石破碎，矿物和岩石之间形成的空隙，或潜山顶面的岩石受物理风化作用，崩解、破碎产生的破碎颗粒间孔隙

　　中生界储层，主要发育两种储层类型，即碎屑岩和火山岩储层。龙筒湾凹陷火山岩其顶部和底部易形成大量气孔，这些气孔经后期构造裂缝的连通，产生较好的储集空间。碎屑岩储层是辽河及外围盆地分布最广泛、最重要的储层，由于辽河裂谷块断活动的阶段性、持续性和多旋回沉积特征，决定了在裂谷发育的不同时期和同一时期在裂谷盆地的不同部位形成各有特色的沉积体系，它们在平面上自湖盆边缘向中心伸展，在纵向上相互叠置，构成多层次、大面积分布的储层条件。

　　新生界储层，按裂谷发育演化阶段，分为拱张、拉伸（深陷）和张扭三个阶段，各时期沉积体系在各凹陷不同部位的分布、发育各具特色，形成了各时期的油气储层。

（一）盆地深陷初期（古近纪早期）浅湖环境沉积体系

初陷期湖盆水体很浅，水系流域小，河流一般短小。其沉积体系的发育与周边物源区母岩成分及水动力条件有关。

湖盆周边母岩区的岩石类型：整个中央凸起区（海外河至沈阳地区）为深变质岩分布区。西部凹陷西侧的曙光以北地区是以碳酸盐岩为主的分布区。曙光以南，远离凹陷往山区为太古宙的深变质岩分布区。大民屯凹陷西侧为碳酸盐岩、中生代碎屑岩分布区。东侧为深变质岩系分布区。东部凹陷东侧成分更为复杂，凹陷边缘为中生代砂泥岩和火山岩。外侧有太古宙的变质岩，中、晚元古代和寒武纪的碳酸盐岩和砂泥岩，奥陶系的厚层灰岩，石炭系、二叠系的砂泥岩和石灰岩等。不同的母岩提供了不同的碎屑成分，不仅影响到沉积体系的有利相带发育，还影响储层的成岩作用及储层物性。此外，由于裂陷刚开始，地形落差较小，水动力能量较弱，故形成的沉积体系规模较小。

（二）盆地拉伸（深陷）阶段（始新世—渐新世早期）深湖环境的沉积体系

据前人研究，深陷期沉积体系可分为深陷期和深陷衰减期。沙三段深陷期，河流水系流域扩大，水量充沛。河流坡降增大，侵蚀能力增强，碎屑物质丰富，主要以扇三角洲的形式堆积在岸边，进一步在深水中形成大量的浊流沉积。河流能量大小和物源区粗碎屑物质的多少，决定沉积体系规模的大小。深陷衰减期，浅湖环境沉积体系裂谷衰减期湖盆下陷活动减弱，由非补偿湖盆逐渐变成均衡补偿和过补偿湖盆，沉积体系组合有较大差异。

（三）盆地张扭阶段（渐新世中晚期）泛滥平原沉积体系

东营组沉积时期，由于强烈的断裂活动和差异性升降作用，沉积体系更为复杂，主要为河流三角洲沉积体系。

上述资料表明：古近系各层段都具有良好的储层。与各组碎屑岩伴生的湖相泥岩，即油气源岩，也是盖层，构成了良好的生储盖组合。

同时必须看到，辽河断陷古近系是快速沉降的狭小湖盆沉积，在宏观上，它具有裂谷型陆相湖盆的明显储层特征，归纳为下列三点：（1）储层分布广泛，可以多层系叠合连片，为整凹陷含油气奠定了良好的基础。（2）古近系储层，单层砂体厚度变化大，横向上不稳定，由于小型湖盆多物源、近距离、快速沉积，决定了它与大型坳陷湖盆有明显区别，各沉积体系在发育过程中，不仅缺乏广阔的空间，还没有充分的分异时间，以致有成因联系的冲积扇、扇三角洲、水下扇等沉积体系，在横向上紧密相连、相带狭窄，这就必然造成单个砂体分布面积小，横向变化大。（3）砂体储层的储集性能具有明显的非均质性，储层的储油气性能受多种因素控制，与物源、体系类型、成岩作用等密切相关，不同类型、同一类型的不同相带、同一相带处于不同成岩阶段都存在明显差异（表3-1-3）。

表 3-1-3　不同地质条件砂体物性变化

沉积体系名称	相带位置	孔隙度 /%			渗透率 /10³mD			代表地区或井号
		最大	最小	一般	最大	最小	一般	
兴隆台扇三角洲体系	河道砂体	31.0	12.0	25	19.343	0.009	4.00	兴297、474 井区
	河口坝砂体	27.8	20.0	26	7.925	0.632	3.00	兴106、126 井区
	河道间沉积	24.5	10.0	20	1.829	0.003	0.70	马 705 井区
曙光扇三角洲体系	浅埋藏河道砂	33.0	21.0	25	4.926	0.604	2.00	曙三区
	中深埋藏河道、河口堤	20.2	10.0	16	0.173	0.008	0.10	杜 126 块
莲花浊流体系	冲积扇前缘砂	28.9	17.7	25	0.998	0.017	0.40	高 3-7-5 块
	碎屑流水道砂	33.6	12.0	22	10.620	0.022	1.00	高25、高16 井区
	碎屑流侧缘砂	31.0	10.0	22	3.159	0.002	0.50	高 3-2-5 井区
曙光扇三角洲湖底扇体系	碎屑流水道砂	27.8	10.0	20	0.439	0.001	0.20	曙 2-9-004 井区
	碎屑流侧缘砂	30.0	9.0	20	5.718	0.058	0.50	曙 2-8-005 井区
	浊流水道砂	24.8	18.0	20	0.241	0.002	0.18	杜 139 井区
	浊流侧缘砂	24.6	9.6	20	0.431	0.114	0.30	杜 127 块
高升粒屑灰岩	粒屑灰岩溶蚀区	31.0	17.0	25	0.610	0.000	0.04	高一区
	粒屑灰岩压实区	25.0	15.0	20	0.011	0.003	0.01	高三块

四、圈闭条件具有多种类型组合

圈闭是油气藏形成的重要条件之一。辽河裂谷及外围盆地在裂谷演化过程中，多期断裂作用和沉积环境的变化，造就了多种构造样式和多种圈闭类型。圈闭的成因类型和形态特征将辽河裂谷及外围盆地中的圈闭分为构造圈闭、非构造圈闭和混合圈闭。

构造圈闭：由于构造变形而形成的圈闭，包括褶皱背斜构造、披覆背斜构造、滚动背斜构造、断鼻构造、断块构造和刺穿构造等圈闭。

非构造圈闭：由于沉积条件变化而形成的圈闭，包括地层、岩性和古地貌等圈闭。

混合圈闭：由于构造变形和沉积条件变化等双重因素控制形成的圈闭。视其主控因素，可分为岩性—构造圈闭和构造—岩性圈闭等。

在裂谷盆地中的各构造带，上述圈闭类型都有不同程度的分布，为复式油气聚集带的形成提供了良好的圈闭条件。

五、油气藏的运聚具有多种输导种类

油气运移通道是形成各类油气藏的必经之路。辽河断陷在构造及沉积演化过程中发育了多种多样的油气输导类型，为各类油气藏的形成提供了可靠的通道。主要为受构造作用控制形成的断裂输导体系和受沉积作用控制形成的砂岩输导体系。此外，还有不整合面输导体系。

（一）断裂输导体系特征

断裂在油气藏成藏过程中起到很关键的作用。生烃中心生成的油气往往是通过断层和裂缝进行运移成藏的。

在辽河断陷的演化过程中，断裂活动为构造运动的主导形式，断陷内多期块断活动形成了众多断层，它们不仅控制了地层的形成，还断至盖层深部，在活动期为油气运移提供通道，控制油气的分布和富集往往不是一个断裂带就是一个油气富集带。20世纪70年代在兴隆台油田勘探中，人们看到断层对油气成藏的极大作用，总结出断层歌，其中有一句是"沿断层找高产"。

（二）砂岩输导体系特征

辽河断陷不同地质时期的湖盆环境中均发育一定规模的扇三角洲、三角洲沉积体系，自湖盆边缘向中心伸展，这些砂岩体具有良好的渗透性，在有圈闭时是良好的储层，若无圈闭则油气通过砂体运移至其他有利部位聚集。

因此，砂岩体在一定条件下，成为良好的油气通道。而这些砂体具有层层叠置的分布特点是断陷内重要油气输导体系之一。开鲁盆地陡坡带控凹大断裂的下降盘发育多个多套近岸水下扇、扇三角洲砂体叠置呈裙带状伸入洼陷区，这些砂体又被多期断层分割，形成构造—岩性油气藏。油气主要来自下倾方向的烃源岩，大量生烃、排烃，沿着断层与砂体组成的输导体系，向扇中、扇三角洲前缘砂体中运移，受到砂岩层段上部厚层泥岩、断层遮挡而聚集成藏，形成构造—岩性类油气藏。

（三）不整合面输导体系特征

地层不整合代表着地层曾经历过区域性的风化剥蚀作用，往往可以形成区域性稳定分布的高孔高渗的风化带或岩溶带，这对油气长距离运移或形成油气田非常有利。在辽河断陷发育过程中，发育了多个不整合面，这些不整合面形成有利油气运移的不整合面输导体系。

通过上述多样的输导体系与辽河坳陷的发育具有多旋回性和阶段性相配合，致使油气运移具有多期性。

六、盖层互补，利于油气藏的保存

辽河断陷的盖层有泥质岩、砂质岩及火山岩三大类。泥质岩分布于各时代的广阔区域，是主要的封盖层。火山岩盖层是层状分布的玄武岩。砂质岩盖层主要是特殊条件下形成的盖层，主要是致密化的低孔渗砂岩等。这些盖层相互补充，利于不同构造部位各种类型油气藏的保存。

第二节　油气藏成藏规律研究

油气藏是指单一圈闭中，具有统一的压力系统和油气水界面的油气聚集，它是油气聚集的基本单元。

经过多年勘探，辽河油田发现了构造、岩性、火山岩等多种油气藏类型，以及叠加连片分布的复式油气聚集带。研究油气藏类型及其油气分布规律，有助于指导勘探实践，不断寻找石油与天然气勘探的新领域。

一、油气藏类型

对于油气藏的分类，如出发点不同，就有不同的分类原则和相应的油气藏类型。

本书按圈闭的成因类型来划分，因为圈闭是形成油气藏的基本条件之一，圈闭的成因、形态和遮挡条件决定了油气藏的类型和基本特征，其中成因是最关键的因素，它贯穿于不同层次的分类之中。

由于本次研究主要从滚动勘探的角度出发，根据圈闭的成因和形态特征，将辽河油田的油气藏划分为两大类 7 亚类 14 种油气藏类型（表 3-2-1）。

表 3-2-1　辽河油田油气藏分类

大类	亚类	种类		实例
构造油气藏	背斜构造	同生背斜	披覆背斜油气藏	庙 11 块
			滚动背斜油气藏	锦 16、欢 26、双 2-9-22
			隐刺穿背斜油气藏	沈 143
		褶皱背斜油气藏		冷家堡
	断鼻构造	断鼻构造油气藏		高升、牛 56、安 76
	断块构造	断块油气藏		欢 631、于 4、锦 2-6-10
	其他构造	泥丘刺穿接触油气藏		沈 27
		火山岩刺穿接触油气藏		红 5
		泥岩裂缝油气藏		黄 3、黄 6
非构造油气藏	地层	地层超覆油气藏		齐 2-20—11、茨 26-68
		地层不整合油气藏		茨 13、杜 68
	岩性	岩性油气藏		茨 46-70、沈 10
	古潜山	层状油气藏		曙光、静北
		块状油气藏		茨榆坨、齐家、东胜堡

（一）构造油气藏

受构造圈闭控制而形成的油气藏称为构造油气藏，属于这类油气藏的主要有背斜构造油气藏、断鼻构造油气藏、断块构造油气藏和泥岩底辟构造油气藏等（表3-2-1）。

1. 背斜油气藏

由背斜构造圈闭控制油气聚集而形成，根据其成因可分为披覆背斜油气藏、滚动背斜油气藏、隐刺穿背斜油气藏和褶皱背斜油气藏。

披覆背斜油气藏：由于基岩潜山的存在，其上覆地层披覆沉积而形成的披覆背斜油气藏。属于这一类型的有辽河坳陷的兴隆台海外河、齐家、茨榆坨、三界泡，以及外围盆地的陆家堡凹陷马家铺高垒带庙11井九上段油藏等（图3-2-1）。

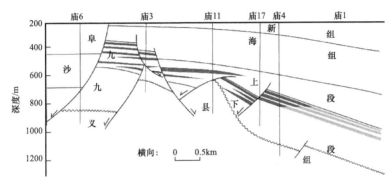

图3-2-1　马家铺高垒带庙6井—庙1井油藏剖面图

滚动背斜油气藏：同生断层发育过程中，因下降盘的逆牵引作用而形成的背斜构造气藏。这是辽河油田内分布较广泛的油气藏类型。例如欢喜岭中下台阶（锦16、欢26）、双台子（E_2s_1）由于滚动背斜在沉积过程中成型，对同层段的未成熟阶段生成的石油和天然气，是最佳聚集空间，对生物油气的聚集作用尤为重要，如欧利坨子构造沙一中亚段就是生物气藏。

隐刺穿背斜油气藏：由于塑性物质流动，不断上拱并刺穿沉积岩层，使上方形成隐刺穿的背斜构造而成藏。辽河断陷古近系发现了泥岩刺穿和火山岩刺穿构造油气藏。

例如在大民屯凹陷的荣胜堡洼陷西侧发现了泥岩刺穿构造，沙四段泥岩刺穿沙三段，沙一段至东营组为背斜构造，在刺穿体周围形成接触圈闭，沈127就是在这种圈闭中发现的油气藏。此外，在该区刺穿体顶部的背斜构造中发现了沈143背斜构造气藏。

东部凹陷是强烈的岩浆活动区，南部地区尤为突出。从沙三段至新近系馆陶组，都有不同时期的玄武岩分布，火山岩体的向上刺穿与周围沉积层接触圈闭，上覆层形成披覆背斜，黄金带南端的红星火山锥就是一例。红5井钻在接触带发现了油气藏，上覆的背斜部位未钻探，推测存在背斜油气藏。

褶皱背斜油气藏：辽河油田内除同生背斜外，还在局部地区存在褶皱背斜，如冷家堡背斜构造油藏，它有着不同的形成机制，是由冷家堡逆冲断层发育过程中，因上盘逆冲而形成的褶皱背斜构造油藏。目前，还未发现油气藏。

2. 断鼻油气藏

是指在沉积盖层中形成的鼻状构造和其上倾方向被断层切割形成的断鼻构造油气藏，一般多发育在斜坡部位，这些大小不一的鼻状构造往往被断层切割，成为断鼻圈闭，如陆家堡凹陷东部地区的交南断鼻油藏（图3-2-2）。

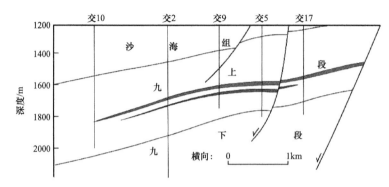

图 3-2-2　交南断鼻交 10 井—交 17 井油藏剖面图

3. 断块油气藏

由单一的断层圈闭形成的油气聚集，即断块油气藏。这也是整个辽河油田内常见的油气藏类型。它可以是一条弯曲断层或交错断层切割单斜层，亦可以由多条断层组合封闭成有效遮挡。断块油气藏实例很多，如辽河坳陷内的欢 9 块、黄 45 块、锦 2-6-10 块等，以及开鲁盆地的钱家店凹陷钱 2 块九下段油藏（图 3-2-3）。

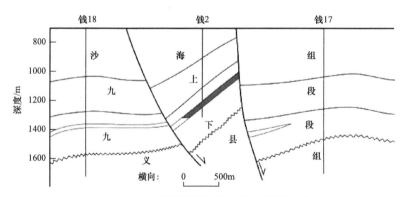

图 3-2-3　钱家店凹陷钱 2 块油藏剖面图

辽河坳陷内黄金带地区的黄 3 井、黄 6 井沙一下亚段泥页岩中，发现大量的裂缝，有层间裂缝，亦有构造裂缝，裂缝面有油迹，钻井中出现油花气泡，气测录井亦有烃类显示，试油见少量气流。此外，在欧利坨子沙三上亚段，也在页岩中见天然气显示，其他地区如曙光等亦见到类似油气显示。这是一种特殊类型的油气藏，尽管目前还未找到具有一定规模的气藏或油藏，但作为一种类型，它是客观存在的，对于这一类型的归属，它介于构造与非构造之间，因为层间裂缝和构造裂缝都有，将来随着研究的深入，以哪一种裂隙为主，就归为哪一类型，目前暂把它列入构造油气藏大类。

（二）非构造油气藏

非构造油气藏，系指构造成因之外的各类油气藏。在辽河油田内主要发育地层油气藏、岩性油气藏、古潜山油气藏、火山岩油气藏四种类型的非构造油气藏[1]。

1. 地层油气藏

这是与地层不整合面有关的类型，根据储层与不整合面的配置，可分为地层超覆油气藏、地层不整合油气藏两个亚类。

地层超覆油气藏：在多旋回沉积的湖盆演化史中，在大规模的水进期，凹陷湖盆边部均可出现地层超覆，更重要的是，裂谷发育早期在缓坡部位基底不整合面之上的地层超覆，它们超覆层次多，范围如东部凹陷的西斜坡。

地层不整合油气藏：以东部凹陷西斜坡为代表，多出现在箕形凹陷缓坡的上倾部位。如茨榆坨油田沙三中亚段油气藏。

2. 岩性油气藏

由储层岩性变化形成的圈闭成藏，它既可由沉积作用造成（沉积圈闭），也可由成岩、后生作用所致。主要包括砂岩透镜体油气藏、砂岩上倾尖灭油气藏和浊积砂岩油气藏。

砂岩透镜体油气藏：这类油气藏的圈闭条件是砂体被四周泥岩或非渗透层包围所形成的圈闭。主要存在于碎屑岩中，砂体类型主要为河道砂、分支流河道砂、扇三角洲前缘的河口坝砂及浊积砂体。这种油气藏在辽河油田分布众多，是隐蔽油气藏中最主要的类型。

砂岩上倾尖灭油气藏：在陆相湖盆中各种类型扇体前缘砂体向构造高部位逐渐变薄尖灭，形成砂岩上倾尖灭油气藏。这类油气藏不仅在辽河断陷斜坡带有广泛分布，如东部凹陷茨榆坨油田及西部凹陷欢齐斜坡带。同时，在外围盆地中也有很多，如陆家堡凹陷马家铺高垒带九下段、包14块、奈曼凹陷奈1块九下段油藏（图3-2-4）。

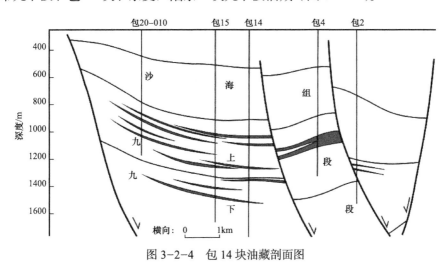

图 3-2-4　包 14 块油藏剖面图

包14块岩性油藏位于五十家子庙生烃洼陷内，油层分布受来自南侧包日温都扇三角洲砂体控制，该扇体向北伸入五十家庙生烃洼陷，向西北在马家铺高垒带翼部形成砂体上倾尖灭圈闭，面积较大，断层不发育，形态比较简单。由于岩性油藏具有自生自储的特点，油藏多为层状，每套油层组都具有独立的油水系统，原始油水界面深度均不相同。

浊积砂岩油气藏：水下浊积砂体也是勘探的重要类型，此类砂岩体在冲积扇－扇三角洲沉积体系域，浊流物质通过供给水道进入深水区，浊流物质散开堆积成浊积扇，扇体直接伸入生油岩中或与油源相通形成的油气藏称为浊积砂岩油气藏。如大民屯静74井浊积岩油藏。根据浊积砂体所处部位的地势不同，将其分为陡坡类型浊积砂体和缓坡类型浊积砂体两大类。

陡坡类型浊积砂体分布于辽河油田的辽河坳陷西侧，如冷家洼陷带、兴隆台、双台子一带。由于沉积物沿盆地边界断层的陡坡迅速下滑，与湖水混合形成浊流，到达湖底堆积起来，并向两侧低部位流动，在峡谷间形成浊积砂体。2002年发现的雷64油藏是其典型实例。

缓坡类型浊积砂体主要分布于辽河油田的辽河坳陷东侧，大致在茨榆坨、牛一青、驾东、大湾超覆带、新开开36井区及董2—欧39一带。由于斜坡坡度较缓，边缘沉积物不是直接滑坡到达盆底，而是通过一段距离的水下峡谷滑坡到达盆底，然后为湖水消化变为浊流，沿盆底最低轴线流动。西部凹陷沿古大凌河、古饶阳河水多发育一系列这类浊积扇体。

3. 古潜山油气藏

古潜山是埋藏在地下的、被剥蚀后又被较新地层覆盖的残山。其上披覆较新地层，部分潜山侧向上与较新地层直接接触，油气从上方或侧向通过不整合面直接或间接地进入潜山储层之中形成潜山油气藏。辽河油田内这类油气藏分布广泛，按储层岩性可分为以下两类：

（1）中、上元古界碳酸盐岩储层油藏，如曙光、静安堡古潜山油藏。一般亦称为层状油藏。

（2）太古宇花岗岩、混合花岗岩油气藏，如茨榆坨、兴隆台、齐家古、东胜堡潜山油气藏，又称块状油气藏。

辽河油田内的古潜山油气藏有三个特点，现分述如下：

（1）分布广泛，在箕形凹陷中可出现在任何部位：缓坡带，如曙光、齐家、欢喜岭、茨榆坨；深陷带，如兴隆台、东胜堡、静安堡；陡坡带，如头台、法哈牛。

（2）油气藏中的油和气绝大多数来自古近系油气源岩，少数有可能来自深部幔源气源（如界3井气藏，据分析其含氮量较高）。

（3）油、气藏都有，总体以油藏为主，以碳酸盐岩为储层的都是油藏；以变质基岩为储层的潜山油藏，不仅有油藏，还有气藏，如兴隆台古潜山气藏。

这是辽河油田古潜山油气藏的重要地质特点。

（三）隐蔽油气藏

1. 隐蔽油气藏的概念

隐蔽油气藏是指以目前的勘探技术手段不易认识和找到的各种油气藏，包括隐蔽的构造油气藏和地层岩性油气藏。

相对于构造油气藏，各类非构造类型油气藏难于被识别和发现，因此人们常常把非构造油气藏与隐蔽油气藏等同起来，认为构造油气藏是构造成因的，而隐蔽油气藏是非构造成因的，或是沉积成因的。Halbouty（1972）将地层超覆、不整合圈闭及古地貌圈闭形成的油气藏等统称为隐蔽油气藏，这基本上是非构造油气藏与隐蔽油气藏等同的观点。随着勘探研究工作的不断深入，人们逐渐认识到隐蔽油气藏并不完全等同于非背斜油气藏。之所以称为隐蔽油气藏，主要是因其圈闭具有隐蔽性（Subtle trap）。具此特点的油气藏都可称为隐蔽油气藏，即使是构造油气藏，若是在目前技术条件下难以被发现，亦属隐蔽油气藏的范畴。

此外，隐蔽油气藏是一个相对的概念，有一些油气藏原被认为是隐蔽油气藏，但由于石油勘探理论、技术的发展，已变得易于被发现，便不再是隐蔽油气藏了。

2. 国内外隐蔽油气藏的勘探研究现状及发展趋势

显然，寻找隐蔽油气藏要比寻找背斜油气藏复杂得多、困难得多，然而，人们在勘探实践中积累了丰富的技术、方法和经验，提出并总结了一套行之有效的勘探程序和理论。其中，最引人注目的是新兴的层序地层学理论。

层序地层学是研究以不整合面或与之相对应的整合面为边界的年代地层格架中具有成因联系的旋回岩性系列间相互关系的地层学分支学科。层序地层学是在地震地层学理论基础上发展起来的，它继承了地震地层学的理论基础，即海平面升降变化具有全球周期性，海平面相对变化是形成以不整合面及与之可对比的整合面为界的、成因相关的沉积层序的根本原因。一个层序中地层单元的几何形态和岩性受构造沉降、全球海平面升降、沉积物供给速率和气候等四个基本因素的控制。

国内外的研究表明，层序地层学是寻找隐蔽油气藏的最好方法。G. R. Baum（1995）认为，世界上86%的油气藏与低水位体系域有关，12%的油气藏与水进体系域有关，只有2%的油气藏与高水位体系域有关。与低水位体系域有关的油气藏多数是非构造油气藏，其中包括盆底扇、水下扇形成的所谓"低幅度构造"油气藏。通过系统地横向识别层序地层学所提供的体系域沉积相，就可以很好地了解储层形态、非均质性和隐藏地层圈闭的形成机理。

当前，勘探隐蔽油气藏行之有效的研究方法仍然是岩相－古地理和古地貌分析法，常用的技术手段是地质、地球物理、地球化学和钻井方法及其综合运用。其中，地球物理方法，特别是三维地震技术，在近20年的隐蔽油气藏勘探中起了重要作用。由于地震数据的采集和处理技术的不断发展和提高，为地震方法在勘探隐蔽油气藏中的应用创造了条件，产生了一些新的处理方法和分析技术，特别是由于地震岩石学和岩石物理学方法的产生及其应用精度的不断提高，使得人们可以获取地震反射信号同沉积层序之间的有关信息，如地层速度、地震反射的连续性、地震波的波形、振幅和频率等参数，它们都可用来解释和定性地确定地层岩相的分布和沉积物的沉积环境。同时，利用地层的速度、密度、厚度和吸收资料也可对地层的厚度、速度、泥砂比、孔隙度等作出较为客观的定量估算，这些对于识别和发现隐蔽油气藏是十分有利的。

实践证明，隐蔽油气藏的特点决定了其勘探的难度较背斜油气藏大得多，成功率相对较低，这就要求采用多种方法、多种技术、多学科手段联合攻关，同时这也是隐蔽油气藏勘探在今后的一个发展趋势。

3. 隐蔽油气藏在世界油气勘探中的地位

近年来，随着油气勘探的深入，以隐蔽油气圈闭为主的油气藏无论在产量还是在储量上，都在日益增长，美国隐蔽油气藏储量已占石油、天然气总地质储量的 42.7%，产量占总产量的 44.8%；俄罗斯的西西伯利亚地区和古比雪夫地区有一半以上的油气藏具有岩性遮挡的特点。委内瑞拉的玻利瓦湖岸特大油田、利比亚的萨瓦尔特大油田也都是以隐蔽油气藏为主的油田。

我国一些盆地的油气勘探近年来也呈现出隐蔽油气藏数量、类型不断增多的趋势。据 1982 年资料，济阳坳陷隐蔽油气藏所探明的石油地质储量占总储量的 22%，南阳盆地岩性油气藏所探明的石油地质储量占总储量的 84.6%，江汉油田岩性油气藏探明的石油地质储量占总储量的 28%。

由此可见，隐蔽油气藏在国内外油气勘探中，处于十分重要的地位。勘探实践表明，隐蔽油气藏不仅是勘探成熟区油气后备储量的主要勘探对象，还是新探区中一种不可忽视的重要目标。

4. 辽河断陷隐蔽油气藏的研究与勘探现状

辽河油田中的辽河断陷陆上面积 12400km²，其中凹陷面积 7060km²，是一个具有丰富油气资源的含油气盆地。经过近 50 年的勘探，辽河断陷的勘探已经进入高成熟阶段，勘探对象已由寻找构造油气藏为主进入以寻找隐蔽油气藏为主。辽河断陷是在复杂的基底结构基础上，经历"拱张、裂陷和坳陷"三大演化阶段发育起来的裂谷型断陷盆地。因此，辽河断陷在张裂、深陷和萎缩过程中，在发育背斜、断块、断鼻等构造油气藏的同时，也发育了大量的、多种类型的、主要受地层和岩性控制的隐蔽油气藏（表3-2-2）。

十多年来，辽河油田在寻找隐蔽油气藏方面积累了一定的经验，并逐步形成适合辽河断陷地质特点和符合隐蔽油气藏分布规律的勘探思路和方法，取得了一系列的勘探成果。特别是近几年来，在陈家洼陷内岩性油气藏勘探、东部凹陷火山岩油气藏勘探、大民屯低潜山油气藏勘探取得了良好效果，雷家陡坡近岸砂砾岩、新开斜坡扇砂砾岩、铁匠炉西斜坡铁17井的钻探、茨榆坨构造带茨631井区的岩性滚动勘探及大民屯凹陷沙四段砂砾岩勘探均取得了全面突破，标志着辽河油田隐蔽油气藏勘探进入一个新的阶段。

在勘探实践过程中，通过对古地理及古地貌的研究，认识了一些隐蔽油气藏的分布规律，并综合油气生成运聚和储层等多种因素，总结了切合实际的成藏模式。例如，东部凹陷中部的驾掌寺—小龙湾地区，是由驾掌寺洼陷和三界泡翘倾断块披覆构造两个基本构造单元及其过渡类型的单斜、围斜组成的，经过多年的勘探及反复认识，提出了环洼陷成藏模式和斜坡超覆带成藏模式，有效地指导了该地区隐蔽油气藏的进一步勘探。

表 3-2-2 辽河油田中辽河断陷隐蔽油气藏成藏基本模式

分类	类型	形成条件	基本特征	成藏模式	成藏机理	分布规律	实例
I 潜山	残丘型 Ia	基岩块体遭风化剥蚀形成丘状突起，后期被上覆岩层遮挡	新生古储式组合，储集体一般为碳酸盐岩、变质岩		不整合面作为输导体，浮力作为运移动力，油气两侧向运移	盆地边缘缓坡带或凸起部位	济阳坳陷广饶潜山、王庄潜山
	断块型 Ib	基岩块体受断层切割形成断块，潜山高部位遭风化剥蚀，新地层由底部向潜山顶超覆式沉积	新生古储式组合，储集体一般为碳酸盐岩、变质岩，断层、断层的连通性控制着油气的富集		断层和不整合面作为输导体，浮力作为运移动力，油气垂向和侧向运移，运距离远	盆地边缘陡坡萨中、上部或凸起顶部	渤海湾盆地义和庄潜山、任丘潜山
II 地层超覆	斜坡带 IIa	湖水向盆地边缘或隆起翼部水进时，在不整合面上上形成逐层超覆的旋回沉积，年青	侧变式或下生上储式组合关系，砂层向深处变成泥岩沉积，圈闭形成在水陆交互地带		渗透性砂岩体和不整合面作为输导体，浮力作为运移动力，油气侧向运移	盆地边缘陡坡带中、上部	济阳坳陷太平油藏
	古隆起翼部 IIb	储层不整合超覆在时代较老的不渗透性地层上，被连续沉积的不渗透盖层覆盖	下生上储式组合关系，油藏埋深较浅		断层和不整合面作为输导体，浮力作为运移动力，油气垂向和侧向运移，运移距离远	披覆构造翼部	渤海海盆地金家油藏、曙光油藏
III	地层不整合遮挡型	断陷后期强烈构造活动使盆地斜坡带地层遭受剥蚀，后被不渗透性地层覆盖	下生上储式、侧变式组合关系，油藏埋深深较浅		断层和砂体作为输导体，浮力作为运移动力，油气垂向和侧向运移，运移距离远	盆地边缘缓坡带	济阳坳陷樊家油田

续表

	类型	形成条件	基本特征	成藏机理	成藏模式	分布规律	实例
IV 岩性	浅层岩性圈闭 IVa	断陷后期地层超覆在凸起高点上，储集体由河和侧翼相、冲积扇相砂体组成	下生上储式、油藏埋深较浅	断层和砂体作为输导体，浮力作为运移动力，油气垂向和侧向运移、运移距离较远		披覆构造顶部	济阳坳陷埕岛油田
	斜坡带上倾尖灭 IVb	水进、水退频繁变化的湖岸，储集体侧向和纵向变化为泥岩，后期构造运动使地层翘倾	储层位于生油源岩之上，或穿插于生油源岩之中，侧变式或自生自储式组合关系	生长断层和砂体体侧向通道，浮力、地层差异压实提供运移动力，运移距离短		盆地边缘斜坡带下部、洼陷下部	辽河坳陷西部斜坡高升油田，松辽盆地北部榆树林油田
	凹陷内透镜体 IVc	湖底扇、深水沟道浊积体被泥岩包裹，成孤立的透镜体状	自生自储式组合关系	在毛细管差异压力、浓度差异引起的压力梯度差异下，通过孔隙和裂隙引导油气直接运移		盆地边缘斜坡带下部、洼陷中心	济阳坳陷牛庄油田，松辽盆地未芳屯油田
V 火山岩类	超覆油气藏 Va	火山岩侵入体在斜坡带，超覆在下部碎屑岩之上，上部被不渗透层覆盖	侧变式或下生上储式组合关系，火山岩向深处侧变式沉积	基底断裂和不整合面作为输导体，浮力作为运移动力		盆地边缘斜坡带	松辽盆地北部汪家屯油田，济阳坳陷滨674油藏
	岩性油气藏 Vb	火山岩侵入体与熔岩体与泥岩或变质泥岩上下叉层	储层位于生油源岩之上，或穿插于生油源岩之中，侧变式或自生自储式下生上储式组合关系	断层和火山岩熔岩通道，浮力、地层差异压实提供运移动力，运移距离短		盆地边缘斜坡带下部、洼陷中心	济阳坳陷商741油气藏

二、油气藏分布特征

在含油气凹陷或者盆地中，众多的油气藏都是按一定规律分布的，这种规律性主要受控于凹陷或者盆地的区域地质结构、圈闭的展布和源岩所处的热演化程度[2]。辽河油田除了辽河断陷的三个含油气凹陷外，还有四个外围盆地，它们都是独立的成油气单元，下面对其分布特征分别进行总结如下。

（一）辽河断陷油气藏分布特征

辽河断陷的三个含油气凹陷在构造、沉积、热演化等方面都有各自的特点，但共性是主要的，从这一点出发，总结辽河断陷油气藏分布特点，集中表现在广泛性、层次性和分带性三个方面[3]。

1. 广泛性

从成藏基本地质条件看出，辽河断陷有大面积、多层系生（油）气源岩，置于连续的热演化系列之中；有十分广泛的储层，从凹陷边缘到中心，可多层系叠置连片；有多类型的圈闭展布在凹陷的各个部位；并有良好的封盖条件，有利于油气保存。这就决定了辽河断陷油气资源丰富，油气藏分布十分广泛。

就目前勘探程度而言，在凹陷的各个部位都找到相应的油气藏，显示了"整凹陷含油气"的基本特点。

按油气藏类型分析，在凹陷的不同部位往往呈现各具特征的油气藏组合；在凹陷陡坡带，以断阶型断块油气藏为主，兼有地层、岩性、滚动背斜和极少数逆冲断裂褶皱背斜油气藏；在缓坡带，以超覆披覆背斜、滚动背斜、断块油气藏为主，兼有断鼻、地层超覆、地层不整合和岩性油气藏；凹陷中部以各种成因的同生背斜、断块油气藏为主；兼有基岩潜山和岩性油气藏等。

由以上分析看到，凹陷不同部位的主要油气藏组合中，都有断块油气藏存在，换言之，断块油气藏可以出现在凹陷的任何部位，具有最广泛的分布，这是裂谷盆地中油气藏的重要类型特点之一。

2. 层次性

油气藏的空间展布，组合特点在纵向上主要表现在层次性，不同层次具有不同类型的油气藏组合，这种纵向油气藏类型组合主要受地层结构与热演化程度控制。

按热演化程度，自上而下：小于1600m深度以气藏为主，分布有生物气、生物－热解过渡气和来自深层的次生气藏，天然气绝大多数为纯气藏；1600～3500m深度为油气藏，主要以油藏、凝析油藏为主，同时伴生气和部分未成熟过渡带气；在大于3500m深度，又以气藏为主，主要是凝析气和裂解气。归纳其纵向分布序列，自上而下为：气藏—油气藏—凝析气藏—气藏。

按区域地质结构，辽河断陷分为前新生界基底、古近系和新近系三个层次，均有区域不整合面分隔。前新生界基底，主要是由中生界、古生界、中上元古界和结晶基岩组成的各种古潜山油气藏，均属不整合油气藏类型，以油藏为主，气藏亦很发育，目前已在结晶基岩潜山中找到凝析气藏和在中生界煤系地层中找到煤型气藏。

古近系，具有"自生自储"的成油气组合，以各类同生背斜和断块油气藏为主，并有多种非构造油气藏类型，这是最重要的勘探领域。

新近系，基本上是"古生新储"，以次生气藏或次生油藏为主，目前发现明化镇组岩性气藏（如大平房构造）、馆陶组稠油藏，预计在黄金带至荣兴屯构造带西侧，可能会找到背斜构造气藏。

3. 分带性

油气藏分布的另一个重要特点是具有明显的分带性。我们说分布广泛，具有"整凹含油气"特点，主要是针对油气藏的分布领域而言。而各类油气藏在地质体中的赋存状态又不是均一的，通常是按某一成因联系成带富集，众多的形态各异、大小不一的各种类型油气藏有规律地组合在一起，构成复式油气藏聚集带，不同类型的复式聚集带分布在凹陷的特定部位，有着各自的成因和不同的圈闭及油气藏组合，富集程度亦有明显的差异；同一类型的复式聚集带有着相同的成因和油气运移、聚集过程，有不同类型的圈闭和油气藏组合。例如兴隆台复式油气藏聚集带，是一个以基岩翘倾断块体为核心的大型披覆背斜构造带，盖层圈闭与潜山紧密相连，并受基岩翘倾断块体控制，圈闭形成较早，又紧邻生油气洼陷，油气源充足，盖层条件好，沙三段、沙一段的油气不断向构造高部位运移、聚集，形成一个高度富集的油气藏集合群体。自下而上：下部有基岩潜山凝析气藏，边部为地层超覆和上倾尖灭岩性油气藏；中部为披覆背斜、滚动背斜、断块油气藏，构造高部位以气藏为主；上部相当于东营组，其主体和边部均以各类岩性油气藏为主。

在一个复式聚集带，由于强烈而多期的断裂活动，往往把背斜构造割裂得十分破碎，使实际的油气藏组合十分复杂。兴隆台披覆背斜被 55 条不同级次的断裂切割成 7 个三级断块区、58 个四级断块，断块面积为 0.08～3.95km^2，一般为 1.0km^2 左右，不同断块的气、油、水分布自成系统，一个断块在纵向上又可形成多个气藏，以沙一段为例，仅各类气藏就有 134 个。油藏的数量要比气藏多得多。

裂谷盆地（断陷盆地）无数的断层，把各种圈闭带切割成无数的微小圈闭，在常规的勘探阶段，无法完成圈闭目标评价，不能提交探明储量。在实践中就产生了滚动勘探的新思路和新方法。

东营组以次生岩性油气藏为主，油气藏组合更为复杂，主要受沉积体系和断层控制，不同类型聚集带，有的以透镜体气藏为主，如兴隆台东营组气藏；有的是气藏与油藏并存，油、气、水关系十分复杂。以牛居地区东营组次生油气藏为例，牛居是属于中央同生背斜复式油气藏聚集带，位于洼中之隆，沙三段、沙一段油气通过断裂运移到东营组聚集，牛居地区东营组属泛滥平原辫状河沉积，砂岩透镜体十分发育，广泛形成透镜体岩性油藏和气藏，据牛 12 等 8 个断块数据统计，东三段有 281 个含油气砂体，其中气油砂体 107 个，气水砂体 116 个，纯气砂体 61 个，每一个含油气砂体都是一个油藏或气藏。一个复式油气藏聚集带实际上就是一个以复式圈闭带为基础的多层系、多类型油气藏高度密集的复合体。当然，不同类型聚集带之间，油气藏的富集程度亦很悬殊。如逆冲断裂褶皱背斜复式聚集带在辽河断陷就远低于其他类型。总之，按带富集的特点，在辽河断陷三个含油气凹陷中普遍存在，是油气藏分布的重要规律。

（二）开鲁盆地油气藏分布特征

开鲁盆地发育两套烃源岩系、四套两类储层，存在三种含油气组合（上生下储、自生自储和下生上储）、多种类型圈闭，按其形成、分布和发育的时空特点，总结其油气分布特征主要有以下几点。

1. 平面上油气主要分布在大凹陷中

开鲁盆地目前发现的油气储量主要分布在陆家堡凹陷、奈曼凹陷、龙湾筒凹陷和钱家店凹陷。据统计，含油区块总数的84.2%集中分布在陆家堡凹陷，其余15.8%则分布在奈曼、龙湾筒、钱家店凹陷。就探明油气储量而言，有68.2%的石油地质储量分布于陆家堡凹陷；次之为奈曼凹陷，占石油地质储量的27.9%；其余3.9%的石油地质储量分布在龙湾筒、钱家店凹陷。

2. 纵向上油气分布区间大，主要分布在九佛堂组

从埋藏深度上看，油气层在420～2495m之间。97.1%的探明石油地质储量分布在420～2000m深度范围内，其余2.9%的探明石油地质储量分布在2000～2400m深度范围内。陆家堡凹陷西部地区油层埋深最浅，在420～1550m之间；东部地区油气层埋深在770～1850m之间。奈曼凹陷油气层埋藏最深，在1400～2495m之间。龙湾筒凹陷油气层埋藏较深，在1450～1900m之间。钱家店凹陷油气层埋藏在1100～1320m之间。

从层位上看，已探明的油气储量主要分布在白垩系下统义县组、九佛堂组、沙海组和阜新组4套含油气层系内。其中，九佛堂组探明储量占96.33%，储层为碎屑岩、火山碎屑岩；义县组占0.89%，储层为火山岩；沙海组占0.18%，储层为碎屑岩；阜新组占2.6%，储层为碎屑岩。

3. 油气藏紧邻生烃洼陷分布

由于开鲁盆地碎屑岩储层物性普遍较差，决定了油气不可能进行长距离运移。其次是各凹陷具有近物源、多物源的特点，储层岩性变化大，各砂体孤立存在，横向上连通性差，油气生成后主要从烃源岩向邻近的储集岩中运移，油藏紧邻生烃洼陷分布，在生烃洼陷中发育岩性油藏。

（三）彰武盆地油气藏分布特征

多期断裂活动，使张强凹陷构造复杂、断层多、断块多，因而决定了凹陷油气藏分布具有多样性、复杂性，主要表现在以下几个方面：

1. 油气纵向分布

张强凹陷油气层埋藏深度在650～1800m之间。就探明储量而言，60.8%的石油地质

储量分布在 1150～1800m 深度范围内，约有 39.2% 的石油地质储量分布在 650～1100m 深度范围内。在埋藏深度上，前者分布于凹陷南部区，后者分布在凹陷北部区。

2. 油气平面分布

张强凹陷的油气主要分布在北部区长北断背斜、白 18 块、白 4—白 10 块和南部区强 1 构造圈闭内的强 1 块、强 2 块、强 3 块。北部地区油气分布在下白垩统义县组、沙海组和阜新组；南部地区油气分布在沙海组下段（分 I 油组和 II 油组）。油气分布规律有如下特点：

（1）围绕生烃洼陷东侧呈带状分布。张强凹陷生烃洼陷小、油气资源丰度有限，洼陷内生成的油气首先运移和聚集在洼陷附近的有利构造圈闭中。如在章古台洼陷东侧缓坡发现的长北含油区块和七家子洼陷东侧缓坡发现的强 1 含油区块。

（2）油气围绕凹陷东侧砂体分布。张强凹陷东侧发育的辫状河三角洲、扇三角洲前缘亚相砂体为油气储集提供了良好的储集空间，北北东向和北西向断裂为油气运移提供了良好通道。二者的有机配合，成为油气聚集的主要地区。目前，张强凹陷发现的油气储量均分布在这类砂体中。

（3）油气沿火山机构中心相带／火山口近火山口相带分布。火山机构中心相带通常构造位置高，储集空间以气孔、粒／砾间孔、溶蚀孔隙和裂缝为主，储集条件好。岩石孔隙、裂缝发育，储层物性相对最好。目前，张强凹陷北部义县组火山岩油藏均属此类。而此类油藏通常位于火山岩体的上部或顶部（不整合界面、风化壳、构造高部位），顶部常被致密沉积岩层披覆。同时，又靠近大断裂、靠近或紧邻生烃洼陷、供油窗口大、构造位置有利，成为火山岩油藏的最好区带。

3. 不同层系中的油气分布

张强凹陷已探明的油气储量主要分布在下白垩统义县组、沙海组和阜新组三套含油气层系，探明石油地质储量 1039.88×10^4t。其中，沙海组占探明储量的 89.2%，含油气层为碎屑岩；义县组占探明储量的 6.1%，含油气层为火山岩；阜新组占探明储量的 4.7%，含油气层为碎屑岩。对比而言，沙海组是凹陷的主要含油层系和主要勘探目的层，次为义县组和阜新组。

4. 不同类型圈闭中的油气分布

张强凹陷的油气储量分布于正向构造带和负向构造带—洼陷带。其中，33.2% 的石油地质储量分布在正向构造带的构造—岩性圈闭，形成构造—岩性油气藏，围绕生烃洼陷分布。约有 60.8% 的石油地质储量分布在负向构造带的构造圈闭、构造—岩性圈闭，形成构造油气藏和构造—岩性油气藏，围绕生烃洼陷内分布。约有 6.0% 的石油地质储量分布在正向构造带的火山岩圈闭，形成火山岩油气藏，围绕生烃洼陷边缘同生断层上升盘的高部位火山岩分布。

三、油气藏成藏模式

关于油气藏的分类、命名方案较多，仅采用构造和非构造成因两种，实际上，多为这两种因素兼有的混合油藏，按其主要因素在后，次要因素在前的方案命名，如构造—岩性或岩性—构造油气藏。一个复式油气聚集带，就是多种类型油气藏的集合体，不同类型油气藏有规律地组合在一起成为聚集带。复式油气藏聚集带，有的称为油气聚集带，冠以"复式"二字，是强调这种聚集带不仅指平面上油气藏组合，而且更重要的是不同层次油气藏的有机组合。这是由裂陷盆地的类型决定的，因为裂陷盆地一般规模较小，沉积盖层厚度大，多旋回沉积形成多层次生储盖组合，多期块断活动形成多层次的圈闭组合，并使油气的垂向运移比大型盆地更为突出。不同层次构造发育具有明显的成因联系，这就必然导致纵、横方向的各类油气藏有规律地组合在一起，成为复式油气藏聚集带。

对于复式油气藏聚集带的分类，以构造形态学的相似性为基础的分类是难以反映裂陷盆地油气藏分布特点的。从前面的分析已经知道，在裂陷型盆地中，盖层构造绝大多数是同生构造，是与沉积与成岩"同步"形成的，而受主干断裂控制的基底断块体活动，决定了沉积环境和沉积的发育，影响着不同类型的同生构造的形成。因此，我们根据基底断块体的活动状态、盖层构造的成因联系、油气运移和聚集特点，将盆地内的复式油气藏聚集带划分为七种基本类型，并建立了每种复式带的油气藏分布模式。

（一）翘倾断块复式油气藏聚集带

这类聚集带的深部是基底翘倾断块体，盖层宏观上是一个披覆背斜。翘倾断块体在下沉过程中不断倾转，上覆地层不断超覆，形成超覆圈闭，超覆层由下倾部位向上倾部位发展过程中，可以产生多层次的岩性尖灭圈闭，在上覆层把基底断块体全部覆盖后，形成披覆背斜和相应的圈闭。基底断块则成为潜山圈闭。

随着翘倾活动的继续，控制基底断块活动的两侧的反向正断裂和正向正断裂向沉积盖层延伸，切穿披覆背斜，在盖层中形成地垒断块和相应的圈闭。在地垒断块的背斜上，又形成新层次的披覆背斜，这种层次结构有时可以反复多次出现。当盖层厚度达到一定程度时，同生断裂发育，并伴生滚动背斜和相应圈闭，在多组断裂的切割下，形成更多的断块、断鼻圈闭。

本带发育到晚期，构造顶部地层可因遭受剥蚀形成不整合面遮挡的地层圈闭，另一方面在构造边部可出现多层次的上倾尖灭岩性圈闭。

可见，这些不同类型、不同层次的圈闭是按成因联系统一在一起的，这些圈闭的空间展布，可归纳为突出成因联系的圈闭和油气藏分布模式（图3-2-5）。

根据翘倾断块体披覆盖层的早晚，与油气运移聚集的配置关系，大致可进一步分为两个亚类：早期披覆型（沙一段沉积前被覆盖）和晚期披覆型（沙一段沉积晚期、东营组沉积时期或更晚）两种亚类，油气藏的富集程度差异很大。早期披覆型，成藏条件最优，油气藏类型多。晚期披覆型，成藏条件差，油气藏少。齐家、欢喜岭、兴隆台、前当堡、东胜堡、茨榆坨复式油气藏聚集带，都是相继在沙三段沉积时期完成覆盖，上覆地层厚度大，不同成因的圈闭类型多，各类油气藏富集，特别是齐家、兴隆台等聚集带，其实际油气藏组合包含了模式中的绝大多数类型。从勘探效果看，早期覆盖型效果最好，是目前探明油气储量最多的聚集类型；海外河、三界泡、中央凸起等都是沙一段沉积以后完成披覆，海外河稍早，在沙一段沉积晚期披覆，但主要还是东营组覆盖，三界泡为部分东营组覆盖，中央凸起则被新生界覆盖，盖层薄、质量差、圈闭类型少，以披覆背斜、断块、地层超覆、岩性圈闭居多。

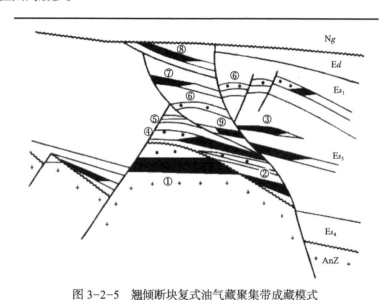

图 3-2-5　翘倾断块复式油气藏聚集带成藏模式
①古潜山圈闭；②地层超覆圈闭；③岩性尖灭圈闭；④地垒型断块圈闭；⑤披覆背斜圈闭；
⑥滚动背斜圈闭；⑦断块圈闭；⑧不整合遮挡圈闭；⑨成岩圈闭

（二）中央同生背斜复式油气藏聚集带

这类复式聚集带一般位于深陷带一侧。其深部基底断块已由翘倾断块转变为陷落断块。由于基底断块的陷落，使盖层构造出现以披覆、滚动或其他因素造成的同生背斜圈闭为主的组合形式，具有基底与盖层双重叠置的圈闭组合特点，往往有一、两条同生断裂断达基底断块，对盖层构造的形成起主控作用，把上、下两层次的各类圈闭连为一个整体，构成完整的圈闭体系。自下而上各类圈闭及油气藏的分布模式如图 3-2-6 所示。属于这种类型的有：双台子、双南、牛居—青龙台、欧利坨子—黄金带、大平房、荣兴屯和静安堡等聚集带。由于凹陷中央部位基底断块埋深较大，有的因火山岩分布广泛（如东部凹陷），只有少数聚集带（静安堡、双台子）基底面貌清晰，其他多数聚集带油气藏主要位于中上部盖层圈闭。

双台子（E_3s_1）是一个大型同生背斜，被晚期断裂强烈切割成许多断块，在宏观上仍保持背斜面貌，而各断块又自成系统，有不同油气界面，是一个以背斜、断块、岩性油气藏组合为主的复式油气藏聚集带。

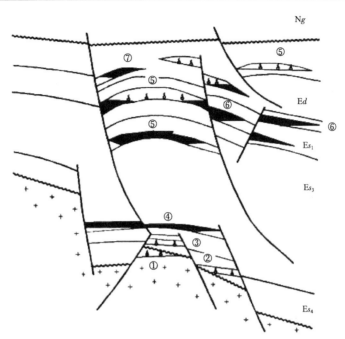

图 3-2-6 中央同生背斜复式油气藏成藏模式
①潜山圈闭；②地层超覆圈闭；③地垒型断块圈闭；④披覆背斜圈闭；
⑤滚动背斜圈闭；⑥断块圈闭；⑦岩性尖灭圈闭

东部凹陷中央构造带，是北起牛居南至荣兴屯的同生背斜构造带，各背斜发育史有差异，含油气层系不同，但圈闭组合相近，背斜圈闭被断层复杂化，构成以背斜、断块、岩性油气藏组合为主的复式油气藏聚集带，如茨631井区。

静安堡构造带是大民屯凹陷的中央背斜带，位于比较开阔的地堑之中，下部具翘倾断块的圈闭组合，上部为背斜带，但又为次级断层复杂化，由于基底相对埋深较浅，钻探证实从古潜山到上覆背斜的各类圈闭中均含油气，油气藏主要集中在中浅部位圈闭中，属背斜、断块、岩性油气藏组合，岩性油气藏在中浅层尤为发育，如安12块。

中央同生背斜复式油气藏聚集带，位于凹中之隆，油气源充足，圈闭多，盖层条件好，是很有潜力的油气聚集带，按目前探明石油天然气地质储量，占总储量的28%，仅次于翘倾断块复式油气藏聚集带。

（三）断阶复式油气藏聚集带

凹陷一侧的主干断裂发育过程中，往往有一组平行的断裂同时产生，使陡坡的基底呈阶状陷落，成为节节下落的断阶，盖层中既有阶状断块，亦可有滚动背斜的岩性圈闭，其油气藏分布模式如图3-2-7所示。而单独一个断阶带的油气藏往往比较简单，盆地内见到的断阶型油气藏类型有：断阶带最普遍的是断块圈闭，各主干断裂都有断阶带，如大洼断阶带、冷家堡断阶带、法哈牛断阶带、驾掌寺断阶带等，其中在边台、法哈牛、大洼断阶带都找到了丰富的油气藏。

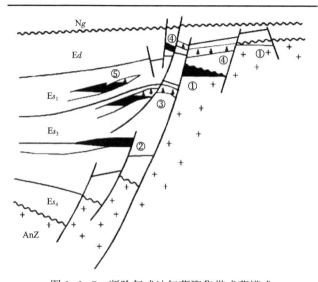

图 3-2-7　断阶复式油气藏聚集带成藏模式

①古潜山圈闭；②鼻状构造圈闭；③滚动背斜圈闭；④断块圈闭；⑤岩性尖灭圈闭

（四）斜坡复式油气藏聚集带

本书所谓斜坡带，是指基底翘倾断块复式油气藏聚集带外侧上倾部位，基底的特点是多为倾斜断块或微弱的翘倾断块，盖层表现为明显的底超上剥，构造形态较为简单，但圈闭类型较多，其分布模式如图 3-2-8 所示。在西部凹陷，西部斜坡是一个大型斜坡复式油气藏聚集带。

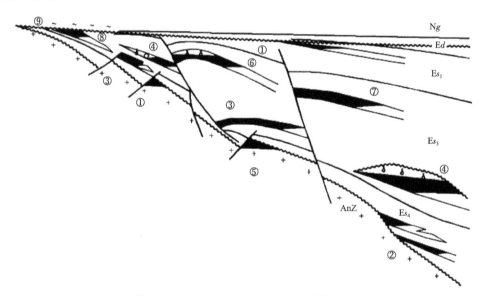

图 3-2-8　斜坡复式油气藏聚集带成藏模式

①潜山圈闭；②地层超覆圈闭；③披覆背斜圈闭；④岩性尖灭圈闭；⑤断块圈闭；⑥滚动背斜圈闭；
⑦鼻状构造圈闭；⑧不整合遮挡圈闭；⑨稠油自身封堵圈闭

在长期的勘探中发现了各种类型的油气藏，成为一个大型的油气富集区。

总之，本带埋深浅，封闭条件比其他类型相对变差，气藏相对较少，更多的是油藏，甚至是稠油藏，三个凹陷都有斜坡带，但就石油和天然气地质条件看，东部凹陷和大民屯凹陷不如西部凹陷优越。

（五）同生断层（滑脱）复式油气藏聚集带

翘倾断块带向中央背斜带或深陷带的过渡部位，往往出现基底走向正断裂或基底陡坡，导致上覆地层中同生断层发育，多条同生断层产生多层次的滑脱，形成滚动背斜、小型褶皱、断鼻、断块和岩性圈闭，形成特殊的油气藏分布模式。这类复式油气藏聚集带在三个凹陷均有分布，如齐家、欢喜岭同生断裂带，已发现锦2-14-025、锦13滚动背斜构造油气藏、齐62、齐131断块油气藏（气顶）、杜13断鼻构造油气藏（气顶）等。此外，在高升—曙光、桃园—二界沟、驾掌寺东侧及荣胜堡洼陷等均有类似的同生断裂带。这些带全部是盖层构造，形成的各类圈闭规模亦较小，但是由于盆地同生断裂十分发育，勘探潜力较大。

（六）逆冲断裂复式油气藏聚集带

辽河断陷以正断层为主，但在局部地区亦有少数逆冲断层出现，在其上、下盘可形成褶皱背斜、断块圈闭。目前，仅在冷家堡逆断层带见到油藏，其中冷108块为断层上盘的褶皱背斜油藏，冷1块为下盘的断块油藏。

（七）平移断裂破碎带复式油气藏聚集带

在东营组沉积末期至明化镇组沉积初期，由于区域应力场的改变，盆地内沿主干断裂发生了明显的右行平移，边台、大洼—台安断裂在平移活动中，有逆断层伴生，东部凹陷的营口—佟二堡断裂在平移活动中，还导致黄金带至大平房一带有馆陶—明化镇期的火山喷发，平移活动的结果，使牛居—荣兴屯的中央构造带的构造面貌更加破碎、复杂化，将原来的构造，进一步切割为阶状断块，小型断鼻或形成新的小型褶皱。一些背斜的轴向发生偏移，同时亦再次调整了油气分布状况，深部原生气藏的天然气向上运移，在浅部聚集，导致浅层气十分发育，不仅有东营组次生气，还有新近系明化镇组浅层次生气，并在大平房地区获工业气流。

上述七种类型复式油气藏聚集带，主要是前五种类型，后两种类型往往是在前面某一类上的叠置，因为前五种类型一般形成时间较早，多为同生构造，而后两种则是在晚期随应力场改变而形成的，它们对已有构造带起着建设和改造作用。如冷东逆断裂褶皱背斜聚集带，本身就是陡坡复式油气藏聚集带的一部分，是叠置其上的新成员，东部凹陷平移断裂复式油气藏聚集带与中央同生背斜复式油气藏聚集带同受中央主干断裂控制，平移断层是原主干断裂晚期活动的表现，其结果必然是对中央背斜带的构造和油气面貌进行改造，使之复杂化。

每个凹陷都有不同类型的复式油气藏聚集带，有规律地展布在特定部位，使各凹陷都成为一个独立的小型油气富集区。

这些众多的复式构造带在三个凹陷的广泛分布，为辽河油田丰富的油气资源的聚集提供了良好的圈闭条件，从而相应形成了众多各具特色的复式油气聚集带。

第三节　油气藏成藏控制因素分析

一、构造的控制作用

（一）构造对其他成藏要素的控制作用

研究认为：油气藏的形成，首先受构造条件的控制，也就是说，构造是控制油气藏形成的第一因素。在众多复杂的油气藏形成的控制因素中，构造起到了决定性的作用，它控制了油源、沉积、储层、盖层等其他因素，是形成油气藏的决定性因素。

对辽河断陷来讲，盆地的形成首先是从构造运动开始的。辽河断陷新生代的三个发育阶段，控制了所发育的沉积体系，从而控制了油气藏形成的基础。

古新世房身泡时期为盆地拱张期，形成一组以北东方向为主的张性断裂系统，沿着断裂有大量的碱性玄武岩喷发，在远离火山口的地区则沉积了暗紫红色砂泥岩。这个时期主要沉积了以浅水环境为主的沉积体。

始新世—渐新世为盆地深陷期，盆地进入以拉张裂陷为主的深陷阶段，包括三个沉降期。

（1）始新世（沙四、沙三时期）为第一沉降期。

始新世沙四沉积时期，辽河地区不断拉张、不断裂陷，湖盆开始稳定下沉，并逐渐扩大，接受湖相沉积。大民屯凹陷、西部凹陷广泛发育沙四段，且厚度较大。

沙四时期湖盆水体较稳定，基本上是浅水近海湖盆，水体较浅，在湖盆边缘及浅水地区沉积了以砾岩、砂砾岩为主夹泥岩的扇三角洲沉积体系，在沉降中心则呈现半深湖—深湖相沉积，以厚层状纯暗色泥岩为主，大民屯凹陷和牛心坨地区较发育，在深湖区发育浊积岩（安 74 井）。此时，气候暖湿，有机质丰度高，并有较好的还原环境，使沙四段地层成为很好的烃源岩。

始新世沙三沉积时期，盆地发育处于鼎盛时期，沉积了巨厚的沙三段，并伴随玄武岩岩浆喷发。

大民屯凹陷在过补偿条件下转为过补偿沉积，沙三段以由湖相转为沼泽河流沉积为主，在 Es_3^1 湖域消亡；西部凹陷沙三时期急剧沉降，形成深水环境的浊积岩及泥岩沉积物；东部凹陷沙三期是两头沉降幅度大、中间小，而岩浆活动则是中间强烈、两头弱。沙三段发育巨厚的暗色泥岩，是重要的烃源岩，广泛发育扇三角洲—湖底扇、三角洲和泛滥平原体系，奠定了广泛分布的储层条件。

（2）渐新世（沙一、沙二期）为第二沉降期。

渐新世早期在西部凹陷有较大范围的湖盆，西部凹陷沙一段厚层泥岩亦为重要烃源岩之一。而湖盆中发育的扇三角洲、三角洲及水上环境形成的泛滥平原体系都可形成很好的储层。东部凹陷仅在黄金带和牛居地区有分布。此时，总体看湖盆小、水体浅，沉积以粗碎屑为主，东部凹陷上述两地区有火山岩喷发。

（3）渐新世晚期（东营时期）为第三沉降期。

东营时期断裂活动进一步加剧，湖盆进一步扩张、深陷。受构造活动控制，总的趋势是西北继续抬高，造成沉降中心向南东转移，使三大凹陷通过沟槽连通，曾存在一个时期浅湖环境（在盆地南部），但过补偿作用使大量碎屑充填，接受了河流—沼泽相沉积，同时火山活动再次活跃，特别是东部凹陷南、北两端，西部凹陷和大民屯凹陷亦有少量薄层玄武岩。

三期构造活动控制形成了多种类型的沉积体系，形成了油气赖以形成的烃源岩、储集岩及盖层。同时，使盆地内发育的地层逐渐沉积、埋藏，直至成岩、生成油气、运移、聚集成藏。因此，构造因素成为油气藏形成的决定性因素。

（二）构造对油气藏形成的控制

1. 构造作用控制构造油气藏的形成

在构造作用的控制下，形成油气成藏所需的各种圈闭。在缓坡带，形成潜山、地层、岩性、断块、断鼻、滚动背斜等圈闭；在陡坡带，形成断裂背斜、断块、潜山、岩性等圈闭；在中部隆起带，形成背斜、断块、断鼻、潜山、地层等圈闭类型。可见，构造作用控制了油气藏形成所需的圈闭条件。

在大民屯凹陷，沈12、前5、沈7等断块的分析表明：沙三下油气的富集受到断块发育的控制作用十分明显。沙三末期的高断块有利于形成沙三下油气富集：以前5断块为代表，油层厚度一般为25~30m，最大油层厚度为75.4m，单层厚度一般为4~6m，最厚为6.8m。断块高部位的前5井，在沙三下砂层基本上灌满油气，沙四期还有24.6m厚的油层。

沙三末期开始长期发育的高断块，有利于形成多套油气层，以沈12断块为代表，这种断块发育早，具备形成沙三下原生油气藏的条件，而且长期发育，断层断至浅层，又具备形成次生油气藏的条件。如沈12断块具有沙三下、沙三上+沙二、沙一共三套油气藏，上气下油，上小下大，组成宝塔形分布的块状—层状油气藏。这种断块含油气特征是油气层集中，多为一组的块状油气藏，含油幅度为140m，比前5断块相对小，其沙四段基本为水层或含油水层。

沙一期的高断块不利于形成沙三下油气的富集，以沈7断块为代表：油层一般厚度为10~15m，多为无自喷能力的差油层。这种断块沙三下油气富集程度差，不利于形成高产。因此，沙三下油气的富集受到断块发育时期的控制十分明显，沙三末期的高断块有利于沙三下油气的富集，晚期的高断块不利于沙三下油气的富集，根据古构造条件分析，前5断块、沈19断块、沈12断块、沈10断块为沙三末期的高断块，其形成同油气大规模运移期一致，有利于形成沙三下原生油气藏。

在大民屯凹陷，高凝油分布与富集受断裂控制。高凝油主要分布在基岩古潜山和沙一期明显活动的断层附近。在基岩古潜山中分布与富集受沙四期断裂控制，基岩潜山储层通过断层与生油岩层广泛接触。因此，沙四期断裂构成的高断块、高部位是高凝油富集地区。沙四、沙三储层中高凝油分布与富集受沙一期活动断层控制。沙一期是断裂主要活动期之一，该期活动的比较大的断层，发生早，活动期长，沙三期就已产生，常与基底断裂平行分布，剖面上构成"人"字或"Y"字，一般对油气起通道作用，对高凝油运移和聚集具有重要意义。高凝油纵向分布层位多，分布井段长，不同断块在发育程度上有明显差异是断裂控制的结果。如胜 20—安 83 断层下降盘，即沈 84 块，沙三期平均含油井段长440m，油层富集，其北沈 91 块含油井段却只有 80m，相比之下，油层不很发育。

断裂控制油气的运移、聚集：在西部凹陷的东部陡坡带，油气分布主要受台安—大洼主干断裂控制，断裂成为油气运移的主要通道，沿这条断裂发育了牛心坨、高升、冷家堡、大洼等油田。西部缓坡带具有延伸长、倾斜缓、处于凹陷的边缘、与烃源岩接触关系良好等特点，是油气聚集的主要地区。缓坡带由于受不同期次断裂的再分割，形成了许多大大小小的断块，且连片分布，也是油气聚集的主要空间。剖面上，受不同期次、不同级次断裂的影响，多套层系中都有油气藏分布，形成一些受断裂控制的构造油气藏，反映了断裂作为油气输导通道对油气空间分布的控制作用。

2. 构造作用控制潜山油气藏的形成

变质岩及其混合岩都是经过区域变质重结晶作用形成的岩石。这种类型的储集体与砂岩、碳酸盐岩储层在储集空间上的最大不同，就是不存在任何原生的粒间孔隙。其储集空间都是次生形成的。根据东胜堡、静安堡、曹台、边台等变质岩潜山的研究成果，结合这类储集层储集空间的成因及几何形态特点，将其储集空间划分为四种类型。

1）风化、构造裂缝

宽窄不一，长度远大于宽度，呈线状分布的储集空间，称之为裂缝。其成因多样、类型众多。据实际资料分析，大民屯凹陷北部潜山群的结晶岩石的裂缝主要由风化缝和构造缝两种类型。

（1）风化裂缝。此种裂缝主要分布于潜山顶面的风化壳中，是在各种地表地质营力作用下使岩石发生机械破碎而形成的。在岩心中表现为呈蜘蛛网状的微细裂缝，密度较大，线密度可达 450 条 /m。几组裂缝纵横交错，将岩心切割成菱形小块。由铸体薄片统计，总面孔率可达 10%。裂缝宽度一般为 0.07～0.1mm，并与溶蚀孔洞交错相连。

（2）构造裂缝。此种裂缝广泛分布于潜山的储集体中。其发育和分布主要受断裂所控制。通过岩心和野外露头观察，证明构造成因的裂缝多为 2～3 组的高角度缝，裂缝的宽度一般为 0.01～0.05mm，但由野外露头观察，裂缝的宽度可达几分米，甚至十几分米。裂缝的线密度因岩性和构造部位的不同而差异很大。较大的裂缝多为有效缝，且这种充填现象随深度的增大而更加严重。

构造裂缝是多期构造运动的产物，晚期的裂缝要好于先期的裂缝，因为充填物要较前者少。例如，胜 3 井 2896.01～2896.44m 井段岩心铸体薄片中明显发育着两期裂缝，晚期裂缝切割了先期裂缝，而先期裂缝已全部为暗色矿物所充填。只有晚期裂缝才有铸体注入。

低序列羽状裂缝有两种，即压性裂缝和张性裂缝。压性裂缝闭合程度大，并在裂缝两壁形成挤压成因的绿色矿物薄膜，其储集空间较小；张性裂缝虽有一些充填物，但在溶蚀作用下仍保留彼此交错沟通，呈网状分布，是东胜堡古潜山最主要的一种储集空间。

2）角砾岩似砂状孔隙

潜山顶面的风化角砾岩和基岩张性断层破碎带的断层角砾岩都具有似砂砾岩的孔隙结构。例如，胜 16 井在 3038～3052m 井段见到近 1m 长的断层角砾岩，其角砾大小不等，最大者直径可达 3cm，小的只有 0.5mm，颗粒间的孔隙清晰可见，直径可达 0.5cm。其常规物性分析孔隙度最大为 12.2%，测井计算孔隙度最大可达 13.7%。

此外，在胜 3 井潜山顶部的取心中见风化角砾岩，孔洞肉眼亦可见，其 2664.43～2664.67m 井段岩心常规物性分析孔隙度可达 10.28%；利用含氢指数计算胜 10 井顶部风化壳的孔隙度最高为 24.9%，平均为 11.4%。

上述都可说明角砾似砂状孔隙是潜山储集体储集空间的一种重要类型。

3）次生溶蚀孔隙

构成潜山储集体主要岩性之一的混合岩，鉴于矿物成分及构造的非均匀性，在地下水作用下，易于产生岩溶作用差异风化。不过，这种作用较之碳酸盐岩其过程要长得多，规模要小得多。但是，只要此类潜山曾长期暴露于地表，在雨水、地下"热"水溶液的长期作用下，岩石中的不稳定暗色矿物及充填在裂缝中的碳酸盐矿物逐渐被溶蚀掉，形成溶孔、溶洞、溶缝。例如，胜 16 井 2999.82～3008.4m 井段长英质混合岩脉中的暗色矿物沿着一定方向被溶蚀掉形成串珠状溶孔；胜 11 井 2866.07～2867.19m 井段铸体薄片中黑云母被溶蚀形成断续的溶孔。

4）次生交代孔隙

变质岩经过混合岩化作用时矿物之间可产生许多交代作用，在交代过程中由于原矿物与新矿物之间体积的变化而形成一些微小孔隙，即次生交代孔隙。例如，安 36 井 1739.27～1740.78m 井段岩心铸体薄片中斜长石被钾长石交代（钾质交代作用）而同时形成定向排列的交代孔隙；胜 15 井 3124.29～3125.29m 井段岩心铸体薄片中可见绢云母交代石英时形成的蠕虫状孔隙。尽管混合岩化的交代作用普遍存在，但形成的都是微细孔隙，在总孔隙中所占比重很小。

东胜堡潜山风化及构造成因的裂缝不仅是油气渗流的通道，还是储集油气的主要空间。裂缝占其总面孔率的 80% 以上，而孔隙所占的比重不到 20%，所以东胜堡潜山鞍山群通什组产层属于以风化、构造缝为主，伴以似砂状孔隙，溶蚀孔隙作为主要的储油空间，以裂缝为主要渗流通道的双重孔隙介质的储集类型是不同的。反映在储层物性和开发动态等方面的特点都存在明显的差异。

同时，在构造条件控制下的储层特性与产能有着密切关系：（1）潜山高部位裂缝较为发育，储集空间类型多，储层厚度大，产能较高。如东胜堡潜山的高部位，构造曲线率最大，在同样的构造应力下最易产生张性裂缝。潜山顶面的风化壳中具有风化角砾岩，风化、构造裂缝等多种储集空间，具有双重孔隙结构的特征，储层较好，产能较高。（2）两组断裂的交点裂缝最发育，最易获得高产。东胜堡潜山西北侧的北东向大断层不仅控制着潜山的发生和发展，还导致潜山主体部位产生一系列的近东西向的次级张性断裂，在这组断裂与北东向大断裂的交叉点处，较其他部位裂缝更加发育，获得高产的井大都位于这样的位置上。（3）基岩断裂的断层角砾岩带储渗条件俱佳，是理想的高产带。在张性构造应力下产生的断层角砾岩，储油空间大，并与断层伴生的众多裂隙相连通，渗流条件好，是最理想的高产带。

3. 构造作用控制火山岩发育及火山岩油气藏的形成

1）构造作用控制火山岩发育

辽河断陷新生代的多期块断活动，控制着火山岩的发育和空间展布。

古新世房身泡时期为盆地拱张期，形成大量的碱性玄武岩喷发，分布面积广，厚度大。西部凹陷主喷发中心位于高升地区，高参1井揭示最大厚度为1204m（未穿）。东部凹陷小龙湾地区为主要喷发中心，小3井揭示最大厚度为1123.39m（未穿）。大民屯凹陷分布范围小，大体沿中生界边界断层分布，厚度一般为100m。

始新世—渐新世为盆地深陷期，包括三个沉降期。始新世（沙四、沙三期）为第一沉降期，渐新世沙一、沙二期为第二沉降期，渐新世东营期为第三沉降期。在始新世沙四段沉积时期，盆地进入稳定沉降状态，火山活动减弱，火山岩主要分布在西部凹陷西侧，大民屯凹陷有零星分布。沙三沉积时期，盆地发育处于鼎盛时期，在沉积巨厚的沙三段的同时，伴随玄武岩岩浆喷发，其中东部凹陷中段火山岩最为发育，西部凹陷和大民屯凹陷仅零星分布。在东部凹陷以黄沙坨和欧利坨子地区最为发育，最大厚度位于小23、欧45、欧29等井区，最厚超过800m。渐新世早期（沙二期），东部凹陷在黄金带和牛居地区有火山岩喷发。渐新世中期（沙一期），在大民屯凹陷没有火山岩分布，西部凹陷仅在西八千地区局部分布。这个时期，东部凹陷火山岩较为发育，但与沙三段相比，火山岩分布面积小、厚度薄，一般单层厚度几米到几十米。

渐新世晚期（东营期），西部凹陷和大民屯凹陷火山岩活动基本停止，而东部凹陷火山活动仍然活跃，特别是东部凹陷南、北两端，层数多，厚度大，如桃6井火山岩厚度达828m。

2）构造作用控制优质火山岩储层的形成

构造条件是火山岩油气藏形成的关键。火山岩在构造活动时，由于构造应力，致使火山岩体发育了较大规模的断层，与断层伴生的是产生大量构造裂缝。在岩心和岩心薄片观察中发现了较大的裂缝（构造缝）中混有原岩角砾，从而证实了后期较大构造活动的存在，构造裂缝可成为火山岩的主要渗流通道和部分储集空间。

火山岩体处于继承性发育构造高点时，易形成大量构造缝，同时高点也是油气运移的最优指向部位。如欧利坨子和黄沙坨油田位于东部凹陷中段构造高部位，属应力集中部位，并且广泛发育粗面岩。经历了多期构造的强烈改造，由于构造十分狭窄，再加上粗面岩特殊的岩性条件，更容易破碎而形成裂缝。观察小24井水平裂缝极发育，证实了渐新世以来，尤其是东营后期，在张扭应力场的作用下，各种类型的构造缝较为发育。不同时期的构造作用形成的裂缝是主要储集空间。岩心薄片观察和统计证实，显微裂缝十分发育，分三大类型，即张性裂缝、剪性裂缝和压性裂缝。其中：张性裂缝发育主要分两期，早期张性裂缝完全被碳酸盐和硅质充填，而晚期张性裂缝未被充填或仅仅被部分充填；剪性裂缝比较发育，多为张剪性裂缝。另外，构造裂缝具多期活动的特点。一般剪性裂缝和压性裂缝比张性裂缝形成要晚，且未充填的和半充填的裂缝比完全充填的裂缝形成要晚。该区发育多期裂缝，早期裂缝多被充填，而晚期裂缝未被充填或被部分充填，可提高火山岩储层的储集性能。构造作用诱发产生大量的构造缝，使渗透率提高几个数量级。同时，产生的构造缝促进了地下流体活动，易溶物质（碳酸盐等）极易被溶解，形成次生储集空间，各种次生的溶蚀孔、洞、缝是火山岩的主要储集空间。

（三）构造作用对油气藏运移、聚集的控制

大民屯凹陷古近系生油岩与中上元古界或太古界大区域呈不整合接触，油气沿不整合面运移。但大民屯凹陷在主要生油层之下较普遍存在一层沙四下亚段的红色泥岩，部分地区还有火山岩分布，阻碍了大规模油气向下运移。很多井油气显示受断层的控制，这些断层使生油岩与古潜山接触，油气从生油岩排出，通过断层面或不整合面进入潜山，形成古潜山油藏。如果断层在沙四段的断距小于红层加火山岩的厚度，油气不易向潜山运移，生油岩生成油气主要聚集在古近系的砂岩之中，形成砂岩油气层，断层断多高，油气层爬多高，特别是沙一、沙二油气层分布，尤其明显。所以，大民屯凹陷油气新生古储与新生新储兼备，成为形成复式油气藏的有利地区。

但有时，构造活动对油气藏有一定的破坏作用。辽河断陷经历了复杂的构造运动。早期形成的油气藏，有的被后期的构造运动尤其是断裂活动所破坏，油气沿断裂及不整合向圈闭外运移，使早期的油气藏遭到破坏。有的油气向上运移到新的圈闭中再次聚集成藏，有的则运移到地表散失掉了。这可能就是有些油源条件较好但构造活跃的地区深层油气藏较少，甚至中、浅层也缺少油气藏的主要原因。

二、沉积体系的控制作用

（一）沉积作用控制生油岩、储层、盖层的形成，奠定成藏物质基础

一定的构造条件，控制着一定时期的古地貌形态，在当时的气候条件下，形成特有的沉积体系。沉积体系控制着沉积物的空间展布，进而控制生油岩、储层、盖层的形成。因而，沉积条件成为构造之后控制油气藏形成的最为重要的因素，它为油气藏的形成准备了储集空间。

（二）沉积体系及相带对储层质量的控制

在大民屯凹陷发育了冲积扇—泛滥平原、三角洲、扇三角洲及湖泊沉积体系。其中的冲积扇相主要发育在凹陷边缘断层内侧，以砾岩、砂砾岩等粗碎屑沉积为主，分选性差，构造层理不发育，成熟度很低，含油气性很差。而泛滥平原相的河道亚相、三角洲相前缘亚相的分支流河道微相、扇三角洲相前缘亚相的水下分支流河道微相砂岩以中砂岩、细砂岩等中、细碎屑沉积为主，分选性好，构造层理发育，成熟度高，含油气性好。如静安堡沙三三亚段三角洲前缘分支流河道砂岩，厚度占地层厚度的18%～20%。石英含量为39%左右，长石含量为28%左右。粒度中值为0.35mm，分选系数为1.6。平均孔隙度为22.5%，平均渗透率为620mD，储层物性较好，因此含油性较好，是该区主力含油层之一。

（三）沉积体系及相带对含油气丰度的控制

大民屯凹陷沙四、沙三碎屑岩储层中高凝油富集受有利相带控制。高凝油主要分布在扇三角洲前缘分支流河道砂、砂坝砂及辫状河道砂储层中。这些储层粒度粗、物性好、单层厚度比较大，主要为中孔、中高渗、中—厚层状，但是储集砂体规模小、变化大，构成多油水系统，没有统一的油水界面，层状特点明显。其中，分支流主河道附近不仅油层富集，油水关系也相对简单，平面连通状况也略好一些。静安堡构造带是沙三高凝油主要分布区，沈32—沈87一线是长期构造高部位，但是油层并不发育，油层主要发育在南、北两侧主河道附近，即沈84—安12块和沈95块。

自古近系沉积以来，西部凹陷陡坡带、缓坡带分别发育了牛心坨冲积扇—扇三角洲沉积体系、高升扇三角洲沉积体系、冷家堡冲积扇—湖底扇复合沉积体系、雷家扇三角洲—湖底扇沉积体系，以及曙光、欢喜岭、齐家及西八千扇三角洲 - 湖底扇沉积体系，等等。这些不同的沉积体系发育了不同类型的砂体，其中以扇三角洲砂体最为发育，扇三角洲砂体物性最好，空间展布面积最大，与源岩相对较近，主要分布在西斜坡上。此外，陡坡带还发育了一些扇三角洲砂体和浊积砂体，构成西部凹陷陡坡带的油气主要储集空间。这些不同类型的砂体展布与西部凹陷油气分布相一致，几个亿吨级的油气田（曙光、欢喜岭、高升油气田）也分别发育在相对应的沉积体系中。沙四段油气主要储集在西斜坡中南段的曙光、欢喜岭、西八千扇三角洲砂体中，凹陷北部高升和牛心坨扇三角洲砂体也是油气的主要储集空间。

三、烃源条件的控制作用

（一）决定一个地区能否发育油气藏

在构造、沉积条件控制下形成的烃源岩，是油气藏形成的物质基础。烃源条件是控制油气藏形成的最为重要的条件之一。

在对一个地区进行区域概查的阶段，对其烃源条件的评价是最为重要的工作之一。如果不具备烃源条件，则不具备油气勘探价值。

在辽河断陷，西部凹陷、大民屯凹陷及东部凹陷都有较好的烃源条件，因此形成了丰富的油气资源，而在大民屯凹陷北侧的沈北凹陷，则由于缺少烃源条件，至今没有发现油气藏。

（二）控制油气藏纵向、横向分布

此外，烃源岩的分布对含油气凹陷的油气藏的分布起到重要的控制作用。在辽河断陷，已探明的油气一般都是围绕着生油气洼陷分布的。因此，可以说古近系生油洼陷控制了油气藏的分布。

如大民屯凹陷具有较丰富的烃源条件。据生油研究，认为大民屯凹陷沙一段以上地层埋藏浅，还未进入生油成熟阶段。主要生油层是沙四段及沙三段。其中，荣胜堡洼陷沙四上亚段最大生油强度达 $3250 \times 10^4 t/km^2$，最大生气强度达 $300 \times 10^8 m^3/km^2$。在其周围发育了前进、法哈牛等含油气构造。

研究中发现，油气在生油洼陷中生成后，并不是均匀地向四周运移，而是有主要运移方向和次要运移方向。如清水洼陷生成油气的主要运移方向是西侧和北东方向；荣胜堡洼陷生成油气的主要运移方向是西侧和北东方向；二界沟洼陷生成油气的主要运移方向是南侧及北东方向；长滩洼陷生成油气的主要运移方向是西北及西南方向；东部凹陷黄金带及欧利坨子地区深陷带生成的油气主要向上运移。这些油气运移的主要方向是受该区的构造运动及构造形态特征控制的，这种油气运移特征对各区的油气藏的平面分布产生了重要的影响，形成西部凹陷欢曙斜坡带、双兴构造带，大民屯凹陷前进、东胜堡、静安堡构造带，东部凹陷黄金带、于楼、热河台、欧利坨子、牛居、青龙台、茨榆坨构造带油气藏相对发育的分布格局。

（三）控制凹陷的油气资源

生油气洼陷的生油气能力直接控制了油气资源的丰度。第三次资源评价结果显示，西部凹陷的生油量为 $198.0 \times 10^8 t$，生气量为 $57000 \times 10^8 m^3$；东部凹陷的生油量为 $74.0 \times 10^8 t$，生气量为 $32000 \times 10^8 m^3$；大民屯凹陷的生油量为 $56.5 \times 10^8 t$，生气量为 $16000 \times 10^8 m^3$。因此，相对来说西部凹陷油气最为富集，油资源量为 $23.3 \times 10^8 t$，气资源量为 $1710 \times 10^8 m^3$；东部凹陷油资源量为 $6.5 \times 10^8 t$，气资源量为 $960 \times 10^8 m^3$；大民屯凹陷油资源量为 $5.7 \times 10^8 t$，气资源量为 $480 \times 10^8 m^3$。

（四）控制油品性质

1.控制油藏的类型

大民屯凹陷平面上原油性质变化很大，含蜡量为 5%～60%，凝固点为 -21～71℃，一口井往往沙四段原油凝固点高，沙三段原油凝固点较低，这些并非由氧化作用造成，而是受生油母质的影响。尽管大民屯凹陷很小，却仍然是多油源、近油源，多处生油，控制了油气藏的分布。因此，大民屯凹陷油气藏类型很多，除了有构造油藏与非构造油藏之分外，还有高凝油藏与低凝油藏之分。

大民屯凹陷高凝油主要分布在大民屯凹陷北部和西部古潜山和长期在古隆起基础上发育的构造带主体。这些地区正是沙三期位于主要物源方向或相对上升，只发育高凝油油源层。静安堡构造带高凝油含蜡量、凝固点由南向北增加也与油源层分布有关。

高凝油主要分布在沙三早、中期沉积前各储集岩层，而大民屯凹陷稀油主要分布在沙三早、中期及其以后储集层。高凝油主要分布层位正是稀油油源层沉积前的储集层，这些层与高凝油油源层具有更好的生、储匹配关系。多种类型原油分布的二级构造带，由下至上依次分布高凝油、混合型原油、稀油、低凝油，高凝油是最底部的原油类型，而且在纵向上不与其他类型原油交替出现。

2. 控制天然气藏的类型

从天然气的类型来看，辽河断陷基底埋藏较深，有较大体积的气源岩处于过成熟演化阶段，构成辽河断陷从未成熟至过成熟的完整演化系列，不同演化阶段，有不同类型的天然气形成，不同的天然气类型控制了不同地区、不同层段所聚集的天然气藏的类型。按有机质演化程度可将辽河断陷内的天然气分为四种成因类型：

（1）生物气。是生物化学作用的产物，甲烷含量多数在98%以上，重烃含量为0.01%～0.1%，$\delta^{13}C_1$值为$-100‰～-55‰$，稀有气体同位素组成等于或接近大气值，埋藏浅，辽河断陷生物气$\delta^{13}C_1$值为$-62‰～-56‰$，产层埋深为1500m左右，以辽12井为代表。

（2）生物—热催化过渡带气。简称过渡带气，形成于生物化学作用基本结束，至热降解成熟作用阶段的过渡层段。具有生物气与成熟热解气之间的过渡特征。$\delta^{13}C_1$值为$-55‰～-50‰$，在辽河断陷广泛分布，以东部凹陷最为丰富。R_o值大致为0.25%～0.6%，埋深为1500～2800m。

（3）热解气。包括成熟至高成熟的原油—凝析油伴生气，天然气组分中重烃含量相对较高，可达10%～30%，稀有气体同位素组成属壳源型，天然气中甲烷$\delta^{13}C_1$值为$-50‰～-36‰$，在辽河断陷分布最广泛，已发现的大部分天然气属于这种类型。

（4）裂解气。高温裂解气是指有机质热演化进入过成熟阶段（$R_o>2.0\%$），在高温作用下，残余有机质特别是早期生成的液态烃进一步裂解形成的干气。天然气中甲烷$\delta^{13}C_1$值为$-35‰～-30‰$，以黄81井为代表。

可见，在辽河断陷，烃源条件决定了油气藏的类型。但是，由于辽河断陷构造运动的多期性和复杂性，常常使不同类型的油、气混合到一起，形成多源混合的油气藏。

四、储层的控制作用

储集层是形成油气藏的基本条件之一。储集层的位置、类型、发育特征、分布范围、内部孔隙结构及储集物性的变化规律等，是控制地下油气分布状况的重要因素。因此，储层问题是滚动勘探中继构造条件之后要重点研究的第二个重要问题。

辽河断陷从太古宇到新近系，发育了多套、多层、多类型的有利储层，为油气藏的形成提供了储集空间。但不同层系、不同深度、不同岩性储层的含油气性有很大差异，形成不同储层之间在储油气及产能方面的差异。

　　总体来看，在辽河断陷的中浅层，一般并不缺乏良好的储层条件，油气是否成藏，主要取决于烃源条件及盖层条件。而在深层，能否形成具有工业价值的油气藏，主要取决于是否有良好的储层条件。

　　对于特殊岩性储层，如花岗岩、石英岩、碳酸盐岩、火山岩等，其储层条件是能否形成油气藏的首要条件。

五、盖层及封闭条件的控制作用

　　盖层是油气藏形成的基本条件之一。虽然在有些地方发育了水动力封闭及稠油自封闭，但对大多数油气藏来讲，是靠盖层封闭的。

　　在辽河断陷各凹陷发育多套区域泥岩盖层及局部盖层，对油气藏的形成起到封盖作用，尤其是控制了油气藏的规模。

　　辽河断陷沙四沉积时期发育了牛心坨、高升、杜家台三套地层，上部都以浅湖相泥质岩为主，是下部砂岩的直接盖层。牛心坨古潜山油藏和牛心坨油层的油藏，就被牛心坨泥岩直接封盖。高升泥岩则成为高升油田粒屑灰岩油藏的直接盖层。曙光油田杜家台油层各个油藏、曙光古潜山油藏、杜家台古潜山油藏、齐家古潜山油藏、齐家欢喜岭地区杜家台油层各油藏、兴隆台古潜山气藏等许多油气藏的直接盖层，都由杜家台泥岩充当。

　　西部凹陷沙三中上部的泥岩，是广泛分布的最优区域性盖层。沙三段各类油气藏的直接盖层都是该套泥岩。西部凹陷沙一中段，泥岩发育，是优质区域性盖层。兴隆台、双台子、齐家、欢喜岭等高产油气田，都在这个区域盖层的封盖之下。

　　东部凹陷沙三中上段砂泥岩薄互层，泥岩层厚度为 10～30m，连续性差，只能形成局部盖层，因此该区的沙三段油气藏零星分布。

　　在大民屯凹陷，沙四段泥岩是潜山油气藏和深部油气藏的良好盖层。

　　东部凹陷南段东营组泥岩盖层较发育，可以在较大范围内连片分布，如黄金带地区东二段的"细脖子"泥岩就是优质盖层。这套泥岩盖层的存在，为东二段油气藏的形成提供了良好的封盖条件。

　　辽河断陷火山岩多为玄武岩，沿断裂喷溢。这些玄武岩是良好的局部盖层，遮盖了许多油气藏。如大平房和荣兴屯地区，就有一些油气藏的直接盖层为玄武岩，油气藏的分布与玄武岩的分布密切相关。西部凹陷锦州油气田锦 45 块油气藏，有一些就是由玄武岩作盖层。这层玄武岩厚度为 10～30m，封盖了大片油气藏。牛居地区发育东二段的玄武岩，厚度为 10～20m，也成为良好的盖层。

参 考 文 献

［1］薛叔浩. 中国中新生代陆相盆地类型特征及其含油潜力［M］. 北京：石油工业出版社，1989.

［2］李应暹. 早第三纪辽河盆地主要储集体的成因及其含油性［M］. 北京：石油工业出版社，1989.

［3］葛泰生. 辽河盆地的构造特征与油气藏分布［M］. 北京：石油工业出版社，1990.

第四章 辽河油田复杂油气藏滚动勘探开发技术

地震勘探技术包括野外地震数据的采集、地震数据的处理、地震资料的精细解释三种技术。辽河油田地震勘探始于 20 世纪 70 年代，依次经历并完成了三维一次采集、三维二次采集，实现了采集面积覆盖全盆地；自 2010 年开始，有针对性地开展"两宽一高"地震技术攻关，地震资料的品质及分辨率得到明显改善。针对滚动勘探开发不同目的和意义，采用井控老地震资料连片处理和目的层高分辨率处理技术，使地震资料主频及纵向分辨率大大提高。综合应用叠前时间偏移、叠前深度偏移地震资料，运用全三维地震资料精细解释技术，实现了富油区带的整体成图及局部滚动目标的精细编图；利用波阻抗反演储层预测、地震属性提取、裂缝预测等技术手段，对不同类型油气藏进行储层"甜点"的识别及刻画。借助 Walkaway VSP 井间地震技术，得到准确的时—深关系，有效地识别并解释出控藏的小断裂，使地震资料纵向分辨程度得到进一步提高。经过多年滚动勘探开发实践与探索，逐步形成一套适合复杂油气藏在老区内部找新层、老区周边找发现的滚动勘探开发技术思路。

第一节 地震勘探技术

一、地震勘探概况

地震勘探是研究人工激发的扰动在岩石中传播规律的一门学科。扰动传播的介质是地下地质体，在这种地质体中传播的扰动成为地震波。地震波的传播与地下地质构造、地层岩性有密切关系。地震采集的目的就是通过记录这些地震波的信息，经过处理、解释，研究落实与油气有关的一些地质构造，如背斜、穹窿、断层、岩性尖灭、地层超覆及地层的接触关系等；识别特殊的地层岩性，如花岗岩、流纹岩、玄武岩、盐岩等，为钻井井位的部署提供依据。

地震勘探大致分为三个阶段：区域普查阶段、面积详查阶段及构造细测阶段。辽河油田地震勘探工作经历了三维一次采集、三维二次采集，随着勘探开发程度的不断加大，针对不同地质任务开展了"两宽一高"三维地震采集工作。

辽河坳陷的地震勘探工作始于 20 世纪 70 年代，1985 年开始进行三维一次地震采集，至 1999 年基本覆盖全盆地，采集面积约 9530km^2，由于当时勘探目的、采集技术、设备能力等因素的影响及地震地质条件与地面条件如地震波能量衰减、构造断裂的复杂性、沉积环境稳定性、火山岩屏蔽作用、地表障碍物等的限制造成部分地区资料品质较差或缺失。

2000—2017年，辽河油田基本实现了辽河坳陷三维二次采集全覆盖，采集面积约8040km²，并从2010年开始，有针对性地选择11个重点区块开展"两宽一高"地震技术攻关（图4-1-1），三维采集满覆盖面积约2188km²（表4-1-1）。

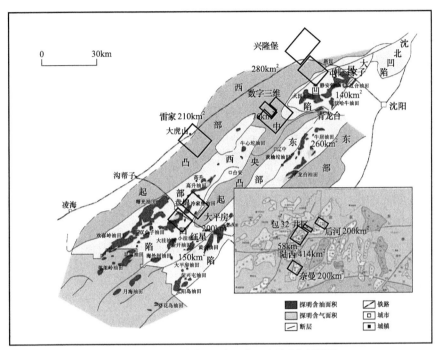

图4-1-1 辽河坳陷"两宽一高"地震采集部署图

表4-1-1 河坳陷"两宽一高"地震采集统计表

年度	"两宽一高"采集区块	面积/km²
2010	外围盆地包32井区	58
2013	外围盆地陆西凹陷	414
	西部凹陷雷家致密油	210
2014	青龙台数字三维	76
	东部凹陷红星火成岩	150
2015	大民屯兴隆堡地区	280
2016	外围奈曼凹陷	200
	东部凹陷大平房火成岩	200
2017	大民屯韩三家子地区	140
	东部凹陷青龙台地区	260
2018	陆东后河地区	200
合计（10块）		2188

二、三维地震采集技术

野外地震采集首先进行一定数量的试验工作，了解施工地区地震地质条件下解决地质任务的可能性，以科学地拟制出一套因地制宜的野外工作方法和技术措施，需要设计出激发点和排列相对位置关系的观测系统[1]。然后进入生产施工阶段，并把获得的地震原始记录，经初步整理后送交计算中心，待作进一步的处理和解释。

观测系统的设计包括以下关键参数：

地震采集观测系统的设计包括以下关键参数：

覆盖次数：三维地震地下反射点的覆盖次数是纵测线方向与横测线方向覆盖次数的乘积，它影响地震反射波的能量及地震资料的信噪比。

面元大小：合理的面元既可以减少采集费用，又可以保证接收的地震波的频率，控制小的地质异常，提高地震资料的分辨率。

炮检距分布：炮检距的分布对于三维地震采集的成败至关重要，良好的分布可以保证面元周围所有角度的地质信息都参加叠加。

偏移孔径：合适的偏移孔径可以使倾斜地层和断层归位准确。

覆盖次数斜坡带：针对勘探工区边缘未达到满覆盖次数的区域设计，大约是目标深度的20%。

记录长度：要求记录到最深处有效反射波。

随着地表地质条件和地下地质构造愈来愈复杂，地质任务的要求也越来越高。为了满足要求，野外采集采用面向对象的交互观测系统设计，其基本思路：（1）野外调查。（2）建立表层地质结构模型。（3）根据施工要求交互设计野外采集基础参数。（4）利用波场模拟技术进行射线追踪。（5）交互检查炮点、检波点布置的合理性，覆盖次数分布的均匀性，炮检距分布的合理性及方位角分布的合理性。（6）优化地震采集参数。（7）确定野外采集参数，现场质量监控。（8）及时进行现场抽样处理，保证地震资料的品质。

三维地震采集的根本目的是提高地震资料的信噪比。与常规采集工作相比，其主要采用的方法：（1）铺设测线不能墨守成规。（2）因地制宜选择激发条件，破除炮点接收点在同一条直线上等传统技术要求，要适应复杂地形的需要。（3）组合检波接收要放宽约束条件。（4）选择观测系统时要保持灵活多变，在保证其中心点覆盖次数的同时，多考虑地形地物的影响。（5）排列足够长、小道距、多道仪器接收，室内选炮叠加，最终能够比较有效地得到品质较好的地震叠加剖面。

进入三维地震采集阶段，针对地质任务与采集中出现的问题，随时调整采集参数，形成一系列的采集新技术，使地震资料品质得到很大程度的改善。

（1）优化观测系统技术。根据研究区的构造特征分区优化观测系统；针对不同的地质任务，采用射线追踪模型技术精细论证观测系统并进行优选试验；引进砖墙式、小滚动距、斜交式等新型观测系统。

（2）最佳岩性的组合激发技术。进行精细表层结构调查，选取高速层中稳定速度岩性段，利用经验公式逐点设计井深。

（3）低噪声接收技术。充分掌握勘探区块的干扰波类型和干扰程度，有针对性地采取压制措施。

（4）特殊观测系统技术。采用在障碍区周围加密炮点、增加接受点、非纵变观、改变观测点方向等多方法进行施工（图4-1-2）。

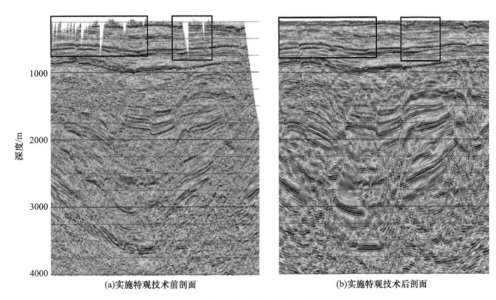

(a)实施特观技术前剖面　　　　　　　　　　(b)实施特观技术后剖面

图4-1-2　实施特观技术前、后剖面对比

野外三维地震采集技术对地震数据最终成果的分辨率影响很大，高分辨率地震采集技术可以获得高质量的地震资料，满足滚动勘探与油藏评价的需要。如果进行高分辨率采集，需要经过多个试验设计来确定有利的观测系统和各种采集参数。

（1）基本采集因素：选择好的激发岩性、适度炸药量激发、小道距、小组合距、小偏移距、小采样率、高覆盖次数、高灵敏度检波器钻孔埋置和宽频带接收。可控震源采用非线性扫描或变频扫描，检波器为高灵敏度检波器。

（2）采集的主要目的：改善高频信号的可记录性，压制微震高频随机干扰及短波长规则干扰，保留高频信息，提高原始地震单炮记录的信噪比。

（3）高分辨率地震采集特点：低、高频噪声及高采样率、高覆盖次数。

高分辨率采集技术主要表现在地震波激发、地震波接收、噪声衰减压制方面。

（1）激发震源是影响资料分辨率的主要因素，其产生的子波是高主频、宽频带、高信噪比。

（2）地震波接收技术包括高灵敏度的加速度检波器，提高检波器与大地的耦合谐振频率方法及具有较小的时间采样率的记录仪器等方面。

（3）采集参数计算机论证：包括面元大小、覆盖次数、最大炮检距、道距、组合基距、纵横分辨率等；根据参数设计观测系统并分析，主要是反射点方位角分布均匀、大小炮检距分布均匀、覆盖次数均匀等；运用正演模拟技术进行观测，对观测系统进行综合分析，合理确定观测系统。

（4）压制噪声：通过对噪声能量进行分析，观察到平静条件下的环境噪声与激发地震信号的能量相差较大，应重点考虑从产生噪声的根源上压制噪声，充分利用各种干扰的特点和组合的方向性有选择地来压制某个频率范围内的噪声，达到拓宽优势频带的目的。

在实际高分辨地震勘探中，针对常规勘探中出现的目标区深层反射能量弱、分辨率低等问题，在追踪最佳岩性组合激发、仪器因素、检波器灵敏度、低噪声接收等理论研究的基础上，进行激发、接收、确定观测系统等大量系统试验，形成一套提高资料信噪比和分辨率的地震勘探技术。

（1）精细的表层调查：采用双井微测井、单井微测井、岩性调查井方法，并采用运动学和动力学综合解释微测井资料。（2）宽频带激发技术：采用小药量多井组合激发，主频高、高频能量强，保证频带宽度。从分频记录看，总药量大于和小于单井激发药量的组合井都比单井激发效果好。（3）高频弱信号接收：考虑到提高弱信号和地震仪器动态范围方面，选择适当的前放增益；优选检波器的类型及其连接方式。（4）低噪声接收技术，采用小组合基距接收、有效控制接收时噪声水平。

三、三维地震处理技术

（一）常规地震数据处理技术

地震数据处理主要应用常规处理技术来完成，其技术流程可表示为：动、静校正→CMP 叠加→时域偏移。

常规地震数据处理技术主要围绕着预处理、叠前处理、叠后处理三个阶段来展开。其处理流程如下：

输入→预处理→滤波→反褶积→速度分析→动、静校正→叠加→偏移→输出。

1. 预处理

预处理是把野外采集的数据转换成处理系统所能接受的共中心点（CMP）道集所涉及的全部处理过程。预处理一般包括以下内容：

（1）数据解编与重排。它是从各种各样的记录格式中把地震采集数据读出来，按规定的格式重新组装，按炮号和道号的顺序重新排列，在数学上相当于做矩阵转置。

（2）数据编辑与分选。主要包括处理废炮、废道、野值，切除初至等。

（3）真振幅恢复。是指消除与反射系数无关的、影响地震反射波振幅的因素的一切手段，包括增益恢复与补偿因衰减而损耗的振幅值。

（4）抽道集。是指按一定规律选取某些特定记录道：一种是共中心点（CMP）道集，作水平叠加或速度谱时使用；一种是共炮点道集，作动、静校正等处理时使用；一种是共接收点道集，也可用来作动、静校正等处理；一种是共炮检距道集，用于记录质量检查或作垂直叠加处理。

2. 滤波

利用有效波与干扰波频谱特征的不同，应用数学运算的方式来压制干扰波，突出有效波的数字处理方法。有一维滤波，如褶积滤波、递归滤波及低通、高通、带通滤波等；有多维滤波，如扇形滤波、时空域滤波、频率—波数域滤波等。

3. 反褶积

反褶积就是消除激发信号在传播过程中所受滤波作用的处理方法。如预测反褶积、最小平方反褶积、同态反褶积、最大（最小）熵反褶积等。

4. 速度分析

地震波在地下地层中的传播速度是地震资料处理和解释的重要参数，地震勘探所涉及的速度有平均速度、均方根速度、叠加速度、层速度等，所谓速度分析是指从实际地震资料中求取叠加速度的过程。

$$t^2 = t_0^2 + x^2 / v_s^2 \qquad (4-1-1)$$

式中　v_s——叠加速度；

t_0——炮检距为零处的反射波旅行时。

当地层为水平层状时，叠加速度等于均方根速度 v_{rms}，此时正常时差 Δt 为：

$$\Delta t = t - t_0 = \sqrt{t_0^2 + \frac{x^2}{v_{rms}^2}} - t_0 = \Delta t\left(t_0, v_{rms}\right) \qquad (4-1-2)$$

式（4-1-2）中，由于 x 是已知的，因此 t 和 Δt 都是 t_0 和 v_{rms} 的函数，从反射波正常时差 Δt 的分析中可以提供均方根速度 v_{rms} 的信息。

在地震资料处理过程中，一般采用地震波的能量或相似系数相对于波速变化关系的曲线（速度谱）以求取叠加速度（图4-1-3），研究速度的横向变化，并借助于综合地质解释，发现岩性横向变化、寻找地层岩性圈闭。

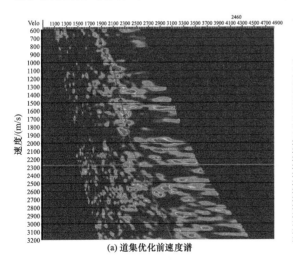
(a) 道集优化前速度谱

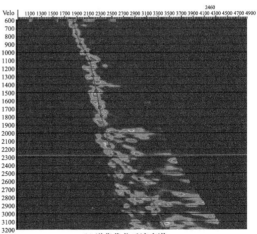
(b) 道集优化后速度谱

图4-1-3　道集优化前、后叠加速度谱

5. 动、静校正

（1）动、静校正。在地震记录上，反射波的到达时间中包含了由炮检距引起的正常时差和表层不均匀性引起的时差，为了使反射波到达时间尽可能直观、精确地反映地下构造形态，必须将这些时差从观测时间中去掉，这个过程称为反射时间的校正，对正常时差的校正为"动"校正，对由表层不均匀性引起的时差校正为"静"校正。静校正量与激发点和接收点的位置有关，与炮检距有关，是随机分布的，分为长波长静校正和短波长静校正。一个 CMP 道集的检距范围，基本不影响单个 CMP 道集叠加成像的静校正量长波长分量，但会严重影响短波长分量。完全做好静校正是资料处理中的一个难题。通常，静校正方法是通过近地表结构模型来计算静校正量，包括生产炮初至折射波静校正在内，实际使用时，先对模型平滑，可以防止由于静校正量的应用造成平面上时间不闭合。

动校正量对于炮检距而言，不是随机分布的，与叠加速度有关。

$$t^2 = t_0^2 + x^2 / v_{NM}^2 \qquad (4-1-3)$$

式中　t——炮检距 x 相应的波的传播时间，s；

　　　t_0——炮检距为 0 时的双程旅行时间，s；

　　　v_{NM}——反射波速度，m/s。

静校正、波形校正、噪声压制、速度分析组成一个循环，通过迭代，达到最佳处理效果。目前，常规地震数据处理一般只采用静校正和速度分析的迭代过程。

（2）去噪技术。是为改善静校正量估算和速度分析服务的。这类方法有很多，大多是分频处理。

（3）速度分析。拾取一个叠加速度，用于叠加和叠后时间偏移处理。

6. 水平叠加

水平叠加是利用野外多次覆盖资料把共中心点（CMP）道集记录经动、静校正之后再叠加起来，以压制多次波和随机干扰、提高信噪比为主要目标的处理方法。设共中心点道集记录中有 N 道地震记录 $X_j(n)$，经过一定的处理后得到一个标准道 $X_\Sigma(n)$，要使 $X_\Sigma(n)$ 与各记录道 $X_j(n)$ 之间的差别最小，使用最小二乘法原理得到：

$$X_\Sigma(n) = \frac{1.0}{N} \sum_{j=1}^{N} X_j(n) \qquad (4-1-4)$$

由此可见，标准道就是 N 道叠加的平均，这正是多次叠加理论基础。

改善水平叠加效果的方法有很多，除实现同相外，还有加权叠加、中值叠加和倾角时差校正（DMO）叠加。DMO 已经成为常规处理技术，取代了 CMP 叠加技术，目前常用的是时空域的反射点扫描叠加。

7. 偏移处理

水平叠加剖面上的各道都已经转换为自激自收记录，当地下界面水平时，反射点在接收点的正下方，当反射界面倾斜时，反射点不在接收点的正下方，而是向界面的上倾方向偏移，就必须进行将水平叠加剖面上各反射点移到其空间本来真实位置的偏移处理，通过偏移前、后的对比可以看出，偏移后能够较好地补偿深层吸收衰减，拓宽资料有效频带（图4-1-4）。

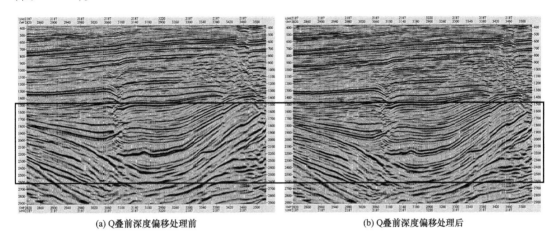

(a) Q叠前深度偏移处理前　　　　　　　　　　　(b) Q叠前深度偏移处理后

图4-1-4　Q叠前深度偏移处理前、后对比

地震数据处理技术是地震勘探三大技术中（采集、处理、解释）承上启下的一个重要环节。随着地震勘探开发的不断深入，地震数据处理工作也向精细迈进，数据处理技术手段及精度也不断地提高，目标处理比例逐渐加大。

精细处理技术是在常规处理基础上，根据具体的地质目标选择有针对性的方法和技术，共同完成的一个技术系列，目前常见的处理工作：深层数据处理技术、古潜山及其内幕处理技术和特殊岩性体处理技术。

（二）三维地震精细处理技术

三维地震精细处理技术要求与资料解释结合更为密切，每一步骤都要处理人员根据地质目标进行精细分析，采用实用、有效的方法，与解释紧密结合，保证达到目标处理的最佳效果。

1. 深层数据精细处理技术

对于深层数据一般在剖面上的特征：地震波波组特征差或杂乱，很难识别；有效信号能量弱，以资料空白带或低信噪比为主要特征；同相轴连续性差，很难连续追踪对比；地层倾角大，断裂十分发育，数据成像和偏移归位效果不好。

针对深层数据特点，进行精细处理，需要做以下的处理步骤（图4-1-5）：深部数据信号的振幅补偿，分析数据的振幅衰减曲线，并在各个道集内进行平均分派和补偿，保证补偿曲线在各个道集形式内都具有统计平均的特征；动、静校正后双向组合混合波；动、静校正后CMP道集上随机噪声衰减和信号相干加强；应用多次波衰减、散射能量收敛和线性噪声衰减等方法去除各种因素造成的干扰波；应用反褶积滤波和波形修正反褶积等类似的反褶积进行信号特征补偿；做好偏移处理，提高信噪比。

做好深层数据处理的思路，决定着处理数据的质量，可以采用时间域深层数据精细处理和深部数据深度偏移成像处理两个流程。前一个流程强调了深部数据能量补偿（包括3D面元均化）、叠前压噪和信号增强、时间偏移前后的速度分析、分频迭代剩余静校正、谱能量调整、共炮检距前偏移等六个方面的关键技术。后一个流程包括建立速度深度，后一个流程以第一个流程为前提，输入是第一个流程处理后的道集带，最终处理的地震资料品质有了很大程度的改善（图4-1-6）。

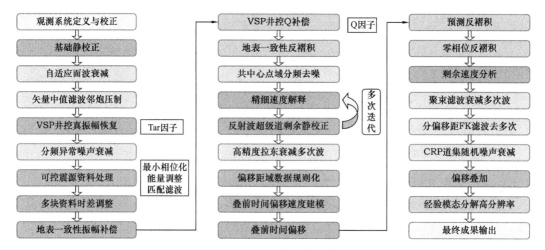

图 4-1-5　三维地震精细处理技术流程

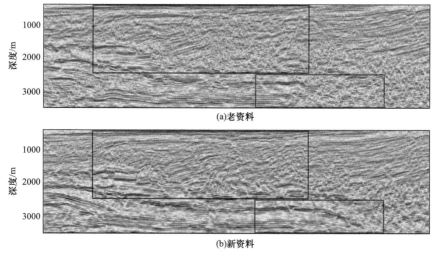

图 4-1-6　新老资料处理对比

2. 古潜山内幕数据特殊处理

随着油气资源储量的下降，古潜山及潜山内幕已成为油气勘探的热点目标，由于种种因素，潜山及古潜山内幕的地震数据有效信号很弱，信噪比低，各种规则干扰相互影响，难以分辨出有效信号，需要进行精细处理。

对于古潜山及古潜山内幕，其地球物理特征：潜山面易形成多次波；潜山面长期风化剥蚀容易形成杂乱反射、绕射和散射，背景杂乱；由于能量衰减的原因，潜山内幕地震波能量十分微弱；有伪同相轴存在。

鉴于以上潜山特征，须采用精细处理，其关键技术如下：

（1）在常规振幅补偿动、静校正的基础上，进行各种规则与不规则干扰波压制处理。

（2）进行有效信号的振幅补偿，振幅补偿曲线在潜山附近会出现拐点，潜山面上、下补偿曲线的形状和变化率有较大的差别。

通过资料精细处理之后达到如下效果：

（1）各套地层反射齐全，剖面层次丰富，波组特征明显，构造形态清晰，信噪比高。

（2）主干断层展布清楚。

（3）层间反射信息丰富，地层超覆等接触关系清楚。

（4）基底反射清楚，反射能量强，连续性好，可以连续追踪对比。

（5）潜山顶界面及内幕反射特征清楚。

（6）处理最终成果可以看出：叠前深度偏移资料基底、断层和断裂系统清楚，资料的可信度高，可解释性强（图4-1-7）。

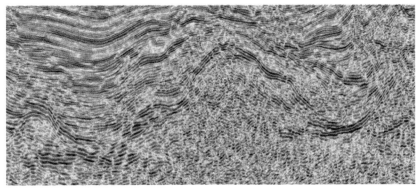

(a) 老叠前时间偏移

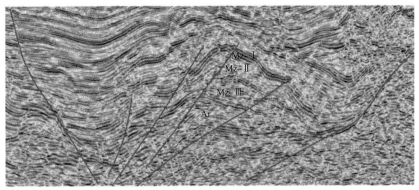

(b) 新叠前深度偏移

图 4-1-7 叠前时间偏移、叠前深度偏移对比

3. 特殊岩性体处理技术

由于火山岩与围岩有较大的声阻抗差，其地球物理特征表现为：（1）火山岩的反射能量特别强，屏蔽了下伏地层的反射，使其出现反射弱或空的现象。（2）火山岩产生的多次波起到严重的干扰作用。特别是多次波的速度有时接近有效波速度，去除时必须小心谨慎。

有效地压制火山岩的强反射，突出目的层的弱反射，进行资料精细处理，其关键技术如下：

（1）在火山岩区很谨慎地选取小时窗，进行能量均衡处理。

（2）制作速度谱时，尽量避开火山岩的反射，速度分析做到有针对性、有意识地避开火山岩反射的能量团，而选取有效波的弱的反射能量团。

（3）把火山岩与有效层的反射能量当作两个整体，尽量去压制火山岩的能量。

（4）采用 $f-k$ 切除和内切除方法压制火山岩产生的多次波。

（三）三维高分辨率处理技术

高分辨率数据处理应该包括两种资料：一种是高分辨率采集的资料；另一种是常规采集多块拼接的资料。其主要任务就是压制各种规则和随机噪声，提高资料分辨率。

高分辨率处理技术与常规处理技术有所区别。如果原始数据有一定的信噪比，技术重点应该放在叠前保真去噪、振幅补偿基础上，进行波形一致性处理、同相叠加，而后再拓宽有效频带；如果原始数据信噪比较低，就把提高信噪比作为关键，信噪比是提高分辨率的基础，二者不能截然分开。只有在提高资料信噪比处理的同时拓宽频带，才能得到真正有效的分辨率（纵向）而不致产生假象。提高分辨率主要的技术步骤如下：

1. 信号同相叠加

实现信号同向叠加，必须做到波形一致，时间对齐。水平叠加是提高地震资料信噪比最有效的手段，它可以压制随机干扰，增强有效信号。但是，由于动、静校正客观上存在一定的误差，不能实现同相叠加。对于高分辨率处理来说，道间存在的时差已经严重影响了叠加效果，损失高频，大大降低了应有的分辨率。为了消除时差的影响，实现同相叠加，必须做好以下六个方面的工作：（1）应用好传统的静校正方法。（2）引入静校正量分频估算的思路。（3）做好动、静校正的迭代运算。（4）高分辨率速度分析和高精度动校正。（5）供反射点叠加和倾角时差校正。（6）地表一致性相位校正。因此，按照高分辨率的要求需要发展和完善叠加技术，如分频叠加、相关排序叠加、迭代叠加等来克服常规叠加技术的不足。

分频叠加是针对不同频段的信号，采用不同的参数和手段处理，分别叠加。最后将各频段叠加结果经过时差调整同相，再进行总的叠加；用相关排序法重新排序，采用不同的权系数进行加权处理，控制道集中质量较差的道参与叠加的分量，再将道集叠加，会使叠加效果明显提高；迭代叠加技术可以预测出叠加记录的准确位置，以此作为每个 CDP 模型道，进而求出道集中各道与模型道存在的剩余动、静校正时差。利用动态校正方法，对记录进行校正，最后得到叠加结果。径向预测技术解决了横向剩余误差，动态校正解决了纵向剩余时差问题。迭代叠加技术是一种较好的高分辨率叠加方法。

2. 子波压缩与信号频带展宽

高分辨率处理核心就是最大限度地展宽有效频带，提高资料的分辨率。如子波反褶积、地表一致性反褶积、预测反褶积、谱白化等技术为高分辨率处理提供了有效的手段。在时域内进行子波长度压缩，就等于在频域内对子波频带展宽。

地表一致性反褶积使得子波的波形和振幅在横向上达到一致，目的是校正子波的振幅谱。之后再利用预测反褶积、子波反褶积或零相位反褶积等对子波进行子波压缩，效果更好。谱白化是一种宽展频谱的基本方法，又称为零相位反褶积，它不改变原来子波的相位谱。在频率域进行谱白化使振幅谱曲线展宽为"白色"的宽频谱。而在时间域进行时，将频率谱区间分成3~4个滤波频段，用分频挡滤波的方法将记录分成各个频挡的时域形态。然后统计各频挡的平均振幅，并将它们乘以不同的放大倍数，使每个频挡的平均振幅都互相看齐。再将它们加起来，实现谱白化的目的。掌握谱白化效果的好坏主要在于合理选择分频滤波门的大小，应根据实际资料的频率扫描结果来确定。

通过对比，脉冲反褶积压缩子波的功能最强，缺点是有个较强的尾巴；预测反褶积压缩功能次之，谱白化最差。对于实际的地下混合相位子波来说，最好使用多道脉冲反褶积。如果为了克服多次波，可以采用预测反褶积，只有当子波已经接近零相位时，才能用谱白化。

3. 叠前保真去噪

叠前保真去噪重要的出发点是提高信噪比，但要避免损失有效信号的高频成分，对高分辨率处理必不可少。

除了各种干扰波外，还存在随机噪声。实际情况是，有效信号存在于一个噪声背景之中。从褶积模型看出，记录是子波与反射系数序列的褶积再加上噪声背景组成的，但因为相位谱的不同，振幅谱之间还不是简单的算术相加关系，记录频谱的振幅谱是它们联合作用的结果。因此，记录频谱的振幅谱宽度，还不能与我们所要的分辨率完全等同起来。从记录振幅谱所确定的频带范围，还存在噪声的影响。噪声的存在，制约了分辨率的提高。

为提高地震资料的分辨率，对不同频率采用不同的对待，就是分频压噪，经常使用的是 $f—x$ 域线性预测滤波方法。地震信号的有效频带一般处于信号的中频段，低频段主要是面波干扰，可以通过自适应低频噪声压制方法去除低频噪声干扰，对高频段，可以利用反滤波法，补偿有效信号的高频成分能量，提高有效信号高频段信噪比，另外也可以先统计地震记录地震子波的振幅谱，以此为依据识别由于高频噪声所产生的振幅谱异常值，从而对它进行压制。

4. 振幅补偿

为了改善叠加对分辨率的影响，需要消除振幅横向变化的不均匀性，以及大地对频率的吸收引起的振幅衰减，频率的吸收与分辨率有直接联系。

振幅补偿主要包括以下内容：传统的振幅补偿是基础，应用地表一致性处理消除横向变化的不均匀性，以及时频域球面发散与吸收补偿。地表一致性振幅处理技术就是振幅的衰减只与炮点和检波点有关，与炮检距没有关系。因此，可以把波传播过程中对频率的吸收影响分辨率的作用分解成两部分：一部分是地表一致性的；另一部分与传播距离有关，即与炮检距有关，是非地表一致性的，采用基于小波变换分解的时频域球面发散与吸收补偿方法。

5.偏移归位

根据资料的具体特征和速度分布特征，选择有效的漂移参数和方法，实现信号的准确归位和成像，提高横向分辨率和纵向分辨率。漂移以后，由于偏移方法和偏移速度误差等方面的因素，信噪比会有所损失，必须提高信噪比处理，压噪时要注意频带的宽度，尽量保留已获得的分辨率，同时尽量少用混波模型。

目前偏移后的数据进行带通零相位因子滤波，可在同等分辨率的情况下得到较高的信噪比。零相位子波具有最高的分辨率，利用井旁地震记录和测井资料求取地震子波，设计纯相位滤波器，使子波零相位化，这适用于地层水平的情况；当地层倾斜时，采用最小炳原则使其输出方差最大。应用纯相位滤波、常相位校正、分频相位校正、地表一致性校正等方法，可以见到较好的应用效果。

鉴于构造复杂、断裂发育、陡倾角成像困难等特点，常规处理流程无法满足精细的地质解释要求，因而对以子波压缩、分频段处理为主的提高分辨率处理技术和以叠前时间偏移为主的复杂构造精细成像技术进行攻关。采用叠前偏移技术，建立准确速度模型，精选偏移参数，最终剖面断层清楚，断面清晰，基底形态清楚，提高了成像质量、资料处理精度，满足了滚动勘探和油藏综合评价的需要。

四、三维地震解释技术

（一）层位标定技术

层位标定的目的是确定地层在地震反射剖面上的准确位置和地震响应特征，是构造解释、储层预测的基础和关键，也是地震属性预测解释的必要条件[2]。

利用 VSP 资料可以准确地标定单井层位，对于没有 VSP 的井标定，可以使用声波时差资料制作合成记录进行标定，制作合成记录时，需要做以下工作：

（1）声波时差曲线需要做环境校正，消除时间偏移的影响；做 Checkshot 校正，提高合成记录的制作精度；精确提取井旁地震道子波，制作单井合成地震记录。

（2）沿井轨迹标定：对于含油气的薄储层进行最佳贡献井段分析。

（3）多层标定：依照标志层进行全井段多标志层的对比，并依据波组、波系的地震反射特征，进行地震同相轴横向联合识别与对比。只有多层对比，才不会出现波阻认识上的错误。

（4）多井标定：在目的层段地震反射特征多变的地区，进行连井剖面空间的层位标定，既可以准确地认识波阻特征，又可以避免单井不准而产生横向速度畸变点，准确进行多井标定。

（二）三维相干技术

三维数据体含有丰富的地层、岩性等信息，然而使用常规三维地震资料的解释方法，工作量很大，而且很难得到隐藏在三维地震数据体中关于断层和特殊岩性体的清晰而准确的直观图像。相干数据体通过道间相似性等属性计算，实现三维振幅数据体向三维相似系数等属性体的转换。

计算地震相干数据体的目的主要是对地震数据体进行求同存异，以突出那些不相干的数据，通过计算纵向和横向上局部的波形相似性，可以得到三维地震相关的估算值。在出现断层、地层岩性突变、特殊地质体的小范围内，地震道之间的波形特征发生变化，进而导致局部的道与道之间相似性突变。沿某一张时间切片计算各个网格点上的相关值，就能得到沿着断层的低相关值轮廓，对某一系列时间切片重复这一过程，这些低相关值轮廓就形成断面。

相干体的质量依赖于地震资料的品质。对断层的显现精度高，人为因素少，压制了横向一致的构造特征，优于水平时间切片解释断层。通过相干切片可以快速识别断层的展布方向、位置、平面组合及断裂带宽度；顺层相干体切片可以检测微小断层和地层沉积特征；由于裂缝性储层的非均质性能引起地震信息的不规则变化，在相干体切片上表现为不相干，利用它可以有效地预测裂缝性储层发育区和识别特殊岩性体。

相干数据体的理论依据非常充分，其物理意义十分明确，它压制一致性数据，突出不连续数据，从而为利用地震信息进行断层或特殊岩性体解释与检测开辟了新的途径。另外，由于相关属性体也是三维数据体，因此该数据体同样具有显示方面的灵活性，与三维振幅数据体配合使用，该方法可以作为常规三维地震解释的补充和验证。它在断层的解释精度方面更进一步，由于切片的连续显示，可以准确、快捷地确定断裂的空间产状；顺层切片的连续显示，可以准确、快捷地确定隐蔽地质体的空间产状。

（三）地震资料综合解释

地震资料综合解释可简单理解为利用各种地球物理资料，根据地质上的标准进行某些判断。然而，由于地球物理勘探方法的研究对象不是直接的，所获得的各种信息都是地下地质现象的间接反映，加上地下地质现象的复杂性、地表条件的多变性及各种数据本身的分辨率与分析手段的限制等，解释人员从这些地球物理资料中所得到的只不过是一种相对合理的推断。通过应用相干体和可视化技术，较清晰地展现断裂。进行构造解释时，首先进行层位标定与确定断裂系统，然后填充地质层位，在具体解释过程中，本着"切片定走向，剖面定倾向，共同定产状"的原则。

（1）显示相干数据体切片，快速浏览断裂的发育程度及其展布和交切关系。

（2）与地震纵、横剖面相结合，帮助识别水平切片的断层。

（3）对垂直于断层走向的时间剖面进行断层解释，确保断层解释的精度，形成纵、横、平面立体的断层网格。

（4）在相干体时间切片上进行断层组合和解释。

（5）断层解释质量控制，将断层显示在立体的透视图中，通过旋转、放大等手段，观察各断面的光滑程度，以确定断面的闭合情况，观察断面的整体形态及各断层之间的交切关系，不断修改验证，使解释成果更趋于合理。

（6）用连井地震剖面，对要解释的层位定骨架、格局，作为整体解释的控制依据。

（7）在垂直于断层走向的时间剖面上，即纵测线进行层位追踪和加密解释。

（8）对层面进行质量控制，利用调整色标的分辨率来调整层位的闭合精度，缩小层位闭合误差。

（四）三维可视化技术

随着计算机技术的发展，三维地震资料的解释水平也在不断地提高。对三维地震资料的三维空间的立体解释手段也在不断地丰富。三维可视化技术充分运用三维地震资料的各种信息，以地质体为单元，采用点、线、面相结合的三度空间的立体显示和可视化解释，达到精细解释各种地质目标的目的。

通过数据体的浏览，发现反射地质异常目标，利用横切剖面确定地质异常体的时窗，沿异常体下部最近的不整合面或标准反射界面，向上调整出一个与时间段厚度相当的数据体，锁定时窗，调整颜色与透明度参数，给定合适的光线，找出最佳的时间位置和时窗厚度，直到达到能够最佳观测地质异常体、识别地层沉积或储层展布特征时为止。通过使用

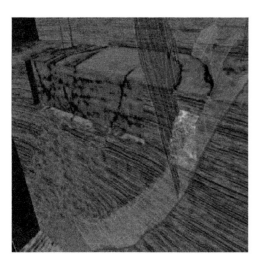

图 4-1-8　地震资料三维可视化解释

三维凹视化并调整时窗颜色与透明度参数，可展示地层沉积特征及分布。根据不同地质体的地震响应的差异，通过三维透视，捕捉并快速追踪砂体及特殊岩性体，最终实现砂体及特殊岩性体在三维空间的立体再现（图 4-1-8）。

要迅速地了解一个地区目的层段的断层展布方向，可通过对常规地震资料体进行透明显示，达到与连续性分析近乎相同的效果。

透明显示技术是对反射系数的相对加强，即使正的强反射振幅的透明度达到 100%，而对介于 0 到某一正振幅的透明度按一定的斜率递增，而 0 到负的反射振幅完全不透明，或者使负的反射振幅透明，而正的反射振幅不透明。

从地层意义上讲，如果地层被错断，在横向上表现出振幅不连续和频率特征的不同，而振幅与频率的组合在透明显示中被强化时，这样就把断层识别时的多种因素的平均效应转化为突出其中某一主要因素，因而可以很好地反映断层的存在。这就和连续性分析一样，通过唯一的相关系数值在区域上的展布来识别断层。

五、储层预测技术

随着勘探开发程度的不断深入，地球物理技术有了重大发展，研究的内容发生了巨大变化。地震技术的应用已经从构造形态研究深入到储层"甜点"评价阶段，从勘探初期延伸到油气田发现和开发的全过程，针对不同研究目的和评价目标形成一整套实用技术，包括储层反演、储层多参数反演，以及地震属性分析、频谱分解、可视化等技术。

储层地震反演技术是 20 世纪 80 年代兴起的一门新学科，其基础理论和方法原理与传统地震方法基本相同。地震反演研究储层纵向、横向变化规律，预测油藏评价参数，研究油藏非均质性，属性提取，以及地震综合解释等，利用的地震信息更多。储层预测技术是发现和寻找各种油气藏的关键技术之一，可以对储层的岩性、厚度、物性、含油气性做到定性和定量的预测。

（一）储层预测基本原理

油气田勘探开发的大部分工作都是针对储层进行的，而地震勘探长期以来只是利用岩层的声学特征确定岩性分界面，这就使地震与油田地质的结合发生困难。为了使地震资料与钻井资料直接结合，就要把常规的界面型反射剖面转换成岩层型测井剖面，把地震资料转换成与钻井直接对比的形式，实现这种转换的计算机处理技术就是地震反演技术。

地震波阻抗反演技术是针对不同岩层具有不同的速度和密度，由速度和密度的乘积为波阻抗（图 4-1-9）。只要不同岩层之间波阻抗存在差异，就能产生反射波界面。假定地震剖面上的地震道是法线入射道，即地震入射射线与岩层分界面垂直，则法线入射反射系数由式（4-1-5）计算：

$$R_i = \rho_{i+1}v_{i+1} - \rho_i v_i / \rho_{i+1}v_{i+1} + \rho_i v_i \tag{4-1-5}$$

式中　R_i——第 i 层底界面反射系数；

　　ρ_i，ρ_{i+1}——第 i，$i+1$ 层密度，g/cm³；

　　v_i，v_{i+1}——第 i，$i+1$ 层速度，m/s。

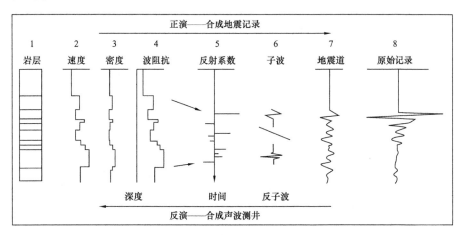

图 4-1-9　波阻抗反演示意图

子波的极性和振幅强弱取决于地震反射的正负和大小。由于岩层通常很薄，顶、底反射系数间隔远小于子波长度，不同界面的反射子波互相重叠在一起，形成一道地震记录，这是褶积过程，制作合成地震记录应用的就是该方法。最后，由于地震波的球面发散、吸收衰减和透射损失，使得野外记录在磁带上的实际记录浅层振幅强，深层振幅弱，相差上百万倍，无法直接用来解释。只有经过振幅衰减补偿后，得到深层、浅层振幅相差均衡的地震道，即地震剖面。以上就是地震记录的形成过程，按此原理制作合成地震记录或合成地震剖面的过程叫作地震正演。

反演就是估算一个子波的逆—反子波，用反子波与地震道褶积运算，通常称为反褶积，从而得到反射系数。然后，由式（4-1-5）导出的递推公式便可逐层递推出每一层的波阻抗，这就实现了由界面反射剖面向岩层剖面的转换。

经过地震反演，可把包含丰富岩性、物性信息的地震资料，从地震反射界面转换成岩层测井资料，使其能与钻井、测井成果直接对比，以岩层为单元进行地质解释，这样就能充分发挥地震在横向上资料连续的优势，研究储层特征的空间变化。

（二）储层预测方法

1. 三维地震反演技术

地震反演是利用地面地震采集处理的资料，以已知地质规律和钻井、测井资料为约束，对地下岩层物理结构和物理性质进行求解的过程[3]。广义的地震反演包含地震处理、地质解释整个过程。与模式识别、神经网络、振幅频率估算等统计性方法相比，波阻抗反演具有明确的物理意义，是储层甜点预测、油藏特征描述的确定性方法。地震反演通常特指波阻抗或速度反演。

目前，常用的波阻抗反演方法主要是基于模型的测井约束的波阻抗反演（JASON）。

储层反演的基本原理：测井约束波阻抗反演是一种基于模型的波阻抗反演技术，其方法技术流程如图4-1-10所示。这种方法从地质模型出发，采用模型优选迭代摄动算法，通过不断修改、更新地质模型，使模型正演的合成地震记录与实际地震数据最佳吻合，最

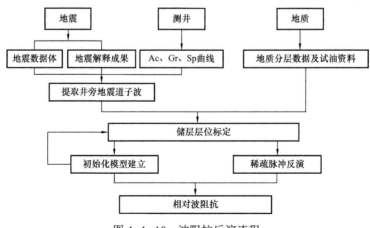

图4-1-10 波阻抗反演流程

终的模型数据便是反演结果。其实质是地震资料控制下的钻井内插外推。如果建立的初始地质模型是一个反映储层特征的模型，则称这类反演为储层特征地震反演，采用储层特征反演的目的是为了便于进行储层描述。

测井约束波阻抗反演其算法属于以鲁宾逊褶积模型为基础的单道模型反演方法，其核心是优化（最小化）如下目标函数：

$$E=\sum\left(r_j\right)^p+\lambda^q\sum\left(d_j-s_j\right)^q+a^2\sum\left(t_j-Z_j\right)^2+\beta^2\sum\left(Z_{ji}-Z_{ji+1}\right)^2 \quad （4-1-6）$$

式中　r_j——反射系数，即所求的解。

Z_j——声阻抗；

s_j——合成地震记录，$s_j=R\cdot W$；

t_j——用户提供的阻抗趋势；

p，q——L范数；

λ，a，β——各项权重。

Z_j与r的关系为：

$$r_j=\left(Z_{j+1}-Z_j\right)/\left(Z_{j+1}+Z_j\right) \quad （4-1-7）$$

但满足如下条件：

$$Z_{Lj}<Z_j<Z_{Uj}$$

式中　r_j——原始地震道；

Z_{Lj}，Z_{Uj}——用户提供的阻抗上限、下限。

式（4-1-6）中第一项控制反演结果的稀疏程度，p值越小于1，反射系数稀疏程度越高。反演结果的频率成分越丰富，但以丢失部分细节信息为代价；式中第二项使反演结果与实际地震记录相匹配，q的取值通常为2，如果目标层段地震信号较弱且信噪比较高，可考虑q的取值小于2甚至小于1，q值的影响还与权重λ有关，λ取值越大，q的影响越小；式中第三项的作用是补偿地震记录所缺失的低频成分，这是一个可选项，但从算式来看包含压制中、高频能量的作用，因而权重a取值不能过大，使用这项可以容易观察反演结果的优劣，无论使用与否最终还应使用其他渠道而来的低频阻抗体来补偿低频成分；第四项也是一个可选项，其作用是在一定程度上保持相邻道之间的阻抗连续性，在资料信噪比较低时，可以利用这一项来达到去噪的目的，由于存在累积效应，其权重β也不能取值过大。

整个反演过程就是为求解上面目标函数而进行的数据准备过程，也就是针对已知资料及地质特点，结合反演方法原理特点，构造出合理的反演所需的已知数据及反演参数。

为了更好地完成地震反演工作，在反演前有必要对重新处理的地震数据进行信噪比和分辨率的分析处理。根据数据实际情况，结合储层发育特征，有针对性地采取一些手段对原始数据进行处理，主要包括振幅均衡和谱白化，以使地震反射能量的相对变化，尽可能接近实际地下情况，并有较高的纵向分辨能力。

测井曲线受井眼环境、仪器特性等因素的影响，个别曲线的个别井段发生畸变。必须对测井曲线进行校正、剔除奇异点、时深转换等处理，通过从井旁地震道提取地震子波，制作每口井合成地震记录，根据地质分层，准确标定出石炭系顶界面和石炭系内幕各火山岩体顶界面。具体做法：（1）测井曲线的加载与编辑。（2）利用测井声波时差曲线计算出层速度进行时—深转换。（3）利用测井声波和密度资料计算各井的波阻抗：速度与密度的乘积值即为波阻抗值。（4）计算反射系数序列：由上、下相邻地层的波阻抗之比计算出连续的反射系数，即 $R=(p_2v_2-p_1v_1)/(p_2v_2+p_1v_1)$。（5）利用反射系数序列与一子波进行褶积得到地震合成记录，即 $S(t)=R(t)\cdot W(t)$。（6）根据地震解释成果及地质分层不断调整地震合成记录，直到它与地下各地质体有较好的对应关系，为储层的反演预测提供可靠的保障。

测井曲线校正的主要目的是尽可能地消除各种非地层因素的影响，使校正后的测井曲线尽可能更真实地反映地下地层性质和孔隙流体性质，以便提高建模的精确度。不同仪器、不同井别之间，也存在不反映地层变化的系统误差，测井曲线校正也包括消除这种系统误差。

测井曲线的校正处理是用反演软件本身的校正处理软件。目前的反演软件一般提供了两种测井曲线校正处理工具：测井合成地震记录标定校正；基于全区标准层的系统归一化处理。现对三种归一化处理方法作简要描述：

合成记录标定是利用井旁地震记录与合成地震记录的波组特征相似性，对时间域的测井曲线段进行拉伸或压缩调整过程，其结果是产生新的井曲线的时—深对应关系，利用新的时—深对应关系对调整井段的速度值进行校正，称之为合成记录标定校正，这一方法要求地震记录有较高的信噪比和较为明显的标志层段。

基于标准层的系统归一化处理的方法是，假定研究区内分布着一套岩性较为稳定的地层（比如厚层泥岩或者特殊岩性，称之为标准层），在各井标准层速度值基本恒定的前提下，利用各井标准层平均波阻抗值与单井标准层速度值的差异量，对各井进行系统漂移校正。

2. 反演的技术关键

1）层位标定和子波提取

在测井约束波阻抗反演过程中，要考虑井的位置及曲线的完整性，挑选有代表性的声波时差曲线（密度曲线）资料。首先利用时—深关系，将深度域的声波（密度）测井曲线转换到时间域，根据地震资料的频谱特征选择主频为25Hz雷克子波进行初步标定，在初步标定基础上利用井旁地震道在目的层段提取实际子波，利用该子波制作的合成记录对测井数据作进一步调整并提取子波。如此反复，直到求出一个满意的子波。在标定过程中，应注意满足如下两个条件：一是时差曲线调整后的时—深对应关系与本地区使用的时—深关系应基本保持一致，且在各井间应有一个良好的协调性；二是井曲线做局部拉伸或压缩调整后引起的局部平均速度变化应得到一个合理的地质解释。另外，选取的子波长度也是一个关键因素，子波长度过大，反演结果与测井的匹配关系虽好，但在反演过程中引入的噪声也大。一般来说，子波主峰两侧保留 1～2 个旁瓣的子波长度为宜。在无任何约束下提取的子波两侧能量不是自然衰减，则说明标定有问题，需要作进一步的调整。经过反复实验确定反演所用的子波长度，为提取的所有井的子波及其频谱特征。

2）建立初始模型

波阻抗反演是基于模型的储层预测反演，建立合理的地质模型是高精度反演的关键。它以构造精细解释为基础，根据地层的接触关系（如超覆、剥蚀等）及断裂系统的平面组合（每条断层在平面上趋势面），建立地层及地层内部结构格架，通过测井资料优化，将每口井的测井信息在各储层的垂直分量上分配给一个权值，进行各个参数的合理内插或外推，建立起反映地质结构的时间域三维地质模型。建立各种地质模型是基于解释层位框架模型基础进行的，通过提供适当的地震解释层位及其属性描述，Earth Model 模块可用来建立地层模型，其中，包含了层间接触关系、层间产状等信息，也可以描述一些特殊的地质体，如岩丘、河道等。总之，它完全描述了地层的空间延展特征，在它的指导下通过内插各测井曲线，可以得到所需的各种地质模型，如内插阻抗曲线可得到初始阻抗模型体，内插速度曲线可得到用于时—深转换的速度场，等等。地层框架模型是反演软件进行各种分析、计算的基础。

3）确定反演参数

从各井提取的子波来看，还存在一定的差异，因而在反演中采用空变子波，根据区内各井点位置分布，综合计算出整个工区具有代表性的子波（如所有井的平均子波），代表了本区统一反演所用的子波，反演用统一子波，并经过内插各综合子波的振幅谱和相位谱而得到。

阻抗门限用于限定求解目标函数过程中样点阻抗的取值范围，由于反演波阻抗横向的变化，很难用常数项来恰当描述各层阻抗的横向变化，给定相对阻抗动态范围，将其附加到由阻抗初始模型得到的各道阻抗基线上，可获得空变阻抗门限约束。

范数 p 约束反演结果的稀疏程度，从测井揭示情况来看，本区目标层段砂泥岩阻抗变化及其厚度与地震有效频带的比较，确定 p 值，范数 q 一般取值为 2，在反演过程中优先考虑能量较大的地震道。

λ 用来控制地震道在反演过程中所占的比重，是相对地质约束而言的（主要是稀疏程度和阻抗门限约束），如果地震资料可信程度较高且没有可靠的地质约束信息来源，则义值可给得大些；反之，使用较小的义值且需要设置阻抗横向连续性约束，该值通常通过反复实验来确定。

在完成必要的数据准备和参数设置后，可对地震资料进行反演。利用反演得到的三维波阻抗数据体，通过准确标定储层，根据反演结果识别、追踪储层的阻抗特征，沿层提取阻抗等，结合地震相、沉积相等资料预测储层的分布和变化情况。

常规地震反演技术原则上只能反演波阻抗（包括速度和密度）信息，在一定程度上解决了油气勘探开发中的实际问题，如储层的预测和描述、储层的非均质性研究、储层的含油气预测等。但此方法只能用于储层与围岩的波阻抗存在差异可以被分辨的条件下。而油气勘探的实际地质情况非常复杂，许多情况下储层与围岩的波阻抗差异非常小，用波阻抗很难与围岩区分，难以识别有利的储层。基于此，科学家们发现有一些测井曲线对岩性很敏感，比如自然伽马、自然电位、电阻率等曲线可以用于曲线与地震属性相关分析建立联系来预测储层分布。

（三）储层特征重构方法

1. 方法的提出

波阻抗反演已经成为储层预测不可或缺的一项关键技术。随着油气勘探程度的不断提高，对非常规储层（如火山岩、变质岩、风化壳、泥岩、砾岩等储层）及砂泥岩薄互层的研究与评价越来越受到重视。这类储层具有形成条件复杂、储层性能控制因素多、储集空间类型多样化、储层非均质性强等特点，声波时差很难满足储层预测的要求。在长期的储层预测研究中，探索出一套通过重构储层特征曲线，提高储层预测纵向分辨率的方法。

储层特征曲线重构是以地质、测井、地震综合研究为基础，针对具体地质问题和反演目标，以岩石物理学为基础，从多种测井曲线中优选，并重构出能反映储层特征的曲线。理论上，常规测井系列中的自然电位、自然伽马、补偿中子、密度、电阻率等测井曲线，可实现储层特征曲线重构。储层特征曲线重构就是根据储层预测目标，综合有利于储层预测的相关信息，得到一种更能突出储层分辨率的特征曲线。测井曲线包含了储层特征信息。

利用自然电位测井可实现渗透层的划分，通过预处理和标准化，其幅度可以表征储层质量；利用自然伽马测井能够反映地层自然放射性的特点，用来划分岩性，重构储层特征曲线；电阻率测井有几种，在储层特征曲线重构中常用到的主要是深、浅电阻率曲线，根据深、浅电阻率的差异进行储层特征曲线重构，电阻率测井响应会受到流体性质的影响，主要用于含油气及裂缝性储层反演的储层特征曲线重构；孔隙度测井包括声波时差、补偿中子、密度测井，利用补偿中子和密度测井曲线重叠组合能够很好地识别气层、判断岩性，当进行含气层储层预测时，可利用密度和补偿中子测井组合重构储层测井曲线。

2. 储层特征曲线重构基本原理

储层特征曲线重构原理的关键是参考曲线与目标曲线必须对同一物理形象具有相似的测井响应特征，而且参考曲线比目标曲线具有更好地反映储层的能力，两种曲线之间具有很好的相关性。

测井曲线与地震资料所包含的地层信息在频率方面存在一定的差别，测井包含低频、中频、高频信息，地震资料只有中频信息较好，而重构的储层特征曲线要包含低频、中频、高频信息，地震资料是反演的主要资料，以地震资料中频信息为主，以测井资料的低频、高频信息作为补偿，重构得到低频、中频、高频信息较好的储层特征曲线，建立最能反映储层特征的重构曲线与地震的联系。

利用与岩性相关的测井曲线响应重构具有同量纲的声波曲线，结合地层声波低频模型重构曲线，使它既能反映地层速度和波阻抗特征，又能反映岩性差异，从而建立起更好的反映储层特征与地震之间的联系。

在进行储层特征曲线重构时，一定要遵循两条原则：一是多学科综合，针对研究区储层地质特点，充分利用岩性、电性、放射性等测井信息与声学性质的关系，进行储层特征曲线重构，并使这条曲线有明显的储层特征，便于识别；二是保证重构特征曲线与合成记录、井旁道匹配。

以上所述为解决储层预测中储层特征曲线重构的基本原理。对不同地区、不同储层类型，储层特征曲线重构的方法不同，储层特征曲线重构强调多学科综合性与地质问题的针对性（图 4-1-11）。

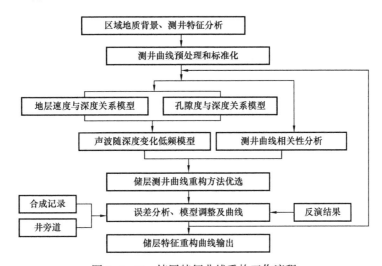

图 4-1-11　储层特征曲线重构工作流程

3. 储层特征曲线重构方法

1）区域地质背景、测井特征分析

根据区域地质背景、岩层和流体性质选择合适的测井系列，选择对识别岩性能力最好的测井响应或测井组合，进行储层特征曲线重构。在进行储层特征曲线重构时，必须考虑地层的沉积环境、岩性及其物理性质、流体性质、成岩作用、孔隙度分布、压力分布等条件及随深度变化规律。

2）测井曲线预处理与标准化

测井曲线预处理包括测井曲线异常点消除、环境校正、深度校正、自然电位重建、含油气校正、岩性校正等。当储层中含油气时，会对自然电位、电阻率、孔隙度测井带来影响，消除油气影响，可使测井响应能反映地层的真实情况。

测井曲线标准化的目的：消除不同井之间测井资料的系统误差。标准化时目的层的选取原则：研究区内分布广泛、岩性稳定、电性特征明显、离目的层较近的地层。经常使用的标准化方法有峰值校正、均值校正、趋势面分析校正等。

3）建立声波时差随深度变化的低频模型

为了保留声波时差的低频特征和纵向上的时—深关系，采用去低频后再加低频的方法进行储层特征曲线重构。首先确定预处理和标准化后目的层（砂泥岩剖面为泥岩）声波时差曲线的平均中值，同时利用滤波工具去除声波时差中的低频成分，只保留高频成分，从而得到声波时差的高频成分曲线，利用合适的方法进行曲线处理，然后再加上所去掉的低频成分，得到重构的储层特征曲线。重构的拟声波曲线具有声波的低频趋势，同时在砂岩范围内具有明显的特征变化。去低频再加低频方法的关键是建立声波时差随深度变化的低频模型。

声波时差低频成分反映了岩石本身随深度变化的阻抗特征，而高频成分反映了岩石本身岩石类型、成岩作用、孔隙度大小等特性的变化。因此，重构得到的拟声波时差必须保留随深度变化的低频趋势和反映岩石本身变化特征的高频成分。一般来说，岩石的成岩作用随着埋藏深度增加而增强，岩石声波速度主要取决于岩石类型、成岩作用、孔隙度大小等特征，相同岩性的地层随着埋藏深度增加、成岩作用增强，孔隙度变小。当地层中存在欠压实时，欠压实地层的声波时差或孔隙度要比正常压实情况下的大，声波时差随深度变化而变化的低频模型必须考虑欠压实对孔隙度的影响，以及由此引起的声波时差的变化情况。

在建立声波时差模型时，首先建立声波时差随深度变化的总体低频模型、欠压实随深度变化的模型，然后将二者结合，建立地层声波时差随深度变化的低频模型。对欠压实段在声波时差随深度变化低频模型中的准确处理，不仅有利于建立合理的地质模型，还对正确研究泥岩裂缝性储层非常重要。

4）测井曲线相关性分析

经过去低频保留高频处理后，在进行测井曲线相关性分析时，可消除测井曲线中薄层对应成分，使得相关性分析和模型更加可靠。

在储层特征曲线重构中，进行测井响应相关分析之前，首先应对岩层界限进行划分。根据不同岩层特征，采用不同测井曲线和方法来划分。

利用不同测井曲线划分岩性界限的方法有以下几种：对厚层采用半幅点法，满足条件为 $h/d>4$，适用的测井曲线有自然电位、自然伽马、电位电极系电阻率；对薄层采用以微电极距或短电极距电阻率曲线为主，配合自然电位或自然伽马方法划分；深、浅电阻率幅度差法划分储层时，可采用此方法。

测井曲线取值方法主要有均值法和对应取值法。除了梯度电极系电阻率取峰值外，所有曲线都是厚层取平均值，薄层取峰值。

相关性分析主要采用单元回归和多元回归方法。根据研究区具体情况，通过实验选取储层特征曲线重构所需曲线和理想分析模型，进行相关性分析。

基于原始测井曲线重构储层特征曲线模型：

（1）砂泥岩剖面重构模型。

自然电位反映储层渗透性，自然电位的幅度能够反映储层质量的好坏，储层声波时差与自然电位成反比，储层特征曲线重构模型为：$D'_t = a - b \cdot SP'$。该模型用于评价储层厚度。

自然伽马通过地层放射性反映岩性和储层渗透性，声波时差幅度能够反映储层质量好坏，声波时差与自然伽马成反比，储层特征曲线重构模型为：$D_t' = c - dGR'$。该模型用于评价储层厚度。

电阻率主要反映岩石和流体的导电性能，在一定范围内储层声波时差与电阻率成正比，储层特征曲线重构模型为：$D_t' = g - hT_t'$。该模型用于评价储层含油气性。

（2）裂缝性储层重构模型。

裂缝性储层中，储层孔隙度与深、浅电阻率存在密切关系，而裂缝在声波时差上存在明显异常。说明浅电阻率与声波时差存在较好的相关性，可以通过深、浅电阻率重构储层特征曲线。

基于孔隙度测井曲线的储层特征曲线重构模型：

该模型适用于利用补偿中子和密度测井能够很好地求取孔隙度。当测井系列中存在补偿中子、密度测井时，通过对油气、岩性校正，利用补偿中子和密度测井能够确定储层的有效孔隙度，该孔隙度排除了岩性和油气的影响，能够很好地划分储层厚度和评价储层质量。储层特征曲线重构模型为：

$$D_t' = \Phi_c + v_{sh}\frac{\Delta t_{sh} - \Delta t_{ma}}{\Delta t_f - \Delta t_{ma}}(\Delta t_f - \Delta t_{ma})CP + \Delta t_{ma} \qquad (4-1-8)$$

在进行储层特征曲线重构时，一定要明确反演的目的，岩相反演针对有利相带，岩性反演针对储层，物性反演针对渗透性储层参数，烃类反演针对含油气储层。在储层特征曲线重构过程中，必须保证利用最全、最新的相关资料。储层特征重构能够较大幅度提高储层预测的纵向分辨率。

六、地震属性预测技术

地震属性是指由叠前或叠后地震数据，经数据变换而导出的有关地震波的几何形态、运动学特征、动力学调整和统计学的特殊测量值。地震属性分析可用于储层岩性、含油气性预测及储层物性估算。

地震信号的特征由岩石物理特性及其变异直接引起，地震数据中隐藏着丰富的有关岩性、物性及流体成分的信息。进行地震属性分析，拾取隐藏在地震数据中的有关岩性和物性的信息，利用地震数据丰富的空间变异信息来认识地层岩性、特殊岩性体、潜山等油气藏的非均质性。

（一）地震属性分类

从地震数据中可以提取近十类地震属性，如振幅、频率、相位、极性、阻抗（或速度）等，每一类又包含许多种参数。

1. 反射波振幅特征统计类

反射波振幅特征是地震资料岩性解释和储层预测常用的动力学参数，在工作中经常使用均方根振幅、平均绝对值振幅、振幅比、波峰波谷振幅差、平均能量变化（振幅平方）、波峰振幅极值、波谷振幅最大值、绝对振幅组合、区间顶底振幅比和振幅斜度等。主要用于进行岩性变化、薄层分析，以及表征在有意义的目的层段上由于岩性和烃类聚集的变化引起的横向变化等。

2. 复地震道属性

它是指根据复地震道分析在地震波到达位置上拾取的瞬时地震属性，这类属性使用非常广泛。振幅包络、瞬时相位、瞬时频率是其三个基本属性，由此可以导出许多其他的瞬时地震属性，如瞬时振幅、瞬时平方振幅、瞬时相位、瞬时相位余弦、瞬时振幅与瞬时相位余弦的乘积、瞬时频率、振幅加权瞬时频率、瞬时频率的斜率、反射强度、以分贝表示的反射强度、反射强度的中值滤波能量、反射强度的变化率和视极性等。利用这些属性的变化，可以进行流体成分、岩性、地层等变异、流体界面的确定、烃类指示等。

3. 功率谱特征属性

它是由地震记录自相关函数的傅里叶变换求得，用于随机过程的地震数据分析。为消除傅里叶输入函数 ACF 在分析时窗边界上跳跃的影响，在做变换前要使用时窗函数进行平滑处理。为减小偶然误差，算法中考虑在选定时窗内对 3～5 道相邻道功率谱分析结果进行平均，然后用于参数拾取。可以提取的属性有加权功率谱平均频率、功率谱极大值频率、优势功率谱、优势功率谱集中度、指定带宽能量、衰减灵敏度宽度、以分贝表示的反射强度和功率谱的斜度等。功率谱特征属性可用于指示油气聚集带，检测薄储层中天然气和裂隙，表征反射体由于岩性和流体饱和度变化引起的非均质性。

4. 傅里叶特征分析

傅里叶谱特征又称谱属性。它是一个长为几十到几百毫秒的时窗内测量的频谱，也是一种类型的体积属性。频谱中逐渐发生的瞬时变化，特别是高频成分的丢失，是经过地下介质传播的结果。频谱中空间变化，或快速瞬时变化，可以作为一个体积属性使用。这些变化，可能与岩性或岩石物性的变化有关。

由岩性横向变化引起的频谱变化有：引起子波干涉的薄层层段的调谐效应；由异常低速层段或是厚度变化引起的时间下弯；由阻抗的横向变化如孔隙变化引起的振幅改变；在不规则表面上的地震能量散射，可能导致静态误差和高频成分损失，与岩石中流体性质变化有关的固有衰减，是岩石物理变化的原因。但是，要建立地震高频衰减和岩石流体成分之间的关系是十分困难的。

由傅里叶特征分析可以提取如下属性：振幅谱主频、振幅谱极大值、平均中心频率、频带宽度、频谱一阶矩和二阶矩、优势频带宽度、优势频率、三个极大值频率、频带宽度估计和优势频率估计等，可以用于检测含气砂体、气饱和与裂隙引起的异常。

5. 相关特征分析

自相关函数是地震记录的反映，也是地震记录重复性的标志。地震记录自相关特征反映了记录的整个特点，是一组有代表性的定量属性。互相关函数是不同地震记录道相似程度的反映，它反映了地震记录（地层）的连续性。相关特征分析属性有主极值振幅、极小值振幅、主极值面积、旁极值面积、主极值半周期宽度、自相关函数幅值下降速度或梯度、自相关峰值振幅比、KLPC$_1$相关值、KLPC$_2$相关值、KLPC$_3$相关值、KLPC相关值之比、相关长度、平均相关值、集中相关值、最小相关值、最大相关值和相似系数等。可用于检测地震信息的间断性，如断层、不整合。

可利用的地震属性有很多数据统计，有明确定义的地震属性约300多种，常用的地震属性也有几十种。面对如此众多的地震属性，对其进行合理分类，对理解和正确使用地震属性是有帮助的。不同的地球物理学家分类也不同。Taner等将地震属性归纳为几何属性和物理属性两大类。几何属性或反射特征用于地震地层学、层序地层学及断层与构造解释，而物理属性用于岩性及储层特征解释。Alistair R. Brown认为属性分为四类：时间属性、振幅属性、频率属性和吸收衰减属性。这四类属性分别提供构造信息、地层与储层信息、其他有用的储层信息及渗透率信息。Brown还将地震属性分为叠前和叠后两类。Chen（1997）则以运动学与动力学为基础，把地震属性分为振幅、频率、相位、能量、波形、衰减、相关、比值等八大类。此外，他还提出了按地震属性功能的分类方案，即把地震属性分为与亮点和暗点、不整合圈闭和断块隆起、油气方位异常、薄储层、地层不连续性、碳酸盐岩储层和碎屑岩储层、构造不连续性、岩性尖灭等有关的属性。

综合前人的观点，地震属性应用发展至今，本书总结出对一些常用属性的功能（表4-1-2）。

表4-1-2　常用地震属性功能

地质特征	亮点、暗点、砂体	含油气性	层序	断层、裂缝	不整合
常用属性	瞬时振幅 平均反射强度 视极性平均振动能量 峰值振幅的最大值 谷值振幅的最大值	瞬时相位 瞬时频率的斜率 基于分贝的反射强度 反射强度的斜率 主频额定值 功率谱斜率	瞬时频率 基于分贝的反射强度	第一个、第二个、第三个频谱峰值频率 有限频率带宽能量 功率谱对称性相关 KLPC$_1$平均相关 相关峰态	相关KLPC$_2$ 相关KLPC$_3$ 相关KLPC之比 相关长度

（二）地震属性分析

地震属性分析的目的是以地震属性为载体从地震资料中提取隐藏的储层信息，并把这些信息转换成与岩性、物性或油藏参数相关的、可以为地质解释或油藏工程服务的信息。它由两个部分组成，即地震属性优化与预测。地震属性预测可以预测含油气性、岩性或岩相，也可以预测储层参数。前者主要通过模式识别来实现，强调地震属性的聚类和分类，后者主要方法是函数和神经网络逼近，强调地震属性的估算功能。

地震属性分析技术包括层位标定及构造精细解释、属性提取、属性优化及属性分析四个部分。后三个部分是地震属性分析技术的核心。

1. 地震属性提取

主要通过特殊处理过程来完成，如复地震道分析、道积分、地震反演等，可以进行沿层属性提取和数据体属性提取。沿层属性提取有瞬时提取、单道时窗提取与多道时窗提取。数据体属性提取用时间切片来代替层位提取属性。

2. 地震属性优化

为了充分利用各种有用的地震信息，改善储层预测的效果，要尽可能多地提取地震属性，但属性太多对于储层预测也会带来不利的影响，针对具体地质问题，挑选最好的地震属性子集是必要的，这就是地震属性优化。优化方法分为两大类，即地震属性降维映射和地震属性选择。前者通常使用K-L变换和主分量分解法，它们都是从大量原有地震属性出发，刻画出少数有效的新地震属性。其缺点是原地震属性的物理意义已经不存在。地震属性选择是通过已有经验或数学方法进行属性优选。在地震属性提取前，必须设计好目标函数，目标函数根据储层预测方法和地震属性选择方法灵活确定，不同的方法有不同的目标函数，它是定量分析地震相的关键。

3. 地震属性分析方法

地震方法作为勘探的必要手段，在石油和天然气勘探中作出了巨大贡献。地震属性的应用已经在油藏描述与评价中起到了重要作用，其作用主要表现为三个方面：油气预测、岩性与岩相预测和油藏参数估算。

油藏预测方法发展至今，利用多种地震属性综合检测油气，模式识别技术得到了广泛的应用，出现了统计模式识别、神经网络模式识别等油气预测技术。

采用岩性与岩相预测方法建立地震属性、岩性与岩相之间的统计关系，通过分析地震数据的反射特征和波动力学特征预测岩性和沉积相的平面分布。一般的地震参数如反射结构、几何外形、振幅、频率、连续性和层速度，代表产生其反射的沉积物的一定的岩性组合、层理和沉积特征。可以利用多元统计方法和神经网络方法来预测岩性与岩相平面分布。

储层参数估算方法有四大类，即单纯测井资料的克里金（Kriging）方法、测井资料与地震属性结合的线性回归方法、测井资料与地震属性结合的地质统计方法及测井资料与地震属性结合的神经网络逼近方法。用这四大类方法预测包括储层厚度、孔隙度、渗透率、饱和度、砂泥岩含量等储层参数。第一种方法只适合井资料较多的情况，但难以刻画储层参数变化的细节，目前用得比较少。后三种方法强调与地震属性的结合，储层参数估算可以利用单属性，也可以利用多属性。实践证明，地震属性与测井岩性和物性参数之间存在良好的关系。

地震属性应用的未来发展将会出现更多具有明确地质含义的地震属性，如地震数据体界面、体积属性将会广泛用于地震相定量解释、地质体识别和油藏描述等方面；深入研究地震属性的地球物理基础，应用多种分析方法，分析揭示地震属性与储层参数的物理、统计关系及储层参数转换方法，是地震属性在储层预测、油藏描述、油气检测和油藏检测中发挥更大作用的根本途径；地震属性体的三维可视化储层解释技术将会使地震属性得到更充分的利用；地震属性分析与标定方法软件高度集成化和系统化将会有很大的发展；叠前地震属性具有广阔的研究及应用前景。

（三）分频技术

分频技术是近些年来发展起来的一项基于频率谱分解的储层特色解释技术。它利用短时窗的傅氏变换，把三维地震数据分解成频率调谐立方体，与薄层干涉、地震子波和随机噪声密切相关。利用薄层的调谐体离散频率特征，通过复杂岩层内部频率变化和局部相位特征的不稳定性，识别薄层的分布特征，可以在频率域突破地震分辨率小于传统的四分之一波长的限制。在三维地震资料的基础上，实现对整个研究区内的薄层时间厚度和地质体的非连续性进行检测。根据地震波的各种频率分量特性，能够有效地识别薄层单元地质体，以及刻画复杂地质体内部地层反射特征，更加客观地反映储层的横向变化。

分频技术可以在频率域分出各频带来自薄层顶、底反射干涉中的虚反射信号，虚反射处的频率或陷波对应于薄层的双程时间厚度。地震子波包含许多高于地震波主频的频率成分，岩性地层的细微特征变化都可以通过频谱中陷频信息计算出来。

分频技术是一种基于频率特征的三维地震储层解释技术。每个薄层产生的地震反射在频率域都有一个与之对应的特定的频率成分，该频率成分可以指示薄层的时间厚度。该技术针对三维地震数据中的薄层检测而设计，使用与相位无关的振幅谱进行厚度预测。

实际的地震波常常是地下多个薄层的综合响应。但是，由这些薄层组成的层组产生的复杂的谐反射在频率域却是唯一的，调谐反射振幅谱的干涉图定义了合成该反射的单个薄层间的声波特性关系。振幅谱上陷波的模式与地层中岩块的变化有关，通过振幅谱上的陷波模式就可以识别薄层厚度的变化。同样，用相位谱上相位的不稳定性可以识别地层横向上的不连续性。结合振幅和相位谱上有关的干涉现象，就能对三维地震工区地下岩性体的变化进行快速、有效地定量识别和成图。具体实现方法如下：

（1）确定研究区地震层位。

（2）建立频率域的目标层谐振体。

（3）在平面和剖面上浏览和观察目的层谐振体，在频率切片上找出振幅变化区，即薄层干涉。

（4）结合沉积模式进行储层分析。

（5）以一个地震数据作为输入，输出多个离散的频率和相位体，计算出振幅谱和相位谱，之后频率成分重新排列成一系列的同频率时间数据体，用于识别薄层厚度的变化和地层横向的不连续性。

（6）成果显示，利用颜色和光线展示典型特征的切片和剖片。重点是薄层的厚度求取和储层的横向变化。

分频技术结果表明，数据的振幅谱不是白噪化的，能够分辨地层沉积薄层及地质体内部特征，相位谱对地震特征的微小变化也很敏感，对检测横向上声波特征的非连续性非常有效。

（四）油气预测技术

油气预测技术最早出现于 20 世纪 70 年代，当时的"亮点"技术为利用反射波的属性——振幅和极性识别油气藏。后来又出现了各种利用多种属性综合检测油气藏的技术。有 20 世纪 80 年代起，开始广泛应用模式识别技术，有统计模式识别、模式识别等油气预测技术。

油气统计模式识别方法是一种根据含油气与不含油气储层的地震波运动学和动力学特征（如波形、振幅、频率、相位等）的差异，从地震资料中提取多种地震属性，采用多元统计方法，进行含油气储层位置和范围预测的技术。采用常规地震解释方法研究储层时，往往会遇到不少困难而不易见效。常见的困难：储层太薄，地震无法分辨；有些储层特征的变化在地震记录上反映很微弱，肉眼不易觉察。模式统计识别方法采用了多种地震属性对储层的变化进行判断，因而有较高的综合分辨能力。它的任务是根据特征的相似性和差异性进行分类，再识别出来。其实现过程是先学习样本，再用分类器分类后进行预测。

1. 学习过程

首先确定要预测的油气藏类别，在地震剖面上选择与各种油气藏类别对应的一定数量的地震道，这些已知类别的地震道一般称为学习道；然后从学习道中提取多种地震属性，设计进行预测的分类器与属性优选。由于时窗对模式识别的影响很大，因此常常把时窗大小作为一个可变因素参与分类器的设计。一般情况下，由于没有任何单独的地震属性能唯一地指示储层的某一特性，因此利用地震属性进行储层预测时提取的属性有很多。常用的有从自相关函数中提取的属性、由功率谱得到的属性、由自回归模型提取的属性，此外还可以提取一些具有明确物理意义和地质意义的属性。

2. 预测过程

对未知类别的地震道，计算学习过程中所优选的地震属性，用最终确定的分类器进行分类，预测出地震道所属的类别，常见的分类器有 Fisher 线性判别方法和 Bayes 线性判别方法，通过以上两种方法，可以预测出储层的平面分布范围。

（五）神经网络模式识别技术

神经网络模式识别技术是 20 世纪 90 年代初出现的油气预测方法，具有自学习能力、自适应能力及较强的容错能力，是比较好的油气预测方法。其关键是优选地震属性，研究区内有足够多类型的样本。

其工作流程概括为五个步骤：（1）地震资料处理解释。（2）提取地震属性。（3）参数组合建立神经网络模型。（4）选取学习道网络训练。（5）最终预测计算。

提取属性时时窗选取要适当，时窗大小不小于储层厚度的 1.5 倍；参数组合建立包括两个部分：一是通过计算时窗内的地震属性参数，选取合适的参数参加模式识别的分类预测计算；二是通过对预测结果的分析而选择参数。把两种选择后得到的参数组合在一起，就得到了进行模式识别的参数组合；在得到了参数组合后，设计人工神经网络模型。网络模型的设计包括选择网络层数、输入节点数、输出节点数、中间层节点数等参数。模型实际的原则是能够最好地分类样本空间中不同的类，通常选择输出节点数为 2 个或 3 个，即油气存在与否。

在得到了合适的网络模型后，选择样本对网络进行训练。样本的选择要全面，尽可能选择那些能够代表研究区含油气特点的典型样本地震道或井信息。这个过程要反复进行多次，直到能够得到满意的试算结果为止。网络训练收敛后，就得到网络的权值和阈值。最后利用得到的网络的权值和阈值对未知区域进行计算，得到预测结果。并用尽可能多的已知井检验预测结果和重复上述过程，直至得到最优预测结果。对于三维工区，在对典型测线完成上述过程后，要利用得到的网络参数和权系数对工区进行预测计算，最终得到预测结果。

七、裂缝预测技术

裂缝是评价火成岩储集性能的关键参数[4]。裂缝的预测主要可以利用相干体处理分析、构造正反演技术来计算应力、应变、曲率等属性参数的变化，预测出裂缝的分布规律。

相干体处理技术原理前面已有详述。它主要是检测地震波形的不连续点，那些不连续点除了反映断层外，还可以反映裂隙的发育；沿层倾角属性方法是通过对地震数据进行扫描，得到地震反射波的倾角变化，来近似地反映地层倾角变化率，以此来预测裂缝（图 4-1-12）。

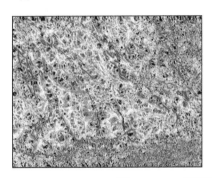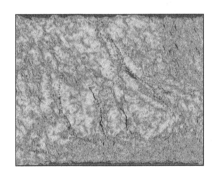

图 4-1-12　相干体处理技术预测裂缝

构造正反演裂缝预测方法是一种地质成因法（图 4-1-13）。它通过对地层的构造发育历史进行反演和正演来计算每期构造运动对地层产生的应变量。与此同时，也能对解释方案进行检验。然后用应变量作为主控参数，同时考虑地层厚度、岩性、裂缝发育方向等参数，对裂缝发育的相对富集带及主要发育方向进行预测。该方法基于以下假设：

（1）变形期间的岩石体积基本不变。

（2）岩石体积仅被剥蚀和沉积压实改变。

（3）主导变形方式是脆性断层。

（4）褶皱与断层有关。

（5）由压溶和构造压实引起的体积损失很小。

构造正演和反演主要通过以下两组算法来完成：非运动学算法——忽略断层几何形态；运动学算法——考虑断层几何形状对上盘变形的影响。

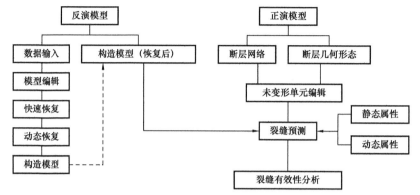

图 4-1-13　构造正反演裂缝预测流程

（一）非运动学算法

1. 弯曲去褶皱

弯曲去褶皱算法可以应用于平行褶皱，该算法是通过去褶皱将顶层和其内部的平行滑动系统恢复到水平基准面或假定的区域来完成的。滑动系统（平行于褶皱顶层）用来控制其他层系去褶皱，并作为层间联系和保持厚度变化。去褶皱时，钉线或钉面和与它们相交的点不去褶皱或剪切，仅沿着钉线或钉面平移到基准面。钉线对应于褶皱的轴面，或方位垂直于地层。平行剪切分量随离开钉面距离的增加而增大，而弯曲滑动分量随之减小。

2. 恢复到基准面

该算法允许地层被恢复到水平的或假定的区域基准面，地层被以垂直或斜线方式去褶皱。该算法类似于通常所说的"层拉平"算法。

（二）运动学算法

1. 斜剪切

斜剪切算法将断层上盘的变形特征与断层几何形态联系起来。斜剪切被用来模拟出现滑动系统中，与地层成一定角度、穿透整个上盘的变形，而不是在层内的不连续的滑动（如弯曲滑动）。斜剪切算法主要采用三个参数——移动方向、剪切矢量和水平断距，来控制构造复原。在正演时是通过上盘拉开、指定剪切矢量和位移量来进行。斜剪切假定变形仅发生在断层上盘，沿着一系列平行的剪切钉线发生，这些钉线与断层面斜交，其大小由水平断距这一参数定义。在三维空间中，斜剪切算法能根据不同的水平断距剖面，将上盘沿该面向上复原到撕裂点。

2. 弯曲滑动

弯曲滑动算法用来模拟在褶皱和逆冲带发现的断弯褶皱的几何和运动特征。当一个断块相向滑向另一个断块时，不平的断层面必定在其中的一个断块上产生扭曲，在此假定变形限制在上盘之内。

3. 断层平行流

断层平行流算法是基于颗粒层流（颗粒沿断层斜面流动）理论。断层面被分割成不连续的倾斜段，每一个倾角变化点标记一个平分线。流线是通过将不同等分线上的离断层等距离的点连接起来构成的，上盘地层的颗粒沿着这些与断层平行的流线运动。

对有效的地质模型进行运动学构造反演（即构造恢复），先恢复新断层，再恢复老断层。然后对恢复的模型进行正演，同时计算应变量，得到各断块的应变量分布图，应变量分布图展示了地层不同部位的形变程度；曲率度量的是某个层面倾角的变化率。首先计算某点周围多个三角网格法线，然后计算这些三角网格对应法线的平均值（平均时，面积大的权大），该点的曲率就是围绕该点多个三角网格的法线相对于平均法线值的标准偏差。通过对构造的恢复，计算地层应变、曲率属性之后，利用曲率、应变属性控制裂缝的发育密度，以此预测裂缝的发育规律。

八、Walkaway VSP 采集处理技术

随着油田勘探程度的不断加深，新技术的综合应用显得尤为重要。VSP 技术作为一项重要的开发地震技术，其固有的技术特性和高分辨率的特点一直受到业内人士的广泛关注，但零井源距和固定炮点的非零井源距 VSP 方法已经不能完全满足实际生产的需要。Walkaway VSP 技术作为一项变井源距井筒物探技术，可以得到更大的反射范围和更高的覆盖次数，有利于提高资料的信噪比和分辨率，并且最深的检波点以下不存在反射盲区[5]。通过设计多排炮点激发、提升井中检波器的观测系统，可以弥补井中检波器级数的不足，进一步扩大井中观测井段；在不同道集中不同方法对波场进行分离、去噪，可以得到较为单纯的上行波场；用改进了的波场外推波动方程偏移成像方法，可以得到较好的反射波成像结果，为井控老地震资料处理及解释提供更为精确的处理参数。

（一）采集单炮分析

从不同井源距的井炮、可控震源原始单炮记录来看，资料波场信息丰富，上行反射波场能量较强，信噪比和分辨率较高。近偏移距单炮初至明显，起跳干脆，小号端远偏移距深部接收点由于绕射波影响，初至不明显（图 4-1-14）。

（二）采集道集分析

对检波器采集资料抽道集，从 500m、1000m、1500m 深度的 Z 分量共检波点道集看，信噪比和分辨率较高，反射信息丰富，资料总体品质较好（图 4-1-15）。由此可见，Walkaway VSP 原始资料整体品质较高，主要体现在信噪比和分辨率上，初至起跳干脆，反射波能量强、连续性好，波组特征清晰、波场辨识度高。

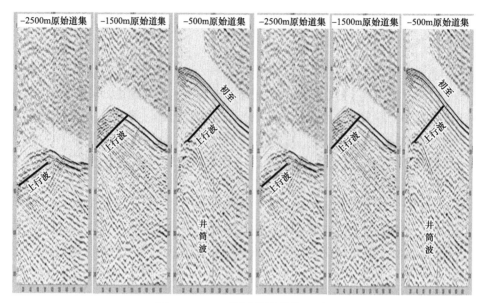

图 4-1-14　不同井源距单炮记录

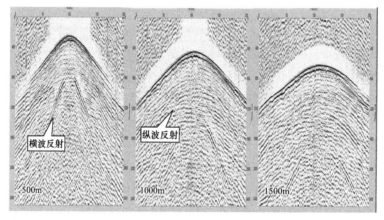

图 4-1-15　共深度点 Z 分量记录

（三）VSP 资料处理

1. 三分量极化旋转

由于 Walkaway 水平分量方向未知，需要对其进行定向，水平分量定向参数主要是计算水平检波器方位角，Walkaway VSP 的水平检波器方位角采用统计的方法来获得。

根据矢端曲线和能量准则计算出直达 P 波偏振角，再由坐标旋转公式实现水平分量定向。根据坐标旋转公式：

$$\begin{cases} x' = x\cos\theta + y\sin\theta \\ y' = -x\sin\theta + y\cos\theta \end{cases} \qquad (4-1-9)$$

和满足能量准则：

$$E = \sum_i (x\cos\theta + y\sin\theta)^2 \qquad (4-1-10)$$

得到偏振角：

$$\theta = \frac{1}{2}\arctan\frac{2\sum_i x_i y_i}{\sum_i (x_i^2 - y_i^2)} \qquad (4-1-11)$$

Walkaway VSP 多炮统计的水平检波器方位角为：

$$\Phi_j = \text{median}(\alpha_k + \theta_{jk}) \qquad (4-1-12)$$

按照上述方法统计好检波器的水平方位进行水平旋转，将 X、Y 分量旋转为 X、T，利用 Z、X 分量计算极化角，做极化旋转后就得到了 P、R、T 三个分量，实现了能量的分配和波形转换。

2. 反褶积

本次处理采用预测反褶积，压制多次波等规则干扰波，提高资料信噪比。

反褶积因子的求取：

$$[R_{xx}] \cdot [a_t] = [R_{sx}]$$

式中　R_{xx}——输入道的自相关；

a_t——反褶积因子；

R_{sx}——输入道和期望输出的互相关。

由于零井源距 VSP 观测系统的特殊性，它能够记录到能量较强的下行纵波，用统计方法计算的地震子波的精度要远远高于地面地震求取的子波。从 VSP 下行波资料求取下行子波作为期望输入，选取标准子波作为期望输出，求取反褶积因子。将求取的反褶积因子用于零井源距 VSP 上行波资料，反褶积后全波场上多次波得到有效压制，资料分辨率也有一定提升。

3. 波场分离

波场分离是高质量三分量数据成像的关键步骤。首先要保证不同波场的有效分离，同时对分离信号的振幅、频率特性有较高的要求。为了实现 Walkaway 保幅波场分离，采用矢量波场分离方法，主要步骤为：第一，统计水平检波器方位角进行水平分量定向处理；第二，用垂直分量和定向后的水平分量通过极化旋转得到 P 分量和 R 分量；第三，在 R 分量上拾取不同偏移距的若干炮下行横波初至，从而插值出全部数据的下行横波初至；第四，在 P 分量利用下行纵波初至分离下行纵波，在 R 分量利用下行横波初至分离下行横波，在剩余波场上，再拾取下行转换波，再分离，直到没有下行纵波为止；第五，反极化旋转得到只有上行纵波的波场；第六，根据速度模型射线追踪计算各层上行纵波和上行转换横波出射角进行时变矢量分解求得上行纵波和上行转换波；第七，视情况进行中值去野值处理，完成波场分离。

基于速度模型射线追踪计算各层上行纵波和上行转换横波出射角，进行时变矢量分解求得上行纵波和上行转换波。分解公式如下：

$$
\begin{cases}
W_{p} = \dfrac{W_{z}\cos\theta_{sv} - W_{x}\sin\theta_{sv}}{\cos(\theta_{p}-\theta_{sv})} \\[3mm]
W_{sv} = \dfrac{W_{z}\sin\theta_{p} + W_{x}\cos\theta_{p}}{\cos(\theta_{p}-\theta_{sv})}
\end{cases}
\tag{4-1-13}
$$

式中　W_{z}——垂直分离记录；

　　　W_{x}——水平分量记录；

　　　θ_{p}——上行纵波出射角；

　　　θ_{sv}——上行转换波出射角；

　　　W_{p}——上行纵波记录；

　　　W_{sv}——上行转换横波记录。

Walkaway VSP 共炮集上、下行波场分离及纵、横波分离前、后对比，可以看到：上、下行波场分离后，下行波场去除干净，上行反射纵波信噪比增强；纵、横波分离效果明显，这些都为 Walkaway VSP 纵波成像奠定坚实基础。

4. VSP 上行波成像

成像是 VSP 资料处理中的一个重要环节，本次 VSP 资料采用基于地质模型的射线追踪偏移成像及 CRG 域 VSP 叠加成像方法。

基于地质模型的射线追踪偏移成像是根据该区现有的地震资料，建立相应的地质模型。反射点的轨迹是一个椭圆，炮点和检波点分别是椭圆的两个焦点。运用地震波旅行时公式求取 VSP 地震波旅行时：

$$
t^{2} = t_{0}^{2} + \frac{x^{2}}{v_{rms}^{2}} - \frac{2\eta x^{4}}{v_{rms}^{4}t_{0}^{2} + v_{rms}^{2}(1+2\eta)x^{2}}
\tag{4-1-14}
$$

式中　t——地震波旅行时；

　　　t_{0}——自激自收所用时间；

　　　x——炮点到检波点距离；

　　　v_{rms}——均方根速度；

　　　η——各向异性参数。

CRG 域叠加成像是一种改进的 VSP-CDP 成像方法，这种成像方法建立在射线追踪偏移成像的基础之上，在地下构造相对简单的情况下成像效果较理想。本次 Walkaway VSP 采用这种成像方法，其主要步骤如下：

（1）确定基准面，建立观测系统。

（2）根据速度模型射线追踪，计算出反射点 NMO 时间，插值出每个采样时间的反射点 NMO 时间，进行 NMO 动校正。

（3）对 NMO 数据抽取 CRG 道集，计算成像范围，并做拉伸切除。

（4）对每个 CRG 道集上行波记录横向偏移归位，把每个采样时间的上行波振幅归位至反射点坐标点。

（5）对每个 CRG 域成像道集做拉伸切除，将多个共检成像选排共成像道集，扫描共成像道集同向轴的倾角，做倾角校正，实现 CIP 域成像道集优化，叠加成像。

（6）根据情况做适度叠后处理，得到 CRG 域叠加成像剖面。

从 Walkaway 测线偏移剖面与对应地面地震剖面对比（图 4-1-16）可以看出，VSP 偏移剖面主要目标层对应关系良好，较地面地震主频提高 10Hz、频宽提高 20Hz，纵向分辨率明显提升，薄储层识别精度更高；横向分辨率提高，地震相带变化、砂体可追踪性更加清楚，断层断点更加干脆、清晰。

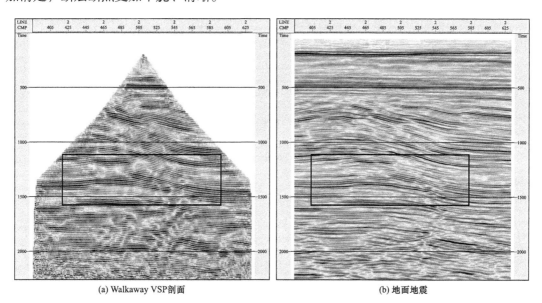

(a) Walkaway VSP剖面   (b) 地面地震

图 4-1-16 Walkaway VSP 剖面与地面地震对比

第二节　录井技术

录井是石油工程技术链中不可或缺的技术环节之一，是用岩矿分析、地球物理、地球化学等方法结合现代信息技术，观察、采集、记录、分析随钻过程中的地质、工程等信息，识别岩性、建立地质剖面，发现油气显示、评价油气层，以及监测工程异常、评估钻井风险，并为石油工程其他专业提供井场信息服务的技术。经过多年发展，录井已形成常规地质录井、特色录井、录井综合解释评价、试油气地质设计与试油气录井等一系列录井技术体系，具备了从区域评价、井位部署、随钻分析、地质导向、试油气排采，到实验模拟、剩余油研究、开发方案编制的油气井全生命周期的勘探开发一体化服务能力，实现了由单项技术服务向解决方案的模式转变。

一、常规录井技术

常规录井是在随钻过程中直接录取和间接收集记录的岩心、岩屑、井壁取心、钻井液性能等信息，进而发现油气显示，建立地质剖面，为现场施工、试油选层等提供充分的依据，具有直观、快速等特点，是不可逆的第一手现场资料，也是油气田勘探开发中的一种重要分析手段。常规录井技术包括钻时录井、岩心录井、岩屑录井、钻井液录井、荧光录井、井壁取心录井和综合录井等技术。

（一）钻时录井

钻井时，钻井速度的快慢通常用钻时表示。所谓钻时，是指在钻井过程中每钻进1m所需要的纯钻井时间，单位为"min/m"。

钻时的大小既取决于地下岩石的性质（岩层的软硬程度等），又取决于钻井参数（如钻压、转速、排量等）、钻井液性能、钻头类型及其磨损情况等。因此，根据钻时的大小，有助于判断地下岩层的岩性变化和缝洞发育情况；有助于掌握钻头使用情况，提高钻头使用率；有助于改进钻井措施，提高钻速，降低成本。所以，钻时录井不论对地质还是工程，都是重要的录井方法。

钻时曲线的应用如下：

（1）钻时曲线是岩屑描述过程中进行岩性分层的重要资料，根据地层的可钻性在钻时曲线上的反映，可以定性地判断岩性。对砂岩、泥岩剖面效果更加明显。

（2）在无测井资料或尚未进行测井的井段，钻时曲线与录井剖面相结合，是划分层位、与邻井作地层对比、修正地质预告、卡准目的层、判断油气显示层位、确定钻井取心位置的重要依据。

（3）在钻井取心过程中，钻时曲线可以帮助确定割心位置。在地层变化不大时，钻时急剧增大有助于判断是否发生堵心现象。

（4）钻井工程人员可以利用钻时分析井下情况，正确选用钻头，修正钻井措施，编修纯钻进时间，进行时效分析。

（5）在探井钻井过程中，可以根据钻进由慢到快的突变，及时采取停钻循环措施，停止钻进，循环钻井液，观察油、气、水显示，以便采取相应措施。

（6）利用钻时曲线，还可以帮助判断裂缝、孔洞的发育井段，确定储集层段。

如在C631井的钻进过程中，钻时曲线在2074～2075m处减小，提醒工作人员可能钻遇较好的砂岩储层，随后在岩屑录井中见到油气显示，于是决定停钻取心。取心进尺5.29m，含油显示岩心长度3.34m，其中油侵砂岩长度2.15m。在该井段试油，初期日产油38t，日产气29000m³。证明了利用钻时曲线进行的判断是正确的（图4-2-1）。

（二）岩心录井

岩心录井就是在钻井过程中用取心工具，将井下岩石取上来，并对其进行观察、描述和分析化验，综合研究而取得各项资料的方法。

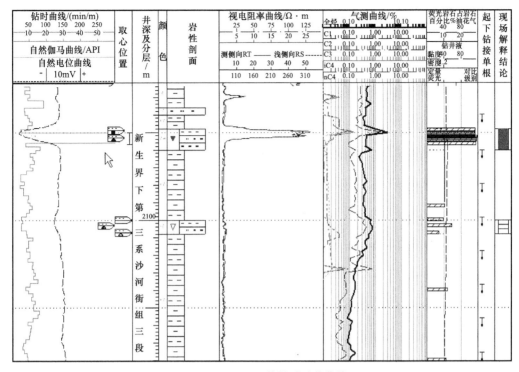

图 4-2-1 C631 井钻时录井曲线

岩心是最直观、最可靠反映地下地质特征的第一性资料，是最理想的认识和描述地层岩性、物性和含油性的方法。地质人员通过岩心分析，可研究钻遇地层的岩性、物性、电性、含油气性；掌握生油层特征及其地球化学指标；考察古生物分布和沉积构造，判断沉积环境；了解构造和断裂情况；查明开发过程中所必需的资料和数据，检查开发效果；为增产措施提供地质依据。

取出岩心后，应及时对岩心进行观察与描述，以免因油气逸散挥发而漏失资料。

1. 岩心含油气的观察与试验

（1）含气试验。洗岩心时，应做含气试验。其方法是将岩心置入水下 2mm 并仔细观察。如有气泡冒出，应记录其部位、连续性、延续时间、声响程度，以及有无硫化氢气味，并及时用红铅笔将冒气处圈出。

（2）含油试验。由于含油岩心浸泡在钻井液中，在岩心柱上会形成钻井液侵入环，有的甚至将岩心中的大部分石油排出，只剩下轴心含油；有的岩心含轻质油，出筒后油易于挥发，岩心柱面难见油气显示；有的岩心在放于盒内一段时间后，才有原油慢慢渗出岩心表面。因此，单凭观察岩心柱面含油情况还很不够，必须对可能含油的岩心做含油试验。具体方法有滴水试验法、四氯化碳试验法、丙酮试验法和荧光试验法等。

2. 岩心描述

岩心描述包括岩心的岩性、沉积相标志、储层物性、含油气性、构造倾角测定、断层的观察和接触关系的判断等。

图 4-2-2 为 JL25 井岩心综合录井图，通过岩心录井，结合区块资料，确定 JL25 块沙一段为扇三角洲前缘沉积。岩心显示为稀油，通过岩心进行取样分析，分析结果显示，JL25 井取心井段岩性为细砂岩和不等粒砂岩，平均孔隙度为 15%，平均渗透率为 80mD，为储量上报提供了准确的储层参数。

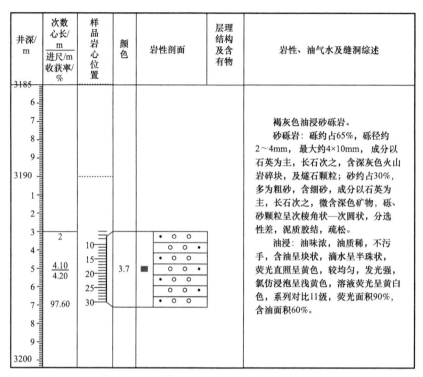

图 4-2-2　JL25 井岩心综合录井图

（三）岩屑录井

地下的岩石被钻头破碎后，随钻井液被带到地面，这些岩石碎块被称为岩屑，又常被称为"砂样"。在钻井过程中，地质人员按照一定的取样间距和迟到时间，连续收集和观察岩屑并恢复地下地质剖面的过程，称为岩屑录井。

岩屑录井具有成本低、简便易行、了解地下情况及时和资料系统性强等优点，在油气田勘探开发过程中，由于取心所用的时间长、费用高，因而没有必要进行全井段取心。而且，为了尽快探明新油气田，通常很少取心或暂不取心。在这种情况下，要获得地下地层、构造、生储盖组合关系、储层物性、含油气情况等第一性资料，就必须广泛采用岩屑录井方法。

1. 岩屑录井的影响因素

岩屑录井受到钻头类型和岩石性质、钻井液性能、钻井参数、井眼大小，以及下钻、划眼及人为因素的影响。

2. 岩屑录井资料的应用

提供地层岩性资料，提供油气显示信息，为沉积、储层、盖层及油源研究提供资料，为地层划分及对比提供资料，为测井解释提供地质依据，配合钻井工程的进行，并且岩屑录井草图是编绘完井综合录井图的基础。

图 4-2-3 为 J88 井岩屑录井草图，将该草图与邻井资料进行对比，确定该井地质层位，判断油层位置，确定完钻层位，确定井壁取心位置，并为测井解释提供重要参考依据，最终完成该井录井综合图，成为油田科研和生产不可或缺的重要基础资料（图4-2-4）。

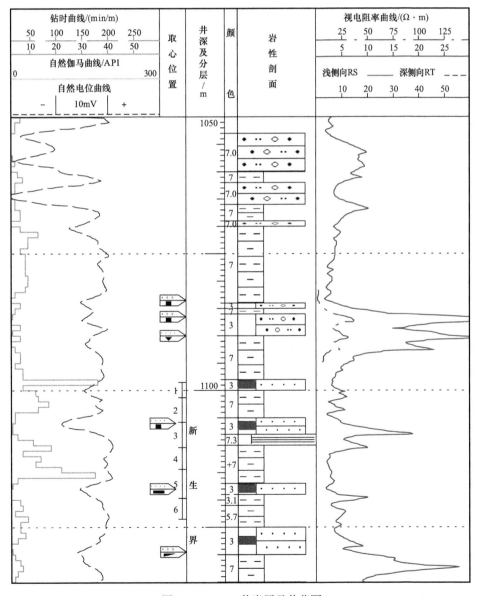

图 4-2-3　J88 井岩屑录井草图

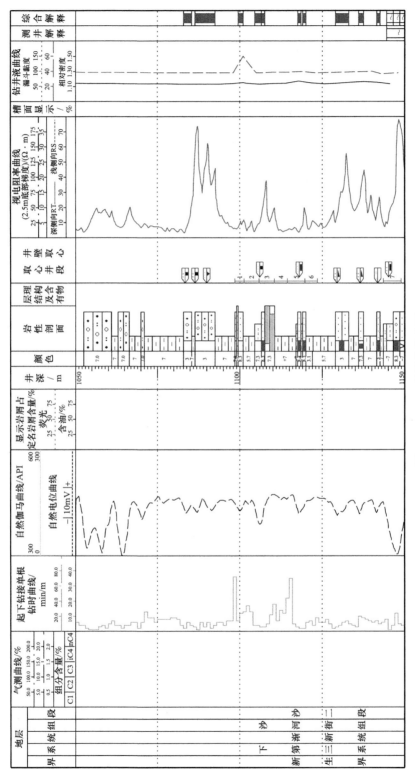

图 4-2-4　J88 井录井综合图

（四）钻井液录井

钻井液是石油和天然气钻井工程的血液。普通钻井液是由黏土、水和一定无机或有机化学处理剂搅拌而成的悬浮和胶体溶液的混合物，其中黏土呈分散相，水是分散介质，组成固－液分散体系。

钻井液除了用来带动涡轮、冷却钻头钻具外，更重要的是携带岩屑、保护井壁、防止地层垮塌、平衡地层压力、防止井喷和井漏。根据地质条件合理使用钻井液，是防止钻井事故发生、降低钻井成本和保护油层的重要措施。

由于钻井液在钻遇油、气、水层和特殊岩性地层时，其性能将发生各种不同的变化，所以根据钻井液性能的变化及槽面显示，判断井下是否钻遇油、气、水层和特殊岩性的方法称为钻井液录井。

钻井液录井资料的应用如下：

（1）在钻进过程中通过钻井液槽、钻井液池油气显示，发现并判断地下油气层，通过钻井液性能的变化，分析研究井下油、气、水层的情况。

（2）利用钻井过程中钻井液性能的变化，判断井下的特殊岩性。

（3）通过进口和出口钻井液性能及量的变化，发现水层、漏失层或高压层。

（4）通过钻井液录井，发现盐层、石膏层、疏松砂层、造浆泥岩层等。

（5）加强钻井液槽、钻井液池液面观察及液面定时观测记录，及时发现油气显示、井漏或井喷预兆、盐膏侵等异常情况，采取必要措施，确保安全钻进。

（6）合理调整钻井液性能，保证近平衡钻进，可以防止钻井事故的发生，保证正常钻进，加快钻井速度，降低钻井成本。为发现油气层、保护油气层提供措施依据，是打好井、快打井、科学打井的重要措施与前提。

（五）荧光录井

石油中的芳香烃化合物及其衍生物在紫外光的激发下，能够发射荧光，这种特性称为石油的荧光性。荧光录井仪根据石油的这种特性，将现场采集的岩屑浸泡后，便可直接测定砂样中的含油量。

荧光录井资料的应用如下：

（1）荧光录井灵敏度高，对肉眼难以鉴别的油气显示，尤其是轻质油，能够被及时发现。

（2）通过荧光录井，可以区分油质的好坏和油气显示的程度，正确评价油气层。

（3）在新区新层系及特殊岩性段，荧光录井可以配合其他录井手段，准确解释油气显示层，弥补测井解释的不足。

（4）荧光录井成本低，方法简便易行，可系统照射，对落实全井油气显示极为重要。

（六）井壁取心录井

井壁取心是指用井壁取心器按预定的位置在井壁上取出地层岩样的过程。通常是在测井后进行。由于井壁取心是用取心器直接将井下岩石取出来，直观性强，方法简便，经济实用，因此在现场工作中被广泛使用。

井壁取心资料的应用如下：

（1）井壁取心与岩心都属于实物资料，可以利用井壁取心来了解储集层的物性、含油性等各项资料。

（2）利用井壁取心进行分析实验，可以取得生油层特征及生油指标。

（3）用以弥补其他录井项目的不足。

（4）用以解释现有录井资料与测井资料不能很好解释的层位。

（5）利用井壁取心可以满足一些地质的特殊要求。

图 4-2-5 所示的是荧光、井壁取心、钻井液等录井资料在判断油、水层当中的综合应用。荧光录井显示，在 1632～1662m、1666～1696m 两个井段含油显示岩屑百分含量分别达到 80% 和 30%，预示了该段为油气显示井段。辅助以井壁取心资料，在第一井段所取岩心主要为富含油砂砾岩，第二井段主要为油斑、油迹砂砾岩。富含油砂砾岩显示的为稠油，因此钻井液密度没有发生变化，而黏度有所降低。经试油证实，在第一井段的 1634～1657m，初期日产油 5.2t，为稠油，地面原油密度为 0.962g/cm³，黏度为 2063mPa·s。

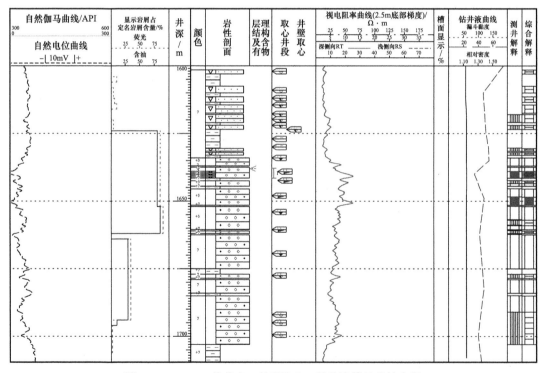

图 4-2-5 L136 井荧光、井壁取心、钻井液等录井综合图

（七）综合录井

综合录井技术是在地质录井基础上发展起来的一项集随钻地质观察分析、气体检测、

钻井液参数测量、地层压力预测和钻井工程参数测量为一体的综合性现场录井技术。

综合录井技术在钻井过程中应用电子计算机技术及分析技术，借助分析仪器进行各种石油地质钻井工程及其他随钻信息的采集（收集）、分析处理，进而达到发现油气层、评价油气层和实时监控钻井参数目的的一项随钻石油勘探技术。应用综合录井技术可以为石油和天然气勘探开发提供齐全、准确的第一性资料，是油气勘探开发技术系列的重要组成部分。综合录井技术的特点：录取参数多、采集精度高、资料连续性强、资料处理速度快、应用灵活和服务范围广等。

综合录井仪的录井项目包括直接测量项目、基本计算项目、分析化验项目及其他录井项目。

直接测量项目按被测参数的性质及实时性，可分为实时参数和迟到参数。实时参数包括大钩负荷、大钩高度、转盘扭矩、立管压力、套管压力、转盘转速、泵冲速率、钻井液体积、入口钻井液密度、入口钻井液温度和入口钻井液电导率。迟到参数包括全烃、烃类气体组分、硫化氢、二氧化碳、氢气、氦气、出口钻井液密度、出口钻井液温度、出口钻井液电导率和相对出口钻井液流量。

基本计算参数包括井深、钻压、钻时、钻速、钻井液流量、钻井液总体积、迟到时间、d_c 指数、sigma 指数、地层压力梯度、破裂地层压力梯度、地层孔隙度和每米钻井成本。

分析化验项目包括页岩密度、灰质含量、白云质含量。

其他录井项目包括岩屑、岩心、随钻随测、电测井等。

1. 气测录井

气测录井是综合录井的重要组成部分，是随钻油气发现和评价的重要手段。

气测录井主要受天然气性质及成分、储层性质、地层压力、上覆油气层的后效、钻头直径、机械钻速、钻井液密度、钻井液流量、钻井液添加剂、脱气器安装条件及脱气效率、气测仪性能和工作状况等的影响。

气测资料的应用如下：

（1）利用全烃和重烃的变化特点，识别储层中的流体性质。

油层气体的重烃含量比气层高，而且包含了丙烷以上成分的烃类气体。不但气层的重烃含量低，而且重烃成分中只有乙烷、丙烷等成分，没有大分子的烃类气体。所以，油层在气测曲线上的反映是全烃和重烃曲线同时升高，两条线幅度差较小。而气层在气测曲线上的反映是全烃曲线幅度很高，重烃曲线幅度很低，两条曲线间的幅度差很大。

由于烃类气体在石油中的溶解度是随相对分子质量的增大而增加，所以在不同性质的油层中，重烃的含量也不完全一样。轻质油的重烃含量要比重质油的重烃含量高，因此含轻质油的油层其重烃异常幅度，要比含重质油的油层明显得多。

虽然烃类气体难溶于水，但某些水层中仍含有少量溶解气，因而在气测曲线上也会出现一定显示。有的全烃和重烃同时增高，有的全烃增高而重烃无异常。但水层在气测曲线上的显示远比油气层低。

（2）根据气测资料，结合岩屑及岩心含油显示等资料划分油气显示井段，并根据地层压力变化、钻井液性能变化及地层含气量等资料综合评价油气显示井段。

（3）应用气体烃组分比值、岩心（屑）含油气显示级别及含水性、地化录井成果等，结合非烃气录井资料、钻井液参数的变化和槽面油气显示，综合划分流体性质。

由 C601 井气测录井综合图（图 4-2-6）可以看出，在所示井段内，钻时录井没有明显变化，钻井液性能也没有变化，但在 2361～2365m 和 2386～2390m 两个井段气测值增高，预示着该井段可能为油气显示井段。根据气测曲线结合岩屑及岩心含油显示等资料划分出该井的油气层井段。在解释的油层段试油，初期日产油 17.4t，日产气 30809m^3。

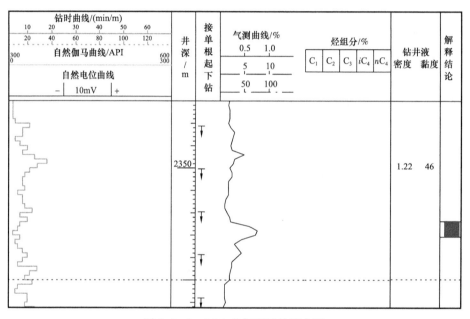

图 4-2-6　C601 井气测录井综合图

2. 实时钻井监控

根据综合录井资料组合，结合计算机处理资料随钻分析判断钻井状态，指导钻井施工，进行随钻监控，提高钻井效率，保证安全生产，避免事故的发生。

钻井过程中最重要的五项实时监控项目：快钻时或钻进放空；钻井液体积的增加或减少；钻井液流量的增加或减少；钻井液密度的变化；油气显示。

二、特色录井技术

随着油气勘探难度的加大，在常规录井技术基础上，完善录井技术系列，形成储层岩性、物性、含油气性、脆性、有机质、力学等特征的多维综合分析，解决非常规储层评价及流体性质识别等更为复杂的地质难题。特色录井技术包括地化录井、定量荧光录井、核磁录井、轻烃录井、元素录井、同位素录井、伽马能谱录井和岩矿扫描录井等多项新技术。

（一）地化录井

地化录井是应用岩石热解、气相色谱分析技术直接以储层、烃源岩为研究对象，通过检测与油气密切相关的烃信息（如烃含量、组成、烃分布特征等），解释储层含油性和评价烃源岩的一种录井方法。其作用包括识别钻井液污染、区分真假油气显示、原油性质判别、储层含油性解释、烃源岩评价等方面。

地化录井包括岩石热解、热蒸发气相色谱两项技术。

1. 岩石热解技术参数

岩石热解技术是根据有机质热裂解原理，利用岩石热解仪对岩石样品进行分析，进而对烃源岩和储集层含油性进行评价的方法。在特殊裂解炉中对定量的生油岩和储油岩样品进行程序升温烘烤，使岩石样品中的烃类和干酪根在不同温度范围内挥发和裂解，通过载气的吹洗使其与岩石样品实现物理分离，由载气携带直接进入氢焰离子化检测器（FID）进行定量检测。检测结果经气电转换将烃类浓度的不同转变成相应的电信号的变化，经放大进入计算机进行运算处理，得到烃类各组分含量和裂解烃峰顶温度（T_{max}）。

根据不同的升温程序，具有三峰法和五峰法两种分析方法，形成不同的岩石热解参数及物理意义（表4-2-1）。

表4-2-1　岩石热解参数表

分析方法	参数	名称	物理意义、单位及计算方法
三峰法	S_0	气态烃量	在90℃下检测的单位质量岩石中的气态烃含量，mg/g
	S_1	液态烃量	在300℃下检测的单位质量岩石中的液态烃含量，mg/g
	S_2	裂解烃量	在300～600℃下检测的单位质量岩石中被裂解的烃含量，mg/g
	S_4	残余碳量	600℃下持续10min检测的裂解后的残余有机碳含量，mg/g
	T_{max}	峰顶温度	S_2峰的最高点相对应的温度，℃
	GPI	气产率指数	$GPI=S_0/(S_0+S_1+S_2)$
	OPI	油产率指数	$OPI=S_1/(S_0+S_1+S_2)$
	TPI	油气总产率指数	$TPI=(S_0+S_1)/(S_0+S_1+S_2)$
	PG	烃总量	$PG=S_0+S_1+S_2$，mg/g
	PC	有效碳含量	$PC=0.083×(S_0+S_1+S_2)$，mg/g
	PS	原油轻重指数	$PS=S_1/S_2$
	RC	残余碳含量	$RC=S_4/10$，mg/g
	TOC	总有机碳含量	有机物中碳元素的百分含量 $TOC=PC+RC$，mg/g
	HI	氢指数	$HI=S_2/TOC×100\%$
	D	降解潜率	$D=PC/TOC×100\%$

续表

分析方法	参数	名称	物理意义、单位及计算方法
三峰法	HCI	生烃指数	$HCI=(S_0+S_1)/TOC\times100\%$
	IS	原油重质油指数	$IS=10RC/0.9/S_T\times100\%$
	PI	产率指数	$PI=(S_0+S_1)/(S_0+S_1+S_2)$
五峰法	S_0'	天然气含量	在90℃下检测的单位质量岩石中的烃含量，mg/g
	S_1'	汽油含量	在200℃下检测的单位质量岩石中的烃含量，mg/g
	S_{21}	煤油柴油含量	在200～350℃下检测的单位质量岩石中的烃含量，mg/g
	S_{22}	蜡或重油含量	在350～450℃下检测的单位质量岩石中的烃含量，mg/g
	S_{23}	胶质或沥青质含量	在450～600℃下检测的单位质量岩石中的烃含量，mg/g
	LHI	原油轻重比	$LHI=(S_0'+S_1'+S_{21})/(S_{22}+S_{23})$
	GR	含气率	$GR=S_0'/S_T\times100$，%
	GSR	含汽油率	$GSR=S_1'/S_T\times100$，%
	KDR	含煤油柴油率	$KDR=S_{21}/S_T\times100$，%
	WHR	含蜡重油率	$WHR=S_{22}/S_T\times100$，%
	AR	含沥青率	$AR=(S_{23}+10RC/0.9)/S_T$，%
	ROR	含残余油率	$ROR=10RC/0.9$，%
	P_1	凝析油指数	$P_1=(S_0'+S_1')/(S_0'+S_1'+S_{21}+S_{22})$
	P_2	轻质原油指数	$P_2=(S_1'+S_{21})/(S_0'+S_1'+S_{21}+S_{22})$
	P_3	中质原油指数	$P_3=(S_{21}+S_{22})/(S_0'+S_1'+S_{21}+S_{22})$
	P_4	重质原油指数	$P_4=(S_{22}+S_{23})/(S_0'+S_1'+S_{21}+S_{22}+S_{23})$
	S_T	产烃潜量	$S_T=S_0'+S_1'+S_{21}+S_{22}+S_{23}$，kg/t

2. 热蒸发气相色谱技术参数

热蒸发气相色谱技术是根据有机质热蒸发原理，利用气相色谱仪对岩石样品进行分析，进而对烃源岩和储集层含油性进行评价的方法。将待分析的样品装入坩埚，送入热解炉中，经热解炉加热后由载气（N_2）携带烃类气体进入柱箱，再经毛细管色谱柱进行分离，分离后的组分由氢火焰离子检测器进行检测，获得烃色谱曲线。分析参数及物理意义见表4-2-2。

地化录井资料的应用如下。

（1）识别原油性质。

①热解方法。原油性质不同表现在热解参数上的差异，即S_0、S_1、S_2之间相对含量的不同。轻重比P_S及P_1、P_2、P_3、P_4原油指数与原油密度有相关性，可建立相应的关系图版，定性判断储层中的原油性质。

表 4-2-2　热蒸发气相色谱参数表

参数	名称	物理意义及计算方法
	碳数范围	样品中所含最低碳数和最高碳数正构烷烃的范围
C_{max}	主峰碳	样品中相对百分含量最大值的正构烷烃碳数
CPI	碳优势指数	$CPI = \dfrac{1}{2}\left[\dfrac{C_{25}+C_{27}+C_{29}+C_{31}+C_{33}}{C_{24}+C_{26}+C_{28}+C_{30}+C_{32}} + \dfrac{C_{25}+C_{27}+C_{29}+C_{31}+C_{33}}{C_{26}+C_{28}+C_{30}+C_{32}+C_{34}}\right]$
OEP	奇偶优势值	$OEP = \left[\dfrac{C_{25}+6C_{27}+C_{29}}{4C_{26}+4C_{28}}\right]^{(-1)^{25+1}}$
轻重比	$\sum C_{21^-}/\sum C_{22^+}$	C_{21} 以前各碳数百分含量总和除以 C_{22} 之后各碳数百分含量总和，为判断原油性质的一项指标
姥植比	Pr/Ph	姥鲛烷 / 植烷，为成熟度指标

表 4-2-3　热解法原油性质特征判断表

原油性质	P_S	原油指数
凝析油	5～10	$P_1>0.9$
轻质油	3～5	$P_2>0.8$
中质油	1～3	$0.6\leqslant P_3<0.8$
重质油	0.5～1	$0.6\leqslant P_4<0.8$
稠油	<0.5	

② 色谱方法。利用碳数范围、主峰碳数、$\sum C_{21^-}/\sum C_{22^+}$ 等参数，可以对储集层原油性质进行判别。

轻质原油组分峰主要特征：轻质烃类丰富，正构烷烃碳数主要分布在 $nC_{11}\sim nC_{30}$，主峰碳在 nC_{20} 附近，$\sum C_{21^-}/\sum C_{22^+}$ 一般大于 1。图 4-2-7 是原油分析谱图，其密度为 $0.8316g/cm^3$，为轻质油，正构烷烃主要分布在 $nC_{12}\sim nC_{32}$，主峰碳为 nC_{19}，$\sum C_{21^-}/\sum C_{22^+}$ 为 1.2448。

中质原油组分峰主要特征：组分中饱和烃含量丰富，正构烷烃碳数主要分布在 $nC_{11}\sim nC_{35}$，主峰碳在 nC_{25} 附近，$\sum C_{21^-}/\sum C_{22^+}$ 值较轻质油小。图 4-2-8 是原油分析谱图，其密度为 $0.8720g/cm^3$，为中质油，正构烷烃主要分布在 $nC_{12}\sim nC_{35}$，主峰碳为 nC_{25}，$\sum C_{21^-}/\sum C_{22^+}$ 为 0.6335，比轻质原油小。

从重质原油色谱分析谱图特征来看，主要分为两种类型。一类组分峰主要特征：正构烷烃组分较全，但非正构烷烃含量相当丰富。图 4-2-9 为原油分析谱图，其原油密度为 $0.9904g/cm^3$，为重质油。谱图特征：前部轻质、中质组分的正构烷烃分布较为齐全，但含量较低，特征化合物姥鲛烷和植烷可清晰分辨，后部重质组分凸起呈穹隆状，未分辨化合物含量相当丰富。

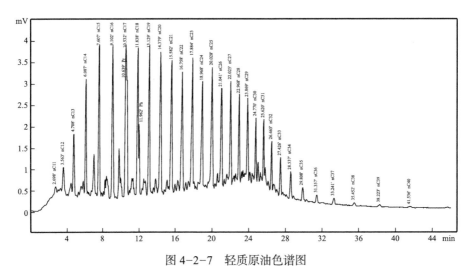

图 4-2-7　轻质原油色谱图

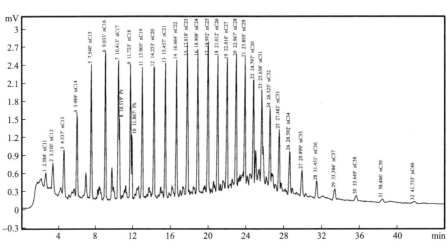

图 4-2-8　中质原油色谱图

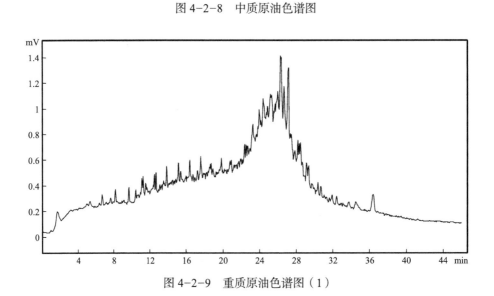

图 4-2-9　重质原油色谱图（1）

另一类组分峰主要特征：正构烷烃不存在或含量很低，特征化合物不可分辨，异构烷烃和环烷烃含量较多。图4-2-10为原油分析谱图，其原油密度为0.9784g/cm³，为重质油。谱图特征：正构烷烃含量基本不存在，特征化合物姥鲛烷和植烷不可分辨，未分辨化合物含量丰富且呈不规则的杂乱峰，后部重质组分凸起呈穹隆状。

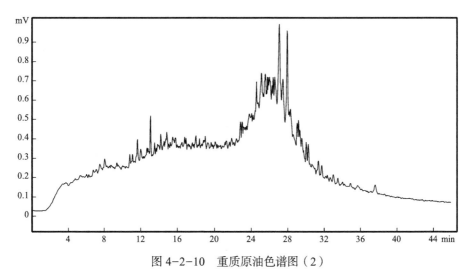

图4-2-10　重质原油色谱图（2）

稠油组分峰主要特征：胶质、沥青质含量特别高，正构烷烃含量特别低，有"地沥青"之称。图4-2-11为灰色油斑含砾砂岩的分析谱图，峰形特征表现为正构烷烃几乎不存在，而后部重质组分胶质和沥青质含量极高。

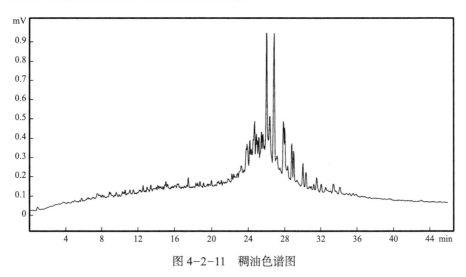

图4-2-11　稠油色谱图

（2）定量评价油、气、水层。

① 参数法。依据试油、采油结果，对岩石热解数据进行统计、对比、回归分析，针对不同的油质、不同的地区、不同的储层建立解释标准（表4-2-4、表4-2-5），利用标准对分析的参数进行解释，得出解释结论。

表 4-2-4　轻质油储集层油、水层判别表

储层含油气性质	热解参数			
	S_0/（mg/g）	S_1/（mg/g）	S_2/（mg/g）	PG/（mg/g）
油层	>0.05	>6	>2	>8
油水同层	0.03~0.05	3~6	1~2	4~9
含油水层	0.01~0.03	1~3	0.3~1	1.3~4
干层（水层）	<0.01	<1	<0.3	<1.3

表 4-2-5　稠油储层油、水层判别表

储层含油气性质	热解参数			
	S_0/（mg/g）	S_1/（mg/g）	S_2/（mg/g）	PG/（mg/g）
油层	>0.05	>23	>32	>55
油水同层	0.03~0.05	16~23	22~32	38~55
含油水层	0.01~0.03	5~16	8~23	15~38
干层（水层）	<0.01	<5	<8	<13

② 图版法。结合试油数据，进行热解参数分类投点，划分油、水层界限，形成不同油质解释评价图版（图 4-2-12、图 4-2-13）。当前使用图版以二维解释图版为主，坐标的参数有以下几种组合：不同分析参数的组合、分析参数和计算参数的组合、分析参数和物性参数的组合。

（3）色谱谱图法。

① 油层的色谱图特征。对于试油测试只产纯油或含有少量水的储集层，其样品色谱分析特征明显。主要表现：a. 正构烷烃组分齐全，碳数分布范围宽，一般为 C_{13} 至 C_{33}。b. 由于水含量相对较低，氧化和生物降解作用较弱，水溶作用也相对较弱，形成的不可分辨化合物含量较低，正构烷烃含量高，异构烷烃含量低，色谱流出曲线基线平直。c. 整个储集层上、下样品分析谱图差异不大（图 4-2-14）。

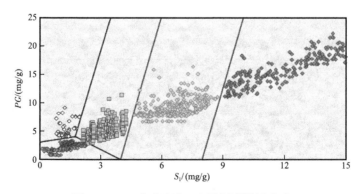

图 4-2-12　中质油油、水层判别图版（1）

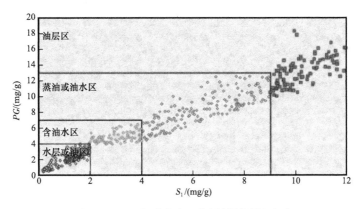

图 4-2-13　中质油油、水层判别图版（2）

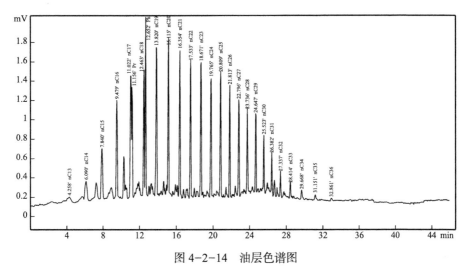

图 4-2-14　油层色谱图

对于重质油及稠油来说，胶质、沥青质等重质组分含量较高，不可分辨化合物含量丰富，且因降解作用强烈造成基线大都明显隆起漂移。热解值大。图 4-2-15 为井壁取心样品色谱分析谱图，试油结果为油层。

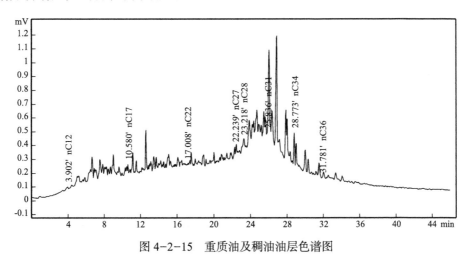

图 4-2-15　重质油及稠油油层色谱图

② 油水同层的色谱图特征。对于油水同层，其样品热解色谱分析特征与油层差别较大。由于水中含有大量的 O、S 等活性元素，在条件适合时，这些元素会置换烃物质中的某些元素，而使原油的组成发生变化，如苯（C_6H_6）中的 H 被 OH 替代就形成了苯酚（C_6H_5OH），产生了杂原子化合物。另外，水中可能含有某些细菌（如嗜蜡菌），这些细菌菌解了石油原来的组分，吞食了正构烷烃，形成了异构烃。油水同层的主要特征：正构烷烃组分较齐全，碳数分布范围较宽；在重力分异作用下，层中呈现上油下水的特征。由于与水接触的程度不同，氧化和生物降解作用逐渐加强，水溶作用也逐渐加强，形成的不可分辨物含量呈变高的趋势，色谱流出曲线基线逐渐隆起；整个储层上、下样品分析差异较大。

图 4-2-16 为轻质原油的岩心样品色谱分析谱图，试油结果为油水同层，原油密度为 $0.8492g/cm^3$。

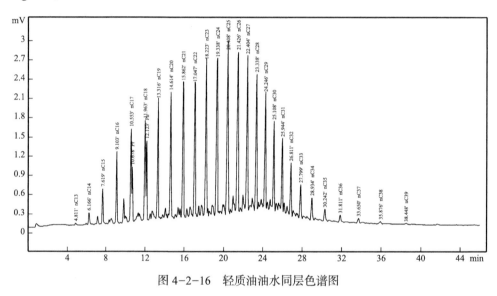

图 4-2-16 轻质油油水同层色谱图

图 4-2-17 为中质原油的岩心样品色谱分析谱图，试油结果为油水同层，原油密度为 $0.8960g/cm^3$。

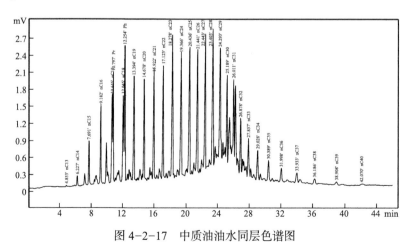

图 4-2-17 中质油油水同层色谱图

图 4-2-18 为重质油及稠油的岩心样品色谱分析谱图，试油结果为油水同层。对于重质油及稠油来说，在总体漂移的基线局部可见因含水所产生的降解及氧化作用而引起的隆起，热解数值也较油层低。

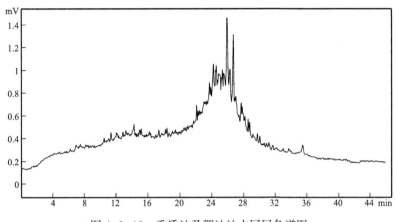

图 4-2-18　重质油及稠油油水同层色谱图

③ 含油水层的色谱图特征。图 4-2-19 为含油水层的岩心样品色谱分析谱图，由于与水接触的程度较高，氧化和菌解作用强，水溶作用也强，形成的不可分辨物含量呈变高的趋势，其样品色谱分析特征与油层、油水同层有较大差异。主要表现：a. 正构烷烃组分不全，碳数分布范围窄。b. 不可分辨物含量呈变高的趋势，色谱曲线基线隆起明显。对于部分生物降解十分强烈的浅层样品，色谱分析甚至看不到饱和烃组分。

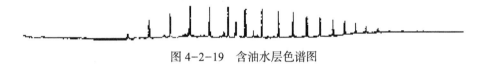

图 4-2-19　含油水层色谱图

④ 识别钻井液污染，落实真显示。

不同性质的油品及有机质添加剂，由于其本身有机化学组成、成分不同，因此在热解参数、T_{max} 和色谱形态上也有各自的不同特征，因此通过地球化学分析技术可以有效识别钻井液污染。

地化录井技术在准确解释油气水层、生油潜力评价、评价水淹层、解释特殊油气藏等方面发挥了重要作用，为完井决策、优选试采层段等提供有力依据。

图 4-2-20 为 H2-22-10 井地化录井图，该井 2132.1～2136.9m 井段地球化学录井解释为油层，经试油获工业油气流，证明了地球化学录井方法的正确性。

（二）定量荧光录井

定量荧光录井是根据石油的荧光性，应用光学原理，借助仪器来实现石油荧光数据检测和分析的一种录井方法。

定量荧光仪是在传统箱式荧光灯的基础上，针对其在油气层检测方面的不足做了较大改进而研制成功的，主要应用于现场快速、准确发现油气层。与传统箱式荧光灯相比，该

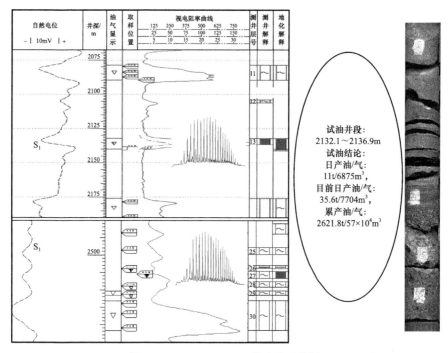

图 4-2-20　H2-22-10 井地化录井图

仪器在油气层特别是对轻质油及凝析油的检测方面具有较高的灵敏度和准确度，这在一定程度上弥补了常规录井方法在检测轻质油及凝析油方面的不足，并且实现了荧光信息的数字化及光谱显示，可以排除矿物荧光和人为因素的干扰，使荧光录井质量更高、更科学，以及提供的参数更有价值。

1. 判断油质特征

依据荧光谱图形态、主峰波长的位置和油性指数确定储层原油性质。根据各油田定量荧光录井技术发展状况，确定原油性质的方法基本相同。目前，各油田主要依据荧光主峰波长和油性指数建立划分标准（表 4-2-6）。

表 4-2-6 二维荧光定量荧光判断原油性质标准

原油性质	轻质油（包括凝析油）	中质油	重质油
波长 /nm	<340	340～370	>400
油性指数（O_c）	<2	2～3.7	>3.7

2. 油、气、水层评价

同一层系内，定量荧光参数的纵向变化，通常反映层内流体性质的变化。

气层：相当油含量、对比级相对较稳定，含油较均匀；油性指数相对稳定，与同区块标准油样的特征参数取值范围相符，一般小于 0.5；一般油性指数低于 0.5，对比级大于 5 就应引起注意。荧光波长在 310nm 左右，峰窄。

油层：相当油含量、对比级相对较高，含油较均匀；相当油含量、对比级整体上有一个增长趋势；油性指数相对稳定，与同区块标准油样的特征参数取值范围相符。

油水同层：相当油含量、对比级顶部相对较高；同一层中相当油含量、对比级整体上有降低的趋势；油性指数底部变化大，底部比同区块标准油样的特征参数取值范围明显偏重。

水层和干层：相当油含量、对比级相对较低；相当油含量、对比级整体上分布不均匀；油性指数比同区块标准样油明显偏大或偏小。

W38-DH4 井在 1342.0～1402.5m 井段钻遇富含油细砂岩 32m/4 层，荧光岩屑占定名岩屑含量的 90%，系列对比 14～15 级（图 4-2-21）。

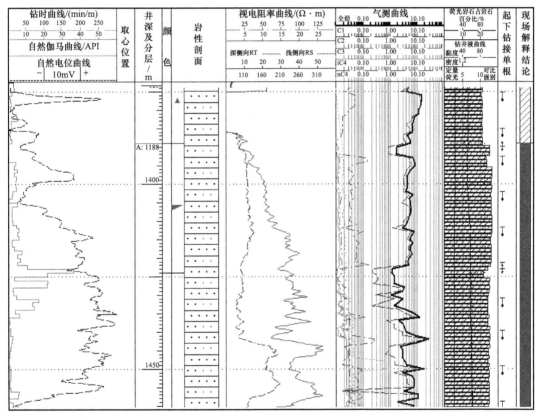

图 4-2-21　W38-DH4 井定量荧光录井图

定量荧光仪不仅在轻质油检测方面有较高的灵敏度，在中—重质油检测方面效果也很好，可在现场快速、准确识别油气显示。用荧光强度值计算出来的含油量去初步判断储层流体的性质与试油结论的符合率较高。因此，定量荧光分析是一种检测液态烃的准确、可靠的方法。它可检测到常常被常规录井方法漏掉及电测难以识别的含油层。岩心中要能取到有代表性的岩样，应用定量荧光方法就可检测出地层的含油量。所以，该项技术对储层的定量评价有一定的实际意义，所获资料对油气勘探有着较高的参考价值。

（三）核磁共振录井

核磁共振录井技术是利用油、水氢核在磁场中具有的核磁共振特性，采用 CPMG 脉冲序列测量岩样内氢核横向弛豫时间 T_2 大小及其分布规律，获取样品物性参数的录井方法，可以实现储层物性参数的实时、快速测量及评价。

1. 识别缝、洞

核磁共振测量可以识别缝、洞的存在。由于裂缝孔隙、溶洞孔隙在核磁图谱上比岩样内的其他孔隙的弛豫时间要大得多，与岩样内其他孔隙之间的孔径分布连续性较差，因此可以根据核磁图谱的这种特征判断缝、洞（图 4-2-22、图 4-2-23）。

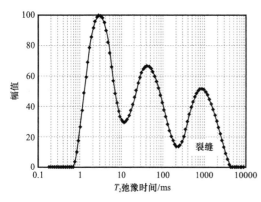
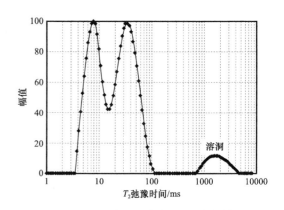

图 4-2-22　裂缝性火成岩的 T_2 弛豫谱　　图 4-2-23　溶洞性灰岩的 T_2 弛豫谱

2. 判断储层性质

核磁 T_2 谱主峰相对靠左，主峰位置小于 10ms，幅度较低，代表差储层；核磁 T_2 谱主峰相对靠右，主峰位置大于 10ms，幅度较高，代表好储层；核磁 T_2 谱主峰位于好储层与差储层之间，代表中等储层（图 4-2-24）。

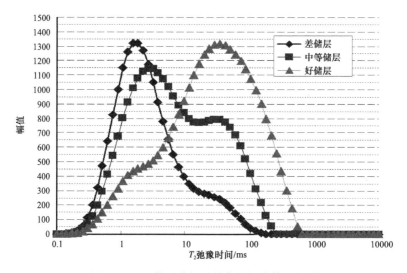

图 4-2-24　核磁共振录井定性评价储层性质

3.判断储层流体性质

1）含油流体评价

油、水等流体在核磁弛豫谱上响应位置不同，结合核磁可动流体饱和度及含油饱和度等参数建立不同地区、不同油品、不同储层的油、水层解释标准，进行储层流体性质识别。油层及油水同层含油信号明显，含油饱和度高；含油水层含油信号差，含油饱和度低；水层无油信息（图4-2-25）。

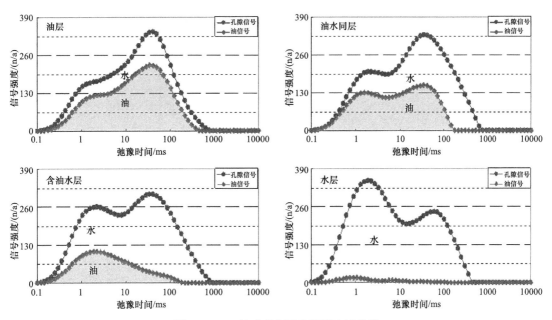

图 4-2-25　核磁共振录井识别含油流体

2）含气流体评价

核磁录井采取二次分析的方法，检测样品为岩心样品。现场岩心出筒后，立即取样密封，进行第一次干样测量，获得样品初始水信号；然后饱和盐水进行第二次核磁测量，测出样品饱和水信号，两次测量信号差为含气信号；综合物性及含气性评价含气流体。气层和差气层含气信号明显，可动水不发育；气水同层气水信号均发育；水层水信号发育（图4-2-26）。

实例：Q232井，共试油3次，从分析数据和 T_2 图谱特征分析，第一次试油层段物性最差：孔隙度、渗透率和可动流体的值低，T_2 弛豫谱为单峰，主峰值靠左，靠右部分不发育，大部分流体处于束缚状态。第三次试井层段物性最好：孔隙度、渗透率和可动流体的值高，T_2 弛豫谱为单峰，主峰值靠右，靠右部分发育，表明储层黏土含量低，孔隙相对发育，可动流体的值高（图4-2-27）。

Q232井试油结果也证实了分析结果：第一次试油，压前不出，压后产油 1.85t/d；第二次试油产水 9.2t/d，见油花；第三次试油产油 5.04t/d。

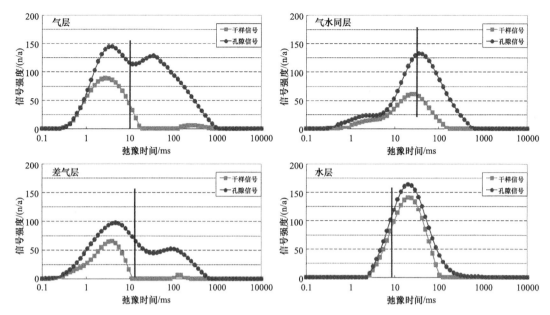

图 4-2-26　核磁共振录井识别含气流体

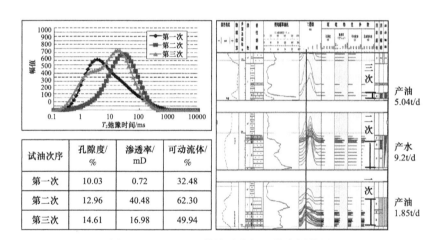

试油次序	孔隙度/%	渗透率/mD	可动流体/%
第一次	10.03	0.72	32.48
第二次	12.96	40.48	62.30
第三次	14.61	16.98	49.94

图 4-2-27　Q232 井核磁共振录井资料分析

（四）轻烃录井

轻烃录井是应用样品预处理技术与气相色谱分析技术直接以岩屑、钻井液、井壁取心、岩心为研究对象，通过检测储层样品中轻烃（C_1 至 C_9）的含量、组成及分布特点，应用地球化学理论，进行解释、评价储层含油性的录井方法。

1. 油层判断

同地区油层的轻烃含量大于油水同层及其他性质的储集层，$\sum$（C_6 至 C_9）丰度值很高；由于油层遭受的次生演化程度较小，所以组分较全，轻烃出峰个数一般在 80 个以上（图 4-2-28）。

差油层的轻烃含量小于油层，组分不全，$\sum$（C_6 至 C_9）丰度值低于油层，出峰个数一般在 60 个以下（图 4-2-29）。

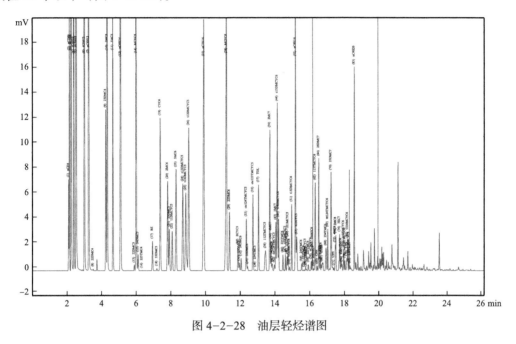

图 4-2-28　油层轻烃谱图

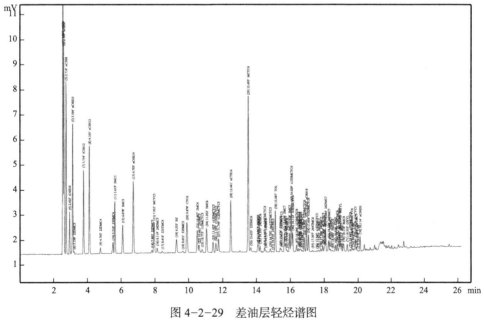

图 4-2-29　差油层轻烃谱图

2. 气层判断

干气层和湿气层由于含 C_4 以后的烃类较少，轻烃分布范围较窄，故可以利用轻烃组成的相对含量来判断；干气层一般可检测到微量的 C_5（图 4-2-30），湿气层可检测到微量的 C_9（图 4-2-31）。

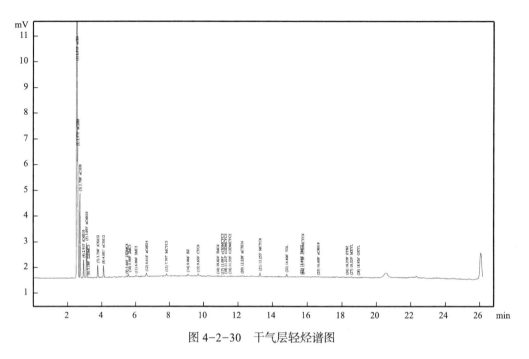

图 4-2-30　干气层轻烃谱图

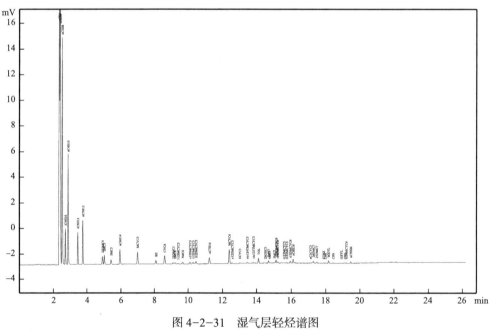

图 4-2-31　湿气层轻烃谱图

3. 油水同层判断

由于油水同层中油、水长期共存，在水的作用下，易溶于水、化学性质不稳定的芳烃、季碳官能团和较易溶解于水的多支链异构烷烃轻烃减少或消失。油水同层轻烃含量比油层低。

轻烃出峰个数一般在 55～70 个之间（图 4-2-32）。

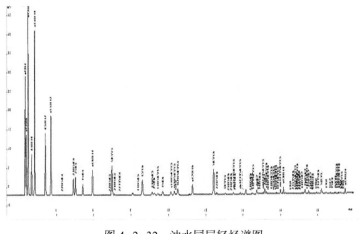

图 4-2-32　油水同层轻烃谱图

4.含油水层、水层判断

由于在水的作用下，油遭受的次生演化程度强烈，导致了易溶于水的化学性质不稳定的轻烃减少或消失，含油水层和水层的轻烃含量比油水同层低；芳烃、带季碳官能团的异构烷烃及较易溶解于水的多支链异构烷烃极少或检测不到（图 4-2-33、图 4-2-34）。含油水层出峰个数一般低于 50 个；水层出峰个数一般低于 30 个。

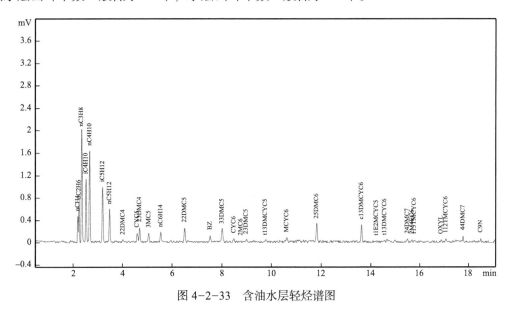

图 4-2-33　含油水层轻烃谱图

5.干层判断

干层轻烃含量很低，出峰个数极少（图 4-2-35），应参考储集层物性进行综合判断。

实例：S359 井，元古界碳酸盐岩储层，该井 3564～3652m 井段轻烃录井呈现轻烃总烃上高下低、重烃上高下低、底部组分不全等特征，轻烃录井解释上部为油层，下部为油水同层（图 4-2-36），经试油日产油 6.3t，日产水 14.2m³，解释结论与试油结果相符合。

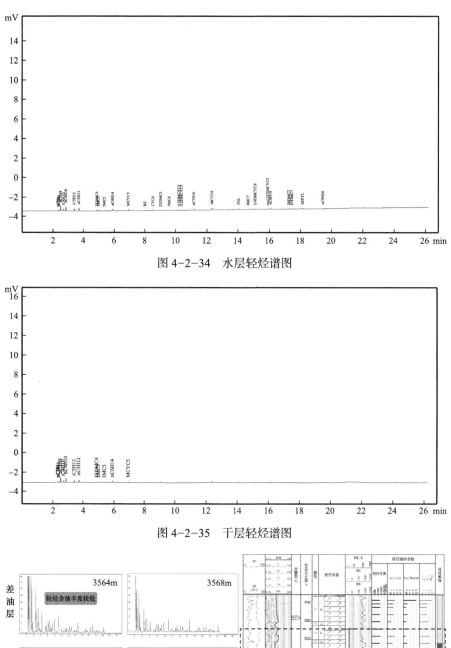

图 4-2-34　水层轻烃谱图

图 4-2-35　干层轻烃谱图

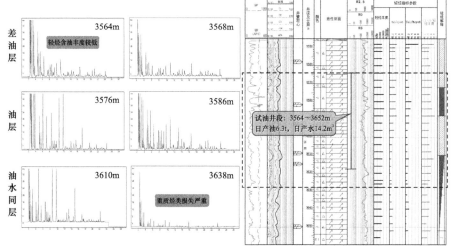

图 4-2-36　S359 井轻烃录井综合图

（五）元素录井

元素录井技术是以岩石化学为理论基础，通过对随钻岩石样品进行 X 射线荧光光谱分析（XRF）获取岩石化学组分，进而研究岩石化学特征及其应用的一项录井技术。设备检测范围为 Na—U 中的 34 种元素，测量数值范围为 10^{-6}～99.99%；技术应用范围适合常规和非常规储层的识别和评价；尤其是针对水平井指导地质导向、裂缝性等非常规储层的识别与评价起到了重要作用。

当高能 X 射线轰击样品时，原子核外电子释放出来，出现电子空位。这时，处于高能态电子会跃迁到低能态填补电子空位，并释放出特征 X 射线（X 射线荧光）。不同的元素产生的 X 射线荧光具有不同的能量与波长，对这些 X 射线荧光的能量或波长进行分析就可知道被分析物质的元素种类。

1. 岩性定名

实例 1：SY1 井，该井采用的是油基钻井液，岩屑通过肉眼难以识别，通过元素录井技术，顺利地解决了细碎岩屑、污染岩屑的岩性识别难题（图 4-2-37）。

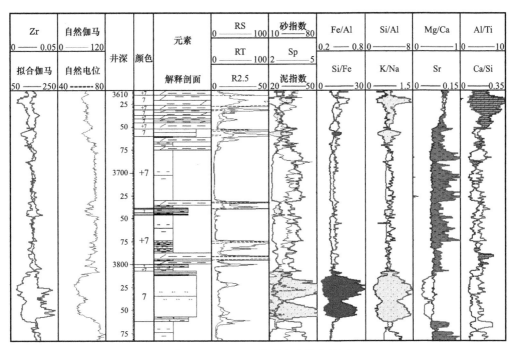

图 4-2-37　SY1 井元素录井成果图

实例 2：针对东部凹陷火山岩地层，其岩性复杂，难以准确落实岩性的问题。通过元素录井可以在现场进行快速、有效的识别。在 JT1 井，根据特征元素，识别出各种火山岩。（图 4-2-38）

2. 多参数融合判断潜山面

实例：在 CG6-06-32 井施工过程中，通过多参数融合方法成功地卡取了潜山面。在井

深 4322.00m 处，拟合岩石骨架电阻率出现明显升高，表现出潜山特征；而在井深 4320.00m
处，斜长石蚀变指数开始减小，并与风化指数呈现交会特征；同时，Al/Na 开始减小，Al/K
逐渐增大，并呈现交会特征。通过综合分析，确定井深 4320.00m 处为潜山面（图 4-2-39）。

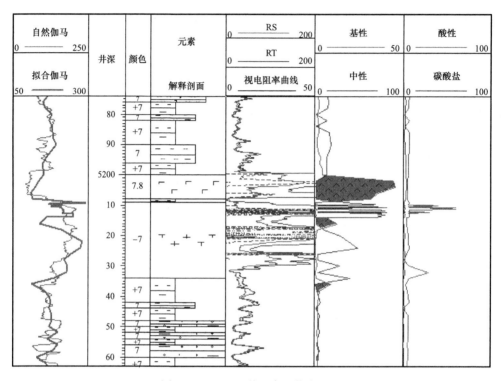

图 4-2-38　JT1 井元素录井成果图

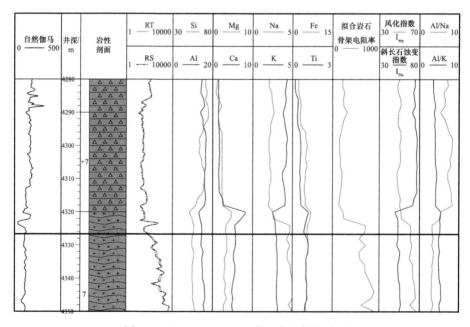

图 4-2-39　CG6-06-32 井元素录井成果图

3. 水平井地质导向与随钻评价

1）小层精细刻画

在大民屯地区 SY1 井施工时，根据 S352 井测井、元素资料，选取 Si、Al、Fe、Ti、Na、K、Mg、Ca、S、P、Mn、Sr 共 12 种特征元素及 Si/Al 比值，对该井沙四上亚段下部进行了元素精细小层划分，其中油页岩段分 3 小层，其余泥岩及白云质泥岩段分 7 小层，共 10 小层（图 4-2-40、表 4-2-7）。

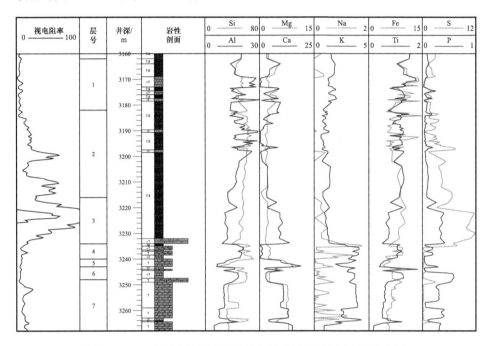

图 4-2-40　大民屯地区沙四段陆相湖盆页岩储层小层精细刻画

表 4-2-7　S352 井元素分层特征统计表

层位	岩性	高特征元素	低特征元素	Si/Al
1 小层	页岩	Mg、Ca		
2 小层	页岩	Ti		
3 小层	页岩	Ca、S、P	Mg	
4 小层	泥岩、粉砂质泥岩	K		
5 小层	白云质页岩	Mg、Ca		
6 小层	页岩	Ti	Fe	
7 小层上	白云质页岩	Mg、Ca		低
7 小层下	白云质页岩	Mg、Ca		高
8 小层	页岩	K、Fe	P	
9 小层	白云质页岩	Mg、Ca		
10 小层	页岩	Fe、Mn	K	

2）根据元素标准剖面判断钻头位置，提出水平井井眼轨迹调整方案

本井设计主要目的层为 5 小层白云质泥岩段，实钻井深 4526.00m 钻遇白云质泥岩，通过元素录井技术分析符合 S352 井目的层 5 小层高 Mg、高 Ca 元素特征。

由 S352 井 5～6 小层元素精细划分数据特征统计表可以得出：5 小层白云质泥岩特征元素表现为低 Si、低 Al、高 Mg、高 Ca；6 小层顶部泥岩特征元素表现为高 Si、高 Al、高 Ti，6 小层上部白云质泥岩特征元素表现为中高 Si、中高 Al、高 Mg、高 Ca（图 4-2-41）。

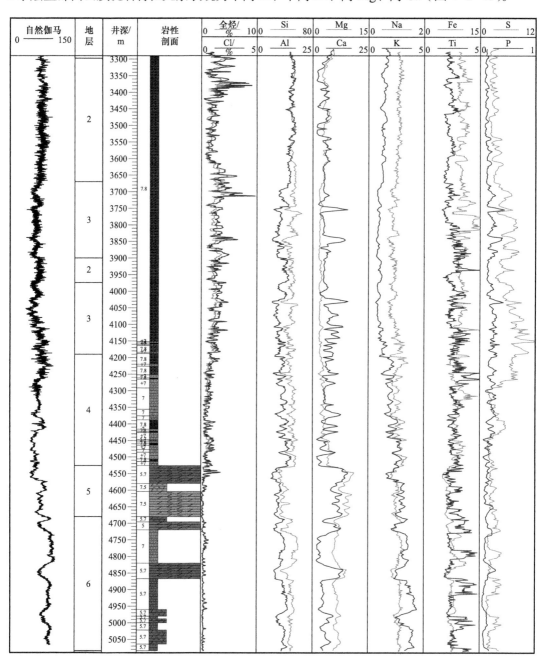

图 4-2-41　S352 井元素录井综合评价图

4.页岩储层评价

根据脆性指数与有机质指数对页岩储层进行评价

在 SY1 井施工过程中，根据脆性指数与有机质指数对水平段开展了随钻评价。该井水平段长度为 1794.00m，现场元素共解释 Ⅰ 类储层 4 层，共 489.00m，Ⅱ 类储层 9 层，共 613.00m，Ⅲ 类储层 7 层，共 692.00m（图 4-2-42）。

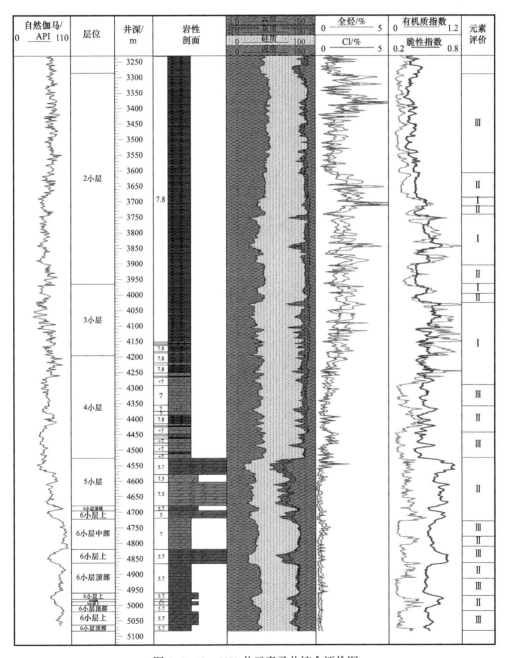

图 4-2-42　SY1 井元素录井综合评价图

5. 岩浆岩储层评价

根据玄武岩评价标准对 W131 井 1900～2800m 玄武岩段进行了评价。其中，Ⅰ类储层 2 层，共 176.00m，Ⅱ类储层 7 层，共 256.00m，Ⅲ类储层 3 层，共 404.00m（图 4-2-43）。

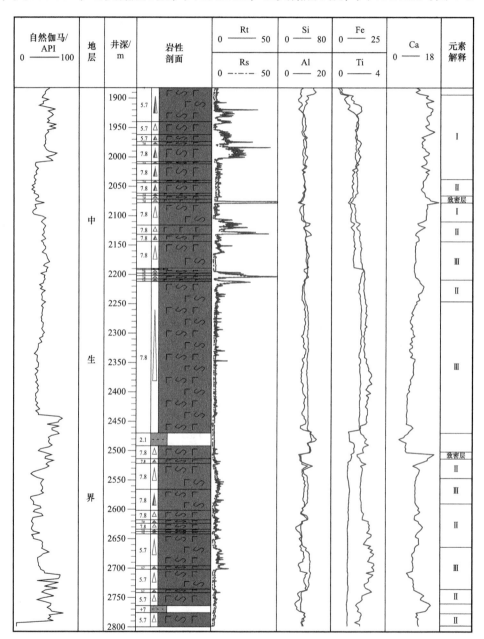

图 4-2-43　W131 井元素录井综合评价图

（六）同位素录井

碳同位素光谱分析技术是利用 $^{12}C—O$、$^{13}C—O$ 分子键对激光的吸收特征峰不同，实现碳同位素丰度的测量。基于油气勘探开发现场，快速、连续、准确、经济地获取同位素信息，可以检测钻井液气、岩屑罐顶气及生产气中 C_1 至 C_6 的各种含碳化合物（烷烃、烯烃、一氧化碳、二氧化碳等）的碳同位素值。具有现场适用性强、分析速度快、采集数据准等技术优势。适用于页岩油气、煤层气、致密砂岩和常规油气储层。

碳同位素录井技术能实时和连续采集油气藏的地球化学表征数据，为录井工作提供了全新的数据来源和解释方向。可以分析常规及非常规油气藏的演化阶段与油气富集规律，评价成藏条件，判断勘探有利区。

碳同位素分析工作原理：先通过快速色谱将混合的烃类气体按组分分离，并依次进入氧化池使其燃烧成为 CO_2，之后进入中红外激光光谱测量腔室，利用 $^{12}C—O$、$^{13}C—O$ 分子键对激光的吸收特征峰不同，实现同位素的测量。

碳同位素录井资料的应用如下：

（1）快速评价油气成因、烃源岩成熟度。

基于戴金星天然气鉴别图版，根据不同储层性质及碳同位素采集数据类型，使用不同评价方法进行天然气成因判识。

（2）碳同位素变化判断地层。

同一储层平面上具有相似的碳同位素特征，根据数据变化可判断储层连通情况，可分析隔层、断层。

（3）油气来源及充注分析。

基于烃类排出区域同位素值偏重（源岩），接受排烃区域同位素偏轻（储层）的理论基础，判断砂岩油气储层油气来源是近源存储还是深部生油洼陷充注。

（4）油气成藏及储层评价。

通过油/源对比研究，可以搞清楚含油气盆地中石油和天然气与生油层之间的成因联系、油气运移的方向和距离及油气的次生变化，为寻找新的含油层位及对石油储量评价提供可靠的信息。

（5）页岩油气储层物性条件及资源量评价。

利用碳同位素反转现象及反转程度，判断页岩油气储层资源量。同位素反转与高成熟度时的二次裂解产气过程相关，预示更多资源量；同位素反转往往是页岩气超压区的地化标志，标志着较好的保存条件。

（6）页岩油气地质"甜点"评价。

根据页岩气自源自储的特性，应用碳同位素不同组分浓度及动力学分馏特征（分馏程度与分馏速度），评价页岩气储层生烃条件和储集条件的相对优劣程度，并作为页岩油气藏"甜点"的判识方法。

（7）致密油气井产能预测。

页岩气生产过程中发生同位素的动力学分馏，且这种动力学分馏与油气产出过程具有一定的对应关系，高产快速下降期黏滞流起主导作用，同位素分馏小；稳产期是由扩散贡献的，同位素分馏显著。

（8）压裂方案调整技术支持。

低产阶段的同位素特征，为重复压裂方案的制定提供参考。同位素变重幅度大说明压力衰竭，初次压裂影响范围内的气已采出殆尽，可以采取转向压裂或压裂新段；同位素变化相对较小，可能是压裂缝过早闭合失去作用，初次压裂作用范围内的气尚有大量残留，原有裂缝被改造即可。

［实例1］JD4井是辽河坳陷东部凹陷界东断槽JD3北块一口探井。井段3667～3942m，碳同位素组分齐全，成熟度平均值为0.94，$\delta^{13}C_1$变化范围为−42.71‰～−39.88‰，$\delta^{13}C_2$平均为−24.04‰，根据甲烷同位素与湿度天然气成因鉴定图版，综合判定气体成因为生物气与热解气混合成因。井段4009～4151m，同位素组分齐全，有机质成熟度平均值为1.55%，$\delta^{13}C_1$变化范围为−39.74‰～−33.36‰，$\delta^{13}C_2$平均为−27.51‰，综合判定气体成因为热解成因（图4-2-44）。

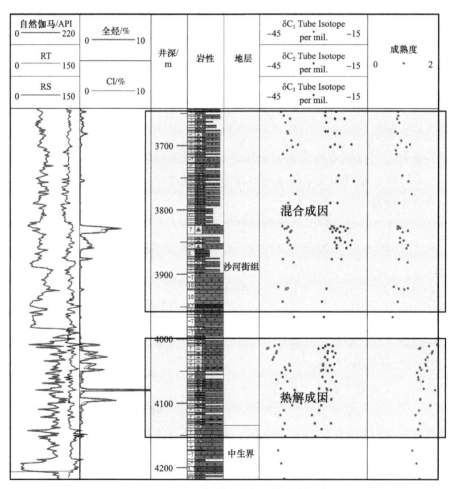

图4-2-44　JD4井碳同位素录井综合评价图

［实例2］SY1井是辽河西部凹陷西斜坡齐曙下台阶S107块一口页岩油气井。碳同位素录井数据分析本井烃源岩成熟度较低，处于低成熟—成熟阶段，主要生油层段为

3000～3200m，泥岩、油页岩为生油烃源岩，同位素分馏特征明显，受热力学、动力学分馏控制，烃类排出区域同位素值偏重（源岩），接受烃类排出区域同位素值偏轻（储层）。近源砂质条带油气聚集特征，甲烷同位素值纵向变化是由烃类的充注过程造成的，储层为运移通道，封闭性不好，成藏条件差。3300～3600m 储层同位素较重，不是上部烃源岩生成油气，为更深部生油洼陷运移充注油气聚集（图 4-2-45）。建议加强杜家台Ⅱ砂层在平面分布上的刻画，高部位砂层是油气聚集的有利场所，在曙光隆起区寻找高部位砂层钻探；油气侧向运移通道不良的情况下，页岩油勘探思路向深部方向勘探，寻找页岩油"甜点"。

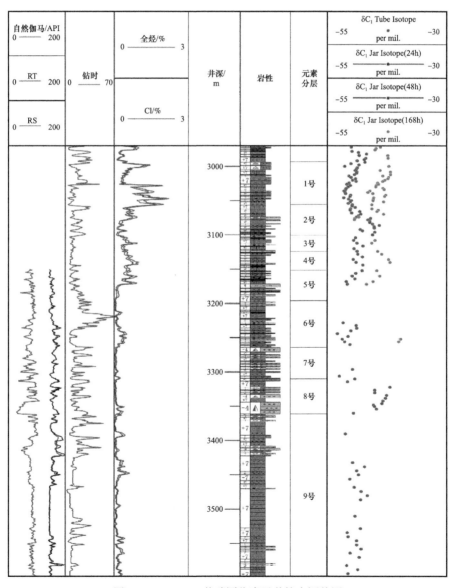

图 4-2-45　SY1 井碳同位素录井综合评价图

（七）伽马能谱录井

根据铀、钍、钾的自然伽马能谱特征，用能谱分析的方法将测量到的铀、钍、钾的伽马射线的混合谱进行谱的解析，从而确定岩样中铀（U）、钍（Th）、钾（K）三种放射性核素在岩石样品中的含量，计算岩石样品泥质含量、总有机碳含量及总伽马值数值的一种录井技术。

伽马能谱录井资料的应用如下：

（1）岩屑伽马曲线与随钻伽马曲线趋势相近，有较高的相似度。

（2）岩屑伽马能够弥补加深井段的自然伽马数据资料。

（3）结合元素录井，根据岩屑伽马能谱数据特征，进行层位划分与对比。

（4）在水平井施工中，判断钻头位置，解决随钻 GR 零长误区，便于及时调整轨迹，保证箱体钻遇。

（5）根据能谱 U、Th、K 值及组合比值特征判断沉积环境、有机质丰度和页岩类型。

（6）根据岩屑伽马计算的总有机碳含量，可对页岩储层进行评价。

（八）岩矿扫描录井

岩矿扫描录井技术是一种自动化矿物岩石学检测技术，它以扫描电镜（SEM，Scanning Electron Microscope）和能谱仪（EDS，Energy Dispersive X-Ray Spectrometers，相当于 XRD），以及一整套相应配套软件及元素矿物数据库为核心，通过分析岩屑、岩心，能够自动、精确而且快速地给出储层定量的和近于实时的测量结果（元素、矿物、岩性、孔隙度及孔隙结构、岩石脆塑性及多种岩石力学参数等），主要应用于岩性、储层属性的实时识别、非常规储层甜点识别、优化压裂选层分段及分簇方案、钻完井后期的地质/物探/测井解释等工作，并且它还能替代部分价格昂贵的测井工作。

1. 岩矿扫描录井可以获取的参数

（1）矿物参数。可直接获取包括石英、钾长石、斜长石、蒙脱石、伊利石、混合黏土、高岭石、黑云母、绿泥石、海绿石、方解石、白云石、铁白云石、石膏、石盐、萤石、重晶石、菱铁矿、黄铁矿、钛铁矿、赤铁矿、磷灰石、金红石、闪锌石和锆石 25 种常见造岩矿物的含量及分布。

（2）物性参数。通过背散射电子检测器可获取样品表面的形貌特征，最终形成背散射电子成像图，然后根据 ImagicJ 软件对图像进行处理，收集孔隙、裂缝数据，从而获取孔隙度、孔隙尺寸分布（微米级孔隙的各个区域分布情况）和裂缝数量等参数。

（3）岩石力学数据。根据矿物、孔隙、裂缝等参数，通过建模软件建立岩石力学物理模型，从而获取包括密度、杨氏模量、泊松比、纵横波速（时差）、脆性指数、薄弱性指数和地层破裂压力等。

2. 岩矿扫描录井资料的应用

（1）矿物信息的可视化。直观确定组成岩石矿物的粒度、胶结、次生变化等形态特征，对加深矿物成因、地质作用过程、沉积环境分析等地质方面的认识有一定的指导意义。

（2）孔隙、裂缝信息的可视化。提供直观的孔隙、裂缝形态及分布展示。

（3）通过获取的岩性、物性数据，以及模拟的岩石力学参数，结合常规录井，对储层进行四性评价，从而对储层的品质进行分析。

（4）通过对导眼井岩屑或岩心进行矿物定量识别、岩相精细划分及孔隙结构获取，进行岩石力学建模，获取相关弹性力学参数，对导眼井实现"甜点"识别与评价，为下一步水平井施工提供纵向箱体及巷道的优选。

（5）通过对水平井岩屑获取矿物、孔隙及力学参数，结合其他录井技术，对水平段储层进行综合评价。在此基础上，结合工程参数及破裂压力，完成压裂分段及簇点的布置，实现完井试油气方案的优化。

（6）在某些井况复杂、存在测井施工风险的井，或井筒质量欠佳导致测井曲线失真的井段，通过对岩屑进行岩矿扫描，弥补测井资料的缺失，为完井试油气设计提供理论支撑。

［实例1］在S224-H301井导眼井的施工过程中，通过对下油页岩段进行岩矿扫描分析，3051.8～3053.2m井段硅质含量均质可达73.6%，且孔隙、裂缝发育，密度低、时差低、泊松比低、杨氏模量高，因此优选3051.8～3053.2m井段为本井水平井施工最优巷道（图4-2-46）。

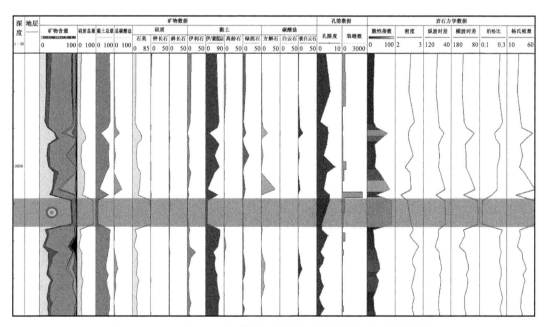

图4-2-46　S224-H301井下"甜点"岩矿扫描录井综合评价图

在S224-H301井水平段施工过程中，通过岩矿扫描录井结合其他录井技术，实现了对其水平段储层进行品质综合评价和分类，完成该井试油气方案的优化（图4-2-47）。

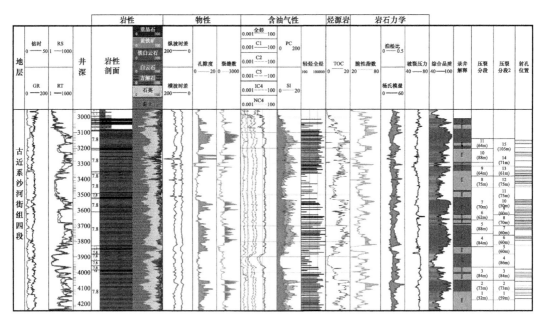

图 4-2-47　S224-H301 井水平段储层评价及段簇优化综合图

［实例 2］在 SY1 井侧钻井的施工过程中，通过岩矿扫描录井结合其他录井技术，实现了对其水平段储层进行品质综合评价和分类，完成该井试油气方案的优化（图 4-2-48）。

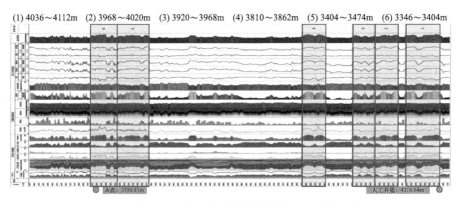

图 4-2-48　SY1 井水平段储层评价及段簇优化综合图

三、录井综合解释评价技术

录井综合解释评价技术以发现和评价油气层为目的，发挥油气钻探第一性优势，不断提升录井资料采集、精细处理与深度挖掘能力，形成储层岩性、物性、含油气性、脆性、有机质、力学等特征的多维综合分析，解决储层及流体性质识别难题，完善随钻与完井一体化评价技术体系。

多年来，单井综合评价技术得到快速发展，完成由半定量分析到定量化、信息化的转变，根据不同油田地质特点，形成涵盖各种常规、非常规、特殊钻井工艺和非烃能源的评价技术体系（表 4-2-8）。

表 4-2-8　录井综合评价技术体系

技术体系	技术分类	应用录井技术组合	解决核心问题
常规储层评价技术	常规砂岩储层评价技术	地化 + 核磁 + 轻烃	含油性、含水性、物性
	水淹层评价技术	地化 + 轻烃 + 荧光薄片	水淹程度、油质变化
	稠油储层评价技术	地化	含油丰度及原油性质
	复杂岩性识别技术	元素 + 薄片 + 碳酸盐分析	岩性识别、地层划分
非常规储层评价技术	古潜山储层评价技术	轻烃 + 地化 + 元素	内幕岩性、流体性质
	火山岩储层评价技术	轻烃 + 地化 + 元素	岩性细分、流体性质
	页岩油气储层评价技术	地化 + 元素 + 岩矿扫描	含油气性、储层脆性
	低孔低渗储层评价技术	核磁 + 地化 + 轻烃	含油性、含水性、流体可动性
	致密油气储层评价技术	地化 + 轻烃 + 元素	含油性、含水性、脆性
复杂条件下储层评价技术	欠平衡下储层评价技术	地化 + 轻烃	含油性、含水性
	空气钻条件下储层评价技术	元素 + 地化	岩性、含油性
	PDC 条件下储层评价技术	元素 + 地化 + 轻烃	岩性、含油性、含水性
	混油条件下储层评价技术	地化 + 轻烃 + 三维荧光	真假显示区分、含油性、含水性
区域综合研究	区块综合评价技术	地化 + 核磁 + 轻烃	油藏综合研究，找出油气规律
	老区老井挖潜技术	地化 + 核磁	落实四性关系，新方法解释

针对不同的油气藏类型，通过技术搭配应用（图 4-2-49），解决不同的地质难题。

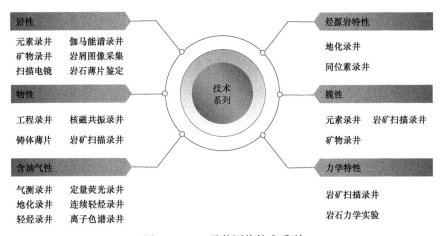

图 4-2-49　录井评价技术系列

面对勘探目标复杂化、产能建设精细化及工程技术更新换代等难题，开展方法创新，研发了图像数字化、数据归一化、敏感参数自动优选、大数据降维、多参数建模等评价方法（图4-2-50），实现录井数据深度挖掘，推动录井解释向定量化、智能化方向发展。

录井资料处理与解释一体化平台

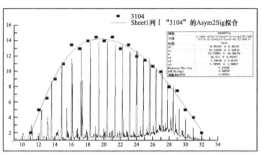

地化谱图数字化

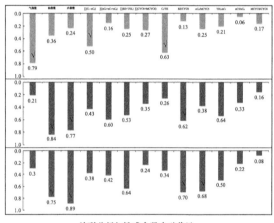

关联分析与敏感参数自动优选

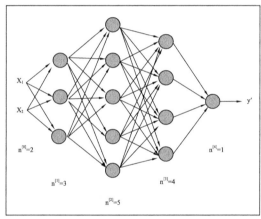

分布式并行数据处理算法建模

图4-2-50　录井评价方法

［实例1］S224-H301井页岩油储层评价，利用元素、地化、轻烃、岩矿扫描等特色录井技术，进行储层"岩性、物性、烃源岩、含气性、脆性、岩石力学"六性评价，根据综合品质参数，解释Ⅰ类层510m/10层，Ⅱ类层592m/13层，Ⅲ类层130m/5层；并根据相似性分段原则，将水平段分为11段进行压裂，并且优化射孔簇保持相对较小的破裂压力差，以提高压裂改造效果（图4-2-51）。

［实例2］X5块水淹层评价，应用地化录井与气测录井技术，识别兴5块原油性质和含油量变化，评价油层水淹层程度。

X5-02井，1941.4～1968.0m井段，录井分析含油量高，原油密度低，解释油层和弱水淹层，该段日产油12.3t，含水23%（图4-2-52）；X4-03井，1968.6～1971.0m井段，录井分析含油量低，原油密度高，解释中水淹层和强水淹层，该段日产油1.8t，含水85%（图4-2-53）。

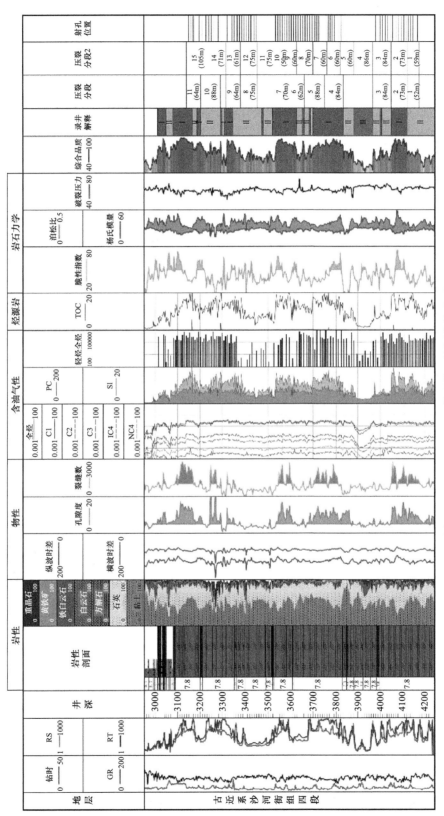

图4-2-51 S224-H301井录井六性评价综合图

① 兴5-02井，沙一二段，低淹，低原油密度

深度/m	S_1/mg/g	S_2/mg/g	PG/mg/g	PS	原油密度/(g/cm³)	样品类别
油 1941.4	10.522	7.058	17.640	1.491	0.86	井壁取心
油 1944.2	10.903	7.263	19.045	1.501	0.86	井壁取心
弱 1949.8	6.916	4.288	11.579	1.613	0.86	井壁取心
1952.6	0.013	0.042	0.055	0.308		井壁取心
1966.0	0.008	0.026	0.036	0.300		井壁取心
弱 1967.2	8.410	5.918	14.606	1.421	0.87	井壁取心
弱 1968.2	7.335	7.226	15.073	1.015	0.88	井壁取心

本区块油层下限：烃总量PG值15mg/g

录井解释：
油层3.5m/2层，弱水淹层6.3m/2层

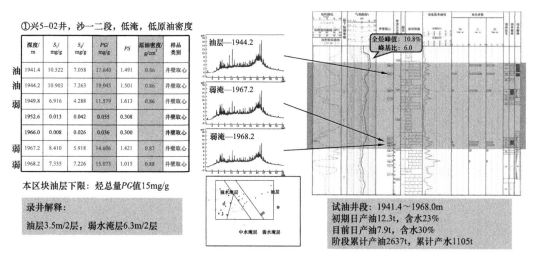

试油井段：1941.4～1968.0m
初期日产油12.3t，含水23%
目前日产油7.9t，含水30%
阶段累计产油2637t，累计产水1105t

图4-2-52　X5-02井录井综合评价图

② 兴4-03井，沙一二段，高淹，高原油密度

深度/m	S_1/mg/g	S_2/mg/g	PG/mg/g	PS	原油密度/(g/cm³)	样品类别
中淹 1931.6	3.798	3.560	7.358	1.067	0.88	井壁取心
1933.0	5.298	4.575	9.873	1.158	0.88	井壁取心
1970.0	0.019	0.065	0.093	0.292		井壁取心
1970.4	1.755	2.023	3.801	0.868	0.89	井壁取心
强淹 1972.2	0.628	0.945	1.587	0.665	0.91	井壁取心
1973.8	0.181	0.522	0.721	0.347	0.91	井壁取心
1975.6	0.140	0.303	0.455	0.462	0.93	井壁取心
1979.0	0.052	0.230	0.293	0.226		井壁取心

本区块油层下限：烃总量PG值15mg/g

录井解释：
强水淹层2.4m/1层

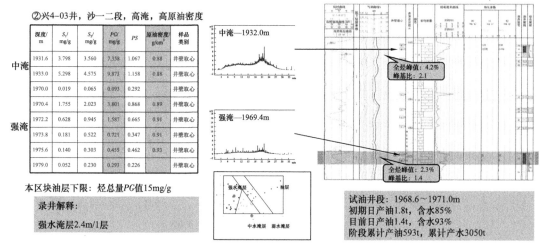

试油井段：1968.6～1971.0m
初期日产油1.8t，含水85%
目前日产油1.4t，含水93%
阶段累计产油593t，累计产水3050t

图4-2-53　X4-03井录井综合评价图

第三节　地球物理测井技术

一、火山岩储层测井评价

（一）岩性识别

1. 岩性分类

组成火山岩的主要化学成分是 SiO_2、Al_2O_3、Fe_2O_3、FeO、MgO、CaO、Na_2O、K_2O 和 TiO_2 等，在火山岩中 SiO_2 是最主要的氧化物，根据 SiO_2 含量可将火山岩分为以下几类：超基性岩类、基性岩类、中性岩类和酸性岩类（表4-3-1）。

表 4-3-1　火山岩分类

岩石类型	SiO$_2$ 含量 /%
超基性岩类	<45
基性岩类	45~52
中性岩类	52~63
酸性岩类	>63
碱性岩类（属中性岩类）	SiO$_2$ 含量同中性岩类，但 K$_2$O 含量高于其他岩类

根据火山岩样品氧化物分析，玄武岩 SiO$_2$ 含量为 30%~53%，Na$_2$O+K$_2$O 含量为 2%~7%，属基性岩类；粗面岩 SiO$_2$ 含量为 53%~63%，K$_2$O 含量为 3%~8%，Na$_2$O+K$_2$O 含量为 7%~14%，属中性岩类中的碱性岩类，同时根据里特曼（A.Rittmann，1957）指数 σ 的计算公式：$\sigma=($ K$_2$O+NaO $)^2/($ SiO$_2$-43 $)$，计算本区粗面岩里特曼指数 σ 在 2.4~8.3 之间，平均为 3.98，为碱性岩系。

利用国际地科联 1986 年推荐的火山岩硅－碱图，可以很清晰地把粗面岩和玄武岩区分开。

根据岩石化学分析中的 K$_2$O 含量与 SiO$_2$ 含量关系图可看出，粗面岩类、玄武岩类这两类岩性的 K$_2$O 含量有明显的差异，粗面岩类 K$_2$O 含量大于 3%，而玄武岩类 K$_2$O 含量小于 3%，从基性岩到中性岩，K$_2$O 含量随着 SiO$_2$ 含量的增加而升高，呈正相关变化，因此根据化学成分可较准确地将粗面岩和玄武岩区分出来。

2. 测井资料识别火山岩岩性

因 K$_2$O 含量与 GR 具有较好的相关性，因此可以通过岩石氧化物分析中的 K$_2$O 含量和薄片鉴定来刻度自然伽马测井曲线，可以用 GR 既简便又准确有效地定量划分出粗面岩类与玄武岩类，粗面岩类 GR 大于 95API，而玄武岩类 GR 小于 70API。就欧 52 井而言，在 2600~2729m 之间火山岩为粗面岩类；在 2729~2820m 之间火山岩为玄武岩类。

（二）储层识别

具有一定渗流能力的岩层称为储集层。火山岩储层可从以下两方面阐述：一是常规测井资料；二是成像测井和核磁测井资料。

1. 常规测井资料识别储层

常规测井曲线识别储层主要以 3700 系列为主。反映渗透性储层的曲线有三类：自然电位曲线、电阻率曲线和三孔隙度曲线。其中，自然电位曲线在大套火山岩中形成的电位差可能是由于过滤电位等因素造成的，不反映岩层的渗透性。

应用自然伽马曲线首先将两种岩性区分开，然后针对粗面岩，应用三孔隙度曲线和深、浅侧向电阻率曲线的幅度差划分渗透性储层。高时差、低密度、高中子、大幅度差为好储层，反之为差储层或非储层。

在 3700 测井系列中，反映储层特征比较明显的是深、浅侧向电阻率。在致密的粗面岩地层中，电阻率为高值（深侧向电阻率一般大于 $600\Omega \cdot m$），且深、浅侧向电阻率无幅度差或幅度差很小，而在储层发育段，由于泥浆滤液的浸入，导致岩层的电阻率在高阻背景上明显降低，同时由于深、浅侧向电阻率的探测深度不同，形成了幅度差。

当地层中基质孔隙与裂缝比较发育时，沿井壁传播的滑行纵波速度较致密层降低，使声波时差值增大，同时体积密度减小，补偿中子增大。三孔隙度测井曲线在渗透性岩层中的变化，基本与电阻率曲线变化相对应。

实践表明，常规 3700 系列测井是目前识别裂缝–孔隙型储层最基本有效的测井系列。

2. 成像测井和核磁共振测井资料识别储层

针对裂缝性储层非均质严重的现象，利用井周声波成像测井、微电阻率扫描成像测井和核磁共振成像测井，通过岩心刻度测井及地区经验标定，处理解释出孔隙度及饱和度等参数，为识别和评价渗透性储层及裂缝提供了有力保证。

井周声波成像是利用一个旋转的换能器以脉冲回波方式对井眼的整个内壁进行扫描，并记录反射声波的幅度和时间，回波幅度与岩石声阻抗成正比，声阻抗与岩性、裂缝、层理、孔洞等构造的发育有密切的关系，井壁几何形状的变化和岩性的变化将会引起回波时间的变化，在裂缝、孔洞发育段，在回波幅度与回波时间图像上均有反映，裂缝、孔洞显示的是深色，致密段显示的是亮色。

微电阻率扫描成像采用阵列电扣，测量时极板被推靠在井壁岩石上，由地面控制向地层中发射电流，每个电极所发射的电流强度随其贴靠的井壁岩石电阻率的不同而变化。每个测量电极所记录的信息（电流强度及所施加的电压）传送到地面上经计算机系统校正处理后，将电阻率的变化用不同的颜色表示而得到微电阻率扫描成像测井图，相对浅颜色表示高电阻率，深颜色表示低电阻率，形成一种纵向分辨率可达 5mm 的渐变的彩色色板模式，通过图像上颜色深、浅程度的变化，来反映井壁周围岩性的变化，以及孔隙和裂缝分布及发育程度等特点。

核磁共振测井通过对 T_2 谱进行刻度，可以处理解释出的可动流体孔隙度、可动流体饱和度和渗透率等参数，可直接用于评价岩层的储集性能。

（三）有效厚度识别标准

制定有效厚度标准是以东部凹陷火山岩的岩心和试油试采资料为基础，通过岩心分析数据，运用测井信息和地区性研究成果综合制定油层有效厚度标准。

对具双重孔隙介质的火山岩储层而言，和常规砂岩相比，电阻率高的火山岩不是好油层，是干层；而电阻率低的火山岩也不是好储层，而是火山岩蚀变所致。因此，认识火山岩储层，在考虑电阻率特征的同时，还要充分考虑岩石物性，即火山岩的基质孔隙度和裂缝的发育状况。就整体而言，具有高时差、低密度、大幅度差（指深、浅侧向电阻率）、中等电阻率的储层特征是油层特征。

以 3700 测井系列为基础，同时结合各种成像测井系列，能够较好地把储层划分出来，根据欧 48 块及东部凹陷其他地区粗面岩的取心、试油试采及录井资料绘制了 R_t—Δt、ρ_b—Δt、ρ_b—Φ_{CNL} 交会图，得出划分有效储层的电性标准（表 4-3-2）。

表 4-3-2　油层有效厚度电性标准（以欧 48 块为例）

测井项目	Δt/（μs/ft）	ρ_b/（g/cm^3）	R_t/（Ω·m）	ϕ_{CNL}/%
标准	>61.5	<2.50	30~600	>9

（四）孔隙度

1. 有效孔隙度研究方法

有效孔隙度是以岩心分析资料为基础，通过岩心刻度测井及地区经验，实现单井有效孔隙度解释和计算单元有效孔隙度取值。

双重孔隙介质的有效孔隙度包括基质孔隙度和宏观裂缝孔隙度两部分。

基质孔隙度在岩心标定的基础上用三种方法确定：一是用常规曲线计算基质孔隙度，根据辽河油田对火山岩研究的经验，声波时差曲线可用于计算岩块基质孔隙度；二是通过对声、电成像测井资料的处理解释出基质孔隙度；三是用核磁共振测井解释总孔隙度。

裂缝孔隙度用两种方法确定：一是根据深、浅双侧向电阻率曲线计算裂缝孔隙度；二是用声、电成像测井资料确定。

2. 基质孔隙度

根据粗面岩岩心物性分析资料，建立孔隙度与声波时差关系图，回归出时差孔隙度解释方程为：

$$\phi_b = 1 - (51.6/\Delta t)^{0.528} \qquad (4-3-1)$$
$$r = 0.96$$

式中　ϕ_b——基质孔隙度，f；

　　　Δt——声波时差，μs/ft。

同时，通过本块粗面岩时差与 GR 曲线交会，可以确定出粗面岩声波骨架时差值为 51μs/ft，与式（4-3-1）回归出的声波骨架时差值非常相近，更进一步证实了基质孔隙度解释方程的可靠性。

3. 宏观裂缝孔隙度

裂缝孔隙度可利用深、浅双侧向电阻率曲线计算：

多年来，国内外学者通过大量理论和实验的研究，认为在裂缝性储层中可以用双侧向电阻率模型来计算裂缝孔隙度。

计算公式如下：

$$\phi_f = \sqrt[m_f]{R_{mf}\left(\frac{1}{R_s} - \frac{1}{R_t}\right)} \qquad (4-3-2)$$

式中　ϕ_f——宏观裂缝孔隙度，f；

　　　　R_s——浅侧向电阻率，$\Omega \cdot m$；

　　　　R_t——深侧向电阻率，$\Omega \cdot m$；

　　　　R_{mf}——地层条件下的泥浆滤液电阻率，$\Omega \cdot m$；

　　　　m_f——与裂缝发育有关的系数。

R_{mf} 值的确定：

$$R_{mf} = \left(\frac{t_o + 21.5}{t_s + 21.5} \right) R_m \qquad (4-3-3)$$

$$R_{mfs} = K_m R_{ms}^{1.07} \qquad (4-3-4)$$

$$K_m = 1.27273 \rho_m^{-2.1583} \qquad (4-3-5)$$

公式（4-3-6）应用范围：R_m 在 $0.1 \sim 10\Omega \cdot m$ 之间（24℃），ρ_m 小于 $1.68g/cm^3$。

$$R_{mf} = \left(\frac{t_s + 21.5}{t + 21.5} \right) R_{mfs} \qquad (4-3-6)$$

式中　t_o——实测钻井液温度，℃；

　　　　R_m——地面实测钻井液电阻率，$\Omega \cdot m$；

　　　　R_{ms}——18℃ 时实测钻井液电阻率，$\Omega \cdot m$；

　　　　ρ_m——钻井液密度，g/cm^3；

　　　　t_s——地面温度，18℃；

　　　　R_{mfs}——18℃ 时钻井液滤液电阻率，$\Omega \cdot m$；

　　　　R_{mf}——地层温度下钻井液滤液电阻率，$\Omega \cdot m$；

　　　　t——地层温度，℃。

4. 总孔隙度

双重孔隙介质的总孔隙度为基质孔隙度与裂缝孔隙度之和。

此外，本块 3 口井还兼测了核磁共振成像测井，由此处理出相应单井的总孔隙度。

（五）含油饱和度

1. 宏观缝洞含油饱和度

俄罗斯研究人员通过实验研究确定束缚水的水膜厚度约为 $0.05\mu m$，因此认为裂缝开度小于 $0.1\mu m$ 的超微裂缝被束缚水充填，不具有渗透能力。通过计算可得到裂缝开度与束缚水饱和度理论关系式：

$$S_{wi} = \frac{0.1}{W_f} \qquad (4-3-7)$$

式中　S_{wi}——束缚水含油饱和度，f；

　　　　W_f——裂缝开度，μm。

由式（4-3-7）可知，随着裂缝开度增加，束缚水饱和度趋于0，但永远不能为0，因此裂缝中可动流体饱和度无法达到100%。考虑到裂缝性储层的复杂多变，裂缝中可动流体饱和度取98%参与计算单元饱和度权衡取值。

2.基质含油饱和度

利用油层井段内的22条毛管压力曲线经过J函数处理获得平均毛管压力曲线，然后换算到油藏高度，从而求得平均油藏高度下的含油饱和度为48.3%，计算单元基质含油饱和度取值为48%。

$$H = \frac{100 p_c}{\rho_w - \rho_o} \tag{4-3-8}$$

$$\rho_w = 1.001847 \times 10^{-7} SC - 4 \times 10^{-4}(t-20) \tag{4-3-9}$$

式中　H——油藏高度，m；

p_c——油藏毛管压力，MPa；

ρ_o——地层原油密度，g/cm³；

ρ_w——地层水密度，g/cm³；

ρ_{oa}——地面原油密度，g/cm³。

其中，式中的ρ_o为地层原油密度，采用本块原油高压物性的实际分析值0.6671g/cm³。

二、兴隆台中生界砾岩储层测井评价

主要研究内容包括：（1）通过开展储层四性关系研究，建立油层解释标准，为油层有效厚度解释奠定基础。（2）通过岩心分析等第一性资料标定测井，建立符合地质实际的孔隙度、饱和度等储层参数测井解释模型。（3）根据所建立的油层标准及储层参数解释模型，进行测井精细处理解释，并对储层参数进行评价，确定储层参数。

（一）储层定性识别

1.常规测井响应特征

兴隆台中生界花岗质砾岩储层为碎屑岩储层，在储层发育段，自然伽马中高值，双侧向电阻率测井呈相对高值，声波时差值增大，体积密度减小，补偿中子增大。

2.声/电成像测井识别裂缝

成像测井资料以其直观、清晰的图像形式显示出井壁地层的细微变化，根据声、电成像测井图像可直观识别潜山地层裂缝发育段，为储层的识别提供了又一有力的手段。声/电成像图像上颜色深、浅程度的变化，反映了地层孔隙和裂缝发育程度。

3.阵列声波测井识别裂缝

阵列声波发射探头发射后，产生沿井壁传播的纵波、横波及斯通利波，根据声波波列幅度衰减来定性识别储层发育段。

（二）储层定量划分标准

储层的电性是岩性、物性、含油性的综合反映。

本次选用深侧向电阻率与密度、深侧向电阻率与时差两种方式建立储层的电性标准。其中，在深侧向电阻率与密度交会图中，利用35口井62层试油、投产数据制作了花岗质砾岩深侧向电阻率与密度交会图，电性标准为电阻率≥35Ω·m，密度≤2.63g/cm³。

在深侧向电阻率与声波时差交会图中，利用28口井47层试油、投产数据，制作了花岗质砾岩深侧向电阻率与声波时差交会图，电性标准为电阻率≥35Ω·m，声波时差≥56.2μs/ft。

根据以上"四性关系"研究，确定本区花岗质砾岩有效厚度下限标准（表4-3-3）。

表4-3-3　花岗质砾岩有效厚度下限标准

岩性	含油性	物性		电性		
		孔隙度 / %	渗透率 / mD	电阻率 / Ω·m	密度 / g/cm³	声波时差 / μs/ft
花岗质砾岩	油斑	≥3.8	≥0.1	≥35	≤2.63	≥56.2

（三）有效孔隙度测井解释方法

兴隆台潜山带中生界角砾岩储层为孔隙裂缝性储层，有效孔隙度（ϕ）分为基质孔隙度（ϕ_b）和宏观裂缝孔隙度（ϕ_f）两部分（$\phi=\phi_b+\phi_f$）。基质孔隙度反映了裂缝开度小于0.1mm的微裂缝和微观孔隙，宏观裂缝孔隙度反映了裂缝开度大于0.1mm的宏观裂缝。

基质孔隙度（ϕ_b）采用反映微观孔缝的声波时差测井计算，宏观裂缝孔隙度（ϕ_f）采用多矿物模型法、电成像测井解释法、双侧向电阻率法三种方法综合确定。

1. 基质孔隙度

利用声波时差计算基质孔隙度。

1）声波时差曲线标准化校正

为了消除非地层因素的影响，将声波时差测井数据统一校正到同一个刻度水平上，满足测井精细解释评价的要求。

首先以沙三段稳定的泥岩作为曲线标准化的标志层，通过对标志层声波时差测井数据的频率分布统计，确定标志层的泥岩时差为91.49μs/ft，然后将各井该标志层段的声波时差与之对比，确定各井声波时差的校正量。

2）用校正后的声波时差计算基质孔隙度

采用岩心分析孔隙度与声波时差进行相关性统计回归，通过对7口取心井7个层的21块岩心数据分析，建立岩心分析孔隙度与声波时差的回归公式：

$$\phi_b=06646\Delta t-33.62 \tag{4-3-10}$$

$$r=0.994，n=7$$

式中 Δt——目的层声波时差，$\mu s/ft$；

ϕ_b——基质孔隙度，%。

将测井解释的基质孔隙度与岩心分析孔隙度对比，平均绝对误差为 0.22%，平均相对误差为 4.94%。解释孔隙度可满足储量计算精度要求。

2. 宏观裂缝孔隙度

本次主要采用多矿物模型法、电成像测井解释法和双侧向电阻率法三种方法综合确定储层宏观裂缝孔隙度。

1）多矿物模型解释方法

宏观裂缝孔隙度用多矿物模型计算的有效孔隙度减去基质孔隙度求取：

$$\phi_f=\phi_e-\phi_b \tag{4-3-11}$$

式中 ϕ_f——裂缝孔隙度，f；

ϕ_e——有效孔隙度，f；

ϕ_b——基质孔隙度，f。

（1）多矿物模型法测井解释基本原理。多矿物模型法测井解释是根据地球物理学广义反演理论，根据适当的解释模型和测井响应方程，通过合理选择区域性解释参数与储集层参数值，反算出相应的理论测井值。使用非线性加权最小二乘法建立目标函数比较理论测井值与实际测井值，用最优化技术不断调整未知储集层参数值，使目标函数达到极小值。当理论测井值与实际测井值充分逼近时，计算理论测井值所采用的未知量就是充分反映实际储层参数值，即最优化测井解释结果。

（2）模型及参数选择。根据本区块岩石物理特征研究结果，选取对岩性、物性等储层特征反映敏感的自然伽马、补偿中子、补偿密度、补偿声波等测井曲线作为输入曲线建立岩石物理体积模型。根据本区块 X 射线衍射全岩定量分析资料，选择主要造岩矿物（黏土、石英、钾长石、斜长石、方解石、白云石）作为输入矿物，根据本区块 X 射线衍射黏土定量分析资料表，选择主要黏土类矿物（蒙皂石、伊利石、高岭石、绿泥石），根据各种黏土矿物的体积百分比权衡出黏土矿物骨架的测井响应值、各种造岩矿物的测井响应值，建立测井响应方程如下：

$$\begin{cases} \rho_b = \sum_i V_i \cdot \rho_{mai} + \phi_e + \rho_f \\ \phi_{CNL} = \sum_i V_i \cdot \phi_{CNLmai} + \phi_e + \phi_{CNLf} \\ \Delta t = \sum_i V_i \cdot \Delta t_{mai} + \phi_e + \Delta t_f \\ \quad \vdots \\ 1 = \phi_e + \sum_i V_{mai} \end{cases} \tag{4-3-12}$$

式中　ρ_b——补偿密度测井值，g/cm^3；

　　　ρ_{mai}——第 i 种造岩矿物的密度测井值，g/cm^3；

　　　ρ_f——流体密度测井值；

　　　V_i——第 i 种造岩矿物的体积；

　　　ϕ_e——地层有效孔隙度；

　　　ϕ_{CNL}——补偿中子测井值；

　　　ϕ_{CNLmai}——第 i 种造岩矿物的补偿中子测井值；

　　　ϕ_{CNLf}——流体补偿中子测井值；

　　　Δt——补偿声波测井值，$\mu s/ft$；

　　　Δt_{mai}——第 i 种造岩矿物的补偿声波测井值，$\mu s/ft$；

　　　Δt_f——流体补偿声波测井值（为 $189\mu s/ft$），$\mu s/ft$。

（3）解释结果。运用 Techlog 软件的 Quanti.Elan 模块对本区块内的完钻井进行处理。使用岩心分析的矿物含量及有效孔隙度刻度模型计算得到的地层组分含量，得到六种矿物及孔隙流体百分含量的最优解，进而计算储层有效孔隙度。利用该方法解释裂缝孔隙度最小为 0.15%，最大为 0.38%，平均为 0.26%。

2）微电阻率扫描成像测井计算裂缝孔隙度

运用 Techlog 软件的 WBI 模块对本区块内的 5 口井（陈古 6 井、陈古 8 井、兴古 9 井、陈古 6-1 井、陈古 6-2 井）的电成像测井资料进行处理，首先在电成像图像上人机交互拾取裂缝，然后定量计算裂缝参数。

（1）电成像图像人机交互拾取裂缝。天然的开启裂缝一般为多期构造运动形成，受到沉淀、褶皱作用和溶蚀影响，裂缝面通常不太规则，并且缝宽变化较大，在钻井过程中相对低阻的泥浆侵入使其具有高导特征，在图像上呈现出暗色的正弦曲线形态。通过人机交互在图像的裂缝轨迹上划出三点，得到反映整条裂缝轨迹的正弦曲线，完成对裂缝的拾取工作。通过与钻井取心图像对比，电成像图像上识别的裂缝在取心图像上清晰可见，人机交互在图像上拾取的裂缝真实、可信。

（2）裂缝孔隙度计算。首先利用浅探测电阻率标定电成像测井极板数据得到反映地层真实电导率数值的图像，然后根据刻度后的图像和裂缝等数据计算裂缝开度，最后使用裂缝开度和裂缝等数据计算裂缝孔隙度。解释宏观裂缝孔隙度分布在 0.12%～0.37% 之间，平均为 0.26%。

3）双侧向电阻率法

目前，国内外在数控测井中主要采用深、浅侧向电阻率计算宏观裂缝孔隙度，解释模型为：

$$\phi_f = \sqrt[m_f]{R_{mf}\left(\frac{1}{R_s} - \frac{1}{R_d}\right)} \tag{4-3-13}$$

式中　ϕ_f——宏观裂缝孔隙度，f；

R_d——深侧向电阻率，$\Omega \cdot m$；

R_s——浅侧向电阻率，$\Omega \cdot m$；

m_f——裂缝孔隙结构指数，在 1.0～2.0 之间；

R_{mf}——地层条件下的泥浆滤液电阻率，$\Omega \cdot m$。

用式（4-3-13）计算 ϕ_f 值尚需确定 R_{mf} 和 m_f 两个参数，R_{mf} 可通过式（4-3-14）来计算：

$$R_{mf} = 0.75 R_m \qquad (4-3-14)$$

式中　R_m——钻井液电阻率，$\Omega \cdot m$。

本次储量计算用式（4-3-14）将钻井液电阻率转化成钻井液滤液电阻率。

用式（4-3-15）将钻井液滤液电阻率换算成地层条件下的钻井液滤液电阻率：

$$R_{mf2} = \left(\frac{T_1 + 21.5}{T_2 + 21.5} \right) \cdot R_{mf1} \qquad (4-3-15)$$

式中　R_{mf1}、R_{mf2}——地面和地下条件下的钻井液滤液电阻率，$\Omega \cdot m$；

T_1——实测钻井液的温度，℃；

T_2——地层温度（根据本次回归地层温度与深度关系求得），℃。

最终求得 $R_{mf} = 0.21\Omega \cdot m$，$m_f$ 根据经验取值 1.4。

利用该方法解释裂缝孔隙度最小为 0.10%，最大为 0.54%，平均为 0.25%。

三种方法解释的单井裂缝孔隙度基本一致。

（四）含油饱和度解释方法

兴隆台潜山带中生界角砾岩具有双重孔隙结构的孔隙裂缝性储层，原始含油饱和度与有效孔隙度一样，包括基质含油饱和度和宏观缝洞含油饱和度两部分。基质含油饱和度采用毛管压力曲线计算。

1. 基质含油饱和度

采用压汞法计算油藏基质饱和度。

对储层将实验室压汞法做的毛管压力曲线经 J 函数处理求得平均毛管压力曲线，并换算到油藏条件下制作含油高度与含油饱和度关系图，再依据油藏高度确定基质含油饱和度。以潜山油水界面 -4670m 为基准计算油藏高度，依据油藏高度确定基质含油饱和度。

毛管压力换算成油藏高度的转换公式为：

$$H = \frac{100 p_c}{\rho_{wf} - \rho_{of}} \qquad (4-3-16)$$

式中　H——油藏高度，m；

p_c——油藏毛管压力，MPa；

ρ_{of}——地层原油密度，g/cm^3；

ρ_{wf}——地层水密度，g/cm^3。

2. 裂缝含油饱和度

根据苏联石油地质勘探研究所的试验研究，裂缝内由分子力作用形成的水膜厚度在 0.016μm 左右，目前国内外通常使用 0.05μm 作为水膜厚度，即孔隙中的水膜直径为 0.1μm。对宏观裂缝来讲，开度在 100μm 以上时，束缚水饱和度趋于零，储量计算宏观裂缝含油饱和度选值 95%。

3. 计算单元原始含油饱和度取值

计算单元原始含油饱和度等于裂缝含油饱和度与基质含油饱和度的孔隙度加权平均，计算公式为：

$$S_{oi} = \frac{\phi_f S_{of} + \phi_b S_{ob}}{\phi_f + \phi_b}$$ （4-3-17）

式中 ϕ_f——裂缝孔隙度，f；

       ϕ_b——基质孔隙度，f；

       S_{of}——裂缝含油饱和度，f；

       S_{ob}——基质含油饱和度，f；

       S_{oi}——油藏原始含油饱和度，f。

三、变质岩储层测井评价

（一）储集岩与非储集岩划分

1. 测井岩性评价机理

太古界潜山变质岩储层发育程度主要与岩性密切相关。测井曲线特征是岩石矿物成分、孔隙结构和孔隙流体的综合反映，而对变质岩等基岩岩性，测井曲线中的自然伽马、补偿中子、补偿密度、声波时差主要反映了岩石矿物的变化。胜 601—沈 311 潜山带地层岩性主要有变质岩和岩浆岩（侵入岩）两类，其岩石中的主要造岩矿物长石（分为碱性长石类和斜长石类）、石英、黑云母、角闪石等，以及少量上述矿物蚀变产生的次生矿物绢云母、绿泥石（黑云母和角闪石蚀变矿物）等。依据这些造岩矿物的特征，按颜色和化学成分大体可分成两类：一类是岩石颜色较浅的浅色矿物系列，岩石物理参数主要显示"两低一高"，即相对低密度、低中子、高自然伽马特征；另一类是岩石颜色较深的暗色矿物系列，岩石物理参数主要显示"两高一低"，即相对高密度、高中子、低自然伽马特征。

1）浅色矿物系列

浅色矿物（硅铝等颜色较浅矿物）：主要矿物成分有碱性长石类（主要为钾长石）、斜长石类及石英，岩石氧化物分析化学成分以 SiO_2、Al_2O_3、K_2O、Na_2O 等为主，从化学分子式可以看出，这类矿物以 K\Na\Si\Al 元素为主。这类矿物的测井特征值普遍表现为相对低密度、低中子、低光电吸收截面指数，其中碱性长石类矿物中富含 K^{40} 等高放射性元素，所以具有较高的自然伽马值。

2）暗色矿物系列

暗色矿物主要有普通角闪石、黑云母、辉石等。暗色矿物因含有 Fe、Mg、Ca 等重金属元素，因此这类矿物的密度较高，同时因黑云母等暗色矿物中含有较多的结晶水或结构水，矿物中氢元素含量高，中子孔隙度较高。

由于以浅色矿物为主的岩石和以暗色矿物为主的岩石在密度、中子、自然伽马上有较大差别，这就是用密度、中子、自然伽马测井曲线能有效识别潜山岩性的原因。

储集岩与非储集岩分类表明，储集岩主要由以长石、石英等浅色矿物为主组成的岩石，非储集岩主要由以角闪石等暗色矿物为主组成的岩石，因此用测井曲线可以把储集岩与非储集岩划分出来。

2. 测井定性识别岩性

基于岩心薄片资料，对不同岩类常规测井曲线特征进行了分析，优选了密度、中子以及自然伽马等对岩性反映敏感的曲线开展岩性测井识别。

1）储集岩定性识别

（1）混合花岗岩类：包括斜长混合花岗岩及二长混合花岗岩。这类岩石混合岩化程度最强，矿物组成以浅色矿物为主，碱性长石、斜长石、石英等浅色矿物含量高，黑云母、角闪石等暗色矿物含量低于 10%，在测井曲线上表现为低密度、低中子、高自然伽马等特征。密度—中子测井曲线呈"正差异"，且密度、中子曲线较平直；自然伽马曲线呈现"高—锯齿状"特征。

（2）混合片麻岩类：包括条痕状、条带状混合片麻岩、花岗质混合片麻岩。矿物组成以浅色矿物为主，黑云母、角闪石等暗色矿物含量一般为 5%～20%。在测井曲线上表现为较低密度、中子和高自然伽马等特征。密度—中子测井曲线呈"绞合状"，且密度、中子曲线抖动较大；自然伽马曲线呈现"高—锯齿状"特征。

（3）注入混合岩类：包括角砾状混合岩及条带状混合岩。矿物组成以浅色矿物为主，黑云母、角闪石等暗色矿物含量一般为 10%～15%。该类岩石由于基体岩性较差，在注入混合岩化过程中形成的条带状混合岩储层也较差。在测井曲线上表现为较低密度、中子和高自然伽马等特征。密度—中子测井曲线呈"小的负差异"，且密度、中子曲线抖动较大；自然伽马曲线呈现"中高—锯齿状"特征。

（4）浅粒岩类：包括斜长浅粒岩及条带状混合岩。矿物组成以浅色矿物为主，岩石具浅灰色均粒细粒变晶结构，暗色矿物一般小于 5%。该类岩石多裂缝发育，含油性较好。在测井曲线上表现为低密度、中子和中自然伽马等特征。密度—中子测井曲线呈"正差异"或"绞合状"，且密度、中子曲线较平直；自然伽马曲线呈现"中—较平直状"特征。

（5）浅粒质混合岩类：该类岩石基体为浅粒岩，脉体多为花岗质脉，矿物组成以浅色矿物为主，暗色矿物含量一般小于 5%。该类岩石在本区多裂缝发育，形成较好储层。在测井曲线上表现为低密度、中子和中自然伽马等特征。密度—中子测井曲线呈"正差异"或"绞合状"，且密度、中子曲线较平直；自然伽马曲线呈现"中—较平直状夹高值"

特征。

（6）变粒岩类：包括黑云角闪斜长变粒岩、黑云斜长变粒岩、黑云角闪二长变粒岩和混合岩化变粒岩。矿物组成以浅色矿物为主，黑云母、角闪石等暗色矿物含量较高，一般为12%~20%。在测井曲线上表现为较高密度、较低中子和中自然伽马等特征。密度—中子测井曲线呈"负差异"，且密度、中子曲线较平直；自然伽马曲线呈现"中—较平直状"特征。

（7）片麻岩类：包括黑云角闪斜长片麻岩、黑云斜长片麻岩、角闪斜长片麻岩和混合岩化片麻岩。矿物组成以浅色矿物为主，黑云母、角闪石等暗色矿物含量较高，一般为15%~25%。在测井曲线上表现为较高密度、中子和中自然伽马等特征。密度—中子测井曲线呈"负差异"，且密度、中子曲线较抖动；自然伽马曲线呈现"中—小锯齿状"特征。

2）非储集岩定性识别

（1）角闪岩类：包括斜长角闪岩及角闪石岩。矿物组成以暗色矿物为主，角闪石含量大于50%。在测井曲线上表现为高密度、中子和低自然伽马等特征。密度—中子测井曲线呈"大的负差异"，且密度、中子曲线较平直；自然伽马曲线呈现"低—平直状"特征。

（2）基性侵入岩类：包括闪斜煌斑岩、云斜煌斑岩及辉绿岩。岩石主要由暗色矿物（黑云母、角闪石）和斜长石组成，其中暗色矿物含量较高，为40%~70%。表现为较高密度、高中子和低自然伽马等特征。密度—中子测井曲线呈"较大负差异"，且曲线较平直；自然伽马曲线呈现"低—平直状"特征。

3. 常规测井定量识别岩性

在测井定性识别岩性的基础上，采用"岩心刻度测井"的方法，建立了大民屯太古界潜山岩性常规测井定量划分标准（表4-3-4）。

表4-3-4 大民屯太古界潜山岩性划分标准

岩石学大类	岩石测井分类	主要岩性	常规测井响应特征			测井曲线形态特征（模式图）	
			密度 / g/cm³	中子 / %	自然伽马 / API	密度—中子	自然伽马
变质岩	混合花岗岩类	斜长混合花岗岩、二长混合花岗岩	<2.65	<6	>100	"正差异"曲线较平直	高—锯齿状
	混合片麻岩类	条痕状混合片麻岩、条带状混合片麻岩、花岗质混合片麻岩	<2.75	3~9	>100	"绞合状"曲线呈锯齿状	高—锯齿状
	注入混合岩类	角砾状混合岩、条带状混合岩	<2.75	3~9	>100	"小的负差异"曲线呈锯齿状	中高—锯齿状
	浅粒岩类	斜长浅粒岩、二长浅粒岩	<2.65	<6	50~110	"正差异"或"绞合状"曲线较平直	中—较平直状

续表

岩石学大类	岩石测井分类	主要岩性	常规测井响应特征			测井曲线形态特征（模式图）	
			密度/g/cm³	中子/%	自然伽马/API	密度—中子	自然伽马
变质岩	浅粒质混合岩类	浅粒质混合岩	<2.65	<6	>100	"正差异"或"绞合状"曲线较平直	中—较平直状
	变粒岩类	黑云角闪斜长变粒岩、黑云斜长变粒岩、黑云角闪二长变粒岩、混合岩化变粒岩	<2.81	3～9	50～110	"负差异"曲线较平直	中—较平直状
	片麻岩类	黑云角闪斜长片麻岩、黑云斜长片麻岩、角闪斜长片麻岩、混合岩化片麻岩	2.65～2.90	5～12	50～110	较大"负差异"曲线较抖动	中—小锯齿状
	角闪岩类	斜长角闪岩、角闪石岩	>2.90	>8	<50	大的"负差异"曲线较平直	低—平直状
岩浆岩	基性侵入岩	闪斜煌斑岩、云斜煌斑岩、辉绿岩	>2.80	>12	<50	较大"负差异"曲线较平直	低—平直状

4. 岩性解释标准验证

利用上述建立的岩性定性及定量解释标准，与岩心分析相结合建立系统岩性剖面，同时应用 6 口井 83 块旋转井壁取心资料进行验证，其中 74 块符合，9 块不符合，符合率为 89.2%（表 4-3-5）。

表 4-3-5　旋转井壁取心薄片分析资料与常规测井解释岩性对照表

序号	井号	样号	深度/m	薄片分析	常规测井划分岩性	符合情况
1	民深 1 井	1	2814.0	混合片麻岩	混合片麻岩	完全符合
2	民深 1 井	2	2823.0	混合花岗岩	混合花岗岩	完全符合
3	民深 1 井	3	2943.0	混合花岗岩	混合花岗岩	完全符合
4	民深 1 井	4	2973.0	长英质斜长混合岩	混合花岗岩	完全符合
5	民深 1 井	5	2988.0	混合片麻岩	混合片麻岩	完全符合
6	民深 1 井	6	3040.0	长英质黑云片麻条带状混合岩	浅粒岩	不符合
7	民深 1 井	7	3098.0	长英质黑云条带状混合岩	浅粒质混合岩	完全符合

（二）有效储层识别

太古界潜山储层就其基质而言，具有低孔、低渗的特点。孔隙度一般为2%～5%，基质岩块渗透率一般低于1mD，在没有裂缝沟通的情况下不可能形成产能。所以，潜山储层的划分就归结为划分裂缝发育段。亦即裂缝发育或较发育的储集岩划分为储层，将裂缝不发育，甚至没有裂缝的层段划分为非储层。

在岩性识别划分的基础上，以试油、试采资料为依据，研究建立储层测井识别划分方法和标准。

1. 储层定性识别

1）深、浅双侧向电阻率测井响应特征——"高阻背景下的低阻"

双侧向测井是探测裂缝的一种较好的聚焦电测井方法。裂缝在电阻率测井曲线上的响应取决于裂缝的产状（倾角与方位）、裂缝的宽度与长度（纵向或径向）及裂缝中的充填物（胶结物、泥浆滤液、地层流体等）。对于致密的储集岩其电阻率可达数万欧姆·米，有时可达仪器的限幅值；在储层发育段，由于钻井液滤液的侵入使双侧向电阻率降低，显示低阻异常，即相对于致密层呈"高阻背景下的低阻"特征，同时，由于深、浅侧向探测范围不一样，而出现"幅度差异"。一般说来，对于低角度缝，深、浅侧向差异很小或呈负差异，对于网状缝及高角度缝呈正差异，而且随着裂缝开度增大，深、浅侧向差异有增大的趋势。

2）三孔隙度测井曲线特征

三孔隙度曲线是指以探测地层孔隙度为目的的声波时差、补偿密度（或岩性密度）和补偿中子三条曲线。

长源距声波测井记录滑行纵波在地层中的传播时差，当地层中裂缝发育时，沿井壁传播的滑行纵波速度比致密层低，声波时差值增大，且由于裂缝分布的不均匀性而呈"锯齿"状，由于滑行纵波传播方向与井轴平行，声波时差对高角度缝反映不灵敏，而对低角度缝和网状缝响应良好——低角度缝呈现高值尖峰、网状缝为高时差；同时，体积密度减小，补偿中子增大。而储层不发育段，测井曲线变化相对平缓。三孔隙度测井曲线在储层段的变化往往与双侧向电阻率降低的变化是同步对应的。

3）声/电成像测井识别裂缝

成像测井资料以其直观、清晰的图像形式显示出井壁地层的细微变化，根据声/电成像测井图像可直观识别潜山地层裂缝发育段，为储层的识别提供了又一有力的手段。声/电成像图像上颜色深、浅程度的变化，反映了地层孔隙和裂缝的发育程度。

4）阵列声波测井识别裂缝

阵列声波发射探头发射后，产生沿井壁传播的纵波、横波及斯通利波，根据声波波列幅度衰减来定性识别储层发育段。

2. 储层定量划分标准

在定性识别储层的基础上，以取心、试油、试采资料为依据，结合钻井、录井资料，通过标定测井，可以制定储层定量划分标准。

辽河坳陷变质岩油藏实践表明，太古界潜山的储层裂缝一般存在三种类型：即高角度缝、网状缝和低角度缝，因双侧向测井对高角度缝和网状缝反映灵敏，长源距声波时差 Δt 对低角度缝反映灵敏，密度及中子测井受岩性影响大，在变质岩潜山中运用声波时差和深侧向电阻率测井资料识别储层可获得较好效果。

在划分出的储集岩中，选用能反映基质孔隙或网状裂缝较好的声波时差及对储层响应特征明显的深侧向电阻率曲线作为储层划分的主要参数，制作了大民屯凹陷太古界潜山 R_{lld}-Δt 交会图版，选值原则：在大段试油或投产为油层的井段中选取电性较好的层取值，在试油或投产为干层的井段内全部分层取值。

储层定量划分标准如下：

$$\Delta t \geqslant 55\mu s/ft\,(\phi_b \geqslant 2.9\%),\ 30\Omega\cdot m \leqslant R_{\text{lld}} \leqslant 2000\Omega\cdot m。$$

（三）有效孔隙度评价

该区潜山带储层为裂缝性储层，有效孔隙度（ϕ）划分为基质孔隙度（ϕ_b）和宏观裂缝孔隙度（ϕ_f）两部分（$\phi=\phi_b+\phi_f$）。基质孔隙度反映了裂缝开度小于 0.1mm 的微裂缝和微观孔隙，宏观裂缝孔隙度反映了裂缝开度大于 0.1mm 的宏观裂缝。

基质孔隙度（ϕ_b）采用反映微观孔、缝的声波时差计算，宏观裂缝孔隙度（ϕ_f）采用双侧向电阻率法、多矿物模型法、声/电成像解释法、岩心统计法和经验法等五种方法综合确定。

1. 基质孔隙度

采用反映微观孔、缝的声波时差测井曲线，利用威利公式计算基质孔隙度：

$$\phi_b = \frac{\Delta t - \Delta t_{\text{ma}}}{\Delta t_f - \Delta t_{\text{ma}}} \tag{4-3-18}$$

式中 ϕ_b——基质孔隙度，f；

Δt——声波时差，$\mu s/ft$；

Δt_{ma}——混合骨架声波时差，$\mu s/ft$；

Δt_f——流体声波时差，$\mu s/ft$（取 189$\mu s/ft$）。

2. 宏观裂缝孔隙度

本次主要采用双侧向电阻率法、多矿物模型法、声/电成像解释法、岩心统计法和经验法等五种方法综合确定储层宏观裂缝孔隙度。

1）双侧向电阻率法

双侧向电阻率法主要采用以下两种方法计算裂缝孔隙度。

方法 1：据《测井低对比度油层成因机理与评价方法》（欧阳健、毛志强等著）书中阐述，在裂缝性储层中（基质孔隙度为 1%～2%），影响双侧向测井响应的主要因素有裂缝角度 Ω（产状）、ϕ_f（与张开度等效，即按平板模型的裂缝孔隙度为 1%，相当于 1m 地层中有 1cm 宽的裂缝）、裂缝内流体电阻率（一般认为是 R_m）、基质电阻率 R_b（指无裂缝的基质孔隙度部分的电阻率）等。

（1）裂缝的双侧向测井响应。

① 裂缝产状（角度）的影响。双侧向测井在高角度裂缝中呈较大正差异，在低角度裂缝中呈负差异，由此可见，双侧向测井的正、负差异仅反映裂缝角度的变化，而双侧向测井下降幅度（对基质电阻率而言）才真正反映裂缝的发育程度（宽度）。

② 裂缝宽度的影响。由于钻井液侵入裂缝的影响，裂缝越发育即裂缝开度或裂缝孔隙度越大、侧向测井比基质电阻率降得越低。

③ 裂缝中流体的影响。目前，侧向测井计算中设裂缝中侵入的全是钻井液，而无油气。实际测井中发现，油气层的侧向测井响应在 $\phi_f > 0.1\%$ 时（相当于 1m 地层裂缝宽度 1mm），测井计算 ϕ_{LLD} 小于岩心观测的 ϕ_f（由岩心观察与测井计算统计的关系），需要校正。说明在双侧向测井勘探范围内的裂缝中不全是钻井液，而有部分油气，故双侧向测井较高。

（2）建立线性简化解释方程（适应人工计算）。

正演计算了 220 组（不同基质电阻率 R_b、裂缝孔隙度 ϕ_f），钻井液电阻率 $R_m = 0.05\Omega \cdot m$，计算范围裂缝开度为 5～7.5mm（对应侧向测井的分辨厚度 0.5m，相当于 $\phi_f = 0.001\% \sim 1.5\%$）、$R_b = 500 \sim 10000\Omega \cdot m$，把侧向测井对裂缝宽度的响应转换为对裂缝孔隙度的响应。

用 220 组数据简化为双侧向测井解释公式（式中 $X = C_m\phi_f$）。

深侧向测井电导率响应：

$$\sigma_d = (d_1X + d_2)\sigma_b + d_3X + d_4 \qquad (4-3-19)$$

浅侧向测井电导率响应：

$$\sigma_s = (S_1X + S_2)\sigma_b + S_3X + S_4 \qquad (4-3-20)$$

式中　σ_d、σ_s——测井电导率；

　　　C_m——钻井液电导率；

　　　ϕ_f——裂缝孔隙度，f；

　　　d_1 至 d_4，S_1 至 S_4——系数；

　　　σ_b——基质电导率。

由式（4-3-19）和式（4-3-20）求得 X 后可计算裂缝孔隙度 ϕ_f：

$$\phi_f = XR_m \qquad (4-3-21)$$

式中　R_m——钻井液电阻率，$\Omega \cdot m$。

① 低角度缝（<40°）的系数：

$d_1 = 4.47383$、$d_2 = 0.887712$、$d_3 = 0.766745$、$d_4 = -0.00000329798$

$S_1 = 68.3024$、$S_2 = 1.00011$、$S_3 = 0.519893$、$S_4 = 0.000213914$

② 倾斜裂缝（40°～60°）的系数：

$d_1 = 0.940766$、$d_2 = 1.0843$、$d_3 = 0.430431$、$d_4 = -0.0003471$

S_1=1.15036、S_2=1.24028、S_3=0.4737595、S_4=−0.000339053

③ 高角度缝（＞60°）的系数：

d_1=2.13057、d_2=1.30638、d_3=0.276566、d_4=−0.000301014

S_1=1.37845、S_2=1.321127、S_3=0.384824、S_4=−0.000374719

（3）大民屯潜山带裂缝孔隙度计算。

大民屯潜山带裂缝多为高角度裂缝，因此用高角度裂缝公式计算（由深侧向测井电导率响应方程导出）：

$$X= \left[(1/R_{lld}) -d_4-d_2 (1/R_b) \right]/\left[d_1 (1/R_b) +d_3 \right] \tag{4-3-22}$$

$$\phi_f = XR_f \tag{4-3-23}$$

式中　R_{lld}——深侧向电阻率，$\Omega \cdot m$；

　　　R_b——基质电阻率，$\Omega \cdot m$；

　　　R_f——裂缝内混合液电阻率，$\Omega \cdot m$。

参数取值：基质电阻率 R_b 为 3000$\Omega \cdot m$，考虑裂缝中混合钻井液、地层水与原油，取混合液电阻率 R_f=0.4$\Omega \cdot m$，当地层深侧向电阻率为 500$\Omega \cdot m$ 时，计算的裂缝孔隙度 ϕ_f=0.27%，电阻率在 1000～100$\Omega \cdot m$ 之间变化时，计算的裂缝孔隙度 ϕ_f 在 0.1%～0.6% 之间。

方法2：国内外测井学者认为，在所有测井方法中电阻率测井方法对裂缝的响应比较敏感。因而，双侧向测井是计算裂缝孔隙度的有效方法之一，其基本公式如下：

$$\phi_f = \sqrt[m_f]{R_{mf} \cdot \left(\frac{1}{R_{LLs}} - \frac{1}{R_{LLd}} \right)} \tag{4-3-24}$$

式中　ϕ_f——宏观裂缝孔隙度，f；

　　　R_{LLd}，R_{LLs}——深、浅双侧向电阻率，$\Omega \cdot m$；

　　　R_{mf}——地层条件下的泥浆电阻率，$\Omega \cdot m$；

　　　m_f——裂缝孔隙指数（依据裂缝发育程度，该井区取 1.6 较为合理）。

用公式（4-3-24）计算 ϕ_f 尚需要确定参数 R_{mf}，R_{mf} 值在斯伦贝谢公司测井图上已给出测量值，但在 3700 系列测井图上只给出了测量的钻井液电阻率。应用斯伦贝谢公司在大民屯凹陷所测的 17 口井的测量值建立了钻井液电阻率与钻井液滤液电阻率的关系：

$$R_{mfl}=-0.148+0.875R_m \quad (r=0.960) \tag{4-3-25}$$

用式（4-3-25）可将钻井液电阻率转化成钻井液滤液电阻率。

用式（4-3-26）将钻井液滤液电阻率转换成地层条件下的钻井液滤液电阻率：

$$R_{mf} = \left(\frac{T_1 + 21.5}{T_2 + 21.5} \right) \cdot R_{mfl} \tag{4-3-26}$$

式中　R_{mfl}，R_{mf}——地面和地层条件下的钻井液滤液电阻率，$\Omega \cdot m$；

　　　R_m——实测钻井液电阻率，$\Omega \cdot m$；

T_1——实测钻井液温度，℃；

T_2——地层温度，℃。

采用上述公式对本区完钻井进行了宏观裂缝孔隙度解释，裂缝孔隙度最小为 0.1%，最大为 0.53%，平均为 0.30%。

2）成像测井法

采用两种方法计算裂缝孔隙度。

方法 1：利用测井处理解释平台（Geoframe/eXpress/Logvision），先期对声 / 电成像图像上的裂缝进行人机交互拾取，然后通过软件平台计算裂缝参数。

裂缝孔隙度：等于统计窗长内各裂缝的视开口体积与统计窗长岩石体积之比。

利用该方法对东胜堡以西等 12 口井微电阻率扫描成像测井和井周声波成像测井资料计算了宏观裂缝孔隙度，计算结果分布在 0.06%～0.54% 之间，平均为 0.24%。

方法 2：利用电成像孔隙度谱计算次生孔隙度。

利用 Archie 公式将电成像资料转换成孔隙度图像，然后计算一个小的深度窗口内的孔隙度分布直方图（即孔隙度谱），孔隙度谱显示了局部孔隙度的分布规律。

在均匀的地层直方图中通常显示为单峰分布，而在不同类型的地层或裂缝、溶洞性地层中，直方图显示为双峰分布、多峰分布或发散分布，通过统计孔隙度的分布来划分基质孔隙和次生孔隙。利用该方法对 5 口井电成像资料进行孔隙度谱计算，计算结果：次生孔隙度分布在 0.22%～1.00% 之间，平均为 0.58%。

第四节　水平井优化及跟踪技术

现阶段辽河油田低品位油藏勘探开发占比逐年增加，利用水平井提产已成为有效动用低品位储量的重要手段之一，水平井能否实现钻井目的，取得预期的生产效果，水平井的钻遇情况是基础，因此水平井优化及跟踪技术至关重要。

水平井优化及跟踪技术存在几大难点：一是在倾斜地层中地层对比存在较大误差，当水平井井眼轨迹沿下倾产状地层钻进时，地层的视厚度大于实际地层厚度；当水平井井眼轨迹沿上倾产状地层钻进时，地层的视厚度小于实际地层厚度；并且倾角越大，产生的误差越大。二是入靶点位置难判断，由于地质条件复杂，储层非均质性强，并且受地震资料品质、录井、测井及钻井液性能的影响，造成水平段入靶位置难判断。三是井眼轨迹调整难度大，在水平段钻进过程中，井眼轨迹角度难以精准把握，常会造成顶出或底出的情况（图 4-4-1）。根据不同情况有针对性地形成多种水平井优化调整技术。

一、水平井入靶优选技术

水平井的产能受以下因素影响：K_v/K_h、夹层分布、气顶或底水能量、边水能量、泄油面积等，同时上述因素也将影响水平井产能、临界产量及见水时间。因此，在设计水平井距边底水界面距离时，综合考虑油层厚度、油藏类型、储层物性、储层韵律性、渗透率

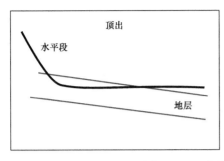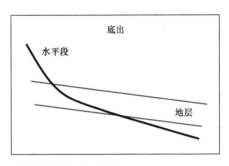

图 4-4-1　水平井水平段顶出或底出情况

各向异性、夹层类型、夹层大小、夹层物性、夹层分布规律、边底水和气顶能量及活跃程度等地质因素。为了延缓见水时间，稠油底水油藏水平段位于油层的中上部，稀油底水油藏水平段尽可能靠近油层顶部。

（一）入靶点确定方法

在新区块部署水平井一般采用导眼回填方法卡准油层位置，以此确定靶点位置。导眼回填分无导眼回填、直导眼回填和斜导眼回填三种方式，无导眼回填和直导眼回填的轨迹钻达预计油层垂深时，其位移距设计靶点位移有一定距离，适用于地质条件变化不大，油层发育稳定的油层；对于构造复杂，油层横向变化快的油层，应采用斜导眼回填的方式精准确定油层位置，轨迹钻达位置即水平段入靶点。

在老区块实施水平井，由于周边邻井较多，井控程度较高，目的层地质情况较为清晰，可直接根据邻井钻遇情况，进行精确地层对比，根据对比结果确定入靶点位置。目前，区块内多为定向井，井斜度较大，地层对比难度增大，通过定量化地层对比方法可大大减小，由于斜度造成的对比误差。以下倾地层为例，水平井轨迹钻遇地层厚度 H 大于地层实际厚度 h，由公式（4-4-1）可以看出，倾角越大，误差越大。

$$\lambda = \frac{H}{h} = \frac{1}{1 - \tan\alpha\tan\beta} \tag{4-4-1}$$

式中　α——地层倾角；

　　　β——井斜角。

根据公式（4-4-1）计算出的实际地层厚度与邻近地层进行对比，确定目的层对比关系，定量化精确确定水平井入靶位置，保证水平段实施井轨迹的成功率。

（二）剖面设计与入靶轨迹控制

在水平井入靶设计过程中，水平井剖面设计是最重要的部分，直接关系到水平井能否顺利实施。在剖面设计过程中，应对剖面进行优化设计，优选造斜点。一般造斜点至入靶点设计剖面分为增—稳—增的三段式，并注意以下两个方面：（1）按地层的倾角、造斜工具的误差及人为因素误差来确定造斜点位置。（2）靶前位移要充分考虑穿透油层的厚度。

二、水平段井眼轨迹优化技术

对于整装区块进行水平井部署时,首先考虑水平井之间排列组合关系,通过油藏工程研究和数值模拟手段研究水平井列距、行距之间的关系,以实现经济有效开发。

(一)水平井井网优化

水平井井网主要是指水平井之间的排列组合关系,有平行排列、放射状排列、交错排列等形式,在水平井整体部署时,要根据不同油藏地质条件,进行优化部署。

(二)水平井行距优化

水平井行距是指平行布井方式下,两口水平井之间的垂直距离,也称井距。水平井合理行距的确定,应以井间干扰小,单井控制储量高,最终采收率高,经济效益好为标准。通常采用数值模拟方法对不同井距进行模拟计算,得出采收率最高的水平井行距(图4-4-2)。

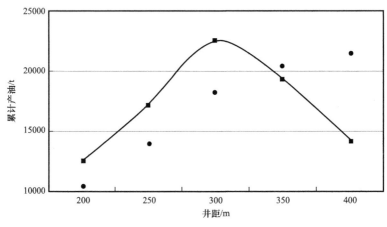

图4-4-2 数值模拟计算合理井距

(三)水平段长度的优选

水平段长度直接影响水平井的泄油面积、控制可采储量等,从理想情况看,水平段越长,产能提高效果越好,但是实际生产结果却表明,水平井产能与水平段长度并非简单的线性正比关系。由于受到地层伤害、油层厚度、储层非均质性等因素影响,限制了水平段长度的无限增加;同时随着长度增加,地层压力损耗增大,产能提高幅度越来越慢;此外长度增加将明显增大钻井费用及钻井风险,所有这些因素决定了水平段长度但并不是越长越好。

因此,要使水平段对其控制储量有较高的动用能力及采收率,要综合考虑油层厚度、储层物性、原油性质、所控制的经济合理的地质储量和产能要求等影响因素,结合实际油藏地质条件,优化水平段长度。

三、水平段跟踪调整技术

目前钻井技术已经达到精确制导水平，但是对地下地质情况不可能预测十分准确，水平井现场施工必须根据实钻情况进行优化调整，在现场跟踪时，首先综合各种有用资料，制定钻井地质跟踪方案，派有经验的地质技术人员进行现场把关，根据靶点前多个标志层，对水平段的钻井进行实时监控，随时调整，主要采取以下几种有针对性的地质导向措施。

（一）地震资料确定水平段地层产状

在水平井部署中，很多井被部署在构造边部及油砂体边部，利用地震资料精细解释断层位置，同时利用地震和测井资料进行储层反演，更能准确地描述目的层砂体延伸方向、产状等参数，更有效地知道水平井设计和现场导向。虽然地震资料解释存在多解性和解释精度低的问题，但是在误差允许范围内（误差范围一般为20～30m），可判断断层的大致位置、储层（目的层）的延伸方向和产状等参数，在做地质设计时可以用来指导水平段的设计。

（二）实钻录井参数判定水平段位置

水平井由于其井身结构的特殊性，给水平井的地质录井工作带来新的挑战，如何提高水平井的地质录井水平，真实地反映地质信息是指导水平井钻井的关键。

1. 钻时资料

在钻井参数相对稳定的条件下，钻时的变化主要与岩性有关，因而根据钻时资料可定性判断岩性。但是，在水平井钻进过程中为满足施工需要，经常调整钻压、排量等钻井参数，从而影响钻时的真实性。水平井录井实践表明，井眼轨迹在大段同一岩性段内钻进，只要保持各种钻井参数的相对稳定，钻时就能够比较真实地反映地层的岩性。

2. 岩屑录井

水平井的岩屑比普通井更混杂、更细碎，代表性也更差。但是，水平井在钻遇泥岩（或夹层）时，岩屑变得砂泥混杂，整个岩屑会出现"起球"现象，根据水平井录井实践经验，正常钻进时，只要发现岩屑"起球"就可以判定钻遇了夹层，利用这一现象可以判断水平井是否钻遇泥岩夹层，根据情况及时调整水平井段。水平井钻进过程中，通常在钻井液中混入一定数量的原油或其他润滑剂，造成岩屑中的真、假油气显示难辨，加大了判定目的层油气显示的难度，甚至钻入水层也难以及时发现。

3. 气测录井

水平段连续在储层中钻进气测值都会有反映。无论稠油还是稀油油藏，只要揭开储层，如果全烃含量变小，而且组分逐渐变少，说明钻入非储层。根据这一特点，及时判断水平井段油层钻遇情况。

4. 近钻头随钻地质导向测井

随钻测量（MWD）主要解决几何导向问题，部分 MWD+ 伽马可以提供一定的地质信息，但是难以满足薄油层水平井地质导向需要，要提高薄油层水平井油层钻遇率，必须应用近钻头随钻地质导向测井。

随钻测井（LWD）是以钻井液脉冲波为信号传输手段，以井下涡轮马达提供电源的无线随钻实时测井技术，能够提供实时的测井信息。水平井实施过程中，应用 LWD，平均油层钻遇率超过 90%，但是它的缺点是测量滞后钻头 14m，不能正确判断界面方位。

通过上述研究得出结论：精细油藏地质研究、钻导眼井及应用近钻头地质导向是提高水平井地质设计精度，保证油层钻遇率的有效手段。

在水平井随钻跟踪过程中，当地层有一定倾角时，根据目的层厚度、地层倾角，选取最佳入靶角度，消除对比误差，并结合已知井钻遇情况和地震轴响应特征确定水平井井眼轨迹，指导井眼轨迹调整。

在设计中应用地震资料与邻井对比情况判定误差，在部署水平井井眼轨迹时进行优化，尽可能平行构造等高线，减小跟踪难度，加强综合地质研究，使水平井井眼轨迹钻遇率最大化，使钻井效果最优化。

第五节　水平井体积压裂技术

自 1947 年首次实施水力压裂储层改造以来，储层改造技术作为一项持续发展的科学技术已历时 70 余年，从基础理论、试验研究到装备工具材料及现场实践都取得了迅猛的发展，成为与钻井工程和地球物理勘探并重的勘探开发三大利器。近年来，在全球进入难动用储量及非常规油气开发时代的大背景下，北美通过水平井体积压裂技术的大规模应用，引发了页岩气革命和致密油突破，储层改造技术使得以往的达西级储层到纳达西储层得到有效动用和经济开发，使许多传统的勘探禁区成为现实目标，改变了全球能源格局。通过实施水平井体积压裂，实现对储层的"三维立体改造"，提高储层的整体导流及渗流能力。打碎储层形成网络裂缝体，形成人造"渗透率"，进而大幅提高油藏产能。

辽河油田于 2013 年优选西部凹陷雷家地区雷平 2 井首次实施水平井体积压裂改造，压后获得日产 20t 高产油流，开启了雷家页岩油规模增储的序幕，其后在外围张强凹陷前辛构造带强 1 块、大民屯西斜坡沈 358 区块及大民屯中央构造带等低品位目标区实施水平井体积压裂改造，为推进特低渗油藏、致密油 / 页岩油非常规油藏增储建产进程提供了重要支撑。

一、水平井体积压裂可行性论证

体积压裂是指通过压裂的方式将可以进行渗流的有效储集体"打碎"，形成网络裂缝，使裂缝壁面与储集基质的接触面积最大，使得油气从任意方向的基质向裂缝渗流的距离最短，极大地提高储层整体渗透率，实现对储层在长、宽、高三维方向的"立体改造"。

针对水平应力差异系数小的储层，应用缝网压裂技术能够达到改造要求。但针对应力差异系数较大的储层，主要采用水平井体积压裂方式，充分利用多段、多簇压裂的缝间干扰来形成网状裂缝，满足体积改造要求。在辽河油田水平井体积压裂可行性论证研究实践中，主要考虑以下三个方面。

（1）储层段的特征。适用于水平井体积压裂的储层具有渗透性差、含油性好、脆性好的特点。储层渗透性差，无自然产能或自然产能低，常规压裂投产仍达不到经济开采条件的油藏，但油气富集程度高、脆性指数高，可通过整体改造油藏，缩短基质到压裂缝的流动距离，大幅提高油井产能。

（2）储层的空间展布形态。依据体积压裂水平井压裂缝监测结果，常规致密砂岩、致密碳酸盐岩油藏及纹层状页岩油油藏纵向缝高一般在40～70m之间；同时考虑实施成本较高，为了实现经济有效开采，要求水平井实施应具备一定的实施物质基础，水平段长度一般在600m以上，因此实施水平井体积压裂要求纵向油层要相对集中，一般油层跨度在60m以内，平面分布相对稳定，保障水平井的储层钻遇率在较高水平。

（3）隔夹层的分布。研究表明，泥岩段脆性指数小，裂缝扩展受限，泥岩夹层厚度大于5m，其上部储层很难起裂。隔夹层数量越少、厚度越薄，越有利于压裂缝的纵向扩展。如张强凹陷强1块Ⅱ油组为浅层块状细粒特低渗储层，岩性较粗，以砾岩、砂砾岩为主，厚度为60m左右，夹层频率平均为12层/100m。厚度薄、粉砂质、不稳定，夹层岩性主要为粉砂质泥岩，脆性指数在35%左右，厚度一般小于3m；隔层岩性为泥岩，脆性指数在30%左右，厚度在2m以下，同时储层发育微裂缝，纵向平面储层稳定分布；整体脆性指数较高，利于压裂改造。后期压裂缝监测结果证实，纵向60m储层均有裂缝波及。

二、水平井体积压裂选段定簇方法

水平井体积分段重点考虑最大限度降低段内非均质性，以保障压裂缝均匀启裂。针对"甜点"分布非均质强的特点，在生产实践中一般遵循"四相近"原则（物性、含油性、脆性、破裂压力），开展压裂段的组合与划分；遵循"两小"原则（破裂压力差异小、脆性指数差异小），开展段孔簇位置设计，以增加裂缝复杂程度，获取最大SRV体积。水平井体积压裂在页岩油中的应用愈发广泛，目前普遍采用细分切割的方式增加缝控储量，提高改造效果，段长变短，单段簇数增多。在射孔簇设计时，主要考虑以下六个方面内容：

（1）优先选择含油性显示较好的井段进行射孔。

（2）段内考虑限流聚能射孔的要求。

（3）兼顾岩石力学、地应力等对裂缝起裂和延伸的影响。

（4）考虑裂缝闭合和支撑剂沉降的影响。

（5）避射套管接箍。

（6）避射固井质量差的部分。

在雷家地区碳酸盐岩油藏评价井雷88-杜H5井体积压裂改造过程中，基于储层"七性"关系评价结果，综合岩性、含油性、脆性及固井质量等地质和工程品质评价结果，优化分段，合理布缝，总体遵循"一厚控段，四高选簇"的原则开展段、簇优化设计，以最大程度降低段内非均质性，增大储层改造体积。其中，"一厚"即每个压裂段内都涵盖含油性较好的厚层段，"四高"即射孔簇附近尽量满足高气测值、高孔隙度、高总有机碳含量及高脆性的条件。按照上述原则将雷88-杜 H5 井划分为 12 个压裂段，段长 40～100m，平均为 70m；每段设计 2～3 簇射孔，共射 29 簇。基于地质、工程参数，利用 PEToolkit 软件建立压裂缝扩展预测模型，模拟初始方案下裂缝扩展情况，并持续优化调整段、簇位置，直至储层改造体积达到理想值。

参 考 文 献

［1］陆基孟. 地震勘探原理［M］. 东营：中国石油大学出版社，1993.

［2］李正文，赵志超. 地震勘探资料解释［M］. 北京：地质出版社，1988.

［3］崔成军，龚姚进，申大媛. 波阻抗反演在储层预测研究中的应用［J］. 地球物理学进展，2010，25（1）：9-15.

［4］张学汝，陈和平，张吉昌，等. 变质岩储集层构造裂缝研究技术［M］. 北京：石油工业出版社，1999.

［5］赵邦六，董世泰，曾忠. 井中地震技术的昨天、今天和明天——井中地震技术发展及应用展望［J］. 石油地球物理勘探，2017，52（5）：1112-1123.

第五章 辽河油田复杂油气藏综合评价开发实例

辽河断陷经历了 40 多年的勘探开发，中、浅层的大、中型油气藏已经达到较高的勘探程度，随着勘探开发的不断深入，勘探开发对象更加复杂，多为特殊岩性、复杂断块、特低渗、致密油油藏。油藏类型复杂，油藏评价难度越来越大。目前，国内外复杂油气藏评价技术与应用仍处于完善与发展之中，通过近年的评价研究，针对辽河油田的多种复杂类型油气藏，建立不同类型油气藏的评价技术思路和技术对策，形成油藏评价与产能建设一体化技术。

第一节 火山岩油气藏综合评价

火山岩储层作为一类特殊的油气储集体，越来越受到广大地质学家的重视。早在 20 世纪 70 年代，辽河油田就在热河台地区沙三段火山岩中发现了油气显示，并试油获得高产油流。随着勘探开发的不断深入，在辽河盆地东部凹陷从南部荣兴屯、中部热河台、欧利坨子、黄沙坨到北部的牛居油田均发现了火山岩油藏，并且形成了一定规模，上报将近 $5000 \times 10^4 t$ 的探明石油地质储量，显示了辽河盆地火山岩油藏的巨大勘探开发潜力。

下面以黄金带油田火山岩油藏井位部署为例进行说明。

一、概况

黄金带油田位于黄于热二级构造带黄金带油田东部，西为驾掌寺断层，南邻驾掌寺洼陷，是依附于驾掌寺断层及其派生断层形成的一个大型单斜构造带。该构造北东高、南西低，具有继承性发育的特点。

沙三中期（$E_2 s_3^2$），湖盆裂陷加剧，基底大幅度沉陷，黄于热深陷带处于半深湖—深湖沉积环境，沉积了巨厚的暗色泥岩，成为本区的油源。这个时期岩浆活动非常强烈，沿驾掌寺断层两侧发育了多期次的火成岩，其中 $E_2 s_3^2$ II 油组、$E_2 s_3^2$ III 油组的粗面质火山角砾岩，$E_2 s_3^2$ I 油组中大套玄武岩里面夹的薄碎屑岩为本区有利的储集体。

沙三晚期（$E_2 s_3^1$），构造回返，断裂活动逐渐减弱，根据岩性组合特征分为两个油组。$E_2 s_3^1$ II 油组沉积时期岩浆活动，以溢流相玄武岩为主，玄武岩中所夹的碎屑岩为有利储集体。$E_2 s_3^1$ I 油组主要发育河流沉积相，河流相河道亚相砂体为本区有利的碎屑岩储集体。

沙一段沉积时期（$E_3 s_1$），驾掌寺等断层的张性活动导致基底再次下陷，本区为浅湖沉积环境，来自西部的物源在本区形成扇三角洲沉积，扇三角洲前缘亚相砂体为本区主要储集体。

东营组沉积时期（E_3d），驾掌寺断层的走滑挤压作用引起构造反转，围绕驾掌寺断层形成一系列的背斜、鼻状构造。这个时期本区沉积以河流相为主，河道砂体沿北东向长轴呈宽带状展布。同时，这个时期沿驾掌寺断层和驾东断层均有岩浆活动，形成多套玄武岩，可作为局部盖层。

黄于热深陷带在沙三段沉积中期，处于半深湖—深湖沉积环境，沉积了大范围巨厚的暗色泥岩，预测最大厚度在1000m以上，是该区的主要油源供给区；同时，本区紧邻驾掌寺生烃洼陷，因此具有充足的油气来源。根据区内完钻井的储层物性和含油气性综合评价，本区纵向含油井段长（2000m左右），目标层系多（7套），兼有砂岩和火山岩两大储层类型：一是沙三中Ⅱ油组（$E_2s_3^2$Ⅱ）和沙三中Ⅲ油组（$E_2s_3^2$Ⅲ）中的爆发相粗面质角砾岩为火山岩优势储层；二是沙三中Ⅰ油组（$E_2s_3^2$Ⅰ）、沙三上Ⅱ油组（$E_2s_3^1$Ⅱ）大套玄武岩中夹杂的薄砂岩，以及沙三上Ⅰ油组（$E_2s_3^1$Ⅰ）和沙一段的砂岩储层。这些储层均具有较好的含油气性，多井试油获工业油流。勘探评价证实，沙三中Ⅱ和沙三中Ⅲ油组的溢流相的致密粗面岩、沙三上Ⅱ油组玄武岩、沙三上Ⅰ油组广泛发育的碳质泥岩及东营组的稳定泥岩均可作为局部盖层，长期发育的驾掌寺断层可作为油气运移的通道。综上，该区具备良好的生油岩、储层、盖层及运移条件，油气成藏条件优越。

二、地层特征

经钻井揭露，黄金带油田自下而上发育古近系沙河街组、东营组，新近系馆陶组、明化镇组和第四系平原组。沙河街组发育沙河街组三段和沙河街组一段。研究区钻穿沙河街组三段的井极少。结合岩性、电性和沉积旋回特征，将沙河街组沙三段自下而上划分为三个亚段，即沙三下亚段（目前该区无钻井钻遇）、沙三中亚段、沙三上亚段，其中沙三中亚段划分为三个油层组，沙三上亚段划分为两个油层组，纵向上油层均有发育；将沙河街组沙一段自下而上划分为三个亚段，即沙一下亚段、沙一中亚段、沙一上亚段，纵向上油层在沙一下亚段、沙一中亚段均有发育。

古近系沙三中亚段（$E_2s_3^2$）：根据岩性组合及测井曲线特征，自上而下细分为沙三中Ⅰ（$E_2s_3^2$Ⅰ）、沙三中Ⅱ（$E_2s_3^2$Ⅱ）和沙三中Ⅲ（$E_2s_3^2$Ⅲ）三个油组。

沙三中Ⅰ（$E_2s_3^2$Ⅰ）：地层视厚度为200~400m，大套火山岩夹碎屑岩地层，火山岩岩性主要为玄武岩，碎屑岩岩性主要为灰色细砂岩和沉凝灰岩。

沙三中Ⅱ（$E_2s_3^2$Ⅱ）：地层视厚度为350~500m，岩性主要为溢流相的粗面岩和溢流相玄武岩等。

沙三中Ⅲ（$E_2s_3^2$Ⅲ）：地层视厚度为400~700m，岩性主要为爆发相粗面质角砾岩和溢流相粗面岩等。

古近系沙三上亚段（$E_2s_3^1$）：根据岩性组合及测井曲线特征，自上而下细分为沙三上Ⅰ（$E_2s_3^1$Ⅰ）、沙三上Ⅱ（$E_2s_3^1$Ⅱ）两个亚段。

沙三上Ⅰ（$E_2s_3^1$Ⅰ）：地层视厚度为250~350m，岩性主要为浅灰色细砂岩、灰色粉砂质泥岩，以及灰色泥、灰黑色碳质泥岩。

沙三上Ⅱ（$E_2s_3{}^1$Ⅱ）：地层视厚度为 400～600m，岩性以溢流相玄武岩为主，玄武岩中夹碎屑岩条带。

古近系沙一段（E_3s_1）：根据岩性组合及测井曲线特征，自上而下细分为沙一上（$E_3s_1{}^1$）、沙一中（$E_3s_1{}^2$）和沙一下（$E_3s_1{}^3$）。

沙一上（$E_3s_1{}^1$）：地层视厚度为 50～150m，岩性以灰色、灰绿色泥岩为主。

沙一中（$E_3s_1{}^2$）：地层视厚度为 250～350m，岩性主要为灰色、灰绿色泥岩、粉砂质泥岩与灰色、灰白色含砾砂岩、中砂岩、细砂岩互层。

沙一下（$E_3s_1{}^3$）：地层视厚度为 150～250m，岩性主要为灰色、灰绿色、紫红色泥岩、粉砂质泥岩与灰色、灰白色中砂岩、细砂岩互层，夹黑色、棕红色、紫红色玄武岩。

古近系东营组（E_3d）：岩性为灰白色、浅灰色砂砾岩、含砾砂岩、粗砂岩、细砂岩、泥质粉砂岩与灰色、灰绿色泥岩呈不等厚互层。沉积厚度较大，平均为 600～650m。

新近系馆陶组（Ng）与明化镇组：馆陶组岩性为灰色、灰白色大套砂砾岩、含砾砂岩夹灰色、绿灰色泥岩，地层厚度由西向东逐渐减薄。明化镇组砂泥岩零星分布在构造带的中东部。

三、构造特征

本次断裂系统解释主要根据目的层反射波组在地震剖面上的错断，结合综合地质录井成果，对断层进行精确刻画，为断层在平面上的组合和空间展布精细解释奠定基础。

研究区经历多期构造运动，主要发育北东向和近东西向两组断裂。西部边界为驾掌寺逆断层，自沙三段到沙一段长期活动，为研究区主干断层，受该断层影响，在沙三段、沙一段形成多条派生断层，这些派生断层不控制地层沉积和构造形成，只对本区的构造形态起到复杂化的作用，对油气的再分配也有一定的控制作用。研究区内主要发育 6 条断层，各断层活动时期有所不同，沙一段小断层较沙三段更为发育，形成多个小的断块和断鼻。

主要断层特征论述如下：

① 号驾掌寺断层：驾掌寺断层是本区长期发育、规模宏大、控制凹陷形成演化的主干断裂。它位于工区西部边界，为逆断层，走向 NE，倾向 NW，倾角为 70°～90°，具有发育早、延伸长、断距大、伴有多期火成岩喷发等深大断裂的特征，自沙三段到东营组长期活动，在本区延伸长度大于 5.5km。该断裂不仅影响着区内的构造格局和构造演化，还对本区的油气运移、聚集起到了重要的控制作用。

② 号驾 34 北断层：该断层位于驾 34 井北，为正断层，断开层位 E_2s_3 上—E_3d，走向近 EW，倾向 N，倾角为 50°～70°，区内延伸长度小于 2.5km，目的层断距约 0～50m。该断层对沙一段、沙三上段油层的分布起到控制作用。

③ 号黄 16-8 断层：位于工区西部黄 16-8 井南，为正断层，走向 NE，倾向 NW，与驾掌寺断层和驾 34 北断层相交，区内延伸长度为 1.5km，仅断开沙一段地层，断距为 20～80m，倾角为 40°～60°，该断层规模不大，但对沙一段油层的分布起到一定的控制作用。

④ 号驾 34 西断层：位于驾 34 井西，为正断层，该断层自沙三中段到沙一段长期活

动，但未断开沙一中段顶界地层，与驾掌寺断层呈锐角相交，走向NE，倾向NW，倾角为60°～70°，区内最大延伸长度为7.7km，断距为0～100m。该断层对沙三中段砂岩和粗面岩、沙三上段和沙一下段的砂岩油层的分布均起控制作用。

⑤号驾34南断层：位于工区西南部红33井和驾34井之间，为正断层，走向近南北，倾向东，倾角为60°～70°，区内延伸长度小于2.2km，目的层断距为0～50m，断开层位是$E_2s_3^2$。该断层对沙三中段的粗面岩油层的分布具有控制作用。

⑥号于70北断层：位于工区北部于70井北，为正断层，走向近NW，倾向NE，倾角为60°～70°，区内延伸长度小于2.1km，目的层断距为0～50m，断开层位是$E_2s_3^2$。该断层对沙三中段的粗面岩油层的分布具有控制作用。

本区位于黄于热二级构造带黄金带油田东部，西为驾掌寺断层，南邻驾掌寺洼陷，是依附于驾掌寺断层及其派生断层形成的一个大型单斜构造带。该构造北东高、南西低，具有继承性发育的特点。

从驾31井区沙一中段（$E_3s_1^2$）顶界构造图可以看出，研究区西部靠近驾掌寺断层为被断层复杂化的断鼻和断块构造，西高东低，高点位于驾掌寺断层附近，埋深2370m左右，中部驾31井附近为断鼻的翼部，向东与倾向西南的单斜呈鞍部接触。

从驾31井区沙三上Ⅰ油层组（$E_2s_3^1$Ⅰ）顶界构造图可以看出，研究区西部靠近驾掌寺断层为被断层复杂化的断鼻构造，西高东低，高点位于西部驾掌寺断层附近，埋深2850m左右，东部于70井附近为向西南倾斜的单斜，中间在驾31井附近呈鞍部接触。

从驾31井区沙三上Ⅱ油层组（$E_2s_3^1$Ⅱ）顶界构造图可以看出，研究区构造总体上表现为向西南缓倾的单斜，地层倾角约3°。

从驾31井区沙三中Ⅰ油层组（$E_2s_3^2$Ⅰ）顶界构造图可以看出，研究区西部靠近驾掌寺断层为一被驾掌寺断层及其派生断层所夹持的断陷，于70井断层南部构造形态较为平缓，工区的北东和南西方向均为低幅度的凸起，中间在红23井—驾34-1井一线呈鞍部接触，构造高点位于于70井东部，埋深3600m左右。

从于70块沙三中Ⅱ油层组（$E_2s_3^2$Ⅱ）顶界构造图可以看出，研究区总体上表现为向西南倾斜的单斜，高点埋深3350m左右，受断层影响在局部区域形成断鼻和断块构造。驾31井—于70井区域为受断层控制的局部断鼻构造，西高东低，高点埋深3300m左右。

从于70块沙三中Ⅲ油层组（$E_2s_3^2$Ⅲ）顶界构造图可以看出，研究区总体上表现为向西南倾斜的单斜，高点埋深3700m左右，受断层影响在局部区域形成断鼻和断块构造。驾34井附近为受断层控制的局部低幅度断鼻构造，高点埋深4300m左右。

四、储层特征

（一）沉积相特征

东部凹陷中南段强烈的断裂活动及断裂活动的不均衡性，使本区地层具有发育厚度大、纵横向变化快等特征。

沙三中段是东部凹陷构造演化过程中的强烈断陷期，也是大规模湖侵期，形成了厚度大、有机质丰度高的优质烃源岩。根据岩性组合和电性特征可划分为沙三中 I、沙三中 II、沙三中 III 三个油组（$E_2s_3^2$ I、$E_2s_3^2$ II、$E_2s_3^2$ III）。

沙三中 II 油组（$E_2s_3^2$ II）和 III 油组（$E_2s_3^2$ III）：此时期火山活动活跃，岩浆活动以喷发作用为主，主要发育爆发相粗面质角砾岩、溢流相粗面岩及玄武岩。通过岩心观察、描述及分析鉴定，提取岩性、岩性组合特征及相序特征等信息，识别定相标志，确定相类型，建立起单井相分析柱状图；爆发相粗面质角砾岩具有火山碎屑结构，以角砾、凝灰成分为主，发育砾间孔缝和溶蚀孔缝；溢流相粗面岩具有火山熔岩结构，呈致密块状，发育少量裂缝；从测井成像上看，火山碎屑结构中岩石图像呈斑点状，具有粒度特征，由高阻亮色不规则角砾、中低阻暗色凝灰质交织组成，低阻暗色裂缝发育；火山熔岩结构中岩石图像呈团块状，整体由特高阻、高阻亮色组成，局部见中低阻橙色团块，裂缝不发育。依据单井相，结合连井相、地震相和地震属性等，综合进行火山岩岩性、岩相平面刻画。

沙三中 I 油组（$E_2s_3^2$ I）：以发育玄武岩为特征，夹薄层细砂岩。砂体西侧受驾掌寺断裂控制、东侧受玄武岩体控制、南北两侧被暗色泥岩包围，沙三中 I 油组为滩坝沉积，储层岩性以玄武质岩屑砂岩、长石砂岩为主，岩石颗粒分选性、磨圆度较好，杂基较少；砂岩中普遍见到玄武岩岩屑，推测物源来自东部玄武岩体。

沙三上时期，湖盆沉降作用、裂陷活动开始减弱，湖平面上升，凹陷整体抬升，盆地处于补偿沉积，湖盆逐渐萎缩，沉积物供应速度大于可容纳空间增长速度，在东西斜坡和古隆起的丰富物源的供应下，主要发育扇三角洲、冲积扇、河流等多种类型沉积体系。

沙三上 II 油组（$E_2s_3^1$ II）：为冲积扇—河流相沉积环境，发育多期厚层的玄武岩，内部夹薄层砂体。研究工区主体处于河流相，从单井相分析来看，由下向上呈正韵律，底层沉积发育砂砾岩，向上变为以细砂岩为主，整体表现为交错层理，而顶层沉积主要以粉砂岩和粉砂质泥岩为主，表现为水平层理，顶层沉积和底层沉积厚度约相等，为河流沉积特征。

沙三上 I 油组（$E_2s_3^2$ I）：沉积相为冲积扇—河流相沉积环境，发育多套较厚的细砂岩、中粗砂岩储层，夹深灰色、灰黑色的煤层及碳质泥岩；研究工区主体处于河流相，从测井、岩性上看，旋回形态由下向上为多期次发育的正韵律特征，岩心由下至上粒度由粗变细，二元结构特征明显，顶层沉积和底层沉积厚度约相等或前者大于后者，整体呈现泥包砂的特点，为典型河流沉积特征。

沙一时期：根据辽河东部凹陷黄金带区域勘探研究沉积背景，驾掌寺等断裂的张性活动引发基底再次下陷，本区由陆上沉积环境逐渐过渡为浅湖—半深湖沉积环境，来自西部的物源在本区形成扇三角洲沉积，有利沉积相带为扇三角洲前缘亚相。依据取心井的岩石相类型、电性标志等特征进一步识别了本区微相类型及垂向相序，建立单井相分析图，确定不同沉积微相对应的测井相特征，对工区内的其他井进行了单井相分析。

以驾 31 井岩心分析为基础，综合录井、测井及分析化验等资料，认为本区自南向北发育多个河口坝砂体，纵向叠加连片。河口坝砂体是扇三角洲体系中非常重要的储集层，是由分流河道携带碎屑物质入湖而在河口处卸载形成的沉积砂体，以含砾砂岩、砂岩、细砂岩为主要岩性，分选性好，韵律以反韵律为主，电测曲线一般为箱形、漏斗形，具有储集性能好、横向变化快的特征，为本区沙一段主要储层。受区域应力场的影响，沙一中时期区域上开始右旋走滑，沿驾掌寺断层两侧发育少量的火山岩，驾 602 井钻遇近 70m 左右的辉绿岩。

东营组时期，驾掌寺断层的走滑挤压作用产生构造反转，围绕驾掌寺断层形成一系列的背斜、鼻状构造。该时期，本区沉积以河流相为主，河道长期频繁的变迁，使河道砂体沿北东向长轴呈宽带状展布。这个时期沿驾掌寺断层和驾东断层均有岩浆活动，形成多套玄武岩，可作为局部盖层。

（二）岩性特征

沙一中、下亚段（$E_2s_1^2$、$E_2s_1^3$）储层岩性以细砂岩为主，碎屑成分中以石英、长石为主，石英含量为 39.0%～42.3%，长石含量为 33.6%～33.9%；颗粒分选性中等 - 较差，磨圆度为呈次棱—次圆状；碎屑以点接触为主，胶结类型主要为孔隙型，胶结物主要为泥质，其次为钙质。

沙三上亚段（$E_2s_3^1$）和沙三中Ⅰ组（$E_2s_3^2$Ⅰ）的储层主要是大套的玄武岩里夹的碎屑岩条带，储层岩性主要以细砂岩、含砾砂岩为主，粗砂岩、砂砾岩次之。分选性中等 - 差，磨圆度为次圆—次棱角状，碎屑成分以石英、长石为主，胶结类型主要有接触式、孔隙式等。

沙三中Ⅱ和沙三中Ⅲ组（$E_2s_3^2$Ⅱ、$E_2s_3^2$Ⅲ）主要发育火山岩，取心证实主要岩性为粗面质角砾岩和粗面质熔岩、玄武质熔岩三种岩性。

粗面质角砾岩：呈棱角状，分选性较差，角砾以粗面岩为主，其次见少量玄武岩等角砾，基质多为粗面质，粗面岩角砾局部可见扁平拉长状，定向排列，塑性变形的特征。

粗面质熔岩：成分相当于正长岩的火山熔岩，SiO_2 含量为 52%～63%，以普遍出现碱性长石斑晶为主要特点。岩石多呈灰黑色、风化后为褐灰色或肉红色，半晶质结构，常见斑状结构、聚斑结构，斑晶多为自形的透长石、正长石或中长石，有时出现辉石或暗化的角闪石、黑云母；基质以微晶透长石为主，常具有典型的粗面结构、块状结构。

玄武质熔岩：斑状结构，基质为玻基交织结构、间隐结构，块状构造；成分主要为基性长石和辉石，少量角闪石，基质中斑晶为基性长石，岩石局部碳酸盐化、绿泥石化。

（三）储集空间类型

沙一中亚段、沙一下亚段（$E_3s_1^2$、$E_3s_1^3$）碎屑岩储层以粒间孔隙为主，其他粒内孔隙、裂缝孔隙少见。孔隙半径较大，一般分布在 50.14～75.22μm，平均为 60.03μm。储层孔隙为中细喉型，最大孔喉半径在 5～10μm，小于 5μm 的细喉特少，大于 10μm 的粗喉也比较少。

沙三上亚段（$E_2s_3^1$）和沙三中Ⅰ油层组（$E_2s_3^2$Ⅰ）碎屑岩储层的储集空间主要是粒间

孔隙，包括原生粒间孔隙和粒间溶孔。其次还有粒内溶孔、胶结物溶孔、裂缝孔隙等。碎屑岩储层孔隙演化主要受控于沉积相带和岩石结构及后期成岩作用的改造，储层孔隙的变化表现为原生孔隙的逐渐减少和次生孔隙的形成，次生孔隙带的发育改善了储集性能，对中深层的油气聚集十分有利。

沙三中Ⅱ油层组（$E_2s_3^2$Ⅱ）和沙三中Ⅲ油层组（$E_2s_3^2$Ⅲ）火山岩储集空间类型多，孔隙结构复杂，次生孔隙发育，非均质性强。火山岩储集空间具有缝洞－孔隙双重介质，属裂缝－孔隙型储层。从成因上看，火山岩储集空间分为原生储集空间和次生储集空间两大类，原生储集空间又可分为原生孔隙和裂缝两类。原生孔隙包括原生砾间孔缝、原生气孔、原生裂缝、晶间孔、晶内缝等；次生孔隙包括溶蚀孔缝、方解石溶孔、溶蚀残余晶间孔、晶间微孔、构造缝等。

本区火山岩受后期驾掌寺断层右旋走滑改造作用的影响，在靠近断层附近构造裂缝较为发育，利于后期储层的溶蚀改造，也利于油气的运移和聚集。

（四）物性特征

根据本区岩心物性分析，$E_3s_1^2$、$E_3s_1^3$：孔隙度一般为 10.1%～27%，平均为 21%，岩心分析渗透一般在 139.8～535mD，平均为 347mD，为中孔中渗储层。

$E_2s_3^1$Ⅰ、$E_2s_3^1$Ⅱ、$E_2s_3^2$Ⅰ：孔隙度一般为 3.8%～26.3%，平均为 15.3%，岩心分析渗透率一般在 4.1～33mD，平均为 10.7mD，为中低孔低渗储层。

$E_2s_3^2$Ⅱ、$E_2s_3^2$Ⅲ（火山岩）：孔隙度一般为 5.4%～16.7%，平均为 11.4%，岩心分析渗透率一般在 0.5～1.6mD，平均为 0.6mD，为中低孔特低渗储层。

（五）火山岩储层测井地质特征

本区火山岩储层分布在沙三中Ⅱ油层组和沙三中Ⅲ油层组。根据岩心分析资料，将本区火山岩岩性主要归为爆发相粗面质角砾岩、溢流相粗面质熔岩和玄武质熔岩。对不同岩类常规测井曲线特征进行分析，优选密度、中子、自然伽马、时差等对岩性反映敏感的曲线开展岩性测井识别。

粗面质角砾岩：在测井曲线上表现为高自然伽马、低密度、高中子、较高时差等特征，伽马曲线多呈"锯齿状"特征。

粗面质熔岩：在测井曲线上表现为高自然伽马、中等密度、低中子、低时差等特征，伽马曲线多呈"平直状"特征。

玄武质熔岩：在测井曲线上表现为低自然伽马、高密度、高中子等特征，伽马曲线多呈"低平直状"特征。

在定性识别岩性基础上，采用"岩心刻度测井"的方法，建立本区火山岩常规测井岩性划分标准，运用伽马、密度、中子、时差及电阻率曲线可以较好地区分本区火山岩的三种岩性。

据本区录井含油气性统计，爆发相的粗面质角砾岩油迹以上级别所占百分比为

65.3%，其次为粗面质熔岩（20.2%）；玄武质熔岩（6.7%）含油气性最差。

驾 31 井在 4131.1～4162.0m 处试油，岩性为溢流相粗面质熔岩，折合日产水 0.09m³，累计产水 0.058m³，试油结论为干层。于 70 井在 4449.0～4495.7m 处试油，岩性为爆发相粗面质角砾岩，压裂后日产油 17.9m³，日产水 72.1m³，累计产油 121.1m³，累计产水 295.1m³，试油结论为油水同层。

综合储层物性和含油气性评价，爆发相的粗面质角砾岩物性最好、含油性最高，结合试油试采资料确定粗面质角砾岩是本区最有利的储集岩性。

（六）储层分布特征

1. 储层预测

本区储层岩性分为砂岩和火山岩。沙一段由于完钻井控制程度较高，针对主要含油砂体的横向预测，是以钻井点控制为基础，通过合成记录标定油砂体反射轴，参考了地震反射特征（包括振幅、频率、相位、连续性等属性的变化）综合预测油砂体的分布。而对于沙三上 II 油层组（$E_2s_3^1$ II）、沙三中 I 油层组（$E_2s_3^2$ I）厚层玄武岩中夹的薄层砂体，由于受到地震资料的分辨率的影响，主要以钻井控制为基础进行横向预测。

火山岩主要是刻画有利的储集岩性——爆发相的粗面质角砾岩。储层预测首先以单井岩性、岩相综合识别为基础，落实单井粗面质角砾岩厚度，然后通过岩电标定优选对粗面质角砾岩响应敏感的测井曲线（GR、AC、RT）进行波阻抗曲线的重构，通过曲线交会发现重构波阻抗曲线可以较好地识别出爆发相的粗面质角砾岩，在此基础上开展波阻抗反演。沙三中 II 油层组以地层顶、底为界提取粗面质角砾的岩性厚度，沙三中 III 油层组无井钻穿，以地层顶界向下开 200ms 时窗统计粗面质角砾岩的岩性厚度，综合刻画粗面质角砾岩厚度分布特征。

2. 储层纵向分布特征

根据岩性、电性和沉积旋回特征，对驾 31 块进行了层组划分，由测井资料结合地震细分标定研究结果看，将驾 31 块纵向上划分为 7 个层组，自上而下依次发育 $E_3s_1^2$、$E_3s_1^3$、$E_2s_3^1$ I、$E_2s_3^1$ II、$E_2s_3^2$ I、$E_2s_3^2$ II、$E_2s_3^2$ III；其中 $E_3s_1^2$、$E_3s_1^3$、$E_2s_3^1$ I、$E_2s_3^1$ II、$E_2s_3^2$ I 为砂岩储层，$E_2s_3^2$ II、$E_2s_3^2$ III 发育火山岩储层。

$E_3s_1^2$：地层厚度为 200～300m，含油砂体厚度一般为 5～25m；单井最大厚度为 22.1m（驾 31-32-30 井），单层厚度为 2.0～10.4m，平均为 5.6m。

$E_3s_1^3$：地层厚度为 150～200m，含油砂体厚度一般为 5～20m；单井最大厚度为 21.3m（驾 31-30-30 井），单层厚度为 1.5～8.5m，平均为 3.7m。

$E_2s_3^1$ I：地层厚度为 200～250m，含油砂体厚度小于 5m；单井最大厚度为 4.8m（驾 34-1 井），单层厚度为 1.5～4.5m，平均为 2.5m。

$E_2s_3^1$ II：地层厚度为 350～400m，含油砂体夹在厚层玄武岩之中，厚度一般小于 5m；单井最大厚度为 6.0m（驾 34-2 井），单层厚度为 1.0～5.0m，平均为 2.5m。

$E_2s_3^2 I$：地层厚度为 150～200m，含油砂体夹在厚层玄武岩之中，厚度小于 5m；单井最大厚度为 4.0m（驾 34-1 井），单层厚度为 1.6～2.2m，平均为 2.0m。

$E_2s_3^2 II$：地层厚度为 300～400m，为火山岩储层，优势岩性为爆发相的粗面质火山角砾岩。而 $E_2s_3^2 II$ 主要岩性为溢流相的粗面质熔岩和玄武质熔岩，粗面质火山角砾岩相对较少。经测井资料统计，粗面质火山角砾岩占比 25%，因此储层厚度较薄，一般为 25～70m；单井最大厚度为 73.8m（于 70 井），单层厚度为 8.7～23.6m，平均为 16.3m。

$E_2s_3^2 III$：地层厚度为 250～300m，主要岩性为粗面质火山角砾岩，经测井资料统计，粗面质火山角砾岩占比 75%，因此储层较为发育，厚度一般为 30～100m；单井最大厚度为 139m（于 70 井），单层厚度为 6.7～43.7m，平均为 22.6m。

3. 储层平面展布特征

储层平面上分布为靠近断层较为发育。

$E_3s_1^2$：驾 31 井含油砂体平面上主要分布在近南北向驾 34 井—驾 31-34-28 井一带，储层横向变化快，含油砂体向西南方向黄 35 井和黄 42 井、向东南方向驾 602 井减薄尖灭。

$E_3s_1^3$：含油砂体分布于驾 31-30-30 井、驾 34-2 井附近，靠近断层厚度较大，经钻井证实驾 31-30-30 井区含油砂体向西驾 31 井物性变差变为干层，向南、西方向减薄尖灭，向北受断层控制。北部驾 34-2 井区含油砂体，向东北方向于 70 井、向西南方向黄 57 井减薄尖灭，在南、北方向受断层控制。

$E_2s_3^1 I$：含油砂体分布在驾 31 井和驾 34 井附近，向四周减薄尖灭。

$E_2s_3^1 II$：含油砂体夹在大套玄武岩层段内部，平面分布在工区中部驾 34-2 井、驾 31 井附近。驾 31 井区西北方向受到断层控制，向东、南方向减薄尖灭。北部驾 34-2 井区向北东、南西方向减薄尖灭，向北西、南东方向受断层控制。

$E_2s_3^2 I$：含油砂体夹在大套玄武岩层段内部，平面分布局限，分布在驾 34-1 井附近，西北方向受断层控制，向北东、南西、南东方向尖灭。

$E_2s_3^2 II$、$E_2s_3^2 III$ 储层为火山岩。优势储层岩性为粗面质角砾岩，主要以单井岩性、岩相综合识别为基础，落实单井粗面质角砾岩厚度，结合地震反演预测结果，综合刻画粗面质角砾岩厚度分布特征，编制油层组粗面质角砾岩厚度分布图。

$E_2s_3^2 II$：粗面质角砾岩厚度在靠近断层处较大，平面上在驾 34 井和于 70 井存在两个高值区，向四周厚度逐渐减薄。

$E_2s_3^2 III$：粗面质角砾岩较为发育，平面上在靠近断层驾 34 井—于 70 井条带处较厚，呈椭圆状分布，向四周逐渐减薄。

五、油藏特征

驾 31 区块 $E_3s_1^2$、$E_3s_1^3$、$E_2s_3^1 I$、$E_2s_3^1 II$、$E_2s_3^2 I$ 油层组的储层岩性为砂岩，$E_2s_3^2 II$、$E_2s_3^2 III$ 油层组的岩性为火山岩。

$E_3s_1^2$、$E_3s_1^3$、$E_2s_3^1 I$、$E_2s_3^1 II$、$E_2s_3^2 I$ 油层组的油层分布受沉积、砂体、构造控制，

油藏埋藏深度为2550~3850m。经钻井和试油试采资料证实，纵向上油层均有分布，含油井段为1200m左右，单油组的含油井段一般在10~80m左右，油层单层厚度较薄，一般为1.0~5.0m，平均为2.7m。平面上油层分布一受岩性和物性控制，二受断层控制；油藏类型均为岩性油藏。

$E_3s_1^2$：油藏埋藏深度为2550~2800m，含油井段为200m，单层厚度一般为3.0~6.0m，油层平面上主要分布在驾34井—驾31-34-28井一线，向西由驾31井向黄35井方向油层减薄至尖灭；向北受断层控制；向南、向东受岩性、物性控制，油层减薄至尖灭。

$E_3s_1^3$：油藏埋藏深度为2800~3050m，含油井段为150m，单层厚度一般为1.5~3.0m，油层平面上主要分布在驾34井附近和驾31-30-30井附近；在驾34井区，向东、西两侧受岩性控制，油层减薄尖灭；南、北两侧油层发育至断层。在驾31-30-30井区，油层向西至驾31井和驾31-34-28井油层减薄尖灭；向东侧受岩性控制，油层减薄至尖灭。

$E_2s_3^1$Ⅰ：油藏埋藏深度为3000~3300m，含油井段为50m，单层厚度一般为1.2~4.0m，油层平面分布主要受岩性控制，分布在驾34井附近和驾31井附近。

$E_2s_3^1$Ⅱ：油藏埋藏深度为3320~3700m，油层分布在大套玄武岩夹着的碎屑岩中，含油井段为15m，单层厚度一般为1.0~2.5m，在驾34井和驾34-2井附近较为发育；油层分布主要受岩性控制。

$E_2s_3^2$Ⅰ：油藏埋藏深度为3700~3850m，油层分布在大套玄武岩夹着的碎屑岩中，含油井段为10m，单层厚度一般为1.0~2.0m，在驾34-1井—驾31井一线较为发育，向东侧、西侧、南侧油层减薄尖灭；油层分布主要受岩性控制。

$E_2s_3^2$Ⅱ、$E_2s_3^2$Ⅲ储层岩性为火山岩，纵向上油层均有分布，平面上靠近西侧油源、靠近断层的爆发相粗面质角砾岩是油气富集区。油气分布具有两个显著特点：一是油源和断层控制油气分布；二是爆发相的粗面质角砾岩控制油气富集。

$E_2s_3^2$Ⅱ：油藏埋藏深度为3900~4028m，仅于70井钻遇油层，含油井段为50m左右，单层厚度为10.6m；平面上油层在于70井附近分布，向西北侧受断层控制；向西南侧受岩性控制；油层逐渐减薄至尖灭。向东北侧、东南侧构造低部位受油水界面控制。油层分布受油源、构造、粗面质角砾岩分布控制，为构造—岩性油藏。

油水界面确定依据如下：于70井在$E_2s_3^2$Ⅱ油层组4034.2~4077.2m井段，43.0m/4层，2017年2月压裂试油，压后5mm油嘴日产油3.3m³，日产水34.05m³；2017年3月2日5mm油嘴自喷，初期日产油4.8t，日产水5.1m³；截至2019年9月30日，ϕ38泵抽，日产油1.3t，日产水5m³，累计产油3865.3t，累计产水10159.7m³。依据电性、录井特征分析，95号层4055.4~4066.0m（埋藏深度为4017.5~4028.1m）层录井显示油斑，气测显示良好，96号层录井显示油迹，气测显示较95号层有明显变化，试采资料证实地层出水，以于70井$E_2s_3^2$Ⅱ油层组油底4066m（-4028.1m），确定油水界面-4028m。

$E_2s_3^2$Ⅲ：油藏埋藏深度为4280~4442m，由于优势岩性发育，块内4口井均钻遇油层，含油井段为150~200m左右，单层厚度为6~30m。平面上分布范围较广，在于70井附近较厚，向西北侧受断层控制，向东南侧则受粗面质角砾岩分布控制，向东北侧构造低部位受油水界面控制，油层分布受油源、构造、粗面质角砾岩分布控制，油藏类型为构造－岩性油藏。

油水界面确定依据如下：于 70 井在 $E_2s_3^2$ Ⅲ 油层组 4449.0～4495.7m 井段，46.7m/4 层，2013 年 12 月压裂试油，压后油管排液日产油 17.9m³，日产水 72.1m³，累计产油 121.05m³，累计产水 295.1m³，试油结论为油水同层。121 号层 4469.0～4483.1m（埋藏深度为 4428.4～4442.1m）录井显示油斑，气测显示好，122 号层录井显示油斑、油迹，气测曲线明显降低，确定于 70 井油底 4442.1m。

驾 34 井在 $E_2s_3^2$ Ⅲ 油层组 4665.0～4710.0m 井段，45m/2 层，2017 年 3 月压裂试采，5mm 油嘴日产油 14t，日产水 11.5m³，累计产油 1125.9m³，累计产水 671.3m³，由水分析可知为地层水。145 号层 4685.2～4692.8m（埋藏深度为 4431.6～4439.2m）录井显示油斑，146 号层 4695.8～4710m（埋藏深度为 4442.56～4455.43m）录井显示油斑、油迹；电阻率曲线明显降低，生产资料证实出水，确定驾 34 油底 4439.2m。

综合于 70 井和驾 34 井试油试采资料，以两口井最低油底深度确定油水界面为 4442m。

六、部署及效果

（一）开发部署原则

本次开发部署整体考虑驾 31 块 250.19×10⁴t 的储量规模，其中已开发储量 39.57×10⁴t，未开发储量 210.62×10⁴t。为实现区块有效动用，按照以下原则进行开发部署设计：

（1）统筹考虑砂岩、粗面岩储层，上、下兼顾，确保物质基础。

（2）含油幅度 100m 以上区域部署水平井，规避见水风险。

（3）油井压裂投产，增加动用储量，保证油井产能。

（4）砂岩注水开发，粗面岩注气开发。

（二）开发层系

该区块储量丰度低，砂岩储层储量丰度为 52.8×10⁴t/km²，粗面岩储层储量丰度为 56×10⁴t/km²，砂岩储层厚度薄、规模小，综合考虑以上因素，确定整体采用一套开发层系较为经济合理。

（三）井型

目前，已开发砂岩储层已完钻 6 口直井，整体储量控制程度较高。粗面岩储层主体发育一套油层，平面连续稳定，且目的层存在底水，利用直井开发易发生水窜。另外，若采用水平井开发粗面岩储层，其直井段可兼顾砂岩储层。综合考虑以上因素，建议采用平直组合的方式较为合理。

（四）开发方式

该区油井产量下降快、递减率高、天然能量采收率低，表明该区天然能量不足，需要补充能量开发。

驾 31 块 $E_3s_1^2$ 储层与邻近区块于 606 块层位、深度、物性均较相似，借鉴于 606 块，水驱油效率为 44.2%，适合注水开发。另外，主产油层连通性较好，连通系数为 80%。因此，建议砂岩储层采用注水开发方式。

驾 31 块粗面岩储层建议采用气驱开发方式。借鉴兴古 7 块物模实验，研究结果表明，采用气驱方式开发驱油效率为 61.23%。

同类型油藏小 22 块曾开展注气试验，通过注气并辅以泡沫，试验井组日产油由 11.3t 上升至 23.8t，含水由 94.2% 下降至 88.4%，增油降水效果明显，为驾 31 块粗面岩储层开发提供了有力借鉴。

综上分析，确定驾 31 块砂岩储层采用注水开发方式，粗面岩储层采用注气开发方式，预计可取得较好开发效果。

（五）部署结果

整体部署直井 10 口、水平井 6 口，其中利用老井 8 口，新部署直井 2 口、水平井 6 口。整体设计采油井 11 口，注入井 5 口。

第二节　基岩潜山油气藏综合评价

一、兴隆台潜山综合评价

（一）概况

1. 地理位置

研究区地理上位于辽宁省盘锦市兴隆台区和大洼县境内，该区地势平坦，地面海拔 2～4m，地面为盘锦市政府和辽河油田机关所在地，区内公路、铁路纵横交错，交通便利，通信发达。构造上位于渤海湾盆地辽河坳陷西部凹陷中部兴隆台油田。

2. 勘探开发历程和现状

兴隆台油田的勘探工作始于 20 世纪 60 年代，是辽河坳陷勘探开发 40 余年的老油田，1969 年 9 月钻探的兴 1 井在沙三段试油首获日产油 152.4t 高产工业油流而发现了兴隆台油田，揭开了兴隆台油田勘探开发的序幕。目前，兴隆台油田已发现东营组，沙河街组一段、二段、三段，中生界和太古界等六套含油气层系。

兴隆台潜山带勘探评价工作大致可以分为四个阶段：

第一阶段（1973—1998 年），潜山风化壳勘探阶段。1973 年，兴 94 井首先钻遇太古界潜山，随后兴 229 井在太古界 2384.4～2417.4m 井段 33.0m/8 层试油，4mm 油嘴日产油 9.84t，获得工业油流，发现了太古界潜山油藏，但由于日产油量比沙河街组低，没有进行更深入勘探。由于受风化壳成藏认识的限制，完钻井揭露潜山地层厚度大都集中在潜山面以下 300m 以内，投产井多为潜山段与上部层系油层合采，单采潜山段油井仅 4 口，其中兴 68 井在太古界投产效果较好，生产井段 2463.45～2710.5m，初期日产油 20.6t，累计产油 $3.59×10^4$t。其他井初期单井日产油均在 10t 以下，累计产油在 1000t 左右，开发效果较差。该阶段认识是潜山风化壳含油，含油底界为 2720m，勘探工作未获得实质性突破。

第二阶段（1999—2004 年），低潜山勘探阶段。90 年代末，随着勘探开发形势的发展，受曙光、大民屯低潜山勘探成功的启示，兴隆台潜山带重新被选为重点勘探评价目标。在新的物探资料处理解释基础上，重新落实了潜山构造形态，落实了兴隆台潜山带北侧陈家低潜山、中部兴隆台潜山和南侧马圈子低潜山，先后部署了陈古 1 井、兴古 5 井、马古 1 井、马古 2 井、马古 3 井等 5 口预探井。首先在 2000 年钻探完钻陈古 1 井，试油井段 4123.6～4269.0m（垂深 4001.17～4146.57m），累计产油 $0.25m^3$，证实含油底界为 4147m。2003 年，在马圈子潜山钻探马古 1 井，该井在 3844.83～4081.02m 裸眼井段（垂深 3731.4～3957.0m）试采获得日产油 21.2t 的较高产量。2004 年，又在马圈子潜山北钻探马古 3 井，该井完钻井深 4608m（垂深），在 4173.00～4608.00m 裸眼井段（垂深 4070.0～4502.5m）地层测试，折合日产油 12.7t，获得了工业油流并投产，使辽河坳陷首次在 4200m 地层深度（马古 3 井在试油井段确定的储层底界为 4264m）发现油层，兴隆台潜山带勘探取得了重大突破性进展。由此，2004 年在兴隆台潜山带马圈子潜山马古 1 和马古 3 区块上报新增预测储量面积 $24.2km^2$，预测石油地质储量 $6442×10^4$t。

第三阶段（2005—2007 年），潜山内幕勘探开发评价阶段。根据马古和陈古低潜山勘探取得的成果，认识到兴隆台潜山带 2400～4200m 均具有油气聚集成藏的条件，潜山内幕储层可能依然发育，因此增强了在兴隆台潜山带高潜山坚持勘探的信心，2005 年在兴隆台潜山部署了兴古 7 井以钻探评价风化壳以下内幕地层的含油情况，该井钻遇太古界顶面深度 2589.5m（垂深 2540.5m），完钻井深 4230m（垂深 4174m），揭露太古界厚度 1640.5m，共试油 3 层，均获得工业油流，其中在 3987.00m～4014.50m（垂深 3936.0～3963.5m）井段试油，地层测试平均液面 2026m，折合日产油 60.11t，获得工业油流，出油底界为 3963m，使兴隆台潜山出油底界由 2720m 拓深到 3960m，证实了潜山内幕储层发育，突破了潜山风化壳含油的认识，揭开了潜山内幕勘探评价序幕。

第四阶段（2008—2010 年），潜山带整体勘探评价与开发阶段。2008 年，为进一步落实兴隆台潜山主体块 4000m 以下含油气情况，在兴隆台逆断层下盘部署实施了兴古 7-10 井，该井在兴隆台逆断层下盘揭露 1660m 的中生界地层后钻达了太古界地层，揭露太古界 570m，在太古界 4586.0～4633.7m（垂深 4436.0～4483.7m）井段试油，8mm 油嘴自喷，日产油 60.57t，兴隆台潜山含油底界继续向下拓深到 4500m，同时预探兴古 12 井、马古 7 井、评价井兴古 7-12 井等相继获得工业油流，使兴隆台潜山平面上和纵向上含油范围不断扩大。在前期预探和油藏评价及开发认识的基础上，辽河油田提出了在兴隆台潜山带增储一亿吨，建产百万吨的工作目标，从而拉开了整体勘探评价与开发的序幕。

兴隆台潜山带钻遇潜山地层（中生界和太古界）的各类井共有 128 口，其中 1999 年以来共实施探井 47 口（其中预探井 20 口，评价井 27 口），2006 年以来潜山深层完钻开发井 49 口。目前，兴隆台潜山带共投产油井 85 口，其中水平井 39 口，目前开井 58 口，日产油 2567.4t，日产气 $60.7 \times 10^4 m^3$，累计产油 $180.7 \times 10^4 t$，累计产气 $5.3 \times 10^8 m^3$，有望建成百万吨生产能力。

（二）地层特征

兴隆台潜山带钻井揭示的地层自下而上发育太古界、中生界、新生代古近纪沙河街组（沙三段、沙二段、沙一段）、东营组及新近纪地层，缺失古生代和元古代地层，共发现了东营组，沙河街组沙一段、沙二段、沙三段，中生界和太古界六套含油气层系（表 5-2-1），本次评价的目的层为中生界和太古界。

表 5-2-1 兴隆台油田地层划分简表

界	系	统	组	段	层位代号	厚度 /m	岩性、岩相简述
新生界	新近系	中新统	馆陶组		Ng		灰白、浅灰色块状砂砾岩，底部见底砾岩
	古近系	渐新统	东营组		E_3d	364~530	以灰绿色泥岩与砂岩呈不等厚互层为主。上部是砂砾岩、砂岩发育段；中部以绿色泥岩为主；下部可见碳质泥岩
		始新统	沙河街组	沙一段	E_3s_1	114~325	上部为灰色泥岩夹薄层砂岩或含砾砂岩，中部发育一组油页岩；下部为灰色泥岩夹含砾砂岩，底部发育一组钙片页岩
				沙二段	E_3s_2	40~200	主要为粗碎屑岩。上部为灰色泥岩夹砂岩，下部以砂砾岩为主夹薄层泥岩
				沙三段	E_2s_3	283~689	上部为灰色泥岩夹薄层灰白色砂岩、含砾砂岩，中部为深灰色泥岩夹灰白色砂岩、砂砾岩，下部为泥岩及油页岩
中生界					Mz	0~1720	上部主要为玄武岩、安山岩，上中部为砂砾岩、中部为角砾岩夹薄层泥岩，下部为块状泥岩夹砂砾岩
太古界					Ar	>1903	变质岩夹侵入岩

兴隆台潜山带地层由中生界和太古界构成，统称为潜山地层，该潜山带地层具有双层地质结构，潜山带基底由太古宇变质岩构成，基底上覆盖层由中生代地层构成。

1. 太古界（Ar）

太古界地层为一套超变质的混合岩、区域变质岩及晚期侵入的岩体构成。从平面和空间分布来看，岩石中混合岩占绝对优势，而区域变质岩只占极少部分，在局部残留。各种混合岩之间无一明显的接触界线，各种类型的岩石呈渐变过渡关系。混合花岗岩为混合岩化最强烈的地区，一般向外混合岩化强度减弱，发育各种形态的混合岩；而在混合花岗岩体中往往是斜长混合花岗岩和二长混合花岗岩相互掺杂、并存。

侵入岩脉和次火山岩相超浅成侵入岩体在本区广泛发育，从这可以看出，辽河断陷盆地太古界基底曾多次遭到岩浆活动的干扰，使地质情况更加复杂化。

碎裂（动力）变质岩类在断陷盆地内主要发育在断层破碎带内，受断裂带的控制，并且多种类型碎裂（动力）变质岩石相互伴生。

兴隆台潜山钻遇太古界的井有 58 口，揭露太古界地层最厚的井为兴古 7 井（厚度为 1640m），最薄的井为兴 70 井（厚度为 80m）。南部马圈子潜山钻遇太古界的井有 6 口，揭露太古界地层最厚的井为马古 7 井（厚度为 645m），最薄的井为马古 2 井（厚度为 206m）。北部陈家潜山钻遇太古界的井有 4 口，揭露太古界地层最厚的井为陈古 3 井（厚度为 664m），最薄的井为陈古 5 井（厚度为 253m）。

2. 中生界（Mz）

中生界地层在纵向上主要发育四种岩性，呈"四层结构"分布，顶部发育一套区域性中基性火山喷发岩，厚度小于 100m，上部为大套砂砾岩，下部发育大段火山角砾岩、底部为凝灰质泥岩或泥岩。顶部火山岩主要为安山岩、英安岩、英安质熔结凝灰岩，部分井为基性蚀变玄武岩；上部砂岩、砂砾岩为深灰、绿灰、紫灰色，含油显示为荧光或油迹。中生界地层厚度受太古界潜山基底及逆冲断层控制，厚度变化较大。在兴隆台潜山构造高部位最薄，部分地区缺失（兴 229 井附近），向周边变厚；向北地层加厚速度缓慢，最大揭露厚度为 244m（兴古 7-12 井）；向东、西地层加厚速度较快，向东最大揭露厚度达 778m（兴古 7-13 井），向西最大揭露厚度达 650m（兴古 7-9 井）；兴古 7-5 逆断层以南地层厚度陡然加大，最大揭露厚度达 1863m（兴古 10 井）。四种岩性在兴隆台潜山带的不同部位的厚度差异较大。其中，角砾岩主要集中发育在兴古 7-5 逆断层以南，厚度为 400～600m 左右，向南角砾岩厚度变薄且呈分叉发育趋势。南部马圈子潜山构造高部位马古 1 井附近中生界较薄，揭露厚度仅 48m，向北中生界地层较厚，最大揭露厚度达 1715m（马古 6 井）。其中，角砾岩主要集中发育在马古 6 块内，厚度达 800m。北部陈家潜山中生界沉积较薄，构造高部位最薄，揭露厚度为 87m（陈古 1 井），向四周加厚，最大揭露厚度为 443m（陈古 3 井）。

（三）构造特征

1. 区域构造特征

中生代以前，兴隆台潜山带为辽河坳陷中央凸起的一部分。辽河坳陷结晶基底属于华北地台的一部分，为太古宙变质岩系。锆石同位素年龄测定变质年龄约为 13.85 亿年，混合岩化年龄为 10.01 亿～10.11 亿年，证明本区基岩的强烈的变质作用和混合岩化作用大概发生于元古宙的中元古代。在这个阶段，中央凸起长期出露水面，在地表地质应力作用下，经风化剥蚀的古残山形成溶蚀缝洞发育良好的储集层。通过古地貌研究，总体上，古地貌呈北东向展布及南北向洼隆相间的构造格局，具有充填沉积（或堆积）性质的中生界的厚度变化受控于古地貌特征。

中生代沉积早期，由于南、北边界大断层活动使得潜山在整体下降的断陷中呈上升趋势，形成潜山的雏形。中生界的沉积在本区上升的过程中保留很少，在潜山的高部位（兴229井），中生界的沉积基本没有保留，随着太古界潜山面深度的加深，中生界的沉积物逐渐加厚。

中生代晚期，北西走向的断裂系统继续活动，形成强烈的火山岩喷发。喷发顺序依次为基性的玄武岩（兴古7井、兴82井）、中性的安山岩（兴86井）、中酸性的凝灰岩（兴603井、兴68井）。经研究发现，本区的火山口位于兴603井、兴99井、兴213井附近，先期喷发的基性火山岩由于黏度较小，流动性较好，分布范围距离火山口相对较远；中期喷发的中性火山岩主要分布于距离火山口比较近的部位；后期喷发的中酸性火山岩只在火山口有分布，马古1井、马古3井潜山顶部未发现火山岩。

中生代末期（燕山期），辽河坳陷所在的区域地幔物质上涌，地壳发生区域型拱曲和隆升。盆地深层存在一个明显的北东向延伸的隆起带，对地层形成垂直的拱力。当应力超过岩石强度时，在地幔隆起地带顶部北西向的拉张应力作用下，导致隆起带的轴部开始张裂，形成一组以北东向为主的张性断裂系统，同时在上升拱应力的作用下，由于重力作用致使潜山带与中央凸起带分离，成为盘山断陷的一部分[1-3]。

沙三时期盆地裂谷演化阶段，由地幔上涌派生的拉张裂谷在其形成演化过程中，始终是以主干断裂为中心发生大规模的侧向滑动，潜山带脱离中央凸起越来越远，在潜山与中央凸起间的断裂越来越深，形成冷东深陷带，同时期本区成为西部凹陷的一部分。区内潜山逐渐相对升高，同时马圈子潜山与兴隆台潜山间的距离逐渐变大。兴隆台潜山成为西部凹陷全区帚状构造的核心部分——兴隆台砥柱，也是西部地应力集中的中心，成为地层及构造变动最强烈的地区。

在东营时期喜山运动右旋剪切的作用下，辽河凹陷内造成的近北东—南西向的拉张作用产生了相互平行、近东西向正断层系。

兴隆台潜山带太古界山头为地应力聚集、地下水活动而溶蚀强烈的地区，多期强烈的构造运动使太古界变质岩成为具有裂缝及孔隙比较发育的储集体。沙三后期，沙三段厚层深湖相暗色泥岩为良好的烃源岩，生成的油气在东营时期水平右旋应力的驱动下，通过断层及不整合面进入太古界古变质岩储层，同时由于上覆沙三段泥岩盖层的封隔作用，形成新生古储型潜山油藏。

2. 潜山地层地震特征

该潜山带三维地震满覆盖，构造解释总体采用的三维地震资料是2008年大连片处理的叠前时间偏移资料并结合局部叠前深度偏移资料，从总体上看，潜山顶面地震反射比较明显，潜山外部轮廓比较清楚，地震资料品质相对较好。潜山内幕地震反射特征有一定的层次，总体内幕地震资料品质较差，但通过制作合成地震记录，进行多井井震联合层位标定中生界和太古界界面，可以较好地落实该潜山带的构造。

1）潜山地层界面地震反射特征

潜山带的地层具有双重潜山结构，由太古界和中生界岩层组成。主要表现在潜山由太古界结晶基底和上覆中生界沉积岩、火山岩类构成。这种复杂的潜山岩性结构在地震剖面上反映出多样的波组反射特征。

　　潜山顶面中生界分布了一套火山岩地层，与上覆新生界沉积的沙泥岩地层之间，存在着较大的速度差异，这种速度的变化引起了新生界与中生界顶界之间有明显的波阻抗界面。从叠前时间偏移地震资料上很明显地看出，潜山顶界面整体表现为1~2个连续性较好、低频、强振幅的反射同相轴，可进行全区追踪、对比。

　　潜山内部由于中生界地层纵向上厚度差异较大，兴古潜山与马古潜山之间中生界地层较厚，从上到下依次发育了火山岩、砂砾岩、火山角砾岩、泥岩四层结构，这种复杂的岩性四层结构在地震资料上表现为差连续、中频、杂乱的反射地震特征。因此，很难根据叠前时间偏移地震资料地震波的反射特征来确定太古界潜山顶界面，但通过已完钻井，制作精确的合成地震记录，依据地层时代，借助测井解释成果，结合叠前深度偏移地震资料，标定出太古界潜山顶界面；马古潜山马古1区块中生界地层更薄，只发育了火山岩及砂砾岩地层，但在马古潜山相对较低的马古6区块，堆积了巨厚的中生界地层，在地震资料上表现为中—强振幅、较连续、中—低频的层状反射特征，与兴古潜山内部中生界地层地震反射有明显的差异，这是由于兴古潜山受东西向应力挤压，兴隆台逆断层向上逆冲作用造成的；陈古潜山内部分布了多套侵入岩，地震资料上反映出平行—亚平行、较连续、中—低频层状地震反射特征。因此，马古潜山、陈古潜山内幕太古界顶面可以根据地震资料的反射特征，结合合成地震记录标定并识别出来。

　　针对潜山带太古界、中生界地层和上覆新生界沉积地层的特点，以及这些地层在地震剖面上所体现的地震波反射响应，通过对潜山带典型井制作合成地震记录，准确标定出潜山顶界面（太古界顶界、中生界顶界）及上覆沉积地层（馆陶组、东营组、沙一二段）的反射界面。合成记录的层位标定是地震信息与地质研究的桥梁，标定的准确与否直接影响构造及断层解释的精度，其关键就是地震子波的选取和速度分析。在对典型井制作合成地震记录的过程中，速度的来源主要是测井声波时差数据，同时参考了地震资料处理时的叠加速度；子波的选取主要是从井旁地震道提取的混合相位子波，并与雷克子波相比较，同时对地震资料的频率进行频谱分析，叠前深度偏移地震资料频带宽度为8~35Hz，主频为15Hz左右，目的层主频为13Hz左右；叠前时间偏移地震资料频带宽度同样为8~35Hz，但主频有所降低为10Hz左右，目的层的主频为11Hz左右。通过对叠前深度偏移和叠前时间偏移地震资料频率的分析，认为叠前深度偏移地震资料的主频相对高一些，大大提高了地震的分辨率，为合成地震记录子波频率的选取提供了准确的依据。

　　因此，运用叠前深度偏移的地震资料进行构造解释，更能提高构造及断层解释的精度，但研究区构造解释的范围为98km²，而叠前深度偏移研究区处理的范围是64km²，缺少了马古潜山的马古1区块地震资料。为保证本次研究构造解释成图的一致性、完整性，整体应用的是叠前时间偏移的地震资料，但对潜山内幕地层界面及断层的标定、解释，重点结合了叠前深度偏移地震资料处理的成果。

　　2）潜山断层地震反射特征及断层综合解释

　　潜山带断裂系统十分复杂，按断层的发育时期大致分为两大类：一类是晚期发育的断层，主要有台安—大洼断裂、兴西断层、马南断层、兴北断层，是潜山带的控制性断层；另一类是早期发育的断层，主要有兴隆台逆断层、兴古10逆断层、兴古9逆断层、陈古逆断层、马古9断层、马古1北断层、马古6北断层等，是潜山的内幕断层，对潜山起到改造分块的作用，控制着潜山内幕裂缝的发育。对于这两大类断层，主要根据目的层反射波组在地震剖面上的错断，并利用地震数据体的相干处理技术，结合综合地质录井、测井解释的成果，对断层进行精确刻画。在进行构造解释之前，运用地震道间的相似性计算，对叠前时间偏移三维地震数据体做了相干处理，以初步了解各断裂在平面上的组合，为断层空间展布精细解释奠定基础。

（1）台安—大洼断裂。该断层是控制潜山带的主要断层，在叠前时间剖面上比较容易识别，由于该断层断距较大，断面两侧的岩性不同，形成一定长度的波阻抗界面。因此，断层上盘和下盘的地震反射波特征有明显的差别，断层上盘地震波能量强，为中—低频、连续反射，上、下地层间波组关系清晰；断层下盘反射波能量弱，为高频、差连续的杂乱反射。从相干体切片上也能较清楚地观察到该断层的位置，位于该断层的区域，地震波的振幅值较小，表现为空白的特点，而断层两侧，振幅值均有不同大小的增加。因此，该断层的综合解释，主要是依靠纵向、横向不同的地震测线，根据断层两侧地震波反射特征的不同，以及不同时间的相干体切片上振幅能量的强弱，交互解释出该断层平面断裂特征。

（2）兴西断层。该断层是从沙三期开始发育的晚期断层，在叠前时间偏移剖面上断面比较清晰，沿断面下倾方向也形成了一定长度的波阻抗界面，断面两侧地层的产状变化较大，呈屋脊状对折，有的地震剖面上反射同相轴出现扭曲的现象；从相干体切片上也比较容易判断该断层的位置，断层东侧目的层反射波振幅普遍较强，西侧反射波振幅相对较弱，在断点处呈现出反射波振幅最弱的空白条带；对于该断层也同样是依据不同的纵向、横向地震剖面及不同时间的相干体切片进行综合解释。

（3）马南断层。该断层在叠前时间剖面上断面更加清楚，浅层的馆陶组、东营组、沙一二段地层中，地震波波组及波系上、下错断非常明显，深层的中生界以下地层中，断面处沿下倾方向形成了断断续续的波阻抗界面，并且能够观察到一定数量的断面波。由于该断层南面为较深的清水洼陷，因此该断层下降盘地层加厚，上升盘地层变薄，从地震剖面上也很直观地反映出断层两侧地层厚度的变化，这也导致了断面两边波组不能一一对应，同时根据钻井也证实了在马南断层的上升盘缺失如沙四段等地层。

（4）兴北断层。该断层位于兴隆台潜山背斜的翼部，地震剖面上断面清晰可见，从潜山顶部到潜山内幕，断面向下倾方向处形成一定长度的强波阻抗界面，由于断面的屏蔽作用，界面两侧地震波反射强度明显不同，断面之下反射波能量较弱，为中频、中振幅、差连续反射，断面之上地震波反射能量较强，为中—低频、中—强振幅、较连续反射，反射特征具有一定的层次，并且在断面上能够看到绕射的现象。从相干体切片上，能够清晰地识别出该断层的平面走向。

（5）兴隆台逆断层。该断层发育在兴隆台潜山带的主体高部位，在叠前时间偏移剖面上，地震波反射杂乱，难以观察到该断层上、下两盘的错断，但从叠前深度偏移地震剖面上，能够隐约地识别出该断层扰动的痕迹。准确解释兴隆台逆断层，主要是依靠钻井揭示的潜山内幕中生界地层出现重复的深度点，作为该断层在地震剖面上断点的位置，工区内钻遇兴隆台逆断层的井共有5口：兴古7-5井、兴古7-6井、兴古7-8井、兴古7-21-20井、兴古7-24-16井；另一种方法就是对相干体数据进行道积分处理，通过对相干地震道反演，提高反射波振幅的强度，更清晰、直观地识别出该断层在平面上的展布特征。

（6）兴古10逆断层。该断层在叠前时间偏移剖面上解释比较困难，断层上、下两盘的地震波反射均为中—高频、差连续、杂乱反射，但在叠前深度偏移剖面上，能够看到该断层的一些印迹，但也很难准确解释出该断层在平面上的准确位置。对于该断层的综合解释，除借助叠前深度偏移地震资料外，主要是根据钻井揭示的潜山内幕中生界地层重复段的深度（兴古10井、兴古7-20井），再依据相干体的道积分时间切片，交互解释出该断层在地震剖面及平面上的准确展布走向。

（7）兴古9逆断层。该断层是与兴隆台逆断层背向发育的逆冲断层，无论是在叠前时间剖面还是在叠前深度偏移剖面上，该断层都不是很容易被识别的，但叠前深度偏移剖面上地震波同相轴断开的痕迹要比叠前时间偏移剖面上清楚得多；从相干体切片上，也能扫描出该断层断开的空白条带。对该断层的综合解释，也主要是依靠兴古9井钻井揭露的潜山内部中生界地层出现重复，判断该逆断层的存在位置，并结合叠前深度偏移的纵向地震资料及不同时间的相干体切片，三者交互印证，确定出该断层的平面走向及在地震剖面上的产状。

（8）陈古逆断层。该断层是发育在研究区北部边缘的一条逆断层，由于受大联片处理的叠前时间偏移三维地震资料范围的限制，北部地区没有地震资料，所以很难从相干体切片和叠前时间偏移地震剖面上识别出该断层，尽管对研究区的范围向北进行了扩展，且对地震资料做了相应的拼接，但从拼接的地震剖面上也很难解释出该断层的准确位置。不过，从叠前深度偏移剖面上的确能看出该断层错动的痕迹，断层上、下盘地层的产状也明显不同，再结合陈古5井、陈古2井（陈古2C井）钻井揭露中生界地层的重复点深度，对该断层进行综合解释。

（9）马古9断层。该断层处在兴古潜山和马古潜山转折部位，在叠前时间剖面上，潜山内部断层上、下盘地震波反射特点截然不同，上盘地震波呈中频、弱振幅、差连续的杂乱反射，下盘为中—低频、中振幅、较连续反射；从相干体切片上，根据断层及两侧振幅值的强弱，也较清楚地刻画出该断层的平面走向。

（10）马古1北断层。该断层在叠前时间偏移剖面上，从潜山顶面到潜山内幕都有较清楚的断面特征，断层的两侧是相对较高的马古1区块和埋藏较深的马古6区块，因此地层的产状在断面处出现波折，断层的下盘为中频、弱振幅、差连续反射；上盘由于马古6区块堆积了巨厚的中生界地层，地震波为中—低频、中—强振幅、较连续的层状反射，并结合相干体切片，能够对该断层进行精确地解释。

（11）马古6北断层。该断层也是从潜山顶界到潜山内幕在叠前时间偏移剖面上留下了清晰的空白狭窄条带断面痕迹，断层两侧地层产状及地震波反射特征明显不一样。断层上盘地层下倾，为中—强振幅、中—低频、较连续的层状反射，断层下盘地层上仰，为中—弱振幅、中频、差连续反射，在相干体切片上，很清楚地识别出该断层的平面走向。在层位标定的基础上，运用相干体处理的结果和叠前时间偏移地震资料，能够对该断层进行综合解释。

3. 断裂特征

该潜山带主要发育两组断层（表 5-2-2）：一组为北东向断层，为该区主干断层，控制着潜山带的形成与分布；另一组为近东西向断层，对兴隆台潜山带起分块作用。潜山带内幕发育近东西向逆冲断层，主要由两组相向倾斜的逆冲断层组成，表现为自兴隆台潜山背斜中心核部向两个相反方向逆冲，形成背冲式逆冲断层构造，对裂缝的形成起到十分重要的作用。从发育时间上可分为晚期和早期两类。

表 5-2-2 兴隆台潜山带主干断层要素表

断层名称	断层性质	断层开始发育时期	断开层位	目的层断距 / m	断层产状			
					走向	倾向	倾角 / (°)	延伸长度 / km
台安—大洼断层	正	沙三期	Ar—Ng	>3000	NE	W	35~55	16
兴西断层	正	沙三期	Ar—Es₃	200~1000	NE	NW	40~80	17
兴北断层	正	沙三期	Ar—Es₃	650~900	近 EW	NE	60~80	7.1
马南断层	正	沙三期	Ar—Ng	1700	近 EW	S	30~60	8.7
兴隆台断层	逆—正	中生代	Ar—Es₃	450~1350	近 EW	NE	45~80	7.0
兴古 10 断层	逆	中生代	Ar—Es₃	250~400	近 EW	NE	70~80	6.0
陈古断层	逆	中生代	Ar—Es₃	470	NW	SW	35~65	4.1
兴古 9 断层	逆	中生代	Ar—Mz	200~500	NW	SW	55~65	5.3
马古 1 北断层	正	中生代	Ar—Es₃	450~1300	近 EW	N	40~70	7.3
马古 6 北断层	正	中生代	Ar—Es₃	250~500	近 EW	WS	45~80	6.3
马古 9 断层	正	中生代	Ar—Mz	240~650	NW	NNE	50~65	5.4
陈古 3 南断层	正	中生代	Ar—Es₃	200~300	NW	SW	55~70	4.6
马古 8 西断层	正	中生代	Ar—Es₃	100~300	近 NE	SE	45~60	4.6
马古 7 西断层	正	中生代	Ar—Es₃	100~350	NE	NW	55~65	3.7
马古 12 西断层	正	中生代	Ar—Es₃	50~100	NE	NW	60~75	4.6
马古 3 西断层	正	中生代	Ar—Es₃	50~100	NE	NW	60~70	4.2
陈古 1 南断层	正	中生代	Ar—Es₃	50~100	近 EW	NE	50~65	4.8

潜山带晚期主要断层：主要从沙三期开始发育。

（1）台安—大洼断层。诊断层为北东走向断层，位于潜山带东侧，工区内延伸长度约16km，最大断距超过3000m是辽河西部凹陷主控边界断层，为一级断层，控制着西部凹陷的形成与演化。该断层从沙三期开始长期继承性发育，使兴隆台潜山带与中央凸起分离，控制其不断陷落、深埋。台安—大洼断层是清水洼陷和陈家洼陷的主控断层，使得断裂带可以成为油气运移的良好通道，推测这是导致潜山带整体含油的重要原因。

（2）兴西断层。该断层为北东走向断层，是兴隆台潜山带西侧的主控边界断层。工区内延伸长度约17km，最大断距超过1000m，是分隔盘山洼陷和兴隆台潜山带的控制性断层，也是沙四段地层在该区域的东部边界断层，对兴隆台潜山构造带的形成起重要的控制作用，初步分析认为，该断层主要在沙四期和沙三期活动，在中生代时期也有活动，在沙三期间，该断层强烈活动，断距最大达到1600m，活动量南部大于北部，控制着盘山洼陷的形成。

（3）兴北断层。该断层为近东西走向断层，位于兴隆台潜山的北侧，断面北倾，近东西走向，断距650～900m。沙三早、中期，伴随着东侧台安—大洼断层的强烈活动，兴隆台潜山与中央凸起分离，陷落于洼陷中央，该断层在这一时期活动最为强烈，使北侧的陈家潜山与兴隆台潜山分离，深陷于陈家洼陷，使陈家洼陷的沙三段巨厚生油岩与兴隆台潜山大面积接触，为兴隆台潜山提供了非常有利的供油窗口。构造解析分析认为，兴北断层可能是一负反转断层，中生代印支期为逆断层，新生代为正断层。

（4）马南断层。该断层为近东西走向断层，位于兴隆台潜山的南部，该断层从沙三时期长期发育，沙三期间该断层强烈活动，断层滑距最大达到1700m，是分隔清水洼陷和兴隆台潜山带的控制性断层，对兴隆台潜山构造带的形成起重要的控制作用。在沙三早、中期，该断层伴随着兴隆台潜山带与中央凸起分离而强烈活动，其下降盘清水洼陷基底深陷，该断层的巨大断距成为清水洼陷向兴隆台潜山带供油窗口，为油气在潜山带富集提供了条件。

潜山带早期主要断层（潜山内幕断层）：主要从中生代开始发育。

（1）兴隆台逆断层。该断层为近东西走向，位于兴隆台潜山的主体部位，是在中生界发育起来的逆掩断层，断面北倾，倾角为45°～80°，目的层断距为450～1350m，区内延伸长度大约7km，该断层具有早逆晚正的特点。本区区域应力场中生界早期至晚期经历了由走滑挤压到拉张伸展的变化过程，早期的走滑挤压运动发育，使兴隆台逆断层呈现出逆冲的特点，促成了以兴古7块为主峰的兴古潜山主体构造形态的形成，晚期的拉张伸展运动在本区产生一系列近东西向的正断层，并使早期逆断特征得到改变，在中生界晚期构造基本定型时，断裂都表现为正断层特征。该逆断层对本区潜山内部裂缝的发育具有积极的贡献，使该断层两侧的太古界和中生界的裂缝性储层极为发育。

（2）兴古10逆断层。该断层为近东西走向断层，位于兴隆台潜山的南部，是兴隆台潜山与马古潜山分界的逆掩断层，断面北倾，倾角为70°～80°，目的层断距约为250～400m，区内延伸长度为6km，受区域应力的走滑挤压作用，该断层活动强烈，并伴随着兴隆台潜山一起向上逆冲，虽然晚期发生了拉张伸展的构造运动，但对这条位于兴隆台潜山翼部断层，改造作用不是十分明显，在中生界仍表现为向上逆冲的逆断层特征。该断层对潜山内部裂缝的发育有重要作用。

（3）陈古逆断层。该断层为近北西走向断层，位于陈古潜山北侧，是中生界发育起来的晚期逆掩断层，断面向南西倾斜，倾角为25°～65°，目的层断距约为470m，区内延伸长度为4.1km，是兴隆台潜山受挤压向上逆冲形成的逆断层，由于该层强烈活动，其下降盘陈家洼陷基底向北深陷，成为陈家洼陷向陈古潜山良好的供油通道，为油气在陈古潜山带富集提供了条件。

（4）兴古9逆断层。该断层为近北西走向断层，位于兴隆台潜山与陈古潜山的转折部位，断面向南西倾斜，倾角为55°～65°，目的层断距为200～500m，区内延伸长度约为5.3km，该断层由于位于兴隆台潜山背斜的翼部，兴隆台潜山在受走滑挤压作用向上逆冲的次一级断层，在沙三早期活动趋于停止。

（5）马古1北断层。该断层为近东西走向断层，位于马古潜山中部，是马古1区块和马古6区块的分界断层，断面北倾，倾角为40°～70°，目的层断距为450～1300m，区内延伸长度约为7.3km，该断层早期活动强烈，到沙三末期活动基本停止，控制着马古6区块中生界地层的沉积。

（6）马古6北断层。该断层为近东西走向断层，位于马古6区块的北侧，断面向西南倾斜，倾角约为45°～80°，目的层断距为250～500m，区内延伸长度为6.3km，由于该断层与马古1北断层的活动，形成了马古6断槽，致使在马古6区块近东西向狭长的条带内，形成巨厚的中生界地层，是马古6区块中生界油气成藏的主控断层。

（7）马古9断层。该断层为近北西走向断层，位于马古3区块北部，断面向北北东倾斜，倾角为50°～65°，目的层断距为240～650m，区内延伸长度为5.4km，沙三末期该断层活动基本停止，该断层在工区西侧切割了兴古10逆断层，为马古潜山与兴古潜山的分界断层，与兴隆台及兴古10逆断层共同作用，形成兴古7-10断槽，致使在兴古7-10区块近东西向狭长的条带内，形成巨厚的中生界地层。

（8）陈古3南断层。该断层为近北西走向断层，位于陈古潜山的南部，断面向南西倾斜，倾角为55°～70°，目的层断距为200～300m，区内延伸长度为4.6km，该断层在沙三早期活动趋于减弱直至消亡，为兴古潜山和陈古潜山的分界断层。

（9）马古8西断层。该断层位于马古8井西侧，为近北东走向断层，断面向南东倾斜，倾角为45°～60°，目的层断距为100～300m，区内延伸长度为4.6km，是分割马古1块和马古8块的主要断层，该断层在沙三早期活动趋于减弱直至消亡。

（10）马古7西断层。该断层为分割马古1块和马古11块的北东走向断层，断面向北西倾斜，倾角为55°～65°，目的层断距为100～350m，区内延伸长度为3.7km。该断层沙三时期开始活动，并逐渐减弱直至消亡。

（11）马古12西断层。该断层为分割马古12块和马古3块的正断层，为北东走向断层，断面向北西倾斜，倾角为60°～75°，目的层断距为50～100m，区内延伸长度为

4.6km，该断层也在沙三时期开始活动。

（12）马古3西断层。该断层是沙三时期开始发育的正断层，将马古3块和马古9块分为东、西两个断块，断层为北东走向，断面向北西倾斜，倾角为60°～70°，目的层断距为50～100m，区内延伸长度为4.2km。

（13）陈古1南断层。该断层位于陈古1区块陈古1井南部，是分割陈古1块和陈古3块近东西走向的正断层，于沙三期开始发育，断层为北东倾向，倾角为50°～65°，目的层断距为50～100m，区内延伸长度为4.8km。

4. 构造特征

从太古界顶界构造图及中生界顶界构造图来看，兴隆台潜山带北东长约17km，东西宽约6km，构造面积约98km²。整体上为一北东—南西走向，东西为台安大洼断层与兴西断层所夹持的基岩凸起，南以马南断层与清水洼陷分界，北以陈古逆断层为界，表现为"北东成带，东西分块"的构造格局。太古界沿马古1块—马古9块—兴古7-15块—兴古8块—兴古7-12块—兴古9块—陈古1块一线为北东走向山脊，呈中间高、南北低的潜山地貌形态，潜山最高埋藏深度为2350m，最低埋藏深度为5000m，最大落差达2700m，形成多个高低差异较大的断块山。中生界除具有中间高、南北低的地貌形态外，三个潜山带中间并没有出现高低起伏的巨大落差，而是从南到北呈现出由低—高—低平稳过渡的构造形态，在潜山带之间的深槽内及潜山顶部位置，由中生界充填，使潜山地形趋于平缓。

5. 圈闭特征

主要含油区块圈闭特征描述如下。

1）太古界（表5-2-3）

（1）马古1区块：位于马古潜山南部，主要受马南断层和马古1北断层所夹持，呈断裂背斜形态，内部被近东西向断层切割成三个断块，即马古1块、马古8块、马古11块。高点在马古1井附近，潜山顶点埋藏深度为3700m，幅度约1400m，圈闭面积为17.3km²。

（2）马古3区块：位于马古潜山北部，主要受马古6北断层和马古9断层所夹持，呈断裂背斜形态，内部被近东西向断层切割成三个断块，即马古9块、马古3块、马古12块。高点在马古9井附近，潜山顶点埋藏深度为3900m，幅度约800m，圈闭面积为12.72km²。

（3）兴古7区块：位于兴隆台潜山带主峰，主要受兴隆台逆断层和兴北两条近东西向断层夹持，潜山整体呈东西向展布的背斜形态，内部受多条断层切割所复杂化，形成三个小断块。高点在兴古8井附近，潜山顶点埋藏深度为2350m，幅度约3650m，圈闭面积为6.19km²。

（4）兴古7-10区块：位于兴古潜山南部，主要受兴隆台和兴古10两条近东西向逆断层夹持，潜山整体呈东西向展布断背斜形态，内部受兴古7-19断层切割形成兴古7-19、兴古7-10两个断块。高点在兴古7-19井附近，潜山顶点埋藏深度为3800m，幅度约1300m，圈闭面积为9.32km²。

（5）兴古 12 区块：位于兴古潜山北，主要受兴北断层和兴古 9 逆断层夹持，潜山整体呈东西向展布断背斜形态，内部受兴古 7-12 南断层切割形成兴古 12、兴古 7-12 两个断块。高点在兴古 7-12 井附近，潜山顶点埋藏深度为 3050m，幅度约 1300m，圈闭面积为 9.99km²。

（6）兴古 7-20 区块：位于兴古潜山南，主要受兴古 10 逆断层和马古 9 断层夹持，潜山呈断背斜形态。高点在兴古 7-20 井附近，潜山顶点埋藏深度为 4350m，幅度约 550m，圈闭面积为 5.17km²。

（7）陈古 1 区块：位于兴隆台潜山带北部，主要受陈古逆断层和兴古 9 逆断层夹持，潜山在陈古 1 井—兴古 9-5 井一线呈山脊展布，向东部变陡急剧倾末，显示有陈古 2 井、陈古 3 井、兴古 9-5 井三个局部高点，整个区块被陈古 1 南断层、陈古 3 南断层分割成陈古 1、陈古 3、兴古 9-5 三个断块。潜山最高点在兴古 9-5 井附近，潜山顶点埋藏深度为 3700m，幅度约 1250m，圈闭面积为 15.61km²。

表 5-2-3　兴隆台潜山带太古界含油断块划分及圈闭要素表

潜山区	区块	含油断块	高点埋深 /m	幅度 /m	圈闭面积 /km²
马古潜山	马古 1 区块	马古 1 块	3700	1400	4.59
		马古 8 块	4250	900	6.58
	马古 3 区块	马古 3 块	4000	500	4.19
		马古 9 块	3900	800	4.4
		马古 12 块	4350	550	4.13
兴古潜山	兴古 7 区块	兴古 7 块	2350	3650	6.19
	兴古 7-10 区块	兴古 7-10 块	3700	1300	5.2
		兴古 7-19 块	3800	900	4.12
	兴古 12 区块	兴古 7-12 块	3050	1300	2.88
		兴古 12 块	3350	900	7.11
	兴古 7-20 区块	兴古 7-20 块	4350	550	5.17
陈古潜山	陈古 1 区块	陈古 1 块	4150	500	6.8
		陈古 3 块	3950	1000	5.9
		兴古 9-5 块	3700	1100	2.91

2）中生界（表 5-2-4）

（1）马古 6 区块：位于马古潜山中部，主要受马古 6 北断层和马古 1 北断层所夹持，呈单斜形态，内部被近东西向断层切割成四个断块，目前马古 6 块是含油断块。高点在马古

6-2 井附近，角砾岩油藏顶界最高埋藏深度为 3850m，幅度约 1300m，圈闭面积为 8.2km²。

（2）兴古 7-10 区块：位于兴古潜山南部，主要受兴隆台和兴古 10 两条近东西向逆断层夹持，呈断裂背斜形态，内部受兴古 7-19 断层切割形成兴古 7-19、兴古 7-15 两个断块。高点在兴古 7-5 井附近，角砾岩油藏顶界最高埋藏深度为 3050m，幅度约 1800m，圈闭面积为 9.03km²。

表 5-2-4　兴隆台潜山带中生界含油断块划分及圈闭要素表

潜山区	区块	含油断块	高点埋深 /m	幅度 /m	圈闭面积 /km²
马古潜山	马古 6 区块	马古 6 块	3850	1300	8.2
兴古潜山	兴古 7-10 区块	兴古 7-19 块	3500	1250	4.01
		兴古 7-10 块	3050	1800	5.02

（四）储层特征

1. 储层岩石类型

1）太古界地层岩石类型

根据兴隆台潜山岩心资料分析，太古界潜山岩石既有变质岩，也有晚期侵入的岩浆岩，岩石类型十分复杂。变质岩主要是区域变质岩和在此基础上经过混合岩化作用形成的混合岩。这些岩石在构造作用强的部位又经历了动力变质作用改造，局部形成动力变质岩。太古界潜山地层中，广泛发育晚期侵入的岩浆岩，岩石类型主要有酸性、中性岩体和基性岩脉。潜山带自南向北，岩浆岩所占比例有增大的趋势。

以系统的岩心、岩屑薄片鉴定为手段，根据岩石结构构造、矿物组成和岩石化学特征对太古界潜山岩石进行了综合分类——将太古界潜山岩石划分为变质岩和岩浆岩两大类，13 种亚类，25 种常见岩石类型（表 5-2-5）。

表 5-2-5　太古界潜山岩石类型及矿物组成

大类	亚类	主要岩石名称	矿物组成
变质岩	区域变质岩	片麻岩类 — 黑云斜长片麻岩	石英 10%～25%，斜长石 40%～70%，黑云母 10%～30%
		角闪斜长片麻岩	石英 5%～15%，斜长石 55%～70%，角闪石 20%～40%
		长英质粒岩类 — 斜长浅粒岩	石英 10%～30%，碱性长石 0～30%，斜长石 30%～65%，黑云母 + 角闪石小于 10%
		角闪斜长变粒岩	石英 10%～30%，碱性长石 0～30%，斜长石 30%～65%，黑云母 + 角闪石 20%～40%
		角闪质岩类 — 斜长角闪岩	石英 5%～10%，斜长石 30%～40%，角闪石 50%～75%
		角闪石岩	斜长石小于 25%，角闪石大于 75%

大类	亚类	主要岩石名称	矿物组成
变质岩	混合岩	混合岩化变质岩类	混合岩化（角闪）黑云斜长片麻岩	石英10%～30%，碱性长石0～30%，斜长石30%～70%，黑云母10%～20%
			混合岩化（角闪）黑云斜长变粒岩	石英10%～30%，碱性长石0～30%，斜长石30%～70%，黑云母10%～30%
		注入混合岩类	条带状混合岩、角砾状混合岩	石英10%～25%，碱性长石0～30%，斜长石35%～70%，黑云母10%～25%
		混合片麻岩类	斜长混合片麻岩	石英10%～30%，碱性长石5%～10%，斜长石30%～60%，黑云母5%～20%
			二长混合片麻岩	石英10%～20%，碱性长石20%～40%，斜长石30%～50%，黑云母5%～20%
		混合花岗岩类	斜长混合花岗岩	石英20%～40%，斜长石50%～70%，黑云母0～5%
			二长混合花岗岩	石英15%～25%，碱性长石20%～60%，斜长石10%～40%，黑云母0～5%
	动力变质岩	构造角砾岩类	构造角砾岩	长英质矿物70%～90%，其他10%～30%
		压碎岩类	长英质碎裂岩	长英质矿物70%～90%，其他10%～30%
			长英质碎斑岩	长英质矿物70%～90%，其他10%～30%
			长英质碎粒岩	长英质矿物70%～90%，其他10%～30%
		糜棱岩类	糜棱岩	长英质矿物大于95%
岩浆岩		酸性	花岗岩、花岗斑岩	石英25%～30%，碱性长石40%～50%，斜长石15%～25%，黑云母小于5%
			花岗闪长斑岩（玢岩）	石英15%～25%，碱性长石15%～25%，斜长石40%～50%，黑云母5%～10%
		中性	闪长玢岩	石英5%～20%，碱性长石10%～20%，斜长石40%～50%，黑云母5%～25%
		基性	辉绿岩	斜长石50%～60%，辉石40%～45%
			闪斜煌斑岩、云斜煌斑岩	石英0～5%，斜长石50%～70%，角闪石（黑云母）30%～45%

2）中生界地层岩石类型

中生界地层在纵向上主要发育四种岩性，顶部为中基性火山岩，上部为块状砂砾岩夹薄层泥岩，下部主要为大段角砾岩，底部为凝灰质泥岩或泥岩。顶部火山岩虽然有油气显示，但试油未获工业油流；砂砾岩和角砾岩可作为储集岩，凝灰质泥岩为非储集岩。

角砾岩主要为火山角砾岩，砾石成分在70%～90%左右，砾石多为分选性较差的棱角状、次棱状角砾，砾石成分主要以中性、酸性喷出岩块为主，少量花岗质岩块，砾石间填隙物为砾石同成分的细碎屑、泥质等。主要颗粒粒径区间值为2～18mm，颗粒之间多为点接触，次为点—线接触，胶结类型主要以孔隙型胶结为主，孔隙类型包括粒间孔和溶蚀孔。部分砾石裂缝发育，方解石充填其间。

2. 储集空间类型及特征

根据岩心观察、岩心化验分析、测井常规及成像资料处理解释，兴隆台潜山带中生界和太古界地层的储集空间包括各种成因的裂缝、溶孔、晶间溶蚀孔、碎裂粒间孔等，为具有双重孔隙结构的孔隙—裂缝性储层（表5-2-6），裂缝不但是油气运移的主要通道，而且是主要的储集空间。

表5-2-6　储层储集空间类型划分表

分类	孔隙类型	孔隙成因
孔隙	溶蚀孔隙	早期形成的孔隙经溶蚀作用形成的孔隙
	晶间孔	矿物晶体间孔隙
	碎裂粒间孔	因受构造应力作用造成的岩石破碎，在矿物和岩石碎块之间形成的空隙，潜山顶面的岩石，由于物理风化作用，发生崩解，破碎所产生的破碎颗粒间孔隙
裂缝	构造裂缝	构造作用形成的裂缝
	溶蚀缝隙	在前期形成的裂缝，由于溶蚀扩大，或充填的裂缝再溶蚀
	解理缝	沿矿物解理所形成的缝隙，受应力或风化作用后更明显

3. 储层物性特征

1）太古界储层物性特征

根据63块样品岩心分析结果，岩心分析孔隙度最大为13.3%，最小为2.1%，主要分布在2%～8%范围内，平均为4.7%；渗透率最大为53mD，最小为0.03mD，主要分布在0.1～1mD范围内，平均为0.72mD。测井解释基质孔隙度最大为2.4%，最小为18.5%。

岩心观察统计兴隆台潜山带宏观裂缝多为中、高角度缝，裂缝张开度为0.1～1.5mm，裂缝密度为15～200条/m，裂缝孔隙度为0.3%～1.8%（表5-2-7）。微电阻率扫描成像测井和井周声波成像测井解释裂缝孔隙度为0.5%～1.5%。

表5-2-7　兴隆台潜山带岩心裂缝统计表

井号	取心井段/m	进尺/m	心长/m	收获率/%	裂缝组数	裂缝条数	裂缝密度/条/m	裂缝开度/mm	与岩心面交角/（°）	裂缝孔隙度/%
兴古8井	2507.20～2509.23	2.03	2.00	98.5	2	57	30	0.4～0.8	45～60	0.3
兴古8井	3718.09～3721.03	2.94	1.42	48.3	2	52	40	0.5～1.0	50～60	0.4
兴古7井	2591.71～2594.52	2.81	2.81	100.0	2	172	60	0.1～0.5	45	0.3

井号	取心井段 / m	进尺 / m	心长 / m	收获率 / %	裂缝组数	裂缝条数	裂缝密度 / 条/m	裂缝开度 / mm	与岩心面交角 / (°)	裂缝孔隙度 / %
兴古7井	4002.00～4006.00	4.00	4.00	100.0	3	455	120	0.1～1.5	30～45	0.8
马古1井	3843.96～3846.10	2.14	2.10	98.1	3	410	200	0.1～0.9	45	0.5
兴古4井	2654.43～2657.12	2.69	1.04	38.7	3	35	35	0.1～1.0	45	0.3
兴古4井	2720.43～2721.15	0.72	0.66	91.7	2	62	100	0.1～1.0	30～45	0.6
兴603井	2674.50～2677.10	2.60	2.05	78.8	2	101	50	0.1～1.0	30	0.3
兴古9井	3525.47～3528.87	3.40	3.40	100.0	3	561	165	0.1～4.0		3.5
兴古10井	4754.02～4757.00	2.98	2.70	90.6	2	42	15	0.1～0.5		0.2
陈古2井	4080.00～4085.00	5.00	5.00	100.0	1	100	20	0.1～1.0		0.8
马古3井	4186.35～4186.90	1.93	1.93	100.0	1	130	70	0.1～1.2		1.5
陈古3井	4321.20～4322.87	1.67	1.17	70.1	3	114	67	0.1～1.5		1.8
陈古5井	4452.00～4454.70	2.70	2.47	91.5	3	296	120	0.1～0.5		0.7

2）中生界储层物性特征

根据41块样品岩心分析结果，岩心分析孔隙度最大为14.2%，最小为2.2%，主要分布在2%～8%范围内，平均为6.2%；渗透率最大为5.11mD，最小为0.03mD，主要分布在0.1～0.5mD范围内，平均为0.5mD。由于岩心大部分取在物性较差的部位，因此统计结果不具有代表性。测井解释基质孔隙度最大为12.0%，最小为3.8%。据兴古7-5井中生界3226.0～3241.0m井段微电阻率扫描成像，测井解释裂缝孔隙度为0.62%。

4. 储层分布

1）太古界储层分布

太古界潜山储层的分布受构造和岩性双重因素控制，具有较强的非均质性。根据岩心观察、试油及测井解释结果，太古界潜山在2350～4680m范围内均有储层发育，纵向上储层发育程度与进山深度无明显对应关系。兴隆台潜山带太古界储层的发育程度除了受构造应力影响，还与岩性有关，测井解释结果表明，随着岩石中暗色矿物含量增大，储层的净毛比减小（表5-2-8）。

2）中生界储层分布

中生界角砾岩储层分布受构造和岩性双重因素控制。纵向上主要分布在中生界地层中、下部，厚度较大。平面上主要分布在兴隆台潜山的兴古7-5逆断层的下盘兴古7-5块和马圈子潜山的马古6块。兴古7-5块沿兴古7-5逆断层一带角砾岩厚度大，物性较好，储层发育，向西南马古 5 井方向泥质含量增多，储层物性变差。马古 6 块西马古 6 井附近储层发育，单井储层有效厚度为 104m，向东储层变差。

表 5-2-8　兴隆台潜山带太古界潜山测井解释岩性及储层净毛比统计表

统计参数	变质岩				岩浆岩		
	混合花岗岩类	混合片麻岩类	片麻岩类	角闪岩类	酸性侵入岩	中性侵入岩	基性侵入岩
地层厚度 /m	2337.4	7397.5	5554.4	659.2	3230.8	1990.2	826.8
油层有效厚度 /m	692.3	2081.7	1125.7	0	1051.9	523.9	0
净毛比 /%	29.6	28.1	20.3	0	32.6	26.3	0

（五）油藏特征

1. 油藏类型

1）太古界潜山油藏

根据完钻井的录井、测井、试油、试采资料，兴隆台潜山带太古界潜山整体含油，分析预测潜山带整体油底在 4680m 左右，为具有统一压力系统块状裂缝性油藏。油层在平面上、纵向上均较发育，油层分布受岩性和构造双重因素控制，具有较强的非均质性。

目前证实兴隆台潜山油藏埋藏深度为 2350～4484m，未发现边底水。兴古 7-10 井在太古界 4586.0～4633.7m（垂深 4435.9～4483.6m）井段试油，压后自喷 8mm 油嘴，获日产油 60.57t 的高产工业油流，未见地层水。

马圈子潜山油藏埋藏深度为 3736～4680m，试采证实的最低出油底界为 -4680m。

陈古潜山油藏埋藏深度为 3852～4680m，试油证实的最低出油底界为 -4680m。陈古 3 井在太古界 4716.8～4772.0m（垂深 4633.6～4689.0m）井段试油，经地层测试，平均液面 2213.6m，折算日产液 1.89t，回收油 5.95m³。2009 年 6 月 29 日压裂，共挤入压裂液 608m³，压后放喷 8mm 油嘴，日产油 27.7m³，日产水 100.1m³，累计产油 826.7m³，累计产水 2789m³（含压裂液）。2009 年 7 月 7 日该层投产，8mm 油嘴，初期日产油 6.2t，日产水 38.4m³。截至目前，该层日产油 69.74t，日产水 45.16m³，累计产油 3194.8t，累计产水 5653.3m³。根据录井显示，分析认为油水界面在 -4680m（斜深 4766m）。

2）中生界角砾岩油藏

兴古 7-5 块中生界角砾岩油藏埋藏深度为 2971.0～4234.0m，油藏中深为 3602.5m，试油投产资料证实未见地层水。油层分布受构造及岩性控制，油藏类型为构造岩性油藏。

马古 6 块中生界潜山油藏埋藏深度为 3900～4680m，目前试油投产未见到水层。油层分布受储层物性及裂缝发育程度控制，油层厚度在 100m 左右。油藏类型为岩性-构造油藏。

2. 油层分布规律

兴隆台潜山带油藏整体含油、局部富集，平面上各潜山块高、低的差异及储层裂缝的发育程度控制了油藏分布变化。总体上，油层分布有三个特点：一是埋藏高的潜山油层厚，埋藏低的潜山油层相对薄；二是每个潜山区高部位油层厚，翼部低部位相对较薄；三是油层上沿北东走向的山脊有效厚度较大，其东、西侧翼相对较薄。

1）太古界潜山油层

兴古潜山为兴隆台潜山带最高处，最高埋藏深度为-2350m，最大含油幅度达2320m，油层有效厚度一般为100~400m，最大油层有效厚度为484.6m，平均为183.2m。

陈古潜山最高埋藏深度为-4000m，最大含油幅度为670m，油层有效厚度一般为50~120m，最大油层有效厚度为145.2m，平均为91.7m。

马古潜山最高埋藏深度为-3700m，最大含油幅度达970m，油层有效厚度一般为30~85m，最大油层有效厚度为130.1m，平均为51.5m（表5-2-9）。

表5-2-9 兴隆台潜山带太古界油藏参数表

潜山区	区块	有效厚度/m		高点埋藏深度/m	含油高度/m	中部海拔/m	原始地层压力/MPa	压力系数	饱和压力/MPa	地饱压差/MPa	饱和程度/%	地层温度/℃	地温梯度/(℃/100m)
		范围	平均										
马古潜山	马古1区块	82.4~130.1	96.2	3700	970	-4185	42.9	1.07	26.8	16.1	62.5	146.2	3.01
	马古3区块	31.9~46.6	38.4	3900	770	-4285	43.7	1.07	26.8	16.9	61.4	149.2	3.01
兴古潜山	兴古12区块	21.5~284.9	128.0	3050	1620	-3860	40.4	1.07	20.3	20.1	50.2	136.4	3.01
	兴古7区块	10.1~484.6	258.0	2350	2320	-3510	37.8	1.07	20.3	17.5	53.7	125.9	3.01
	兴古7-10区块	30.6~210.8	132.8	3700	970	-4185	42.9	1.07	20.3	22.6	47.3	147.4	3.01
	兴古7-20区块	8.0~154.0	81.0	4350	320	-4510	45.4	1.07	20.3	25.1	44.7	156.0	3.01
陈古潜山	陈古1区块	46.8~145.2	138.2	3650	1020	-4160	42.7	1.07	22.1	20.6	51.7	145.5	3.01

2）中生界潜山油层

马古6区块中生界角砾岩油藏顶面最高埋藏深度为-3900m，最大含油幅度达770m，有效厚度为32.6~55.5m，最大油层有效厚度为55.5m，平均为41.8m。

兴古7-10区块中生界角砾岩油藏最高埋藏深度为-3140m，最大含油幅度达1530m，有效厚度为30~90m，最大油层有效厚度为93.1m，平均为56.3m（表5-2-10）。

表 5-2-10 兴隆台潜山带中生界角砾岩油藏参数表

| 潜山区 | 区块 | 有效厚度 /m | | 高点埋藏深度 / m | 含油高度 / m | 中部海拔 / m | 原始地层压力 / MPa | 压力系数 | 饱和压力 / MPa | 地饱压差 / MPa | 饱和程度 / % | 地层温度 / ℃ | 地温梯度 / ℃ /100m |
		范围	平均										
马古潜山	马古 6 区块	32.6~55.5	44.1	3850	820	−4260	43.5	1.07	22.2	21.3	51.1	148.5	3.01
兴古潜山	兴古 7-10 区块	29.0~93.1	64.6	2800	1870	−3735	39.5	1.07	20.3	19.2	51.4	132.7	3.01

3. 油气聚集控制因素

兴隆台潜山带油气成藏具有十分优越的条件：一是潜山储层在平面上、纵向上均比较发育，为具有双重介质的裂缝—孔隙性储层；二是兴隆台潜山带是典型的"洼中之隆"，为负向构造背景上的基岩隆起带，属于相对独立的构造单元，构造背景有利；三是潜山带四周为陈家洼陷、盘山洼陷、清水洼陷和冷东深陷带生油源岩所围限，生油源岩与潜山基岩直接接触，具有多油源供油特点，其十分丰富的油气资源，为兴隆台太古界潜山千米以上含油幅度和整体含油提供了前提条件，同时"多源一藏"现象，使潜山处于一个复合型的生烃系统之中；四是沙三段泥岩环围着整个潜山带，巨厚泥岩具备良好的封盖条件；五是兴隆台潜山带具有不整合面、断面及潜山自身的裂缝带多种油气运移的通道，具有区域大面积的供油窗口，尤其是纵向上多层系裂缝带的存在，使兴隆台潜山带具有多方向、多方式和最近距离的油气运移条件，重要的是兴隆台潜山带整体位于台安大洼断层拆离面以上，而台安大洼断层与清水洼陷沟通的烃源岩深度超过 7000m，油气沿台安大洼断层向上方及侧向运移，从而为潜山整体油气聚集和联通提供了条件。

（六）试油试采分析及认识

1. 试油试采认识

（1）潜山带整体含油，完钻预探井、评价井及开发井无空井。

（2）有一定的非均质性，潜山风化壳井产能差异较大。

从开采现状看，潜山风化壳井产量最好的兴 68 井累计产油 3.58×10^4t，产量最差的兴 86 井累计产油仅有 99.7t。

（3）潜山各层段均具有较高产能，平面、纵向产能差异大。

平面产能差异大：太古界潜山初期平均单井日产油 31.4t，平均采油强度 0.94t/（d·m），平面上兴古潜山产量最高，兴古 7-12 井最高日产油达 108t，陈古和马古潜山完钻井数少，由于揭露厚度相对较少，初期最高日产油 88t；中生界投产 4 口井，初期产量别为 3.1t/d、27.6t/d、36.7t/d 和 85t/d，平均为 38.1t/d。

纵向产能差异大：多数油井具有一定的自喷能力，潜山直井Ⅰ段、Ⅱ段和Ⅲ段初期平均产量均在 17t/d 以上，Ⅳ段初期产量稳定在 60t/d。

（4）影响产能的因素，除了岩性、裂缝因素外，还与井型和完井方式有直接关系。

水平井生产能力高，统计Ⅰ段、Ⅱ段和Ⅲ段 22 口水平井，平均初期产量为 80t/d，是直井的 3.6 倍。其中，Ⅱ段水平井产量最高。

（5）潜山具有底水，从目前资料分析看，可能具有统一油水界面。

根据陈古 3 井和马古 8 井资料分析，陈古和马古潜山油水界面均在 4680m，兴古潜山未见水，兴古 7-10 井证实出油底界 4480m，根据对潜山具有统一压力系统的认识，推测整个潜山可能具有统一油水界面。

（6）压裂改造具有一定效果。

潜山带共实施压裂改造 12 井次，总有效率为 91.7%，压裂改造增油效果显著。

（7）中生界具有一定产能。

2007 年，潜山南部兴古 7-5 井、兴古 7-8 井在兴古潜山中生界地层相继自喷投产，获得日产 30t 的生产能力；2009 年，预探井兴古 10 井、马古 6 井均在中生界地层获得工业油流，其中马古 6 井初期日产油高达 80t，说明潜山中生界具有一定产能。

2. 评价井风险分析

兴隆台潜山带储量具有较好的评价升级潜力，但也存在一定的风险。

（1）由于该潜山构造面积大，仅太古界潜山构造面积就已达 82.4km²，完钻井数相对较少，构造及油层控制程度低，裂缝分布预测难度大，钻井风险较大。

（2）储层横向分布（尤其岩脉的分布）具有较大的不确定性。

（3）本次评价区目前只有 9 口井试采，且试采时间短，因此油层产能不落实，存在一定的风险。

（七）油藏评价部署

1. 油藏工程设计

1）开发层系划分与组合

兴隆台潜山带为含油幅度巨厚的裂缝性双重孔隙介质油藏，具有统一的温度和压力系统，油层分布主要受裂缝发育程度控制，不同岩性间尚无明显隔层，潜山内部存在大量的天然裂缝和人工裂缝，油藏内部具有连通性，因此尽管油层厚度大，但不具备分层系开发条件，目前采用一套层系分段开发。

2）开发方式选择与论证

（1）油藏天然能量评估。

① 弹性能量分析。

根据油藏天然能量评价标准，兴隆台潜山带天然能量不足。据兴古 7 井高压物性资料计算，一次采收率仅为 11%（表 5-2-11）。

表 5-2-11　兴古 7 井地饱压差与原始气油比统计表

井号	兴古 7 井
原始地层压力 /MPa	41.24
饱和压力 /MPa	21.32
地饱压差 /MPa	19.92
一次脱气气油比 / (m³/m³)	148

弹性驱动采收率计算公式：

$$E_R=B_{oi}C_t \cdot (p_i-p_b) /B_{ob} \qquad (5-2-1)$$

$$C_t=C_oS_{oi}+C_wS_{wi}+C_f \qquad (5-2-2)$$

式中　E_R——弹性采收率，f；

C_t——综合压缩系数（取 $238.5\times10^{-5}MPa^{-1}$）；

C_o——油压缩系数（取 $204.9\times10^{-5}MPa^{-1}$）；

C_w——地层水压缩系数（取 $46\times10^{-5}MPa^{-1}$）；

C_f——岩石压缩系数（取 $90.9\times10^{-5}MPa^{-1}$）；

S_{wi}——束缚水饱和度（取 0.32）；

S_{oi}——原始含油饱和度（取 0.68）；

p_i——原始地层压力（取 41.2MPa）；

p_b——地层饱和压力（取 21.32MPa）；

B_{oi}——原始地层压力下的地层原油体积系数；

B_{ob}——饱和压力下的地层原油体积系数。

将各参数代入式（5-2-2），计算出弹性采收率为 4.37%。

② 溶解气驱能量分析。

溶解气驱采收率计算公式：

$$E_R=0.2126\left[\phi(1-S_{wi})/B_{ob}\right]^{0.1611} \cdot (K/\mu_{ob})^{0.0979} \cdot S_{wi}^{0.3722} \cdot (p_b/p_a)^{0.1741} \qquad (5-2-3)$$

式中　ϕ——孔隙度，f；

K——有效渗透率，mD；

μ_{ob}——饱和压力下的地层原油黏度，mPa·s；

p_b——饱和压力，MPa；

p_a——废弃压力，MPa。

将各参数代入式（5-2-3），计算得到溶解气驱采收率为 9.1%。

弹性和溶解气驱采收率合计为 13.47%，但是考虑到该油藏为裂缝性油藏，非均质性强，开发井受多方面因素限制不能够均匀布井，将降低一次采收率，因此兴古 7 区块油藏弹性和溶解气采收率折算为 11%～12%。

③油井产油和产水能力评价。

该潜山初期直井平均单井日产油 22t，由试采井计算其年递减率为 29.2%～79.6%，产量递减较快。

陈古 3 井投产 6 个月累计产水 9364t，目前含水稳定在 40% 左右，计算该井投产初期采水指数为 19.5m³/（d·MPa），说明油藏具有一定的底水能量。

根据上述分析，认为该块天然能量有限，一次采收率较低。

（2）水驱采收率预测。

2006 年，上报兴古 7 主体部位探明石油地质储量时标定采收率为 21%。本次评价区扩展到兴隆台潜山带，其油藏参数与兴古 7 主体部位相近，但总体上储层物性较之兴古 7 主体部位略差，因此选值 20.2%。

（3）井网、井距的确定。

①井网。

油田的开发井网，主要受油层物性、原油性质、采油工艺和国家对采油速度的要求等因素所控制。合理的井网部署对提高储量动用程度和采收率非常重要。国内外油田的开发实践证明，采用正方形井网均获得了较好的开发效果。正方形面积注水井网，不仅适应平面调整，还具有调整井网和注采系统的灵活性。依据兴隆台潜山带地质特征及油藏特点，同时考虑储层发育变化特点及地面复杂条件及已完钻井情况，确定选择直井不规则井网控制油层，水平井与直井组合开发，在局部区域采用两套井网的部署方式，平面上水平段平行排列。同时，根据岩心统计，兴古 7 区块构造裂缝以中、高角度裂缝为主，发育方向为北东—北北东向，成像测井解释也反映了裂缝倾角在 20°～70° 之间。因此，为贯穿更多裂缝，设计水平井的方位与裂缝发育方向成 45°。

②井距。

利用曲线交会法计算在油价为 2039 元/t 时，合理井距为 395m，经济极限井距为 280m。从合理井网密度分析，如果全部采用直井开发，合理井距应该为 350～400m，顶部还要密一些，但单纯为控制和认识油层，井距就可以大一些。

借鉴兴古 7 区块主体油藏的成功经验，根据对该块的地质认识，综合考虑单井控制地质储量、水驱控制储量及本次评价区潜山油藏埋藏深度，均在 4000m 以下等因素，从经济角度考虑，初期适宜采用大井距。因此，确定该块采用水平井 500m 井距开发。

③水平井水平段长度。

物模结果表明，长水平段的开发效果优于短水平段，裂缝与水平井夹角约 45° 较垂直关系的采出程度高。

利用油藏工程方法，随着水平段长度的增加，三大阻力增加且产量提高幅度减少。

兴隆台潜山带水平井主干段长度确定为 800～1000m。

2. 评价部署结果及指标预测

1）部署原则及依据

（1）评价井部署的必要性。

① 根据兴隆台潜山带试油试采情况，该区具有一定的产量，在目前油价和开发形势下，具有一定的经济开采价值。

② 兴隆台潜山带剩余控制预测储量很大，剩余控制石油地质储量为 $12073 \times 10^4 t$，含油面积为 $57.2 km^2$，剩余预测石油地质储量为 $6016 \times 10^4 t$，含油面积为 $25.7 km^2$。为了满足探明储量上报对井控程度的要求，需要通过部署实施评价井进一步搞清构造及储层特征、产能情况，提高各储量参数的精度，同时为下一步在该潜山油藏进行整体开发奠定基础。

（2）部署原则及依据。

① 把降低开发风险、保证经济效益作为基本出发点。

② 以完钻探井、评价井试油试采结果及完钻未试油井录井显示情况为依据，以三维地震资料及储层预测结果为基础，选择构造较有利部位部署评价井，以便进一步落实构造、储层和产能。

③ 在整体设计的井网基础上，在有利的含油范围内合理部署。

④ 将兴隆台潜山带作为整体统筹考虑，优化部署，在满足研究需要的前提下，尽量减少评价井井数及评价井进尺。

⑤ 通过新钻评价井实施，加强平面和纵向上的井控程度，满足探明储量研究要求。

（3）评价部署结果。

在前期研究的基础上，继续按照"整体部署、整体评价"的工作思路，通过加强多学科联合攻关，积极评价兴隆台潜山带剩余控制、预测储量，在取得的钻井、测录井、分析化验等资料，以及完钻井试油试采资料的基础上，应用地震、测井等技术手段，对兴隆台潜山带开展整体评价研究，计划在兴古7主体深层、陈古2等5个区块整体部署实施评价井10口，以增加各块的井控程度，进一步落实出油底界、油水界面、含油边界，提高各储量参数的精度，最终在兴隆台潜山带实现亿吨级探明储量上报。各块具体部署情况如下：

陈古2块完钻井数较少，北部逆断层井控程度低，产状有待进一步落实。目前，仅有试采井2口，且试采时间较短，产能落实程度低。因此，在该块西北部与东南部各部署评价井1口，以加大该块平面和纵向上的井控程度。

兴古9块目前仅有3口完钻井，1口试采井，全块井控程度（尤其是东部）低，4500m以上产能落实程度低，4500m以下储层尚无出油井点，因此在该块东部优化部署评价井1口，以加大平面与纵向上的井控程度。

兴古7主体块完钻井数较多，但4500m以下仅有完钻井1口（兴古7-15井），且正在试油中，储层含油性落实程度低，同时上部中生界角砾岩油藏井控程度低，分布范围有待进一步落实，因此在该块部署评价井4口，重点评价太古界4500m以下储层含油性及产能情况，同时兼探上部中生界角砾岩油藏分布范围。

马古 3 块仅有完钻井 2 口，试采井 1 口（马古 3 井），且试采时间较短，产能落实程度低，目前 4300m 以下储层尚无出油井点证实其含油性。因此，在该块部署评价井 2 口（其中直井 1 口，水平井 1 口），以加大平面和纵向上的井控程度。

马古 1 块目前有完钻井 4 口，但深层出油井点均位于油藏边部，主体深层尚无油井控制，因此在该块高部位马古 1 井附近部署评价井 1 口，重点评价主体部位 4000m 以下含油气情况。

通过上述 10 口评价井部署实施，预计可新增探明石油地质储量 3000×10^4t。借鉴兴古 7 主体区块成功开发经验，并结合本次评价区域内油层发育特点，确定评价区块内采用 700m 井距直井控制油层，350m 井距水平井与直井组合的方式进行开发部署。采用一套开发层系，底部注水开发，共规划部署各类井 60 口，其中新钻评价井 10 口（其中直井 9 口，水平井 1 口），水平开发井 39 口，利用老井 11 口（均为直井）。

2）开发指标预测。

（1）单井产能的确定。

根据兴古 7 块太古界试采井比采油指数统计，各段分别取 0.033t/（d·MPa·m）、0.054t/（d·MPa·m）、0.029t/（d·MPa·m）和 0.142t/（d·MPa·m），直井射孔厚度取 30m，生产压差取 10MPa，得到直井初期平均日产油 20t；利用公式计算水平段为 800m 时Ⅰ段、Ⅱ段、Ⅲ段和Ⅳ段的初期产量分别为 47t/d、67t/d、35t/d 和 70t/d，平均取 60t/d（表 5-2-12）。

本次评价区域兴古 7 块主体部位储层物性、含油性相近，产能略低于兴古 7 主体部位产能，因此本次评价区内直井投产初期单井日产油按兴古 7 块直井初期平均日产油的 75% 计算，为 15t/d。

表 5-2-12　比采油指数统计表

分段	井号	井段 /m	压差 /MPa	日产油 /t	有效厚度 /m	比采油指数 / [t/（d·MPa·m）]
Ⅰ段	兴古 8 井	3719.1～3733.1	17.8	5.83	10	0.033
Ⅱ段	兴古 7 井	3592.0～3653.5	17.1	40.1	43.2	0.054
Ⅲ段	兴古 7 井	3978.2～4014.5	22.9	10.19	15.3	0.029
Ⅳ段	兴古 7-10 井	4586.0～4633.7	3.23	22	48	0.142
平均						0.0645

经统计，兴隆台潜山投产水平井产量为直井产量的 3.6 倍，本次评价区域内投产水平井日产油按直井的 3.3 倍计算，则水平井初期单井日产油为 50t。

（2）开发指标预测。

部署各类井 60 口，其中新钻评价井 10 口（其中直井 9 口，水平井 1 口），水平开发井 39 口，利用老井 11 口（均为直井）。采用底部注水方式开发，规划油井 40 口，注水井

20 口。预计动用探明石油地质储量 3000×10^4t，直井初期平均单井日产油 15t，水平井初期平均单井日产油 50t，可建产能 47.85×10^4t，采油速度 1.6%，10 年累计采油 402.17×10^4t，采出可采储量的 66.5%。

3. 录取资料要求

1）取心及岩心化验分析

兴隆台潜山在储层段的钻井取心较少，缺少系统取心资料，较难满足储层参数研究的需要，因此下一步的评价井钻探要根据储量上报及开发方案编制要求，有针对性地增加钻井取心资料，建立纵向上较完整的岩心系统剖面，为岩性识别、孔隙度和饱和度参数确定、开发试验样品分析提供基础，因此在本次评价区域设计取心进尺 120m，其中兴古 9 块设计取心 30m，兴古 7 主体部位取心 60m，马古 1 块深层设计取心 30m。

2）录井岩屑资料

在岩心资料较少的情况下，2010 年油藏评价工作加强了对录井岩屑取样，开展了岩矿分析，建立了每口评价井岩性柱状剖面，为标定测井识别岩性提供基础。

在岩屑资料录取过程中要开展的重点基础工作如下：

（1）岩屑取样并照相，建立岩屑照相剖面。

（2）岩屑岩矿分析，取得岩性分析基础数据。

（3）利用岩屑岩矿分析资料建立单井岩性柱状剖面。

（4）编制兴隆台潜山带岩心、岩屑及分析资料图册。

3）试油试采资料录取

本次评价计划试油 10 口井 20 层，试采井 10 口，其中试油资料要尽可能采取小井段试油，并尝试流量测试、流体密度测试等多种技术手段，确定产层位置及油水界面位置，为用电性图版准确地确定储层定量划分标准提供充分依据。试采资料要根据纵向和平面上储层发育特点，选取有代表性的井或层段进行试采，落实各块和纵向上不同储层特征的油层产能，为整体开发方案部署研究提供依据。

4）高压物性资料

在自喷井中尽可能录取高压物性资料，同时要兼顾不同块及油藏纵向上不同层段资料的录取。

5）测井资料录取

评价井均要求采用 5700 系列录取测井资料，在井眼条件具备的情况下，选取重要井段，尽可能采集成像测井、阵列声波等资料，为储层评价提供丰富的技术手段。

同时，要求对钻井井眼环境进行严格监督，控制钻井液密度，以获取质量较高的测井资料。

（八）结论

（1）油藏整体含油，产能分布具有分区分段特点。

平面上均有产能，东部产能相对较高。东部平均单井日产油 70.1t，累计产油

$4.01×10^4t$。西部平均单井日产油 51.3t，单井累计产油 $2.64×10^4t$，西部远不如东部。

纵向上各段均有产能，Ⅱ段和Ⅲ段产能较高，Ⅰ段相对较差。水平井Ⅰ段、Ⅱ段和Ⅲ段初期日产量分别为 54.8t、88.7t 和 77.4t。

（2）油藏连通性好，具有块状特征。

不同深度地层压力测试表明，各段压力梯度一致，为 1.07MPa/100m。

裂缝性潜山油藏连通性较好，投产早的井所形成的压降能够较快波及整个油藏，使投产晚的井一开始就有初始压降。实际测压资料表明，投产时间越晚，初始压降越大。

通过Ⅰ段、Ⅱ段和Ⅲ段井间干扰测试分析，各段之间压力均存在微弱干扰，进一步印证了潜山储层为块状连通体。

（3）具有一定的天然能量，但仍需补充能量开发。

油藏具有一定的天然能量，弹性采收率为 4.55%，溶解气驱采收率为 9.55%，重力驱采收率为 3.24%，一次采收率为 17.3%；目前，试验区地层压力、生产井流压均有所下降。为稳定区块产量，提高油藏采收率，需要适时注水补充能量开发。

（4）立体式开发部署可以实现巨厚潜山油藏的高效开发。

试验区采用水平井、鱼骨井纵叠平错的立体井网进行开发试验部署，区块日产油突破千吨，采油速度在 3 年内由 0.07% 提高到 2.19%，采出程度达到 4.92%。水平井、鱼骨分支水平井的单井控制储量是直井的 3 倍以上，且均能自喷生产，37% 的水平井具有百吨生产能力，有力地提升了单井产量。

由于兴古潜山油藏含油幅度巨大，且裂缝以中、高角度缝为主，在天然能量开发过程中，除了弹性驱和溶解气驱两种驱动方式外，还存在重力驱油的作用，立体开发井网充分发挥了重力驱的作用。经计算，一次采收率可达 17.3%。另外，试验区设计采用底部注水、逐层上返的开发方式，水驱采收率可达到 23%。

二、沈 311—胜 601 潜山综合评价

（一）概况

1. 位置

研究区地理上位于辽宁省新民市境内，在油田范围内，地势平坦，交通便利，通信发达。构造上位于渤海湾盆地辽河坳陷大民屯凹陷静安堡断裂构造带西侧，处于静安堡油田的南部，与大民屯油田相接，东邻东胜堡潜山和安 1 潜山，北接静 52 潜山，西邻安福屯潜山。

2. 勘探开发历程和现状

大民屯凹陷的勘探工作始于 1970 年，1971 年在凹陷中部的前进断裂背斜构造带部署的沈 1 井见到油气显示；1972 年沈 5 井、沈 6 井获工业油流，发现下第三系油气层；1980 年起开始针对大民屯古潜山油藏开展勘探工作，1982 年胜 3 井钻探发现太古界变质

岩潜山油藏，获得日产 220t 的高产油流，从而拉开了大民屯凹陷潜山勘探的序幕。在随后几年的勘探中先后发现了东胜堡潜山、安 1 潜山、静 52 潜山、静北灰岩潜山、曹台潜山、边台潜山、法哈牛潜山和安福屯潜山等。

1994 年，静安堡油田静 52 潜山上报完探明储量之后，由于受当时的地质认识所限制，认为东胜堡潜山 −3080m 的油水界面是本区太古界潜山油藏的出油底界，加之当时压裂工艺和水平井技术尚未成熟，尽管钻探沈 628 井、沈 629 井、沈 630 井、沈 233 井、沈 266 井等滚动探井和预探井，发现并探明沈 628 区块和沈 266 区块太古界油藏，但是未形成规模。

自 2006 年以来，由于地质认识的加深、压裂工艺水平的提高和水平井技术的日趋成熟，采用压裂新工艺对静 52 区块 7 井次实施了大型压裂改造，累计增油超过 16000t，取得显著效果，因此对静安堡潜山带进行了重新认识。

2008 年，在静 52 区块南部成功部署了滚动探井胜 601 井，射开 3085.7～3136.0m 井段，压后获得日产油 10.6t 的工业油气流。随后在胜 601 井区实施了 8 口水平井，也取得了较好的效果，其中胜 601—H507 井初期日产油 39.1t，目前日产油 31.9t，已累计产油 16388t。

2010 年 4 月，胜西潜山带完钻预探井沈 311 井，在 3822.3～3844m 井段试油，压后气举排液，日产油达到 120t 的高产工业油气流。随后又相继部署实施了胜 25 井、沈 313 井和沈 314 井，试油均获得了工业油气流。在预探井获得工业油流之后，又实施了滚动评价井沈 630—H1220 井，获得日产油 134t 的高产油气流，更加坚定了对本区的认识和信心。

胜 601—沈 311 区块太古界共完钻各类井 52 口，其中探井 15 口，评价井 13 口，水平井 11 口。目前，本区共投产油井 39 口，开井 25 口，日产油 277.2t，日产气 9366m³，累计产油 22.5×10⁴t，累计产气 700×10⁴m³。

（二）地层特征

本区钻井揭露的地层自下而上发育太古界、新生代古近纪房身泡组、沙河街组（沙四段、沙三段、沙一段）、东营组及新近纪地层，其中已发现沙三段、沙四段、太古界三套含油气层系（表 5-2-13）。本次储量目的层为太古界潜山地层。

太古界：岩性主要为变质岩夹侵入基性岩。

根据单颗粒锆石 U-Pb 定年，区域变质岩的年龄在 25 亿～26 亿年之间，混合岩的年代在 20 亿～25 亿年之间。根据中国区域地层划分标准，潜山地层应归属于新太古界。

本区钻井揭露太古界潜山地层厚度差异较大，揭露太古界潜山地层最厚达 698m（沈 313 井），最薄为 46m（沈 613 井），一般在 200～300m。钻遇太古界潜山地层最大深度为 4270m（沈 314 井）。

房身泡组：岩性以灰黑色蚀变玄武岩为主，夹深灰色泥岩、灰色荧光砂砾岩。厚度比较薄，一般为 30～100m。

表 5-2-13　比采油指数统计表

层位					层位代号	厚度/m	岩性岩相简述
界	系	统	组	段			
新生界	新近系	中新统	馆陶组		Ng	150～300	以浅灰色为主的块状砂砾岩，松散砂砾层夹灰黄、黄绿色砂质泥岩和亚黏土层
	古近系	渐新统	东营组		E_3d	400～600	砂砾岩夹灰绿色杂色泥岩；与下伏地层呈不整合接触
		始新统	沙河街组	沙一段	E_3s_1	150～200	为灰色、灰绿色泥岩与灰白色、浅灰色、灰色砂岩、砂砾岩互层；与下伏地层呈平行不整合接触
				沙三段	E_2s_3	1000～1500	主要岩性组合为砂泥岩互层，下部砂岩与暗色泥岩互层，上部砂砾岩与紫红色、绿灰色泥岩互层
				沙四段	E_2s_4	300～500	下部发育深灰色泥岩与灰褐色油页岩，中间发育一套砂砾岩，含油性较好，已经上报探明储量，砂砾岩之上发育大套泥岩
		古新统	房身泡组		E_1f	30～100	岩性主要为灰黑色玄武岩及深灰色砂泥岩
太古界					Ar	＞698	变质岩夹侵入岩

　　沙四段：中上部岩性为大套厚层状深灰色泥岩，下部岩性多为砂岩与暗色泥岩呈不等厚互层，底部发育灰黑色油页岩夹泥岩，沙四段地层较厚，一般厚度为300～500m，是大民屯凹陷内最主要的生油岩，与下伏地层呈不整合接触。

　　沙三段：该段为大民屯凹陷最发育的一套地层，约占下第三系总地层厚度的40%以上。在该研究区沉积巨厚，是下第三系油气富集的主要层位。它属于水退式沉积，下部以砂岩和暗色泥岩互层为主，上部以砂砾岩与紫红色、灰绿色泥岩互层为主，夹有少量碳质泥岩。沙三段一般厚度为1000～1500m，与上覆地层呈不整合接触。

　　沙一段：岩性为灰色、灰绿色泥岩与灰白色、浅灰色、灰色砂岩、砂砾岩互层。地层厚度一般为400～600m，与下伏地层呈不整合接触。

　　东营组：岩性主要为砂砾岩夹灰绿色、杂色泥岩，地层一般厚度为150～300m，与下伏地层呈不整合接触。

（三）构造特征

1. 区域构造特征

　　大民屯凹陷为辽河坳陷北端的一个次一级构造单元。向北与沈北凹陷相连，面积约800km²。区内由下至上发育太古界、中上元古界、古生界、中生界，以及古近系、新近系和第四系。其中，古近系厚度最大，近 4000m。基底的最大埋藏深度达 6600m，是一个小而深的凹陷。凹陷内沉积的古近系为河湖环境，蕴藏着丰富的油气资源，为大民屯凹陷基岩油气藏的形成提供了油源保证。

大民屯凹陷的基底结构复杂，北高南低，东陡西缓。基底断裂十分发育，在多种应力场的作用下，形成多组走向断裂，以北东向、北北东向断层为主，延伸距离较远；北西向断层，与北北东向断层是同期发育的，数量较少且延伸短，并且有平移性质。断裂将基底切割成高低不一的潜山带及断块，勘探开发实践证明，大民屯凹陷各潜山带中均蕴藏着丰富的油气资源。主要是因为潜山带的周围及表面被古近系沙河街组沙四段生油岩所包围，其良好的储集空间为周围的油气运移、保存提供了良好的运移通道和保存空间。

大民屯凹陷基岩潜山地层包括太古界、中上元古界、古生界和中生界，但其厚度、产状、分布、埋藏深度等差异较大。中生界在西部的局部地区发育，靠近边界断层附近，断裂带内部很少保存中生代地层；古生界、中上元古界主要分布在静安堡北部及曹台东部地区，呈近东西走向；太古界是大民屯凹陷基底的主要地层，由于潜山面高低起伏，致使太古界埋藏深度差异较大，形成了一系列北东走向、高低不一的潜山带。其中，曹台潜山太古界埋藏较浅，埋藏深度为 500～2000m；法哈牛、东胜堡、前当堡构造主体部位，太古界埋藏深度为 2000～3000m；荣胜堡、前当堡西缘及静安堡地区太古界地层埋藏较深，一般大于 3000m。本次评价部署范围属于东胜堡西侧低潜山带，埋藏深度为 2600～4000m。

2. 潜山地层地震特征

研究区潜山带三维地震满覆盖，构造解释总体采用的是 2005 年大连片处理的三维地震资料。从总体上看，潜山顶面地震反射比较明显，潜山外部轮廓比较清楚，地震资料品质较好，通过制作合成地震记录，进行多井井—震联合层位标定太古界顶面，可以较好地落实该潜山带的构造。

1）潜山地层界面地震反射特征

潜山上覆地层的特点差异比较大，造成潜山顶面两种地震反射特征，一种地震反射特征是潜山不整合面之上有两套强反射轴，对应的岩性组合有两类：一是油页岩＋泥岩＋玄武岩组合，主要集中分布在静 52 区块、沈 630 区块等；二是油页岩＋泥岩＋油页岩组合，主要集中分布在沈 628 区块。另一种地震反射特征是潜山不整合面之上有一套强反射轴，对应的岩性是油页岩＋泥岩组合，主要集中分布在东胜堡潜山、胜 601 区块和沈 276 区块等。而油页岩是稳定发育的，是层位标定的主要标志层。

潜山顶界面整体表现为连续性较好、强振幅的反射同相轴，可进行全区追踪、对比。

2）潜山断层地震反射特征及断层综合解释

根据目的层反射波组在地震剖面上的错断，并利用地震数据体的相干处理技术，对断层进行精确刻画。在进行构造解释之前，运用地震道间的相似性计算，对叠前时间偏移三维地震数据体做了相干处理，以初步了解各断裂在平面上的组合，为断层空间展布精细解释奠定基础。

本地区构造十分复杂，断裂十分发育。根据断层走向，该区断层大体上可分为北东向和近东西向两组，其中北东向断层为本区的主干断层，是潜山带的控制性断层；近东西向断层对潜山起到分割断块的作用（表 5-2-14）。

表 5-2-14　胜 601—沈 311 区块太古界潜山主要断层要素表

断层编号	断层名称	断层性质	目的层断距 /m	断层产状			
				走向	倾向	倾角 /（°）	延伸长度 /km
1	东胜堡断层	正断层	1000～2000	NE	NW	70～80	16
2	沈 235 断层	逆－正断层	200～2000	NE	W－N	60～70	16
3	沈 613 南断层	逆断层	200～2000	NW	N	60～70	8
4	沈 629 西断层	正断层	150～250	NE	NW	60～70	9
5	胜 20 断层	正断层	50～200	NE-EW	NW-SN	60～70	8
6	沈 266 西断层	正断层	100～150	SE	EW	60～70	8
7	胜 21 北断层	正断层	50	EW	SN	45～50	7
8	沈 230 北断层	正断层	150	SE	NE	70～80	5
9	沈 276 北断层	正断层	100	EW	SW-SN	35	2.8
10	沈 233 断层	正断层	100	NW-EW	SW-SN	50	3.1
11	沈 311 北断层	正断层	100	EW	SW-SN	60	2.5
12	沈 628 北断层	正断层	80	NW-EW	NE-EW	45	1.8
13	沈 628 南断层	正断层	100	EW	SW-SN	50	2.6
14	沈 233 东断层	正断层	50	NE	SE	45	2.5
15	沈 311 西断层	正断层	150	NE	NW	60	2.9

东胜堡断层：北东向正断层，工区内延伸长度为 16km，最大断距为 1000～2000m。该断裂发育于前第三系，结束于沙四时期，该断裂的强烈活动是形成东胜堡潜山的主要动力，它在沙四段早期活动最为强烈，下降盘一侧沉积巨厚的沙四段地层，为东胜堡潜山成藏提供了优越的物质基础，对油气运移起通道作用。

沈 235 断层：走向为北东向，工区内延伸长度为 16km，最大断距为 200～2000m。该断层切割由太古界到上第三系所有地层。在本区北部基底表现为逆断层，南部为正断层，具有延伸长、断距大的特点。

沈 613 南断层：近东西走向的逆断层，工区内延伸长度为 8km，最大断距为 200～2000m，是本区与荣胜堡洼陷的分界断层，控制着荣胜堡洼陷的形成，使洼陷内沙四段巨厚生油岩与本区潜山大面积直接接触，提供了非常有利的供油窗口。

3. 构造特征

从太古界顶界构造图来看，本区北东长约 15km，东西宽约 5km，构造面积约 75km²。整体上为一北东—南西走向、北高南低的形态。东以东胜堡断层为界，西以沈 235 断层为界，南以沈 613 南断层分界，北以安 107 北断层为界，表现为"北东成带，东西分块"的构造格局。本区太古界潜山最高埋藏深度为 2550m，最低埋藏深度为 4600m，最大落差达 2000m，形成多个高低错落的断块山。

4. 圈闭特征

根据潜山的断裂组合特征，胜 601—沈 311 区块共划分出 12 个含油断块型圈闭。断块区内主要含油圈闭特征描述如下（表 5-2-15）。

胜 601 断块：位于本区的中北部，主要受东、西两侧沈 629 西断层和胜 20 断层所夹持，呈向西南倾斜的单斜形态。高点在胜 601 井附近，潜山顶点埋藏深度为 2900m，幅度约 700m，圈闭面积为 10.4km²。

沈 313 断块：位于本区的中部，主要受东、西两侧沈 266 西断层和胜 20 断层所夹持，呈向东南倾斜的单斜形态。高点在沈 313 井附近，潜山顶点埋藏深度为 3300m，幅度约 700m，圈闭面积为 4.4km²。

表 5-2-15　胜 601—沈 311 区块太古界潜山圈闭要素表

含油断块	高点埋深 /m	幅度 /m	圈闭面积 /km²
安 133 断块	2400	650	15.8
胜 601 断块	2900	700	10.4
胜 21 断块	2900	500	3.4
沈 266-8-20 断块	3450	400	3.5
沈 266 断块	3400	600	1.4
沈 313 断块	3300	700	4.4
沈 233 断块	3550	50	1.4
沈 630-H1220 断块	3550	100	0.8
沈 311 断块	3550	250	1.2
沈 628-4-14 断块	3550	250	2.6
沈 630-H1226 断块	3600	300	1.3
沈 276 断块	3600	1000	3.2

（四）储层特征

1. 储层岩石类型

大民屯凹陷胜 601—沈 311 区块太古界潜山钻探程度较高，部分老井进行了钻井取心，而近两年钻探的新井除进行钻井取心外，部分井还进行了旋转井壁取心，尤其是近年来采用岩屑资料与测井曲线结合，解决潜山的岩性组成及分布特点等一系列技术的使用，都为其更全面、准确地掌握潜山的岩性及储层特征提供了条件。在对潜山钻井取心进行全面观察、老井岩石薄片详细鉴定的基础上，重点对新钻探井岩心、旋转井壁取心和岩屑样品进行详细鉴定，并与测井曲线紧密结合，对潜山的岩石类型及特征进行总结。根据变质岩岩石学、岩浆岩岩石学分类及岩石薄片鉴定结果[4-5]，认为大民屯凹陷胜601—沈311区块潜山新太古界主要由变质岩组成，零星分布岩浆岩侵入体。变质岩主要包括区域变质岩、混合岩和动力变质岩，岩浆岩侵入体主要为煌斑岩、辉绿岩、微晶闪长岩岩脉及闪长岩岩体等。岩性可以分为两大类，13个亚类，30多种岩石类型，但在胜601—沈311区块主要岩石类型可以归纳为黑云角闪斜长片麻岩、黑云角闪斜长变粒岩、浅粒岩、斜长角闪岩、混合花岗岩、注入混合岩、浅粒质混合岩、混合片麻岩、中性和基性侵入体10种主要岩石类型。

据辽河坳陷变质岩大量的岩心宏观观察及铸体薄片微观鉴定资料统计表明，变质岩储集空间的发育程度受岩性、构造、构造位置等多种因素的影响，在相同的构造应力作用下，与岩性存在密切关系。总体上看，角闪岩、黑云母等暗色矿物含量较高的角闪岩类、辉绿岩、煌斑岩等，裂缝密度低，孔隙度小；片麻岩、混合岩等岩性随着暗色矿物含量减少，浅色矿物含量的增加，裂缝密度及孔隙度呈增大趋势，储层含油性变好。因此，把变质岩中以石英、长石等浅色矿物含量较高的浅粒岩类、混合岩类、片麻岩类等划分为储集岩，而把变质岩中暗色矿物含量较高的角闪岩类和侵入岩中的基性岩划分为非储集岩。

2. 储集空间类型及特征

研究区太古界岩石在漫长的地质时期，经历了变质重结晶、风化剥蚀、溶蚀淋滤、构造破碎等改造。根据岩心观察、铸体薄片图像分析等，本区储集空间较发育，具有双重介质的特点，储集空间分为孔隙型和裂隙型两大类。

对于双重孔隙介质的储集空间来说，由于裂缝发育处易破碎，取样困难，一些孔隙发育的构造角砾岩、碎斑岩及裂缝发育的样品往往无法分析测试，采用这些方法，未免存在片面性，尽管如此，所测试的孔隙结构参数至少可以反映基质或以基质岩块为主的孔隙空间的特点，加上岩心的宏观观察和铸体薄片的微观鉴定等手段，尽可能真实地反映客观实际。

通过岩心观察和铸体薄片鉴定认为，本区太古界潜山岩石储层主要的储集空间为裂缝、破碎粒间孔隙和溶蚀孔隙。铸体薄片下测得储集空间主要发育在浅粒岩、浅粒质混合岩和混合花岗岩中，次为在暗色矿物含量13%～17%的黑云角闪斜长变粒岩中。裂缝和孔隙同时存在，裂缝主要为构造裂缝和构造—溶解缝，孔隙为破碎粒间孔和矿物溶孔，本区以角闪石溶孔最为发育。裂缝以10～100μm的微裂缝为主，裂隙率为0.27%～2.03%，孔隙面孔率为0.23%～2.66%，裂缝平均宽度为7.5～67.97μm，平均孔隙直径为24.39～284.02μm。

3. 储层物性特征

岩心观察统计胜601—沈311潜山带宏观裂缝多为中、高角度缝，裂缝张开度为0.1~3.0mm，裂缝密度为10~210条/m，裂缝孔隙度为0.1%~1.1%（表5-2-16）。

根据106块岩心统计结果，岩心分析孔隙度最大为9.4%，最小为0.6%，主要分布在0.6%~6%范围内，平均为3.1%，有效储层孔隙度主要分布在2.5%~6%范围内，平均为4.0%；根据100块岩心统计结果，岩心分析渗透率最大为12.78mD，最小为0.01mD，主要分布在0.01~0.8mD范围内，平均为0.18mD。

表5-2-16 胜601—沈311区块太古界潜山岩心裂缝统计表

井号	取心井段/m	进尺/m	心长/m	收获率/%	裂缝组数	裂缝条数	裂缝密度/条/m	裂缝开度/mm	与岩心柱面交角/(°)	裂缝孔隙度/%
沈233井	3546.36~3547.51	1.15	0.42	36.5	3	80	200	0.2~1.0	10~45	0.9
胜25井	3404.0~3407.95	3.95	2.52	48.3	3	525	210	0.5~1.2	5~60	1.1
沈314井	3760.0~3761.0	1	0.58	58	3	105	200	0.1~0.4	5~95	0.3
沈313井	3313.0~3316.36	3.36	2.55	75.9	3	255	100	0.1~0.4	10~75	0.6
沈276井	3681.01~3681.72	0.71	0.71	100	2	20	30	0.2~0.8	5~45	0.1
沈276井	3810.42~3813.21	2.59	2.59	100	1	26	10	0.1~0.5	10	0.05
沈311井	3623.0~3626.0	3	2.9	96.7	4	350	120	0.2~1.5	0~55	0.8
胜601-H604井	3193.58~3201.69	6.11	2	32.7	2	500	250	0.1~1.0	45	1.0
沈630井	3440.0~3441.40	1.4	1.4	100	3	140	100	0.1~0.6	5~45	0.6
沈252井	3349.13~3350.50	1.37	1.35	98.5	2	40	30	0.1~1.5	45	0.1
沈266井	3402.64~3404.54	1.9	1.87	98.4	2	26	15	0.1~1.5	45	0.5
沈266井	3445.64~3448.24	2.6	1.9	73.1	3	190	200	0.1~3.0	5~45	1

4. 储层发育控制因素及储层分布

1）储层发育控制因素

（1）储层发育与岩性的关系。

大量的岩心、岩屑观察和鉴定表明，角闪石岩、斜长角闪岩、煌斑岩脉和辉绿岩脉基本不含油，没能形成有效储层，其原因是这些岩性暗色矿物含量超过了50%，在构造应力作用下，这些矿物塑性强，不易产生裂缝，即便产生了少量的裂缝也被方解石及本身蚀变的绿泥石等充填。

黑云角闪斜长片麻岩和黑云角闪斜长变粒岩，其暗色矿物含量小于50%，本区在12%～22%，随着暗色矿物的增加，构造成因的储集空间变差，溶蚀成因的储集空间在一定程度上有增加趋势。本区的混合岩化作用主要以注入混合岩化作用为主，注入混合岩基体与脉体界限清楚，交代作用、交代重结晶作用较弱，因此注入混合岩的储层发育程度与原岩类型关系密切。在本区，这几种岩性可以形成中等偏差的储层。

本区的浅粒岩，其暗色矿物含量小于8%，一般为3%～5%，主要矿物为斜长石和石英，次为碱性长石，在构造作用下容易破碎，形成裂缝和破碎粒间孔，并且斜长石易溶蚀形成溶孔等。浅粒岩在混合岩化改造过程中，一般注入粗晶的花岗伟晶岩脉体，在脉体15%～50%之间，形成浅粒质混合岩。由于注入的浅色矿物易破碎形成储集空间，因此在本区变粒岩和浅粒岩质混合岩形成了很好的储层。

本区的混合花岗岩，其暗色矿物含量小于10%，一般小于5%，包括斜长混合花岗岩和二长混合花岗岩两种，以斜长混合花岗岩居多，在构造应力作用下容易破碎或产生裂缝，在溶蚀淋滤带斜长石及岩石中含量较少的角闪石等溶蚀，形成溶蚀成因的储集空间，因此在本区混合花岗岩形成了较好的储层。

（2）储层发育与构造应力的关系。

断层和褶皱等构造应力作用是潜山裂缝发育的主导外因，其次为风化淋滤作用。在褶皱拱张部位曲率越大，断裂强烈发育的区域，岩石裂缝越发育。同时，还要结合具体岩性和所处的位置，如暗色矿物含量较少（一般小于10%）的花岗质岩石，构造破碎后孔缝发育，而暗色矿物含量高的片麻岩类、长英质粒岩类，在强应力作用下破碎，但暗色矿物往往充填刚性碎屑间，位于潜山上部的岩石暗色矿物还易绿泥石化堵塞孔隙。糜棱岩形成之后还会经历构造运动使其形成裂缝，被改造成储层。

在同种应力作用下，结构构造对储层有一定影响，片麻状、条带状这些不均一的构造，往往使储层的分布不均。

2）储层分布

根据测井评价结果，胜601—沈311区块太古界潜山从总体上看，储层平面上分布广泛，但随着潜山高低位置及潜山形态的不同储层厚度差异较大，在潜山高部位储层发育，有效储层厚度也大；而在低部位储层发育程度相对较差，有效储层厚度也小。潜山最高埋藏深度为2550m。从钻井情况分析，揭露地层厚度46～698m，单井有效储层厚度分布在17.2～120.7m之间，并且储层主要集中发育在距潜山顶面300m范围内。这种现象的产生可能与该潜山构造位置较低、所受构造应力较小，形成裂缝不如深大断裂形成裂缝所造成的，后期改造也仅限于距潜山顶面的300m范围内。

（五）油藏特征

1. 油藏类型

根据试油试采资料结合测井、录井资料分析论证，潜山带整体含油，在油藏的高部位揭开潜山300m厚度后储层不发育且以干层为主。而在潜山低部位钻遇了油水界面：沈311井于2010年5月试油，射开井段3822.3～3844.0m（垂直井段3815～3837m）21.7m/3层，压后日产油120t，累计产油578t，试油结论为油层。2010年6月投产，初期日产油39t，日产水28m³；2011年1月补层合采，井段3755.3～3844.0m（垂直井段3749～3837m），初期日产油24.6t，日产水57.4m³，目前日产油24.4t，日产水39.3m³，累计产油10908t，累计产水20911m³。据沈311井试油、投产和录井资料综合解释油水界面为-3837m。

综上所述，认为胜601—沈311区块太古界潜山带油藏整体含油连片，局部富集，为具似层状结构特征的块状构造油藏。

2. 油层分布规律

太古界潜山油藏整体含油，油层分布主要受裂缝发育程度控制，在优势岩性发育和构造应力集中区即相对构造的高部位储层发育。如沈311井处于浅粒质混合岩区域，岩性较好，且处于局部构造高部位，有效厚度达98.7m，与此类似的还有胜25井、胜601井等。油藏高点埋藏深度为2550m，最大含油幅度达1287m，油层有效厚度一般为20～70m，最大油层有效厚度为98.7m，平均为50.8m（表5-2-17）。

表5-2-17　胜601—沈311区块太古界潜山油藏参数表

区块	有效厚度/m		高点埋藏深度/m	含油高度/m	中部海拔/m	原始地层压力/MPa	压力系数	饱和压力/MPa	地饱压差/MPa	饱和程度/%	地层温度/℃	地温梯度/℃/100m
	范围	平均										
胜601—沈311	17.2～98.7	50.8	2550	1287	-3194	31.4	0.98				113.6	3.47

（六）试油试采分析及认识

1. 试油试采认识

（1）胜西低潜山平面、纵向均具有产能。

试油试采情况表明，胜西低潜山油藏平面上满块均具有产能。试油试采井点在平面及纵向各深度上均有分布，控制程度较高。

（2）平面上各断块及纵向上产能存在差异，但各断块均获得工业产能。

胜西低潜山投产初期直井日产量在4.2～39.0t，平均为11.4t。且2007年注水开发注采系统较完善的沈628块南块目前日产油17.7t，累计产油79630t，获得较好的开发效果。

（3）直井产量相对低，水平井产量高，且递减慢。

在构造、岩性相同或相近条件下，水平井产量高于直井产量，如位于北部胜601断块水平井胜601-H507井产量高于直井胜601井，且递减相对较慢。

（4）绝大多数直井压裂投产，压裂后产量增幅明显。

全区压裂25口井36井次（其中22口井压裂投产），有效24口井29井次，其中沈

311 井压裂增产达 24 倍。

2. 评价井风险分析

该块完钻井数少，油层控制程度低，潜山内幕构造不清，裂缝发育情况、地应力方向不清，因此存在一定的勘探风险。

（1）由于完钻井数少，构造及油层控制程度低，钻井风险较大。

（2）该块目前试采井产能普遍较低，储层非均质性强，有钻探不到有利储层的风险。

（七）油藏评价部署

1. 油藏工程设计

1）开发层系划分与组合

沈 311—胜 601 区块为潜山裂缝性油藏，胜 601 潜山油藏埋藏深度为 2850～3400m，沈 630 潜山油藏埋藏深度为 3300～3840m，油层分布主要受裂缝发育程度控制，尽管油藏内部存在非渗透带和低渗透带，但内部存在大量的天然裂缝，尚不具备隔层作用，油藏内部具有连通性，因此尽管油层厚度大，但仍然不能划分层系开发，只能作为一套层系开发。

2）开发方式选择与论证

（1）油藏天然能量评估。

采用物质平衡法计算其弹性采收率为 3.6%，其计算公式如下：

$$E_{R1} = C_t \cdot \Delta p \qquad (5-2-4)$$

式中　E_{R1}——弹性采收率，f；

　　　C_t——综合压缩系数，1/MPa；

　　　Δp——地饱压差，MPa。

该区无高压物性资料，所以借用静 52 潜山的高压物性资料，计算该区极限弹性采收率为 3.6%。

利用溶解气驱经验公式计算出溶解气驱采收率为 5.6%，计算公式如下：

$$E_{R2} = 106.45 \left(\phi S_{oi} / B_{ob} \right)^{0.2866} \left(K_o \mu_w / \mu_{ob} \right)^{0.1438} S_{wi}^{-0.1575} \qquad (5-2-5)$$

式中　E_{R2}——溶解气驱采收率，f；

　　　ϕ——孔隙度，f；

　　　S_{wi}——束缚水饱和度，f；

　　　B_{ob}——饱和压力下油层原油体积系数；

　　　μ_{ob}——饱和压力下油层原油黏度，mPa·s；

　　　K_o——地层平均绝对渗透率，mD。

可见，采用弹性驱和溶解气驱仅能获得 9.2% 的最终采收率。

（2）水驱采收率预测。

用国内几种预测裂缝性油藏水驱采收率经验公式，预测注水开发可获得较高采收率，预测该块注水开发最终采收率平均为17%，是天然能量开发的1.85倍，方法如下：

水驱采收率计算公式（取自计算潜山裂缝等经验公式）：

$$E_{\mathrm{R}} = 106.45 \left(\phi S_{\mathrm{oi}} / B_{\mathrm{oi}} \right)^{0.2866} \left(K_{\mathrm{o}} \mu_{\mathrm{w}} / \mu_{\mathrm{o}} \right)^{0.1438} S_{\mathrm{wi}}^{-0.1575} \qquad (5-2-6)$$

式中　E_{R}——水驱采收率，%；

B_{oi}——原始压力下地层原油体积系数；

μ_{w}——地层水黏度，mPa·s；

μ_{o}——地层油黏度，mPa·s；

ϕ——孔隙度，f；

S_{oi}——原始含油饱和度，f；

S_{wi}——束缚水饱和度，f；

K_{o}——渗透率，mD。

经计算，静安堡潜山西侧水驱采收率为17%。

综合上述分析，结合静安堡潜山西侧储层发育情况及试采情况，综合分析确定该区注水采收率为17%。

综合上述，静安堡潜山西侧采取早期注水补充能量的开发方式较为经济合理。

（3）注水方式。

采用底部注水方式开发效果比较好，此方式有利于形成比较稳定而均匀上升的驱油前缘，减少了水驱油过程中的非活塞式驱替；此外，油井见水后，来水方向相对比较简单和易于调节，有利于油田管理和控制。

根据物模、数模、油藏特征等综合分析认为，该潜山为具有层状特征的裂缝性块状油藏，无稳定分布的隔层，无边水，有弱底水，靠天然能量开发，油井产量下降较快。根据该块的油藏特征及边台潜山直井注水＋水平井采油成功的经验，经过方案对比，确定该块按一套层系，水平井底部注水＋水平井上部采油组合开发的综合注水开发方式进行开发。

综上分析，胜601井区、沈630井区均采用底部注水方式较为有利。

3）井网、井距的确定

（1）井网。

在相同的地质条件和注采技术界限之下，对两种基础井网的油藏开发效果进行模拟预测，所得结果如下（表5-2-18）。

两方案均是采用水平段底部注水，水平井顶部采油，通过底部注水形成人工底水，在低渗层阻挡及重力作用下注入水向上托进，有利于减缓裂缝油藏水窜的矛盾，同时注水井从油井 B 点方向钻进，注水井与油井在排列上错开，能够延长油井无水采油期。但在实际生产过程中，为了遵循少井高效的原则，充分有效地利用注水井，大斜度段可固井分注，从而提高注水波及体积，增加注水与基质接触面积，提高裂缝水驱动用程度，并增加基质渗析采收率。对比两井网，HWP1 井网大斜度段与油井距离太近，靠近 A 点，易造成暴性水淹，HWP2 井网却避免了这种情况。

表 5-2-18　两种基础水平井井网生产指标对比

井网	单井初期产能 / m³/d	单井 10 年末累计产油 / 10⁴m³	每平方千米初期产能 / m³/d	每平方千米 10 年末累计产油 / 10⁴m³	10 年末地层压力 / MPa	水平井见水时间 / d	10 年末含水率 / %	10 年末采出程度 / %	见水时采出程度 / %
HWP1	31.05	10.73	31.05	10.73	31.33	555	62.4	12.6	7
HWP2	31.05	11.12	31.05	11.02	31.34	742	57.1	13.2	7.4

对于 HWP2 井网而言，水平井注水量大，能够及时补充油藏在开发过程中地层能量的衰减，并且此水平井井网的水平采油井均衡受效，使得水驱油的面积大、波及系数高、油藏的可动用储量大，从而获取较好的开发效果。通过综合研究和对比筛选结果，选定 HWP2 井网作为最优井网，该方案能最大程度地提高开发效果。

（2）井距。

井距确定原则如下。

① 有效地控制和动用绝大多数的油层和储量。

② 在水驱开发条件下，保证有较高的注水波及系数。

③ 能够满足一定的采油速度和稳产年限的要求。

④ 尽量避免井间干扰。

⑤ 要有较好的经济效益。

⑥ 充分利用完钻探井和评价井，减少开发投资，提高经济效益。

理论计算如下。

① 根据采油速度确定合理井网密度。

根据油田开发管理纲要要求，一般油田稳产期石油地质储量采油速度应在 2% 左右，低渗透油田采油速度应大于 1%。胜 601 潜山属于低渗油藏，考虑利用整体利用水平井开发，采油速度设计为 1.5%。

根据理论公式有：

$$S = \frac{\beta v_o N}{q_o t A} \tag{5-2-7}$$

式中　S——井网密度，井 /km²；

　　　v_o——采油速度，%；

　　　N——原油地质储量，t；

　　　q_o——平均单井产量，t；

　　　t——生产时率，d；

A——含油面积，km^2；

β——油井系数，f。

计算结果见表 5-2-19。

表 5-2-19　不同采油速度和单井产量的井网密度表

采油速度 /%	单井产量 /（t/d）	年产油量 /10^4t	井网密度 /（井 /km^2）	井距 /m
1	15	0.45	4.7	462
	20	0.6	3.5	533
	25	0.75	2.8	596
1.5	15	0.45	7.0	377
	20	0.6	5.3	435
	25	0.75	4.2	487
2	15	0.45	9.4	326
	20	0.6	7.0	377
	25	0.75	5.6	421
2.5	15	0.45	11.7	292
	20	0.6	8.8	337
	25	0.75	7.0	377

② 单井控制合理储量法。

根据数值模拟技术，在不同井距的情况下，进行了不同水平段长度与单井控制储量关系的室内研究，分析认识到：

300m 井距：不同长度的水平井单井控制储量较低，且不适合后期加密调整。

400m 井距：对于 500～550m 长度的水平井单井控制储量为 40×10^4t 左右，且适合后期加密调整。

500m 井距：井距过大，不同长度的水平井单井控制储量比较高，但是注采井距过大，难以见到注水效果。

③ 油井泄油半径——K 与泄油半径关系。

根据苏联罗什金油田阿布纳长耶沃区 42 口井 105 个工作制度的资料统计对比，泄油半径 R_e 与渗透率 K 的关系为：

$$R_e = 171.8 + 0.53K$$

胜 601 块参考安 1—安 97 潜山通过压力恢复求得平均有效渗透率小于 1mD，由此计算其泄油半径为 172m，折算井距为 350m 左右。

④ 经济指标评价确定井距。

净现值随井距的增大（即井网密度的减小）而增加，通过对比认识，井排距在 350m 时净现值达到最大值；并且随水平井段长度增加而增加，水平井段长度越长越好。

综合评价，该潜山油藏采用 400m×400m 正方形井网，水平井 + 水平井组合开发。

2. 评价部署结果及指标预测

1）部署原则及依据

（1）评价井部署的必要性。

① 安 1–H1 井、胜 21–H1 井、胜 601–H505 井、沈 311 井等试油、试采均获得一定的产量，在目前油价和开发形势下，具有经济开采价值。

② 目前该区完钻探井较少，构造特征、储层分布、油层分布、裂缝发育情况等都需要进一步认识，以便落实该块储量和产能。

③ 沈 630 块横向上储量上报控制程度不够，纵向上沈 628 块所钻井都较浅，须部署评价井进一步落实 3600m 以下的含油气情况。

④ 胜 24–12S 深层已经出油，说明安 1—安 97 潜山深层勘探潜力很大，目前该区深层井控程度非常低，须部署评价井进一步落实 3000m 以下的含油气情况。

综合上述原因，认为静安堡周边及深层有必要部署评价井，并进行系统的试油、试采及各项分析化验资料录取，为下一步油藏开发工作奠定基础。

（2）部署原则及依据。

① 把降低开发风险、保证经济效益作为基本出发点。

② 以静安堡周边及深层试油、试采结果为依据，以三维地震资料及储层预测结果为基础，选择构造较有利部位部署井位，以便进一步落实构造、储层和产能。

③ 在整体设计的井网基础上，在有利的含油范围内合理部署。

（3）评价部署结果。

根据该块的油藏特征，确定该块按一套层系，采用 400m×400m 正方形井网，注水开发方式进行开发。部署评价井 6 口，利用探井 3 口，规划开发井 27 口（水平井），利用直井注水 + 水平井采油组合模式，实现区块的开发动用。

2）开发指标预测

（1）单井产能的确定。

① 外部渗流阻力。

由程林松分支水平井产能计算公式，可写出虚拟水平井产能计算公式为：

$$Q = \frac{2\pi K_{\mathrm{h}}\left(p_{\mathrm{e}} - p_{\mathrm{L}}\right)}{\mu_{\mathrm{o}}\left[\ln\dfrac{4r_{\mathrm{e}}}{L_{\mathrm{main}}} + \dfrac{h\beta}{L_{\mathrm{main}}}\ln\dfrac{h\beta/\sin\left(\pi a/h\right)}{2\pi r_{\mathrm{b}}}\right]} = \frac{p_{\mathrm{e}} - p_{\mathrm{L}}}{R_{\mathrm{out}}} \qquad (5\text{-}2\text{-}8)$$

$$\beta = \sqrt{K_{\mathrm{h}} / K_{\mathrm{v}}}$$

式中　K_{h}——水平方向渗透率，$10^3 \mathrm{mD}$；

　　　K_{v}——垂直方向渗透率，$10^3 \mathrm{mD}$；

　　　h——油层厚度，m；

　　　p_{e}——油层供给压力，MPa；

　　　p_{L}——虚拟水平井井壁压力，MPa；

　　　μ_{o}——地层油黏度，$\mathrm{mPa \cdot s}$；

　　　r_{e}——供给半径，m；

　　　r_{b}——鱼骨井井筒半径，m；

　　　L_{main}——鱼骨井主干井筒长度，m；

　　　a——鱼骨井垂向位置，即距油层底部的距离；

　　　R_{out}——外部渗流阻力。

式（5-2-8）分母中的第二个对数项如果小于 0，则取值 0。

外部渗流阻力为：

$$R_{\mathrm{out}} = \frac{\mu_{\mathrm{o}}}{2\pi K_{\mathrm{h}} h} \left[\ln \frac{4r_{\mathrm{e}}}{L_{\mathrm{main}}} + \frac{h\beta}{L_{\mathrm{main}}} \ln \frac{h\beta / \sin\left(\pi a / h\right)}{2\pi r_{\mathrm{b}}} \right] \qquad （5-2-9）$$

② 局部渗流阻力。

将分支和主干井筒周围的渗流均看成径向渗流。径向渗流的供给边界压力近似取为虚拟水平井井壁上的压力。局部渗流阻力也称为内阻。主干井筒与分支井筒总的内阻为：

$$R_{\mathrm{in}} = \frac{\mu_{\mathrm{o}}}{2\pi K_{\mathrm{h}}} \cdot \frac{\beta}{L_{\mathrm{main}} + nL_{\mathrm{b}}} \ln \frac{h}{2\pi r_{\mathrm{w}}} \qquad （5-2-10）$$

式中　L_{b}——鱼骨井单分支长度，m；

　　　$L_{\mathrm{main}} + nL_{\mathrm{b}}$——主干井筒和所有分支的总长度；

　　　n——鱼骨井分支数；

　　　β——鱼骨井分支井筒与主干井筒的夹角；

　　　r_{w}——鱼骨井井筒半径，m。

表皮系数的阻力：

$$R_{\mathrm{S}} = \frac{\mu_{\mathrm{o}}}{2\pi K_{\mathrm{h}} h} S \qquad （5-2-11）$$

根据渗流的连续性：

$$Q = \frac{p_{\mathrm{e}} - p_{\mathrm{L}}}{R_{\mathrm{out}}} = \frac{p_{\mathrm{L}} - p_{\mathrm{w}}}{R_{\mathrm{in}} + R_{\mathrm{S}}} \qquad （5-2-12）$$

从式（5-2-12）中消去 p_{L}，可得到鱼骨井产能计算公式：

$$Q = \frac{p_e - p_w}{R_{in} + R_{out} + R_S} = \frac{2\pi K_h h \Delta p}{\mu_o \left[\ln \frac{4r_e}{L_{main}} + \frac{h\beta}{L_{main}} \ln \frac{h\beta / \sin(\pi a / h)}{2\pi r_b} + \frac{\beta h}{L_{main} + nL_b} \ln \frac{h}{2\pi r_w} + S \right]} \quad (5\text{-}2\text{-}13)$$

③计算结果。

通过实际模型对该公式进行验证，检验其可行性，建立模型大小为 $1400 \times 1400 \times 100\text{m}^3$，多分支井为主井筒 500m、2 分支非对称鱼骨刺井，各分支长度为 180m。实际模型各个参数见表 5-2-20。

表 5-2-20 鱼骨井实际模型参数

K_h（水平方向渗透率）/mD	1.2146	n（鱼骨井分支数）	2
K_v（垂直方向渗透率）/mD	0.005	α（分支与主井筒夹角）/（°）	15
h（油层厚度）/m	100	r_w（鱼骨井井筒半径）/m	0.15
p_e（油层供给压力）/MPa	26.93	r_e（供给半径）/m	489.865
p_w（井筒压力）/MPa	25	L_{main}（鱼骨井主干井筒长度）/m	500
μ_o（原油地层黏度）/mPa·s	72.61	L_b（鱼骨井单分支长度）/m	180
a（鱼骨井垂向位置）/m	45	S（表皮系数）	20

参数之间关系：

$$\beta = (K_h / K_v)^{1/2} \quad (5\text{-}2\text{-}14)$$

$L_{main} + nL_b$ 表示主干井筒和所有分支的总长度。

将各个参数代入公式可求得 $\beta = (K_h / K_v)^{1/2} = 15.59$；

由 $\pi r_e^2 = 1400 \times 1400\text{m}^2$ 可得 $r_e = 789.865\text{m}$；

计算结果：$Q = 30.36051\text{m}^3/\text{d}$。

根据井网井距研究及产能计算结果，以及静安堡潜山西侧部署井，设计单井日产油能力 30t。

（2）开发指标预测。

根据以上确定结果，由于油层物性差，开发井均采用水平井开发，油井投产初期单井日产油为 30t。

沈 311—胜 601 区块采用直井注水 + 水平井采油的立体井网开发模式，利用探井 3 口，评价井 6 口，规划开发井 27 口（水平井），规划油井 27 口，水井 9 口。

预计动用探明地质储量 $1500 \times 10^4\text{t}$，单井平均日产油 30t，区块日产油 810t，可建产能 $24.3 \times 10^4\text{t}$，采油速度为 1.62%，10 年累计采油 $194.8 \times 10^4\text{t}$。

3. 录取资料要求

实施滚动评价井 6 口，钻井进尺 $2.25 \times 10^4\text{m}$，试油 6 口井 6 层，试采井 6 口，取心井 2 口，取心进尺 40m，地层倾角 3 口井，压力恢复曲线和探边测试 2 口井 2 层。

分析化验 10 类 150 块样，特殊化验分析项目 2 类 6 块样。

（八）结论

（1）沈 311—胜 601 潜山带储层是由潜山岩石演化、多期构造应力及风化淋滤等多种作用形成的，潜山内幕储层的发育程度主要受岩性和构造应力双重控制，岩性是主导内因，构造褶皱及断裂应力是外因，在优势岩性发育和构造应力集中区即相对构造的高部位储层发育。

（2）太古界潜山油藏整体含油，油层分布主要受裂缝发育程度控制，局部富集，为具似层状结构特征的块状构造油藏。

（3）潜山储层非均质性较强，同一区块不同井产量差异较大，既有百吨井沈 628 井，高产井沈 311 井、胜 601-H505 井；又有低产井胜 601-H604 井，更有井投产不出，如安 9 井、沈 230 井等。储层发育特征非常复杂。

（4）具有一定的天然能量，但仍须补充能量开发。

投产井沈 311 井油水同出，初期日产液 70.0m^3，含水 40%，投产 15 个月后日产液 63.2m^3，含水 60%，该井证实靠近边底水部位油井液量相对稳定；该区远离边底水处正常生产直井投产初期产量较高，但产量递减快，油井生产过程中动液面下降快，天然能量有限。

（5）水平井压裂改造可以实现潜山油藏的高效开发。

在构造、岩性相同或相近条件下，水平井产量高于直井产量，如位于北部胜 601 断块水平井胜 601-H507 井产量高于直井胜 601 井，且产量递减相对较慢。全区共有 25 口井压裂，24 口井见效，压裂后平均产量为压裂前的 4.8 倍。

三、边台—曹台潜山综合评价

（一）概况

1. 位置

研究区地理上位于辽宁省沈阳市于洪区，在油田范围内，地势平坦，交通便利，通信发达。构造上位于辽河盆地大民屯凹陷的东部陡坡带，北部为静北灰岩潜山，西部为安 1 潜山，西南为东胜堡潜山。

2. 勘探开发历程和现状

1）边台潜山

边台潜山勘探始于 20 世纪 80 年代，1984 年 1 月，安 36 井在太古界中途测试获日产 12.62t 工业油流，发现太古界潜山油藏。

1988 年，边台潜山上报探明石油地质储量 873×10^{4}t，含油面积为 9.6km^2，其中边台北含油底界为 -1850m，边台南含油底界为 -2300m。

1990 年，边台潜山进行开发试验，1992 年，编制开发方案，采用 350m 井距压裂投产方式投入开发，部署开发井 55 口。随着开发井的相继完钻，1994 年，边台潜山产量达到高峰，高峰日产油 607t，年产油 17.633×10⁴t，同年边台潜山边部开始试注水，1998 年，在潜山内部开始注水，年产油由 1998 年的 9.97×10⁴t 上升到 1999 年的 10.48×10⁴t。2002—2006 年，边台潜山处于低速开采、低速递减阶段，采油速度为 0.34%～0.43%，2006 年底，年产油降至 5.99×10⁴t，采油速度为 0.38%，采出程度仅为 8.11%，开发效果变差。

随着边 34-24 井等在原储量底界以下获得工业产能，边台潜山含油底界由原上报底界统一拓深至 -2400m，2001 年，整体复算上报探明储量 1805×10⁴t，含油面积为 9.3km²。

2007 年，针对边台潜山北动用程度低、直井单井产能低、开发效果变差的情况，在"二次开发"理念的指导下，在对潜山油藏地质特征和剩余油进行了精细刻画的基础上，采用复杂结构井进行二次开发试验，首先实施的边台 -H1Z 井为具有 4 个鱼骨分支的复杂结构水平井，该井于 2007 年 2 月投产，初期电泵抽油，日产油 23.1t，目前已累计产油 35317t。该井的成功实施，拉开边台北潜山利用水平井、复杂结构井二次开发的序幕[6-7]。2008 年以来，通过对地质体内幕的精细研究和对潜山油藏"三分一体"的突破性认识，找出有利层段和部位，应用复杂结构井实施整体二次开发，在边台潜山北部署实施复杂结构井 13 口，其中双分支鱼骨井 6 口，单分支鱼骨井 7 口。同时，为完善注采井网、补充地层能量，转注 10 口井。实施后区块日产油由 42t 上升到 237t，采油速度由 0.2% 上升到 1.1%，实现了边台潜山北 792×10⁴t 难采储量的有效动用与开发。

2009 年，在边台潜山北成功二次开发的基础上，边台潜山南也相继部署实施了 7 口复杂结构井，有效减缓了油藏递减，开发效果得到改善，2009—2011 年，年产油保持在 5.39×10⁴t～4.59×10⁴t 之间，采油速度保持在 0.45%～0.53% 之间。

边台潜山西在 2008 年之前投产沈 287 井等 4 口井，均获得工业油流，证实边台潜山西部直井具有工业产能。部署实施沈 287-H1 井，获日产油 13.5t，2009 年之后相继实施的边台 -H11 井、边台 -H12 井、边台 -H13 井、边台 -H14 井、边台 -H15 井等 5 口复杂结构水平井，使边西潜山日产油由 29.6t 上升至 83.8t，目前已累计产油 8.8364×10⁴t。

2011 年 11 月，在边台潜山东扩边部署的边 35-26 井获得工业产能，初期日产油 6t；2012 年 5 月，实施的边台 -H25Z 井初期日产油 18.2t。同年，该断块利用复杂结构井进一步扩边评价，部署实施 3 口井，目前已全部完钻，中途测试均获油流。目前，正在排液。

通过采用复杂结构井实施二次开发，边台潜山年产油由 2006 年的 5.99×10⁴t 上升至 2011 年底的 12.58×10⁴t。目前，边台潜山开井 82 口，断块日产油 378.7t，累计产油 211.77×10⁴t。

2）曹台潜山

1973 年 1 月，曹台潜山首钻沈 41 井，20 世纪 80 年代末期，曹 6 井在 1388.0～1400.0m 井段试油，压裂后获日产 19.1t 工业油流，但由于高凝油流动性差，该井没能成功投产。1994 年，曹 18 井 1300m 电缆电热抽油杆热采试验，获日产 1.2t 工业油流，累计产油 43.64t，该井证实曹台潜山在电热抽油杆热采工艺条件下是具有工业开采价值的。1995 年，曹台潜山在 1300～1740m 井段上报探明储量 765×10⁴t。

2007年，曹602井完钻，在垂深2286.3～2339.8m井段试油，压裂后获日产2.5t油流，证实曹台潜山在 -1740m 以下储层依然发育，使曹台潜山出油底界拓深到 -2340m。但由于该井产能较低，曹台潜山深层评价工作一度停滞，没有申报探明储量。

随着复杂结构井技术应用的日益成熟和边台潜山复杂结构井二次开发的成功实践，2012年，为进一步落实曹台潜山 -1740m 以下深层含油及产能情况，对曹台潜山开展了利用复杂结构井整体评价 -1740m 以下储层及产能情况，利用导眼井落实储层，利用双分支复杂结构井落实产能，部署了6口复杂结构评价井。已实施5口井，目前已全部完钻，其中完钻复杂结构井4口，导眼井直井完钻1口。5口井导眼中途测试均获得油流。已投产3口井，其中曹623H导井压裂后投产，初期日产油14.8t；曹626H井单分支鱼骨井完钻，压裂后排液，日产油28.7t；曹625H井双分支鱼骨井完钻，于2012年11月14日投产，日产油24t。复杂结构井的成功实施，证实了曹台潜山 -1740m 以下含油性及具有较高产能的情况，预示曹台潜山深层具有良好的开发前景。

（二）地层特征

边台—曹台潜山带钻井揭示的地层自下而上发育太古界、中生界、新生代古近系房身泡组、沙河街组（沙四段、沙三段、沙一段）、东营组及新近系地层，共发现了沙河街组沙三段和太古界两套含油气层系。本次评价研究的目的层为太古界地层（表5-2-21）。

表5-2-21　边台—曹台地区地层划分简表

层位					层位代号	厚度/m	岩性岩相简述
界	系	统	组	段			
新生界	新近系	中新统	馆陶组		Ng	50～150	以浅灰色为主的块状砂砾岩，松散砂砾层夹灰黄、黄绿色砂质泥岩和亚黏土层
	古近系	渐新统	东营组		E_3d	0～200	灰白色砂砾岩与绿灰色泥岩互层。东营组是泛滥平原相沉积。以灰白色砂砾岩、含砾砂岩为主，与灰绿色、暗紫色砂质泥岩不等厚互层
		始新统	沙河街组	沙一段	E_3s_1	0～550	灰色、浅灰色砂泥岩互层
				沙三段	E_3s_3	250～1350	主要岩性组合为砂泥岩互层，下部砂岩与暗色泥岩互层，上部砂砾岩与紫红色、绿灰色泥岩互层
				沙四段	E_2s_4	0～950	下部薄层中、细砂岩与薄层褐色泥岩互层，中间发育大套深灰色泥岩和褐色、浅褐色油页岩，上部浅灰色泥岩夹薄层细砂岩和粉砂岩
		古新统	房身泡组		E_1f	0～250	岩性主要为灰黑色玄武岩及浅灰色砂砾岩，局部有浅红色泥岩
太古界					Ar	18～1854	变质岩夹侵入岩

边台—曹台潜山带地层由太古界变质岩构成，太古界潜山电性特征明显，易于识别划分，太古界潜山呈现高电阻率、低补偿中子、高自然伽马的块状曲线特征。岩心全岩同位素年龄测定最大值为23亿年，平均为20亿年。根据其岩性区域对比和实测年龄，推测其属于鞍山群。边台—曹台潜山带随着潜山形态及高低位置的不同，钻井揭露太古界潜山地层厚度差异较大。揭露太古界潜山地层最厚1854m（曹602井），最薄18m（安40井）。

（三）构造特征

1. 区域构造特征

边台—曹台潜山带位于辽河盆地大民屯凹陷的东部陡坡带，西南紧邻胜东洼陷，向北侵没于三台子洼陷，东侧与盆缘凸起相接。该潜山带西、北、南三面被生油洼陷所包围，沙三段、沙四段厚层深湖相暗色泥岩为良好的烃源岩；在中、新生代由于强烈的构造活动，本区产生多组正断层、逆断层，使潜山成为裂缝比较发育的储集体；同时，上覆沙三段、沙四段泥岩盖层对油气起到较好的封隔作用；东营期随着油气的大量生成，油气开始从侧向和顶部各个方向向潜山带聚集，形成了新生古储型潜山油藏。

2. 潜山地层地震特征

1）潜山地层界面地震反射特征

为了准确地标定潜山顶面和认识潜山顶面地震的反射特征，选取平面分布均匀、具代表性的井制作合成地震记录。在制作过程中，参考区域已有的速度参数，并对声波曲线进行环境校正和标准化处理；井的选取尽可能避开断层，以消除断层影响；对于斜井，选取沿斜井轨迹剖面进行标定消除井斜影响；子波选用不同主频的雷克子波，通过试验边台地区选用主频为18Hz、曹台地区选用主频为22Hz的雷克子波标定时效果最佳。本次层位标定工作共制作了高质量的合成地震记录31口，为确定潜山顶面及对比追踪解释提供可靠依据。

从钻井揭示情况来看，边台潜山和曹台潜山的埋深及上覆地层组合差别较大，因此造成太古界潜山顶面在地震剖面上反映出不同的波组反射特征。曹台地区的中南部潜山由于构造位置高，地层埋藏深度浅，地震反射特征清楚，稳定性好，潜山顶面呈连续、中频、强振幅反射特征；曹台地区的北部潜山顶界反射特征呈较连续、中频、中振幅反射特征。整体上看，曹台地区潜山顶界容易追踪对比。边台潜山顶界地震反射特征由南至北连续性变差。边台地区沙四段底部发育一套较稳定的油页岩地层，形成比较强的地震反射同相轴。边台潜山南部地区潜山顶界地震反射受油页岩地层影响呈现较连续、中频、中振幅地震反射特征。边台北部地区潜山顶部上覆较厚房身泡组火山岩，在安110井处厚度最大为195m，火山岩向四周均呈减薄趋势。火山岩地层对下覆潜山顶界地震反射造成屏蔽，使得边台北部潜山顶界地震反射呈连续性一般、中—低频、弱振幅反射特征。整体上看，边台地区潜山顶界可以进行追踪对比。

2）潜山断层地震反射特征及断层综合解释

边台—曹台潜山带断裂复杂，根据目的层反射波组在地震剖面上的错断、扭动等响应，并结合相干体切片，综合钻井、地质录井、测井等资料，对断层进行精确刻画。在进行构造解释之前，对三维地震数据体做了相干处理，得到相干数据体，以初步了解各断层在平面上的组合特征（表 5-2-22），为断层精细解释奠定基础。

表 5-2-22 边台—曹台潜山主干断裂要素表

序号	断层名称	断层性质	断开层位	目的层断距 /m	断层产状			
					走向	倾向	倾角 /（°）	延伸长度 /km
1	边西逆断层	逆	Ar-Es_4	200~1700	NE	SE	70~80	10.5
2	曹东断层	正	Ar-Es_3	400~700	NE	SE	70~80	7.5
3	曹台逆断层	逆	Ar-Ed	110~1050	NE	SE	75~85	10
4	边 35-26 逆断层	逆	Ar-Es_4	150~600	NE	SE	75~80	10.2
5	边台南断层	正	Ar-Es_4	30~600	NW	SW	75~80	3.7
6	边台北断层	正	Ar-Es_4	40~180	近 NW	NE	80~85	1.1
7	曹南断层	正	Ar-Es_3	50~160	NE	NW	80~85	2.8

（1）边西逆断层。该断层是位于边台潜山西侧的一条逆断层，其北部已有多口钻井证实。从地震剖面上看，断层下降盘为沙四段泥岩及油页岩，表现为同相轴连续的强反射，断层上升盘为潜山变质岩，为中等振幅的弱反射。断层两侧地层的产状不同，因此在地震剖面上容易识别出该断层。区内延伸长度为 10.5km，断距从南向北逐渐加大，在北部沈 258 井附近达到 1700m。该断层控制着边台潜山的形成，是边台潜山西侧控油断层。

（2）曹东断层。该断层是位于曹台潜山东侧边界的正断层，是控制曹台潜山带的主要断层。断层两侧地层地震反射特征不同，局部呈屋脊状对折，断点位于曹台太古界潜山顶面强反射同相轴中止处，断层断面清晰、可靠。断距 400~700m，区内延伸长度为 7.5km，断层由南向北断距变小，在曹 20 井北侧与曹台逆断层相交。该断层对潜山的油气具有控制作用。

（3）曹台逆断层。该断层是分隔曹台潜山和边台潜山的逆断层，是控制曹台潜山带的主要断层。该断层活动时间长，从太古界到东营末期都有活动，断距大，断面两侧的岩性不同，断层下降盘为古近系沙河街组地层，表现为连续性好的强反射同相轴，上升盘为太古界变质岩地层，表现为连续性较差的反射，断层上盘和下盘的地震反射波组特征不同，因此该断面比较容易识别。区内延伸长度约 10km，最大断距为 1050m，活动时间长，该断层控制着曹台潜山的形成与演化，并对潜山油气成藏起到重要的控制作用。

（4）边 35-26 逆断层。该断层为曹台逆断层的伴生断层，从地震剖面上看，连续的强反射同相轴在该断层处发生明显错断。断层区内延伸长度为 10.2km，断距为 150~600m，断距从南到北逐渐变小。

（5）边台南断层。该断层是位于边台南边界的一条正断层，从地震剖面上看，断层断面较清楚，同相轴错断明显，断层上、下盘地层产状不同。区内延伸长度为3.7km，断距为30~600m，且断距由西向东逐渐加大，是边台潜山的南部边界断层。

（6）边台北断层。该断层是位于边台北边界的一条正断层，从地震剖面上看，断层断面较清楚，同相轴错断明显，断层上、下盘地层产状不同。区内延伸长度为1.1km，断距为40~180m，是边台潜山北部边界断层。

（7）曹南断层。该断层在地震剖面上断面清楚，是控制曹台潜山油藏的南部边界断层。区内延伸长度为2.8km，断层断距为50~160m，由于曹台潜山强烈的挤压作用，使得该断层倾角很陡。断层早期发育，是曹台潜山主体重要的控油断层。

3. 构造特征

从边台—曹台太古界潜山构造图上看出，边台—曹台潜山带北东长约10km，东西宽约5.2km，构造面积约30km²。潜山带整体为北东走向，西侧以边西逆断层为界，东侧以曹东断层为界，中间以曹台逆断层为界，分为曹台潜山区块和边台潜山区块，东西成断阶状。

边台潜山区块整体呈现断裂背斜构造形态，呈北东向展布，南宽北窄，东高西低，潜山发育南北两个高点和一个断阶：即边南潜山、边北潜山和东部断阶带，南北两潜山及断阶之间呈鞍部过渡，潜山高点埋藏深度为1400m，幅度为1050m。

曹台潜山区块是后期受北西向挤压应力作用向西逆冲形成的地垒式潜山，曹台潜山呈现南高北低，北东向展布的形态，曹台潜山发育南北两个高点，高点埋藏深度为500m，幅度为1000m。

4. 圈闭特征

根据该区的构造特征及潜山油气分布特点，将边台—曹台潜山带划分为两个构造单元，即边台潜山区块和曹台潜山区块。

边台潜山区块：该区块被边西和曹台两条逆断层所夹持，南部以边台南断层为界，北部以边台北断层为界，区块整体南宽北窄，东高西低，平面上呈北东向展布。边台潜山内部发育多条北东、北西和近东西走向断层，这些断层进一步将潜山构造复杂化。

曹台潜山区块：该块位于工区东侧，被曹台逆断层和曹东断层所夹持，南部以曹南断层为界，该块整体呈现南高北低、西高东低，平面上呈北东向展布。

（四）储层特征

1. 储层岩石类型

大民屯凹陷边台—曹台潜山带太古宇钻探程度较高，揭露太古宇潜山的井达160多口。边台—曹台潜山带纵向上地层揭示厚度为18~1897m，老井都进行了钻井取心，近两年钻探的新井除进行钻井取心外，部分井还进行了旋转井壁取心，尤其是近年来采用岩屑资料与测井曲线结合，解决潜山的岩性组成及分布特点等一系列技术的使用，都为其更全面、准确地掌握潜山的岩性及储层特征提供了先决条件。在对潜山钻井取心进行全面观察、老井岩石薄片详细鉴定的基础上，重点对新钻井岩心、旋转井壁取心和岩屑样品进行详细鉴定，并与测井曲线紧密结合，对潜山的岩石类型及特征进行总结。根据变质岩、岩浆岩岩石学分类及岩石薄片鉴定结果，认为大民屯凹陷边台—曹台潜山带太古宇主要由变质岩组成，并且基性岩浆侵入体在本区较发育。变质岩主要包括区域变质岩、混合岩和动力变质岩，岩浆侵入体主要为煌斑岩脉和辉绿岩脉等，少量中性闪长岩侵入体。岩性可以分为两大类，14 个亚类，30 多种岩石类型，区域变质岩多呈残留体状存在。主要岩石类型为黑云斜长片麻岩、黑云角闪斜长片麻岩、角闪斜长片麻岩、黑云角闪斜长变粒岩、角闪斜长变粒岩、斜长浅粒岩、斜长角闪岩、混合花岗岩、注入混合岩、浅粒质混合岩、混合片麻岩、辉绿岩和煌斑岩基性侵入体 13 种。不同潜山带岩石组成有所不同，边台潜山主要以结晶较粗的不同混合程度的片麻岩类岩石为主，曹台潜山在潜山的中、上部以混合花岗岩、浅粒岩和浅粒质混合岩为主，但在潜山下部（一般为 −2000m 以下）以不同混合程度的片麻岩为主。

大量的岩心宏观观察及铸体薄片微观鉴定资料统计表明，变质岩储集空间的发育程度受岩性、构造、风化淋滤等多种因素的影响，在相同的构造应力作用下，储集空间的发育程度与岩石类型有关。角闪石、黑云母等暗色矿物含量较高的角闪质岩类、辉绿岩、煌斑岩等，裂缝密度低，孔隙度小；暗色矿物含量小于 20% 的片麻岩、变粒岩、浅粒岩和混合岩等岩性随着暗色矿物含量减少，浅色矿物含量增加，裂缝密度及孔隙度呈增大趋势，储层含油性变好。位于潜山带顶部或处于断裂带附近的岩石，风化淋滤作用较强，由于角闪石、黑云母等暗色矿物的溶蚀，一些暗色矿物含量相对较高的片麻岩和变粒岩等也可形成中等储层。

2. 储集空间类型及特征

大民屯凹陷边台—曹台太古宇潜山岩石在漫长的地质时期，经历了变质重结晶、风化剥蚀、溶蚀淋滤、构造破碎等改造。大量岩心观察表明，该区构造改造较强，尤其是曹台潜山构造破碎、风化蚀变及泥化深度可达 700 多米。储集空间较发育，具有双重介质的特点，储集空间分为孔隙型和裂隙型两大类。但主要的储集空间类型为构造裂缝、破碎粒间孔和溶蚀成因的孔、缝等。

1）孔隙型

（1）变晶间孔。是指矿物晶体间的细小孔隙，常见的有长石晶间孔，长石与石英晶间孔，黑云母、角闪石与其他矿物变晶间孔，以及裂缝充填物晶间孔等。该类储集空间不发育，不是主要的储集空间类型。

（2）溶蚀孔隙。主要是矿物被溶蚀形成的孔隙，本区位于潜山中、上部的岩石风化淋滤作用较强，岩心及铸体薄片观察溶蚀孔隙较发育，主要的溶蚀矿物为角闪石、黑云母，角闪石和黑云母先蚀变，绿泥石化，随后被溶蚀形成溶孔。次为斜长石，斜长石在绢云母化过程中，一些成分被溶蚀淋滤带走。

（3）破碎粒间孔隙。一是在构造应力作用下岩石破碎后，其碎粒间存在的孔隙（构造成因），二是位于潜山顶面的岩石，在上覆地层未沉积前，长期暴露于地表，由于物理风化作用，产生崩解、破碎所产生的破碎颗粒间孔隙。

2）缝隙型

（1）构造缝。一级构造裂缝主要以高角度为主，与岩心柱面交角小于10°一组，另两组多与岩心柱面交角为45°，互相共轭，次级裂缝角度规律性差。裂缝规模不等，期次复杂。根据裂缝张开度的大小及油气运移的有效性，将裂缝划分为六种类型，即大缝、中缝、小缝、微裂缝、显微裂缝和超显微裂缝。大量岩心、铸体薄片统计资料表明，裂缝开度一般为10～100μm，以微裂缝为主。

（2）溶解缝。构造裂缝大都在不同部位经历了溶蚀作用的改造，使裂缝壁形状不规则。另外，早期被方解石充填的裂缝，后期受到不同程度的溶蚀，形成溶解缝，以及片麻状分布的角闪石等经过溶蚀形成片状缝隙。

（3）张开的解理缝。在构造应力作用下，解理发育的斜长石、黑云母等矿物很容易沿着解理缝裂开。这种裂缝常与碎裂粒间孔及其他裂缝连通，对油气运移有重要意义。

3. 储层物性特征

1）岩心统计宏观裂缝孔隙度

岩心观察统计边台—曹台潜山带宏观裂缝多为中、高角度缝，裂缝张开度为0.1～3.0mm，裂缝密度为10～120条/m，平均裂缝孔隙度为0.36%。

2）岩心统计基质孔隙度

边台—曹台潜山带在太古界地层取得岩心分析孔隙度样品272块，渗透率样品217块，由于储层为孔隙—裂缝双重孔隙结构，在裂缝发育段钻井取心收获率较低，且容易破碎，岩心实测孔隙度、渗透率往往低于岩石的实际孔隙度与渗透率，但物性参数在一定程度上能够反映以基质岩块为主的储集空间特点。

边台潜山根据199块岩心统计结果，孔隙度主要分布在1.0%～6.0% 范围内，平均为3.1%；储层孔隙度主要分布在2.5%～6.0% 范围内，平均为4.2%；根据176块岩心统计结果，岩心分析渗透率主要分布在0.1～1mD范围内，平均为0.77mD。

曹台潜山根据73块岩心统计结果，孔隙度主要分布在1.0%～6.0% 范围内，平均为3.2%；储层孔隙度主要分布在2.5%～6.0% 范围内，平均为4.4%；根据41块岩心统计结果，岩心分析渗透率主要分布在0.1～1mD范围内，平均为0.60mD。

4. 储层发育控制因素及储层分布

1）储层发育控制因素

（1）储层发育与岩性的关系。边台—曹台潜山带变质岩中以石英、长石等浅色矿物含量较高的浅粒岩类、混合岩类、片麻岩类、变粒岩类为储集岩，该类岩性在受构造应力作用时容易形成裂缝性储层，而把变质岩中角闪岩类和侵入岩中的基性岩划分为非储集岩，不容易形成裂缝性储层。并且，在储集岩中随着暗色矿物含量减小，岩石形成储层的能力逐渐增强。测井评价统计结果表明，边台—曹台潜山带太古界地层以储集岩为主，其中边台潜山为95%，曹台潜山 −1740m以下储集岩比例为92%，储集岩的广泛分布为潜山地层在受构造应力作用时形成储层奠定了基础。

（2）储层发育与风化溶蚀作用关系。本区变质岩在新生代时期才被巨厚的沉积岩所覆盖，在漫长的地史时期，长期裸露地表的岩石，由于物理、化学风化作用、生物作用的影响，遭到剥蚀、破坏，在潜山顶部存在一定厚度的风化壳，边台潜山一般厚度为200m；曹台潜山受东侧强烈挤压应力作用抬升，长期暴露，风化壳厚度较厚，一般为700m左右。风化壳顶部孔隙多被泥质充填，风化壳下部往往发育大大小小的缝洞，为油气的良好储集场所。同时，溶蚀（淋滤）作用是影响储集空间变化的重要因素，通过对原生孔隙、构造成因的缝隙进行溶蚀（淋滤）作用，扩大了缝隙的空间，促使缝隙向扩大的方向演化。大量的岩石铸体薄片观察表明，本区变质岩中的原生孔隙、构造成因的各种缝隙受到不同程度的溶蚀（淋滤）作用的改造，潜山上部溶蚀程度相对较强，下部较弱。

（3）储层发育与构造应力的关系。断层和褶皱等构造应力作用是潜山裂缝发育的主导外因，其次为风化淋滤作用。在褶皱拱张部位曲率越大，断裂强烈发育的区域，岩石裂缝越发育。边台—曹台潜山带岩石受多期构造运动褶皱和断层作用，使得潜山岩石的构造变形十分强烈，钻探证实在储集岩发育分布区，岩石均形成了有效裂缝而具备了储集渗流能力，为潜山整体含油创造了条件。同时，曹台潜山受东侧强烈挤压应力作用抬升而成，因此构造成因的储集空间也大量形成，尤其是构造角砾岩、压碎岩类中的碎裂缝隙、碎裂质粒间孔隙等储集空间十分发育，钻井也揭示裂缝发育，储层厚度大。大量的岩石岩心、岩石薄片、铸体薄片研究结果表明，岩石中的裂缝具有多组、多期性的特点，裂缝交织成孔隙网络，为油气的储集运移提供了有利场所。

综上所述，边台—曹台潜山带储集岩大量发育与强烈的构造应力作用及风化溶蚀作用的有效配置，控制了潜山储层发育分布。

2）储层分布

根据测井评价结果，本区储集岩比例达到92%以上，储层在平面上和纵向上广泛分布，完钻的探井和开发井均划分出有效储层。试油试采情况也表明，潜山油藏各断块油井均具有产能，且试油试采井点在平面及纵向储量范围内均有分布。平面上边台—曹台潜山带从西向东储层逐渐变厚，储层分布具有分带性，曹台潜山储层厚度最大，边台潜山主体的东侧储层厚度比边台潜山主体与边台潜山主体的西侧储层厚度大。纵向上，储层分布边台潜山与曹台潜山也有所不同，边台潜山储层分布具有分段性的特征，曹台潜山储层自上而下均有分布。

边台潜山：钻井揭露潜山地层最大厚度达1690m，沈287井钻遇油水界面−2520m。从最高埋藏深度1400～2520m范围内均有储层分布，总体上油层厚度较大，油层有效厚度一般为80～230m，最大油层有效厚度为285.6m，边台潜山南部油层厚度较北部大。断裂交会处、潜山相对高部位区域油层厚度较大，如边台潜山南部边32-26井和北部边

37-26井附近区域厚度较大，且产能较高。纵向上，根据测井评价结果及试油试采资料，结合测井、录井资料分析，储层主要发育在潜山面以下940m范围内。再往潜山深部，录井气测资料无显示，测井评价为干层。储层在纵向上分布具有分段性特征，大致可分为三段。在潜山面以下200m范围内，受到风化作用影响，表现为风化蚀变作用较强，距潜山面200m以下风化蚀变作用弱，矿物较新鲜。同时，在测井曲线上也有体现，测井曲线特征表现为深侧向电阻率低，与下段比较，有一较明显的台阶。以此划为一段，直井单井初期平均日产油6.4t，水平井初期平均日产油15.7t。在潜山顶面以下200～600m范围内，根据测井评价结果，储层发育程度较高，直井单井初期平均日产油11.2t，水平井初期平均日产油21.3t，产能较高。在潜山顶面以下600～940m范围内，储层发育较为零散。在靠近曹台逆断层附近的井由于受到构造应力作用的影响，储层发育，厚度较大。直井单井初期平均日产油8.2t。

曹台潜山：钻井揭露潜山地层最大厚度达2011m，曹623H井在-2460m钻遇油水界面，由于受到曹台逆断层构造应力作用的影响，纵向上储层自上而下均有分布，本区油品为高凝油，在-1300m以上原油在地下呈凝固状态[8]，在-1740～-1300m为原上报储量区域。在-1740m以下单井有效储层厚度为105.6～176.4m，平均净毛比为23.9%，储层发育。

（五）油藏特征

1. 油藏类型

根据试油试采资料、测井、录井资料分析论证，边台—曹台潜山带整体含油。

1）边台潜山

边台潜山沈287井试油未见水，试采出水，相近深度段的有沈239井试油未见水，在试油井段内根据测井确定的储层底界结合录井气测资料确定了油水界面。

沈239井在2491～2540m井段（垂直井段2485～2533m）试油，酸压后日产油4.79t，该井段测井解释的油层底界为-2522m（垂深2516m）。

沈287井在2511～2567m井段（垂直井段2468～2523m）试油，压裂后日产油19.39t，无水，试油结论为油层。该井段测井解释的油层底界为-2563m（垂深2520m），随后投产，初期日产油4.5t，日产水10.7m³，录井气测资料确定沈287井油水界面-2573m（垂深2529m），沈239井试油均未出水，综合确定油水界面为-2563m（垂深2520m）。

边台潜山注水试采表明，边35-26逆断层不封闭，边台主体与边台东部扩边油藏连通。边39-26井2008年11月开始注水，边38-125井在边39-26井注水9个月后开始见效，主要表现：液量回升；边38-125井注水前含水为25%，2009年11月上升到99%；液面由注水前的2139m上升到1567m。随着边39-26井注水量降低，边38-125井的含水也随之下降。

综上所述，边台潜山油藏类型为块状底水构造油藏。

2）曹台潜山

曹台潜山曹623H导井在2512.7～2549.0m井段（垂直井段2440.3～2474.1m）试油，

测液面 1415.8m，初期日产液 37.6t，累计产油 21.5t，累计产水 656.9m³。其他井试油未见水，结合气测录井资料确定油水界面为 −2460m。曹台潜山为块状底水构造油藏。

2. 油层分布规律

边台—曹台潜山储层在平面上、纵向上均比较发育，为具有双重介质的裂缝－孔隙性储层，为潜山带整体含油成藏提供了前提条件。平面上，潜山块高度的差异及储层裂缝的发育程度控制了油藏分布变化。总体上，油层分布有两个特点：一是埋藏高的潜山油层厚，埋藏低的潜山油层相对薄；二是在岩性较好和构造应力集中区即相对构造高部位有效厚度较大，翼部低部位相对较薄。

边台潜山油藏埋藏深度为 −2520～−1400m，最大含油高度达 1120m。储层主要发育在距潜山面 940m 内，油层有效厚度一般为 80～200m，最大油层有效厚度为 257.8m（表 5−2−23）。

曹台潜山油藏埋藏深度为 −2460～−500m，最大含油高度达 1960m。油气分布主要受构造和储层发育程度的双重控制，储层自上而下均有分布，在 −1740m 以下单井有效储层厚度为 105.6～176.4m。

表 5−2−23　边台—曹台潜山带油藏参数表

区块	有效厚度 /m		高点埋藏深度 /m	含油高度 /m	中部海拔 /m	原始地层压力 /MPa	压力系数	地层温度 /℃	地温梯度 /℃ /100m
	范围	平均							
边台潜山	80～200	109.8	−1400	1120	−1960	18.6	0.95	69.8	3.02
曹台潜山	100～230	168.4	−1740	720	−2100	20.0	0.95	73.6	2.98

（六）试油试采分析及认识

（1）潜山评价研究范围内平面、纵向均具有产能。

试采 130 口井均获得工业油流，且试油试采井点在平面及纵向研究范围内均有分布，井控程度较高。投产井均具有产能，产能落实。

（2）平面上各断块及纵向上产能存在差异，但各断块均获得工业油流。

边台—曹台潜山不同断块油井均具工业产能，但产能高低存在差异。边台潜山已投入开发 20 年，已投产 127 口井，直井初期日产油一般为 5～15t，平均为 9.7t，70% 井累计产油过 $1×10^4$t。边台潜山共投产 28 口复杂结构井，初期平均日产油 18.1t，目前已有 14 口井累计产油在 9000t 以上。其中，边台潜山西投产复杂结构井 6 口，初期平均日产油 17.0t，平均单井累计产油 11254t；边台潜山东投产复杂结构井 2 口，初期平均日产油 21.6t，平均单井累计产油 7183t。

曹台潜山本次评价研究区投产 3 口井，直井初期日产油为 1.5～14.8t，平均为 6.7t。2012 年 11 月始，曹台潜山复杂结构井相继投产，曹 626H 井单分支鱼骨井完钻，压裂后排液，日产油 28.7t；曹 625H 井双分底鱼骨井完钻，2012 年 11 月 14 日投产，日产油 24t。

边台潜山纵向3个储量单元均具有较高产能，统计纵向各构造单元内单采井生产情况，其中以Ⅱ段投产井数最多，单井产能最高，直井投产67口井，初期平均日产油11.7t，平均单井累计产油在1×10^4t以上。

（3）直井产量相对低，复杂结构井产量高，且递减相对较慢。

复杂结构井初期平均日产油为18.1t，直井初期平均日产油为9.7t。根据构造、岩性相同或相近位置同期投产的复杂结构井与直井对比，复杂结构井产量是直井的2～5倍，如复杂结构井边台-H14井产量是直井静35-32-133井的4倍，且投产3年平均日产油20.6t。

（4）油井自然产量低，压裂增产效果明显。

统计边台潜山早期投产4口油井试油压裂前后情况，压裂前日产油为0.3t，压裂后日产油为13.2t，平均日增油12.9t。

（七）油藏评价部署

1. 油藏工程设计

1）开发层系划分与组合

考虑边台潜山、曹台潜山分别具有统一压力温度系统，潜山内部裂缝发育、潜山内部无稳定隔层，为块状裂缝性油藏，确定边台潜山、曹台潜山分别采用一套开发层系。

2）开发方式选择与论证

边台—曹台潜山天然能量有限，一次采收率低。依据目前边台潜山主体部位开发实践，确定注水进行补充能量开发。

3）井网、井距的确定

借鉴辽河油田兴隆台潜山、胜西低潜山油藏开发经验，针对边台—曹台裂缝性潜山油藏特点，为保证经济高效开发，提高钻井成功率，实现少井高产，确定采用250～350m井距直井与复杂结构井组合立体开发井网。为钻遇更多裂缝，确定复杂结构井方位与潜山主要发育的北东向、北西向两组裂缝斜交。根据油藏工程方法计算，并结合边台潜山复杂结构井实施效果，确定水平段长度为500～600m。

2. 评价部署结果及指标预测

1）部署原则及依据

（1）评价井部署原则。针对潜山受油品性质及储层特征影响，油藏品位差，单井产能低，油藏动用困难的特点，制定了相应的部署原则：

① 利用导眼井落实储层，双底多分支复杂结构井落实产能。

② 导眼井与地震资料相结合优选水平段的位置。

③ 满足储量上报井控程度的需要。

④ 部署滚动井应与后期开发井网相配套。

（2）部署依据。在对本区油气成藏特点分析的基础上，认为该区储量规模较大：边台潜山西侧及东部断阶带具有扩边的潜力，曹台潜山深层具有较大的下拓空间。我们从构造特征、储层特征、油藏分布规律等方面进行综合分析，平面上确定有利部署位置，纵向上选好水平段，主要依据如下：

① 构造落实，断层清晰、可靠，构造位置有利。

② 裂缝发育，储层物性较好。

③ 纵向上选择和已知产能井具有相似地震特征的井段作为水平段。

④ 油藏流动性好，有利于开发。

（3）评价部署结果。在综合研究的基础上，以导眼井落实油藏地质情况，复杂结构水平井证实产能的方式，分两批整体部署了 10 口滚动评价井，井号为曹 621H 井、曹 622H 井、曹 623H 井、曹 625H 井、曹 626H 井、曹 627H 井、曹 628H 井、曹 629H 井、曹 630H 井和边 606H 井。

2）开发指标预测

（1）单井产能的确定。

根据已投产老井统计，边台潜山主体部位目前直井平均单井日产油 2.5t，因此这部分老井配产取 2.5t。

边台—曹台潜山本次评价研究区投产直井初期平均日产量为 9.7t；该区直井初期平均采油强度为 0.54t/（d·m），考虑一定的稳产期，新井采油强度取初期的 50%，为 0.27t/（d·m），该区平均有效厚度近百米，但该区投产井须压裂投产，因此一次射孔井段不宜过长，有效厚度取 18.5m，确定边台—曹台潜山直井投产初期单井稳产期日产油为 5.0t。

辽河油区裂缝性油藏水平井初期日产油一般为直井的 2～5 倍。本区取 3 倍，预计水平井日产油为 15t。

类比边台潜山投产 28 口复杂结构井平均初期日产油 18.1t。其中，单支鱼骨井 20 口，初期平均日产油 17.1t，平均累计产油 9076t；双底鱼骨井 8 口，初期平均日产油 20.5t，平均累计产油 13432t，同期投产直井 8 口，初期平均日产油 5.7t，平均累计产油 3173t。曹626 井为单支鱼骨井，压裂后排液，日产液 56.2t，日产油 28.7t。

综合以上因素，考虑复杂结构井压裂方式投产，确定单支鱼骨井初期日产油 15t，双底鱼骨井初期日产油 23t。

（2）开发指标预测。

评价研究区共规划设计油井 124 口（直井 46 口，复杂结构井 78 口），注水井 56 口（直井 54 口，复杂结构井 2 口）。边台潜山已开发区设计油井 89 口（直井 46 口，复杂结构井 43 口），注水井 45 口（直井 45 口）；边台潜山东扩边设计油井 20 口（复杂结构井 20 口），注水井 6 口（直井 6 口）；曹台潜山评价研究区设计油井 15 口（复杂结构井 15 口），注水井 5 口（直井 3 口，复杂结构井 2 口）。

新部署单支鱼骨井按 15t/d、双底鱼骨井按 23t/d 计，预计边台潜山已开发区高峰期年产油 16.89×10^4t，采油速度为 0.7%；边台潜山东扩边高峰期年产油 12.90×10^4t，采油速度为 1.2%；曹台潜山本次评价研究区高峰期年产油 10.11×10^4t，采油速度为 1.1%。

（八）结论

（1）开展多学科一体化综合研究，重构地质体系是实现规模增储建产的基础。

研究中将"点一线一面一体"相结合，开展测井、地震、地质多学科一体化研究。充分利用三维地震构造精细解释技术、储层测井识别和综合评价技术、三维可视化技术、速度分析技术、相干体切片和剖面分析技术、地震属性分析技术及裂缝预测技术，开展精细构造解释、裂缝分布规律、有利储层空间分布和探明储量参数计算等相关研究，重新认识油藏资源，寻找增储潜力。利用测井资料分析潜山不同岩性的测井响应特征，识别潜山的岩性，划分潜山岩性分布相带，识别优势岩性，为井位部署提供依据。通过综合地质研究，明确了该区储层受岩性、构造应力、岩脉分布及构造位置四大因素控制，在此基础上，将静态认识与动态分析相结合，确定了油井产能在岩性、岩脉分布、构造位置及井型等因素综合影响下的分布规律，提高了评价井的成功率。

（2）应用复杂结构井实施评价钻探是实现规模增储建产的关键。

针对该区以微裂缝为主的低渗潜山油藏的自身特点，调整部署策略，在井型和井身结构上将复杂结构井技术应用到滚动评价井设计中，以提高微裂缝钻遇率，增加泄油面积，提高单井产能。在复杂结构井井位部署设计过程中，加强了地震、地质资料的结合，努力挖掘地震资料中隐藏的地质信息。将太古界潜山内幕成层性、规律性的反射视为岩性界面的反映，部署时水平段距离潜山面保持一定距离，且井眼轨迹选择在地震同相轴有错断或者与潜山面呈一定角度相交的部位。评价井实施后，取得了显著的增油效果，单井日产量、累计产量显著提升，实现了少井高效的预期目标。

另外，空气钻井技术和大型压裂技术保证了钻井速度、试油产能的落实，为探明储量的上报提供了坚实的技术保障。

（3）整体研究部署，统筹兼顾实施是实现规模化增储建产的重要保障。

由区块研究扩展到区带研究，把滚动勘探、难采储量二次评价、产能建设结合起来，整体研究部署，统筹兼顾，充分整合资金和人力资源，使其达到效益最大化，从而为增储工作提供保障。

首先，资料收集、录取与整体研究兼顾，从统层研究、构造研究、储层评价、含油气系统研究、油藏成藏规律到目标区的精细评价，再到井位部署，以及后期井位设计，跟踪优化的过程中，将勘探开发、动/静态、重新处理的地震资料等充分应用到整体研究中，注重井震结合、动静结合。同时，根据研究需要，及时补录钻井取心、流体分析等各类动/静态资料，不断加深对油藏地质体的整体认识。

其次，评价井部署与整体规划的开发井网兼顾，实施后，注水与采油兼顾，实现"一井多用"。滚动评价井位于整体井网中，实施后，认清了油藏的特点，深化了区带整体认识，加快了资源转化，减少了重复性工作，实现了效果和效益上的整体性。

再次，增储与开发建设兼顾。整体部署研究中，采用勘探开发一体化的部署思路，评价井位部署时，考虑了区块后期开发的井网规划和注水方式。同时，应用了多种井型组合评价油藏，既满足了储量上报对有效厚度求取的要求，又可以提高单井日产量；不仅实现了储量平面上的扩边增储，还实现了含油底界的纵向延伸。

第三节 岩性油藏综合评价

一、双 229 区块

（一）概况

双 229 区块位于辽河坳陷最大的生烃洼陷——清水洼陷北部，成藏条件优越。清水洼陷沙三段暗色泥岩发育，烃源岩厚度为 400～1500m，最大累计厚度达 1600m 以上，有机质类型以 Ⅰ-Ⅱ$_A$ 为主，有机碳含量基本在 2.0% 以上，最高可达 7.0%，镜质体反射率大于 0.5%，有机质热演化程度为成熟—高成熟，最大生油强度为 8400×10^{4}t/km^2，最大生气强度为 520×10^{8}m^3/km^2，油源条件良好。清水洼陷烃源岩开始大量排烃是在东营组沉积末期，晚于沙一段、沙二段圈闭形成期，圈闭形成期与油气大规模运移期配置适时，油源供给充足，具备形成油气藏的物质基础。沙一、沙二时期发育扇三角洲前缘沉积水下分流河道微相，东营组时期发育三角洲前缘沉积水下分流河道微相，具备有利的储层条件。沙一段泥岩分布广泛，累计厚度为 300～500m，连续厚度为 100～400m，是优质区域性盖层。东营组泥岩在清水洼陷连续厚度可达 20～30m，可作为局部盖层，本区盖层条件优越。

双 229 区块沙一段在 2014 年双 229 井投产后进入试采阶段，2017 年采用 260m 井距、正方形井网正式投入开发，扩大区整体采用 210m×420m 矩形井网，以高部位为主，辅以低部位注气方式开发。沙二段目前利用天然能量，适时转边部为主，结合内部点状注水方式开发。

自 2014 年以来，辽河油田加大了对西部凹陷清水洼陷北部油气藏勘探评价力度，清水洼陷北部持续增储。

2019—2020 年，油藏评价工作继续向边部和深层扩展。在洼 111 井区北部相继实施了 3 口评价井（洼 111-3 井、洼 111-5 井、洼 111-6 井），在沙二段钻遇油层，试油获得较好的效果[9]。

（二）地层特征

根据钻井及区域研究结果，本区地层自下而上依次为中生界、新生界古近系沙河街组沙三段、沙二段、沙一段，东营组东三段、东二段、东一段，新近系馆陶组及第四系。

中生界（Mz）：依据岩性和岩石组合特征，自下而上分为侏罗系土城子组及白垩系义县组、孙家湾组。其中，土城子组岩性主要由紫红、灰紫及紫色砾岩、砂砾岩、含砾砂岩、粉砂岩及粉砂质泥岩组成，厚度为 300～1290m。义县组岩性为以浅灰色、绿灰色粗安岩、安山岩、粗面岩为主的中酸性火山岩，厚度为50～350m。孙家湾组岩性为厚层紫红色泥岩夹杂色砂砾岩和少量砂岩、粉砂岩，厚度为50～150m。中生界与上覆沙三段地层呈角度不整合接触。

沙三段（E_2s_3）：根据沉积旋回、岩性组合特征，划分为沙三上、沙三下两个亚段。

沙三下段为玄武质角砾岩、玄武岩、蚀变玄武岩，夹灰色、深灰色泥岩，其中玄武质角砾岩为主要储集岩性，含油目的层为沙三下段玄武质火山角砾岩。

沙三上段岩性以灰色泥岩夹灰色、深灰色细砂岩为主，为沙三下段玄武质角砾岩储层提供良好的盖层。沙三段厚度为40～280m。

沙二段（E_3s_2）：地层视厚度为120～270m，上部为中厚层灰白色含砂砾岩、含砾砂岩、浅灰色中细砂岩夹薄层深灰色泥岩；中部为厚层浅灰色含砾砂岩夹深灰色薄层泥岩；下部为浅灰色含砾细砂岩与深灰色泥岩互层。与下伏沙三段地层呈平行不整合接触。

沙一段（E_3s_1）根据岩性组合及测井曲线特征，自下而上细分为沙一下（$E_3s_1^3$）、沙一中（$E_3s_1^2$）、沙一上（$E_3s_1^1$）三个亚段。

沙一下亚段（$E_3s_1^3$）：地层视厚度为400～840m，为深灰色泥岩夹灰色细砂岩、粉砂岩、薄层褐灰色油页岩。与下伏沙二段地层呈整合接触。

沙一中亚段（$E_3s_1^2$）：地层视厚度为60～200m，为灰色、深灰色泥岩夹浅灰色粉砂岩。

沙一上亚段（$E_3s_1^1$）：地层视厚度为80～200m，浅灰色粉砂岩、泥质粉砂岩与深灰色泥岩互层。

东三段（E_3d_3）根据岩性组合及测井曲线特征，自下而上细分为东三下（$E_3d_3^3$）、东三中（$E_3d_3^2$）、东三上（$E_3d_3^1$）三个亚段：

东三下亚段（$E_3d_3^3$）：地层视厚度为150～350m，为浅灰色细砂岩、灰色泥质粉砂岩与灰色泥岩不等厚互层。与下伏沙一段地层呈整合接触。

东三中亚段（$E_3d_3^2$）：地层视厚度为120～350m，为浅灰色细砂岩、粉砂岩、泥质粉砂岩与灰色泥岩不等厚互层，夹灰褐色油页岩。

东三上亚段（$E_3d_3^1$）：地层视厚度为170～220m，上部为黄绿色细砂岩、浅灰色细砂岩、粉砂岩夹灰色泥岩；下部为浅灰色细砂岩、粉砂岩与灰色泥岩、粉砂质泥岩互层。

东二段（E_3d_2）：地层视厚度为250～500m，为浅灰色细砂岩、粉砂岩与灰色泥岩不等厚互层，夹灰色粉砂质泥岩、泥质粉砂岩、黑色碳质泥岩。底部发育"低平泥岩段"。与下伏东三段地层呈整合接触。

东一段（E_3d_1）：地层视厚度为350～700m，为灰白色砂砾岩、细砂岩与绿灰色泥岩不等厚互层。与下伏东二段地层呈整合接触。

馆陶组（Ng）：地层视厚度为900～1300m，为灰白色砂砾岩夹绿灰色泥岩，与下伏东三段地层呈角度不整合接触。

（三）构造特征

双229区块整体构造形态为受大洼断层控制的北高南低，东西高、中部低的箕状构造，沙二段—沙一段地层具有较好的继承性。东部受大洼断层影响，地层较陡。

双 229 区块东部受大洼断层控制，发育一系列派生北西向正断层，形成多个次级圈闭。从南向北依次发育双 229-34-60 圈闭、洼 111 圈闭、洼 111-5 圈闭和洼 73 圈闭。

（四）储层特征

1. 沉积背景

沙三时期，受北西—南东向拉张应力的作用，台安—大洼断层剧烈活动。受此断层的控制，本区基底不断向西南倾斜，盆地急剧下沉，使得本区沉积了巨厚的沙三段。

沙二时期，该区湖盆水体变浅，来自东侧中央凸起和北部兴隆台构造带的碎屑物质，在本区形成扇三角洲沉积，沉积厚层砂砾岩、砂岩，发育扇三角洲水下分支流河道微相。

沙一时期，该区湖盆水体变深，物源主要来自东侧中央凸起的细粒碎屑物质，在本区形成扇三角洲沉积，发育水下分支流河道、河口坝微相，沉积了较稳定的薄层细砂岩、粉砂岩。

在台安—大洼断层及近东西向断层的控制下，沙一段形成一系列构造及岩性圈闭，受物源方向、水动力条件的影响，砂体向西、向北尖灭。

2. 沉积微相特征

该区沙二段主要发育扇三角洲前缘水下分支河道沉积。以岩心观察、分析化验为基础，综合分析录井、测井等资料，分析沙二段沉积物颗粒较粗、砂质含量相对较多，岩性以浅灰色砂砾岩、中粗砂岩为主。砂岩中颗粒以石英长石为主，岩屑次之，碎屑颗粒分布不均匀，呈次圆—次棱角状，分选性差，成分成熟度低，结构成熟度低，说明沉积物经过了短距离搬运。自然电位、自然伽马及声波测井变化幅度均较大，自然电位、自然伽马值相对较低，声波时差值较小。

该区沙一段时期湖水变深，主要发育扇三角洲前缘水下分支河道微相。沙一段沉积物颗粒较细、砂质含量相对较多，岩性以浅灰色细砂岩为主。砂岩中颗粒以石英、长石为主，岩屑次之，碎屑颗粒分布均匀，呈次圆—次棱角状，分选性中等，成分成熟度中等，结构成熟度中等，说明沉积物经过了较长距离搬运。粒度概率累计曲线主要表现为两段式，跳跃总体斜率高，分选性好，粒度细。自然电位、自然伽马及声波测井变化幅度均较大，自然电位、自然伽马值相对较低，声波时差值较小。自然电位曲线形态主要为箱形，表明该地层均质性较好，沉积时水动力较稳定。

3. 岩性特征

据沙一段岩石薄片鉴定资料统计，砂岩碎屑成分以石英、长石为主，次为岩屑；岩屑以变质岩屑为主，次为火山岩屑，少量沉积岩屑。砂岩以岩屑长石砂岩为主，少量长石砂岩，其中长石含量为 36%～51%，石英含量为 24%～36%，岩屑含量为 13%～38%。这也说明了本区砂岩岩石成分成熟度相对较高。填隙物成分包括泥级沉积物（杂基）和成岩自生矿物（胶结物）。碎屑颗粒具有中等分选性，磨圆度以次圆、次棱—次圆状为主，接触关系以点—线、线接触为主，胶结类型以孔隙型为主。

沙二段砂砾岩中，砾占65%～70%，砾径最大为29mm×38mm，最小为1mm×1mm，一般为3mm×4mm，成分以石英为主，长石次之，少量火山岩碎屑，磨圆度为次棱角—次圆状；砂占25%～30%，砂以粗砂为主，成分以石英为主，长石次之，次圆状。

沙一段X衍射全岩定量分析结果表明，石英含量平均为57.7%，长石含量平均为31.5%，黏土总量平均为6.5%，碳酸盐含量平均为2.9%。黏土矿物以伊/蒙混层为主，次为绿泥石、伊利石，少量高岭石；碳酸盐中方解石相对含量最高，其次为白云石，少量菱铁矿。

沙二段X衍射全岩定量分析结果表明，石英含量平均为47.3%，长石含量平均为45.9%，黏土总量平均为3.7%，碳酸盐含量平均为3.2%。黏土矿物以伊/蒙混层为主，次为绿泥石、伊利石，少量高岭石；碳酸盐中方解石相对含量最高，其次为白云石。

4. 储层分布特征

沙一段Ⅲ砂层组地层厚度为150～300m，砂体厚度一般为20～40m；单井最大厚度为58.8m，单层厚度为0.7～12.5m，平均为3.3m。Ⅳ砂层组地层厚度为160～280m，砂体厚度一般为20～40m；单井最大厚度为60.3m，单层厚度为0.6～11.0m，平均为3.1m。Ⅴ砂层组地层厚度为140～220m，砂体厚度一般为20～60m；单井最大厚度为86.0m。

总体上看，沙一段砂体分布受沉积相带控制，向湖盆延伸至浅湖区砂体厚度减薄，三个朵叶体分叉，砂体分布形态似鸟足状展布，在前端三个朵叶体砂体相互隔离。综上所述，砂体分布受相带控制，东部砂体叠置，以断层分割；西部砂体分叉，相互分割。

沙二段砂体分布稳定，砂体厚度一般为70～120m。平面上受沉积相带控制，沿物源方向主分支河道上砂体厚度达120m以上，向两侧和南西向砂体减薄。其中，Ⅰ油层组砂体分布广泛，砂体厚度一般为10～40m，单井最大厚度为49.0m，沿物源方向砂体厚度较大，厚度在30m以上，向两侧和南西向砂体减薄至10m左右。

5. 储集空间特征

沙一下亚段有效储层的孔喉半径主要集中于0.065～55.9μm，孔喉半径平均值为5.31μm，最大孔喉半径平均为31μm，喉道均质系数为0.22。排驱压力一般小于0.1MPa，最大压力下汞饱和度一般大于70%，退汞效率大于24%。根据铸体薄片图像分析资料统计，最大喉道宽度为55.4μm，最小为1.47μm，平均配位数为0.65，平均孔隙直径为82.94μm，平均孔喉比为5.23，均质系数为0.56。储层孔喉特征总体表现为中孔、细—特细喉。

沙一下亚段有效储层段孔隙度为10.4%～18.7%，中值为14.8%；渗透率为0.519～36.3mD，中值为1.48mD。

通过微观铸体薄片鉴定，沙二段储集空间类型以原生粒间孔为主，少量粒间胶结溶孔和长石颗粒溶孔，溶蚀孔占比在15%左右，局部储集空间发育，连通性好，胶结物含量少。有效储层段内（$\phi \geqslant 10\%$，$K \geqslant 10mD$）孔隙度为10.1%～19.1%，中值为15.2%；

渗透率为 11.5～2205mD，中值为 226mD，其中高渗（500mD≤K≤1000mD）和特高渗（K≥1000mD）储层占比达到 38.7%。测井解释孔隙度为 13.6%～16.4%，平均为 15.5%。测井解释渗透率为 105～553mD，平均为 346mD。储层物性属中孔、中渗型储层。

根据岩心物性分析统计结果，从粉砂岩、中细砂岩、含砾砂岩到含砂砾岩，随着岩性的变粗，物性逐渐变好。粉砂岩孔隙度中值 8.4%，渗透率中值为 0.103mD；中细砂岩孔隙度中值 13.6%，渗透率中值为 30.9mD；含砾砂岩孔隙度中值 15.5%，渗透率中值为 174mD；含砂砾岩孔隙度中值 15.6%，渗透率中值为 636mD。

（五）油气富集规律及成藏模式

沙一段油层纵向上分布在 $E_3s_1^3$ Ⅲ、$E_3s_1^3$ Ⅳ、$E_3s_1^3$ Ⅴ砂层组，油藏埋藏深度为 3100～4020m，油藏类型为岩性－构造油藏。

洼 128 井区：单层厚度一般为 0.6～4.5m，平均单层厚度为 1.6m；单井最大厚度为 14.5m，单井最小厚度为 2.8m。油层主要分布在油层组的上部，油层分布比较稳定，到低部位变为水层。构造高部位油层较厚，单井最大厚度为 19.2m。

洼 111 井区：整体上构造高部位油层较厚，单井最大厚度为 28.0m，低部位油层逐渐过渡为水层，单井最小厚度为 2.2m，东侧高部位靠近大洼断层，储层物性变差。

沙二段油藏主要受构造控制，在圈闭上倾方向断层对油气形成遮挡作用，下倾方向受到构造的控制，到低部位钻遇边水，属于构造油藏。

洼 111 块：平面上，油层厚度主要受油水界面以上砂体厚度的控制，沿主河道方向，在构造高部位油层较厚，单井最大厚度为 32.3m，到构造低部位油层逐渐减薄直至过渡为水层；在河道的侧翼砂体，厚度减薄造成油层厚度也减薄，且向东侧油层厚度减薄。

双 229-34-60 块：平面上，油层厚度主要受油水界面以上砂体厚度的控制，沿主河道方向，在构造高部位油层较厚，单井最大厚度为 25.1m，到构造低部位油层逐渐减薄直至过渡为水层；在河道的侧翼砂体，厚度减薄造成油层厚度也减薄，且向西侧油层厚度减薄为 6.5m，向东侧油层厚度减薄为 5.7m。

（六）井位部署及效果分析

自 2014 年以来，辽河油田加大了对西部凹陷清水洼陷北部油气藏勘探评价力度，清水洼陷北部持续增储，2016—2018 年连续三年上报双 229 区块沙一、沙三段油藏新增探明石油地质储量 2048.45×10⁴t，探明含油面积 18.00km²。

2019—2020 年，油藏评价工作继续向边部和深层扩展。在洼 111 井区北部相继实施了 3 口评价井（洼 111-3 井、洼 111-5 井、洼 111-6 井），在沙二段钻遇油层，试油获得较好的效果。洼 111-5 井于 2019 年 4 月 15 日完钻，井深 3967m。在沙二段 3674.4～3697.0m 井段试油，17.1m/9 层，压裂后初期日产油 12t，获得高产工业油流。洼 111-3 井于 2019 年 4 月 29 日完钻，井深 4255m。在沙二段 4028.0～4037.1m 井段试油，9.1m/1 层，射孔后自喷，5mm 油嘴日产油 23.2t，为该区首口自喷高产工业油流井。

通过系统研究论证本区富油洼陷油气立体成藏规律，认为在南部已上报沙一段储量的区域，沙二段也具有很好的油气成藏条件，通过在沙一段整体部署井网的基础上，对新井实施加深钻探，在沙二段钻遇油层，试油试采获高产工业油气流。

在洼 111 块部署实施的双 229-68-64 井于 2019 年 9 月 19 日投产，在沙二段获得高产工业油流，井段 3768.9～3803.1m，压后 4mm 油嘴自喷生产，初期日产油 29t，日产气 1915m³。

在双 229-34-60 块部署实施的双 229-36-58 井和双 229-34-60 井试采获百吨高产工业油气流。

双 229-36-58 井于 2020 年 4 月 24 日完钻，井深 4175.0m。在沙二段 4080.7～4098.0m 井段试采，15.2m/4 层，7mm 油嘴自喷投产，日产油 105.2t，日产气 20000m³，是该区首口自喷百吨高产工业油气流井。

双 229-34-60 井于 2020 年 5 月 10 日完钻，井深 4308.0m。在沙二段 4119.8～4152.3m 井段试采，30.5m/11 层，8mm 油嘴自喷投产，日产油 203.2t，日产气 59000m³，获得百吨高产工业油气流。

双 229 区块通过新完钻井进一步落实了沙二段油层分布规律，通过试采落实了产能，因此本次进行沙二段油藏新增探明储量的申报。

截至 2020 年 10 月 31 日，本次储量估算区内双 229 区块 E_3s_2 Ⅰ 段共投产 19 口井，开井 18 口，日产油 541.8t，阶段累计产油 87495.1t。其中，洼 111 块 E_3s_2 Ⅰ 段共投产 13 口井，开井 12 口，日产油 297.6t，阶段累计产油 50767.1t；双 229-34-60 块 E_3s_2 Ⅰ 段共投产 6 口井，开井 6 口，日产油 244.2t，阶段累计产油 36728.0t。

二、龙 606 区块

（一）概况

青龙台油田构造上位于辽河盆地东部凹陷北段青龙台断裂背斜北端，龙 606 区块位于青龙台油田北部，向北与牛居油田相连，构造面积 25km²。

（二）地层特征

钻井揭露地层自下而上为古近系沙河街组沙三段（E_2s_3）、沙二段、沙一段、东营组和新近系馆陶组等，含油目的层为沙三段、沙二段。

沙三段（E_2s_3）：根据区域地层发育特点，可划分为 $E_2s_3^1$、$E_2s_3^2$、$E_2s_3^3$ 三个亚段。其中，$E_2s_3^1$ 岩性为灰色中砂岩、细砂岩及粉砂岩与深灰、灰黑色泥岩、碳质泥岩、煤层呈不等厚互层，厚度为 200～400m，根据岩性、电性组合特征，可进一步细分为 $E_2s_3^1$ Ⅰ、$E_2s_3^1$ Ⅱ、$E_2s_3^1$ Ⅲ、$E_2s_3^1$ Ⅳ 四个油组。在沙三末期，由于牛青断层的走滑运动，沙三段地层在东北部抬升，局部遭受剥蚀，与上覆沙二段呈不整合接触，剥蚀地层主要为 $E_2s_3^1$ Ⅰ、$E_2s_3^1$ Ⅱ，在地震剖面上可以见到明显的剥蚀特征。$E_2s_3^1$ Ⅰ 油组和 $E_2s_3^1$ Ⅱ 油组砂岩零星发育，呈泥岩、碳质泥岩夹薄层细砂岩、粉砂岩特征，$E_2s_3{}^1$ I 油组顶部发育一套稳定的泥岩，分布稳定，厚度为 10～20m 左右，视电阻率曲线为低平锯齿状，向上与沙二段砂岩接触，钻遇率达 100%，为划分沙三段和沙二段的对比标志层；$E_2s_3{}^1$ Ⅲ 油组和 $E_2s_3{}^1$ Ⅳ 油组砂体较为发育，呈灰色、浅灰色中砂岩、细砂岩，与灰色、深灰色泥岩呈互层特征，局部发育煤层。$E_2s_3{}^2$ 主要为深灰色泥岩夹灰白色中砂岩及细砂岩，局部龙 607 井区发育灰绿色辉绿岩，$E_2s_3{}^2$ 顶部发育一套质纯稳定的泥岩，视电阻率曲线表现为低平直特征，全区稳定分布，钻遇率达 100%，该标志层为划分 $E_2s_3{}^1$ 与 $E_2s_3{}^2$ 的区域性标志。$E_2s_3{}^3$ 主要以深灰色泥岩为主，夹灰黄及灰色细砂岩、粉砂岩。

沙二段（E_3s_2）：岩性为灰色砂砾岩、含砾砂岩、细砂岩与红色、褐色、灰色泥岩呈不等厚互层，地层厚度为 150～280m。根据岩性、电性组合特征，可进一步细分为 E_3s_2 I 、E_3s_2 Ⅱ 两个油组。沙二段与沙一段呈不整合接触，由于沉积环境的差异，沙一段地层泥岩感应值相对较高，沙二段地层泥岩感应值明显变低，呈明显的台阶状变化，能很好地区分沙一段和沙二段地层。

沙一段（E_3s_1）：岩性为灰、绿灰色、深灰色泥岩与灰色砂砾岩、含砾不等粒砂岩、中砂岩、细砂岩呈不等厚互层。与上覆东营组呈整合接触，地层厚度为 370～720m。

东营组（E_3d）：岩性为灰白色砾状砂岩、砂砾岩与绿灰色泥岩互层，夹灰白色中砂岩、灰色粉砂岩及泥质粉砂岩，泥质不纯含砂。与上覆馆陶组呈不整合接触，地层厚度为 1250～1500m。

馆陶组（Ng）：岩性为厚层状杂色砾岩、浅灰、灰白色砂砾岩，夹浅灰、灰绿色泥岩。地层厚度为 300～350m。

（三）构造特征

构造形态为受牛青断层和牛 74 断层控制的北东走向，西北倾，单斜构造。沙二段和沙三上亚段构造形态基本一致。

断裂系统解释主要根据目的层反射波组在地震剖面上的错断，并利用地震数据体的相干处理技术，对断层进行精确刻画。在进行构造解释的同时，运用地震道间的相似性计算，对叠前时间偏移三维地震数据体做了相干处理，为断层空间展布精细解释奠定基础。

本区断层主要有北东向、近东西向两组断层，其中北东走向的牛 74 断层、牛青断层为区内主干断层，控制该块的构造格局、沉积与成藏。在两条主干断层的夹持下，近东西向的牛 59 北断层和龙 48 南断层起到分块作用，其余内部的一些延伸较短的北东向、近东西向小断层起到使构造复杂化的作用。从平面上看，区内南部断裂比北部相对复杂。

（四）储层特征

1.沉积相特征

沙三晚期（$E_2s_3{}^1$）：全区抬升，水退特点明显，湖水由北向南退出，整个凹陷以陆上环境占优势。地势较平坦，略显北高南低状。河流往复改道、变迁形成一片较为典型的曲流河相沉积物，植物生长繁盛，在地层中发育丰富的碳质层甚至薄煤层。

沙二时期（E_3s_2）：该时期为断陷湖盆活动收敛期，部分地区露出水面，遭受剥蚀，本区主要为浅水环境，发育扇三角洲前缘沉积体系。

通过对岩性、沉积构造、古生物测井相等相标志的研究，结合单井相分析，对本区进行详细研究，结果表明，本区沙二段发育扇三角洲前缘亚相沉积，沙三上亚段发育曲流河相沉积。

1）扇三角洲前缘亚相

扇三角洲前缘亚相是扇三角洲沉积的主体部分，是扇三角洲分流河道进入湖盆内的水下沉积，可进一步划分为水下分流河道、水下分流河道间等沉积微相。

（1）水下分流河道微相。水下分流河道为扇三角洲平原分流河道的水下延伸部分。沉积物主要为含砾粗、中砂岩（少量）和细砂岩，砂岩常具平行层理、板状和槽状交错层理及底部冲刷。水下分流河道沉积的特点是厚层的砂体与分流间湾泥岩相互叠置，形成特征的沉积序列。自然电位曲线呈钟形或箱形，底部具较高的幅值，向上逐渐降低，薄层砂岩段自然电位曲线呈指状或尖峰状。

（2）水下分流河道间微相。岩性为厚层状灰色、深灰色泥岩、粉砂质泥岩或泥质粉砂岩，反映出一个水体较平静的沉积环境，发育水平层理和透镜状层理，也可见砂纹层理和波状层理。泥岩中含大量介形类、螺类化石、植物茎干化石和叶片化石。由于水下分流河道的改道和不同期次沉积的叠加，分流间湾沉积在单井剖面上与水下分流河道密切共生，反复叠置。自然电位曲线为中低幅值，呈锯齿状或小的尖峰状。

2）曲流河相

曲流河是具中等—高弯度河道的河流相沉积。根据该区沙三上亚段沉积特征，曲流河亚相主要发育曲流砂坝和河漫滩两种亚相。

（1）河床沉积亚相。河床沉积砂体岩性主要为中、细粒砂岩，块状层理、槽状交错层理、波状层理发育。曲流河道砂坝由于河道迁移在垂向上将造成向上变细的序列，反映了水流能量逐渐减弱的沉积过程。曲线上表现为底部突变型且幅值最大，向上幅值依次减小，整个自然电位呈钟形或箱形负异常。

（2）河漫滩亚相。河漫滩沉积为河床外侧低洼平坦的地方，洪水期淹没平坦的河谷而形成的沉积，岩性以泥岩类为主，碳质泥岩发育，颜色主要为灰色、灰褐色和深灰色，含大量植物碎片及炭屑。其测井响应值最低，测井曲线一般呈微齿化的低平状态。

2. 岩性特征

根据岩心、录井岩屑观察及粒度分析统计，E_3s_2储层以细砂岩为主，含少量砂砾岩，分选性中等；$E_2s_3^1$储层包含粗砂岩、中砂岩、细砂岩，以细砂岩储层为主，颗粒分选性中等、磨圆度次圆。青龙台油田龙606区块储层埋藏深度为$2500\sim3280m$，压实作用较强，表现为岩样致密，颗粒呈线接触。黏土矿物以伊利石和伊/蒙混层为主，按成岩阶段划分原则，该块储层属于晚成岩时期。

3. 储层分布特征

综合钻井、地震、波阻抗反演等资料，对储层砂体分布及边界认识描述如下：

沙二段（E_3s_2）和沙三上亚段（$E_2s_3^1$）地层厚度为400～600m，根据砂体纵向上沉积旋回、岩性组合、测井曲线特征，划分为E_3s_2Ⅰ、E_3s_2Ⅱ和$E_2s_3^1$Ⅰ、$E_2s_3^1$Ⅱ、$E_2s_3^1$Ⅲ、$E_2s_3^1$Ⅳ共六个油组。其中，E_3s_2Ⅱ、$E_2s_3^1$Ⅰ、$E_2s_3^1$Ⅱ、$E_2s_3^1$Ⅲ和$E_2s_3^1$Ⅳ五个油组为探明储量上报目的层。

E_3s_2Ⅱ油组地层厚度为60～110m，砂体厚度一般为10～50m；单井最大厚度为80m，单层厚度为2～15m，平均为4m。

$E_2s_3^1$Ⅰ油组地层厚度为40～90m，砂体厚度一般为3～15m；单井最大厚度为17m，单层厚度为1～6m，平均为2m。

$E_2s_3^1$Ⅱ油组地层厚度为40～80m，砂体厚度一般为5～15m；单井最大厚度为20m，单层厚度为1～4m，平均为2m。

$E_2s_3^1$Ⅲ油组地层厚度为60～110m，砂体厚度一般为10～25m；单井最大厚度为36m，单层厚度为1～9m，平均为4m。

$E_2s_3^1$Ⅳ油组地层厚度为50～120m，砂体厚度一般为10～25m；单井最大厚度为27m，单层厚度为2～8m，平均为4m。

4. 储集空间

孔隙类型包含原生粒间孔、溶蚀孔、粒间溶孔、粒内溶孔，其中以原生粒间孔及溶蚀孔为主，溶蚀改造粒间孔和粒内溶孔次之，孔隙连通性较差。

$E_2s_3^1$储层孔隙度最大为22.9%，最小为6.5%，中值为16.2%，有效储层孔隙度最大为22.9%，最小为12.1%，中值为17.7%；储层渗透率最大为246mD，最小为0.39mD，平均为2.5mD；有效储层渗透率最大为246mD，最小为1mD，中值为6mD，为中孔、低渗储层。

沙二段取心资料少，且未取到有效储层段内，根据测井解释，有效储层孔隙度最大为20.1%，最小为13.6%，中值为17.7%；有效储层渗透率最大为8.49mD，最小为1.84mD，中值为5.1mD，为中孔、低渗储层。

（五）油气富集规律及成藏模式

龙606区块油层分布主要受岩性、构造双重因素控制，沙二段油藏类型为岩性－构造油藏，油层分布受构造、沉积砂体和储层物性控制；沙三一亚段油藏类型为构造－岩性油藏，油层分布主要受沉积砂体和储层物性控制。

龙606区块油层分布平面上受沉积相带、砂体分布、储层物性及断层等因素的控制，油层单层厚度较薄，一般为1～5m，呈层状分布，平面上油层叠加连片。纵向上油藏埋藏深度为2500～3280m。单井油层有效厚度最大为39.6m，最小为2.0m。纵向上E_3s_2Ⅱ、$E_2s_3^1$Ⅰ、$E_2s_3^1$Ⅱ、$E_2s_3^1$Ⅲ和$E_2s_3^1$Ⅳ油层均有发育。各层位油层分布特征分述如下：

$E_3s_2 II$：油层受断层、沉积砂体和储层物性控制，平面上油层在西侧和南侧受断层控制，东侧受沉积砂体、储层物性和断层控制。油层平均厚度为7m左右，向东含油砂体逐渐尖灭。牛56断块油层厚度较薄，南侧构造高部位受断层遮挡，向低部位变为水层。

$E_2s_3^1 I$：平面上油层在北西侧和南侧受断层控制，东侧受沉积砂体和储层物性控制，油层分布范围小，靠近牛74断层油层较厚，厚度在6m以上，向东物性变差为干层。纵向上含油井段一般为20～50m左右，单井最大油层厚度为14.4m，最小为1.6m。

$E_2s_3^1 II$：平面上油层在西侧和南侧受断层控制，东侧受沉积砂体和储层物性控制，向北侧构造低部位过渡为水层。纵向上含油井段一般为20～30m左右，单井最大厚度为11.0m，最小为1.6m。

$E_2s_3^1 III$：顺物源方向油层发育，含油层段厚度一般为30～60m，单井最大厚度为14.6m，最小为2.0m。平面上油层在西侧和南侧受断层控制，东侧受沉积砂体和储层物性控制。油层分布范围广泛，厚度为9m以上，向东油层厚度逐渐减薄。

$E_2s_3^1 IV$：顺物源方向油层发育，含油层段厚度一般为40～80m，单井最大厚度为16.2m，最小为2.2m。平面上油层在西侧和南侧受断层控制，东侧受沉积砂体和储层物性控制。油层分布范围广，厚度为9m以上，向东、向南物性变差，油层厚度逐渐减薄。

（六）井位部署及效果分析

2017—2018年，通过难采储量筛查将龙606区块砂岩油藏作为研究目标，龙606区块高部位储层不发育且产能差，低部位产能较好且一直没见到水，通过对龙606区块每口井进行分析，并结合地震资料，重新认识油藏，判定该区属于构造－岩性油藏，该油藏上倾方向靠岩性和物性形成封挡，而构造低部位储层相对发育。在此认识的基础上，在构造低部位部署了滚动探井龙606-6井、龙620井，在$E_2s_3^1$砂岩试采均获得了高产工业油流。龙620井初期日产油22.3t，龙606-6井初期日产油8.2t。2018年，针对龙606区块进行评价开发一体化部署，部署了滚动评价井4口（龙44-350井、龙62-342井、龙66-348井、龙50-348井），开发井54口，钻探后4口滚动评价井均获得工业油流，开发井已实施33口，压裂后均获得工业油流，初期单井日产油最高达35.0t（龙57-349井），取得了较好的开发效果。同年，以$E_3s_2 II$、$E_2s_3^1$为主要目的层系上报探明含油面积6.55km²，探明石油地质储量658×10⁴t。

第四节 低孔特低渗油气藏综合评价

一、大民屯油田沈358块

（一）概况

大民屯西斜坡沙四段砂砾岩体油藏勘探始于20世纪90年代。1990年部署的评价井沈 179 井在沙四段获得工业油流，沈 179 块于 1999 年上报探明含油面积 0.3km²，探明储量 18×10⁴t。

2001 年钻探的沈 225 井在沙四段 3451.9～3476.9m 及 3234.6～3285.9m 压裂试油均获得工业油流。2004 年，部署钻探了沈 268 井，该井在沙四段测井解释差油层 253.8m/19 层，在 3216.1～3256.8m 井段试油，压后获得日产油 11.2t。2005 年，在沈 268 块开展了油藏评价，部署实施了两口评价井沈 268-34-22 井、沈 268-28-34 井，两口井在沙四段均钻遇砂砾岩，由于储层复杂、非均质性强及受当时对砂砾岩储层认识限制，完钻的两口井均未获得工业油流。随着大型压裂技术的发展，2011 年沈 268-34-22 井在 3254.6～3334.3m 成功压裂投产，初期日产油 26.1t，至 2015 年 9 月累计产油 9849t。该井的成功投产进一步证实了沙四段砂砾岩体油藏产能潜力较大。2015 年，在沈 268 块上报控制含油面积 3.24km²，石油地质储量 531.78×10⁴t。

2011—2014 年，在大民屯西斜坡开展地震资料的采集、处理攻关。在此基础上，2015 年，在大民屯西斜坡沙四段砂砾岩体部署了沈 354 井、沈 356 井、沈 357 井及沈 358 井等 4 口探井，并提出沈 351 井、沈 263 井两口老井的试油建议。沈 351 井于 2015 年 3 月在 2937.9～2972.0m 井段试油，压裂后日产油 23.3m³，获得工业油流。2015 年 6 月沈 358 井在 3065.0～3115.0m 井段获得日产油 14.1m³ 工业油流。沈 354 井压裂后日产油 13.4m³ 获得工业油流。2015 年，开展了油藏评价研究工作，在沈 358 块部署实施了两口评价井（沈 358-34-18 井、沈 358-20-26 井），进一步摸清了油层分布及产能状况。2015 年，上报新增控制含油面积 4.89km²，石油地质储量 622.49×10⁴t。

（二）地层特征

1. 发育主要地层

本区钻井揭露的地层自下而上有太古界、元古界、新生界古近系房身泡组、沙河街组沙四段、沙三段、沙一段、东营组及新近系馆陶组。本次探明储量上报层位为新生界古近系沙四下亚段。各组段岩性组合特征、地层接触关系如下：

太古界（Ar）：岩性为浅粒岩及混合片麻岩。与上覆地层呈角度不整合接触。

元古界（Pt）：主要岩性为中厚层的红褐色、灰褐色灰质白云岩、灰褐色石英岩和褐色板岩。

房身泡组（E_1f）：岩性主要为灰黑、褐黑色玄武岩夹棕红色、浅灰色泥岩及砂砾岩。

沙四段（E_2s_4）：可划分为上、下两个亚段。上段为厚层深灰色泥岩夹薄层灰色砂岩；下段为大套浅灰色砂砾岩和细砂岩、深灰色泥岩互层。

沙三段（E_2s_3）：下部为深灰色泥岩夹黑色碳质泥岩、粉砂质泥岩和砂泥岩互层，中、上部为灰色、绿灰色、紫红色泥岩和浅灰色砂岩互层。与下伏地层呈整合接触。

沙一段（E_3s_1）：主要为灰色泥岩、粉砂岩和砂岩不等厚互层。与下部沙河街组三段呈不整合接触。

东营组（E_3d）：岩性以灰白色砂砾岩、含砾砂岩为主，与灰绿、暗紫红色砂质泥岩呈不等厚互层。与下部沙河街组一段呈整合接触。

馆陶组（Ng）：灰白色块状砂砾岩夹薄层绿灰色泥岩和黄绿色泥岩。与下伏地层呈不整合接触。

2.层组划分

目的层沙四段划分为沙四上、沙四下两个亚段，沙四上段为大套的暗色泥岩，沙四下段厚层状砂砾岩为主要目的层，进一步将其细分为五个砂岩组。

（三）构造特征

1.构造特征

沙四下段顶界构造整体为北东走向，被安福屯西断层、平安堡西断层分割为三个条带：西侧陡坡带、中间低槽带和东侧缓坡带。研究区主要位于中间低槽带，低槽内从南到北，两端高中间低，主要发育沈358单斜、沈268断鼻。沈358单斜高点位于沈358-34-18井附近，最高埋藏深度为2820m，低点位于沈358-26-26井北西，最低埋藏深度为3050m，构造幅度为230m。

2.断裂系统及断层特征

断裂系统主要分布于沙四段至基底地层中，以北东向和北西向为主，除平安堡西断层等少数断层断距较大外，其余断层断距不大。断层性质为正断层（表5-4-1）。对于断层，主要根据目的层反射波组在地震剖面上的错断，并利用地震数据体的相干处理技术，结合综合地质录井、测井解释的成果，对断层进行精确刻画。在进行构造解释的同时，运用地震道间的相似性计算，对叠前时间偏移三维地震数据体做了相干处理，以了解各断裂在平面上的组合，为断层空间展布精细解释奠定基础。

表5-4-1　主干断层要素表

断层名称	断层性质	断开层位	目的层断距 /m	断层产状			
				走向	倾向	倾角 /（°）	延伸长度 /km
平安堡西断层	正	Pt—Ed	200~600	北东	北西	70~90	>14.8
安福屯西断层	正	Pt—Es₄	0~50	北东	北西	80	>13.5

平安堡西断层：该断层是控制构造带格局的主要断层，位于平安堡潜山西，走向为北东向，倾向北西，平安堡西侧断层断距较大，一般为300~500m，中生代开始发育，该断层控制平安堡西洼陷的构造形态，该洼陷沉积的巨厚泥岩对平安堡潜山及其上覆的沙四段碎屑岩储层油气成藏提供了较好的油气供给。

该断层在叠前时间剖面上比较容易识别，由于其断距较大，断面两侧的岩性不同，同相轴错段明显。断层上盘和下盘的地震反射波特征有明显的差别，断层上盘地震波能量低，为中—低频、差连续反射；断层下盘反射波能量强，为中—低频、差连续反射。从 2400ms 的相干体切片上也能较清楚地观察到该断层的位置，位于该断层的西侧区域，地震发射连续，表现为空白的特点，而断层东侧，不相干属性增大。因此，该断层的综合解释，主要是依靠纵向、横向不同的地震测线，根据断层两侧地震波反射特征的不同，以及不同时间的相干体切片上振幅能量的强弱，交互解释出该断层平面断裂特征。

安福屯西断层：该断层是控制低槽带形成的主要断层，控制了沙四段早期扇体的沉积与分布。该断层位于平安堡潜山西，走向为北东向，倾向北西，中生代开始发育，沙四段中期消亡；在沙四段底界断层断距较大，一般为 300～500m，沙四上顶界断距较小，一般为 0～100m。

在叠前时间剖面上，该断层比较容易识别，其在沙四底部断距较大，断面两侧的岩性不同，断层下降盘沉积了沙四的砂砾岩，断层上盘为元古界地层，同相轴错段明显；到沙四中期该断层逐渐消亡。因此，该断层上盘和下盘的地震反射波特征有明显的差别，断层上盘地震波能量低，为中—低频、连续反射；断层下盘反射波能量强，为中—低频、连续反射。从 2400ms 的相干体切片上也能较清楚地观察到该断层的位置，位于该断层两侧的区域，地震发射连续，表现为空白的特点，而断层所在的位置，不相干属性增大。

（四）储层特征

1. 沉积背景及沉积物源

大民屯凹陷西部陡坡带沙四段为断陷湖盆裂陷期阶段沉积，沉降幅度大、沉积速率快[10]。此时期在西部边界断裂活动的控制下，盆地边界与沉降区高差大，加上外侧凸起区的物源供给充足，形成垂直湖岸方向的近岸碎屑的搬运、沉积，这种近岸出山入湖的砂体沉积的特点表现为物源供给量充足，并且在触发机制的作用下可以形成多物源、多沉积事件砂体沉积。本次研究区储层主要位于安福屯西断层、平安堡西断层夹持的低槽带内，统计分析研究区内取心井岩心化验分析资料，岩性主要发育以砂砾岩、细砂岩、粉砂岩为主，岩心发育水平层理、槽状交错层理，局部可见冲刷面和滞留沉积，泥岩为深灰色。粒度概率累计曲线多为具有跳跃和悬浮总体间过渡的两段式，表现为牵引流沉积为主沉积模式，该区三角洲前缘亚相主要发育水下分支流河道、河道间、席状砂等微相，沉积物沿主河道向侧缘及前端粒度变细、砂体厚度变薄。

沉积纵向上表现为多期物源、多期扇体相互叠置，使得其纵向砂体变化较快，其次单砂体表现出旋回韵律特征；平面上由于受物源及湖盆古地形影响，主要发育沈 358 扇体，受古地形影响，早期沉积以填平补齐为主，晚期沉积范围有所扩大，小股物源越过沈 358 南控沉积断层，在沈 625 区带沉积，具有顶平底不平的沉积特点。

沙四段主要发育扇三角洲—湖相沉积体系，物源主要来自西侧，储层以扇三角洲前缘水下分支流河道为主，储层岩性为中粗、细砂岩和砂砾岩等。

2. 储层岩石学特征

研究区沙四段砂砾岩体为西部物源在西斜坡上快速沉积的产物，岩性整体以粗碎屑岩为主。本区储层岩性主要为砾岩类中的砂砾岩和砂岩类中的粗砂岩、细砂岩。储层岩石矿物成分以石英、长石为主，碎屑颗粒分选性差—中等，磨圆度次棱角—次圆状。储集层岩石结构由三部分组成：碎屑颗粒、填隙物和孔隙。其中，填隙物包括杂基和胶结物。碎屑颗粒是岩石的主体部分，占碎屑岩组成的 50% 以上，碎屑颗粒组成以石英、长石为主，岩屑次之。

3. 储层物性特征

根据本区 8 口井 315 块岩心物性分析样品统计，储层孔隙度最小为 2.1%，最大为 21.8%，一般分布在 6%～12% 之间，平均为 9.8%；渗透率最小为 0.015mD，最大为 15.8mD，一般分布在 0.04～1.8mD 之间，平均为 0.5mD。

储层物性从砾岩、粉砂岩、砂砾岩到砂岩逐渐变好（表 5-4-2），砂砾岩、砂岩为有效储层，平均孔隙度为 11.6%，平均渗透率为 1.87mD，为低孔－特低渗储层。其中，砂砾岩平均孔隙度为 8.9%，平均渗透率为 1.44mD，砂岩平均孔隙度为 12.6%，平均渗透率为 2.01mD。

表 5-4-2　分岩性物性分析统计表

岩性	孔隙度 /%		渗透率 /mD	
	分布范围	平均值	分布范围	平均值
砾岩	2.1～6.2	4.8	0.015～1.7	0.08
砂砾岩	6.1～18.1	8.9	0.5～14.6	1.44
砂岩	9.0～21.8	12.6	0.7～15.8	2.01
粉砂岩	4.3～9.3	6.5	0.01～0.93	0.09

4. 储层微观孔隙结构

本区发育砾岩类和砂岩类两类储层。通过岩心观察、铸体薄片鉴定，储集空间以孔隙为主，含少量裂缝。砾岩类储集空间类型主要有粒间孔、溶蚀孔及微裂缝、溶蚀缝；砂岩类储集空间类型主要以粒间孔、溶蚀孔为主，见少量粒间溶孔（图 5-4-1 和图 5-4-2）。

根据本区的压汞分析资料，储层孔隙结构以低孔、特低渗、细—微细喉不均匀型为主。砂砾岩孔喉孔喉半径主要集中在 0.025～0.4μm 之间，平均孔隙度为 8.9%，平均渗透率为 1.44mD，实测毛细管压力曲线排驱压力中等，一般为 1～5MPa，最大压力下汞饱和度一般大于 40%，退汞效率大于 20%。砂岩孔喉半径主要集中在 0.16～1μm 之间。平均孔隙度为 12.6%，平均渗透率为 2.01mD，实测毛细管压力曲线排驱压力较小，一般小于 1MPa，最大压力下汞饱和度一般大于 50%，退汞效率大于 30%。

图 5-4-1　原生粒间孔

沈 358 井，3014.68m，粗砂岩

图 5-4-2　微裂缝

沈 358-34-18 井，3029.51m，中—粗砂岩

5.储层砂体展布特征

本次储层预测研究是在构造精细解释的基础上进行的，为了进一步搞清该区储层横向及纵向上的分布规律，根据完钻井揭露各砂岩组砂体厚度情况，以及反演预测结果，沈358扇体在纵向上由多期砂体叠置而成，砂体最厚达 400m。

（五）油藏特征

1.油藏类型

本区含油目的层为 $E_2s_4^{\text{下}}$，油层分布受岩性、物性控制。一般砂砾岩、砂岩分布区域有油层分布，物性好，油层相对较厚，无边底水、夹层水，油藏类型为岩性油藏。

2.油层分布特征

油层厚度一般为 20～70m，纵向上分布有 $E_2s_4^{\text{下}}$Ⅰ、$E_2s_4^{\text{下}}$Ⅱ共 2 个砂岩组，油层埋藏深度为 2850～3300m。

$E_2s_4^{\text{下}}$Ⅰ油层：油层厚度一般为 20～35m，单井最大厚度为 38.7m（沈 358 井），最小厚度为 5.8m（沈 358-20-26 井），平面上分布在沈 257-18-42 井—沈 358-20-26 井一带，分布面积为 4.82km²。

$E_2s_4^{\text{下}}$Ⅱ油层：油层厚度一般为 13～50m，单井最大厚度为 50.6m（沈 358 井），最小厚度为 2.8m（沈 358-20-26 井），分布在沈 257-18-42 井—沈 358-20-26 井一带，分布面积为 3.32km²。

3.流体性质

据本区块原油物性分析资料统计：原油性质在纵向和平面上变化不大，原油品质为高凝油。20℃ 时，原油密度为 0.8485～0.8615g/cm³，平均为 0.8556g/cm³。100℃ 时，原油黏度为 6.28～14.01mPa·s，平均为 9.82mPa·s。平均含蜡量为 36%，胶质+沥青质含量为 15.5%，凝固点为 49.3℃。

4. 压力与温度系统

本区油层埋藏深度为 2600~3476m，根据相关公式计算相应地层温度为 95.04~122.11℃，油层中部地层温度为 108.57℃，计算相应地层压力为 27.14~36.25MPa，油层中部地层压力为 31.69MPa，地温梯度为 3.09℃/100m，属于正常温度压力系统油藏。

（六）井位部署及效果

1. 井位部署

通过对油井试油试采资料的综合分析，得到以下几点认识：（1）油井自然产能较低，压裂可获得较高产能。（2）储层条件是影响产能的主要因素，其次是压裂规模。（3）产量递减较快、初期动液面下降快，表明储层供油半径小。（4）天然能量微弱，一次采收率低。通过井型的确定论证及油藏工程参数设计，最终确定水平井长度为 800m 左右，部署在油层中部，井距为 200~250m，走向与最大主应力方向垂直，对各参数可根据储层发育等实际情况适当调整，直井部署在水平井井间，以控制和落实储层为主，兼顾压裂缝监测及后期适当注水补充能量（表 5-4-3）。

表 5-4-3　注采井别设计表

区块	层位	地质储量/10^4t	部署新井数/口		单井控制储量/10^4t		利用老井数/口	设计油井数/口	设计水井数/口	注采井数比
			直井	水平井	直井	水平井				
沈 358 块	$E_2s_4{}^{\text{下}}$ I	270.7	3	7	5.6	30.5	9	11	8	1：1.4
	$E_2s_4{}^{\text{下}}$ II	189.5	3	4	5.5	28.7	6	8	5	1：1.6

$E_2s_4{}^{\text{下}}$ I 组共部署新井 10 口、直井 3 口、水平井 7 口，利用老井 9 口。考虑注水补充能量，设计采油井 11 口、注水井 8 口，注采井数比为 1：1.4。

$E_2s_4{}^{\text{下}}$ II 组共部署新水平井 4 口，3 口直井为 $E_2s_4{}^{\text{下}}$ I 组部署井兼顾井，利用老井 6 口。考虑注水补充能量，设计采油井 8 口、注水井 5 口，注采井数比 1：1.6。

2. 部署效果

沈 358 块已投产井（沈 358 井、沈 351 井）采油强度平均为 0.52t/（d·m），计产厚度确定为 30m，通过计算，初期日产油为 10.9t。

根据该块已投产井产能情况及递减规律：沈 351 井生产 $E_2s_4{}^{\text{下}}$ I 组，初期日产油 15t，产量递减后日产油稳定在 6t，沈 358 井生产 $E_2s_4{}^{\text{下}}$ II 组，初期日产油 9t，产量递减后日产油稳定在 4t，考虑到新井 $E_2s_4{}^{\text{下}}$ I 组、$E_2s_4{}^{\text{下}}$ II 组分段压裂和集中投产，确定直井单井日产量为 12t。

水平井按经验初期日产量为直井的 3 倍左右，确定日产量为 35t。

单井经济效益评价指标见表 5-4-4，预计直井 10 年累计产油 $1.23×10^4$t，内部收益率为 12.64%，水平井 10 年累计产油为 $2.89×10^4$t，内部收益率为 14.39%。

表 5-4-4　新井经济评价表

井型	井数 /口	日产油能力 /t	总投资 /万元	预计10年累计产油 /10^4t	经济效益指标		
					内部收益率 /%	财务净现值 /万元	投资回收期 /a
直井	1	12	1347.5	1.23	12.64	14	4.65
水平井	1	35	3776.6	2.89	14.39	109	4.32

二、前河油田河 21 块

（一）概况

前河油田构造上处于开鲁盆地陆家堡陆东凹陷中央断裂构造带南部，其西侧为交力格洼陷，东侧为三十方地洼陷。

前河油田后河地区九佛堂组上段（简称九上段）油藏发现分为三个阶段：

第一阶段，2002—2017 年。2002 年，完钻河 11 井，在九佛堂组上段进行试油，获工业油流，同年河 11 块上报九佛堂组探明石油地质储量 127.00×10^4t，含油面积为 0.90km²。2003 年，完钻 3 口开发井（河 20-20 井、河 18-18 井、河 22-18 井），采用正方形井网和依靠天然能量开发，由于储层物性差，投产效果不好。

第二阶段，2017—2020 年。2017 年，采集了"两宽一高"地震资料，按照"直井控制含油面积，水平井提高单井产能"的思路，2018 年，部署实施了水平预探井——河平 1 井。该井完钻井深 2799m，完钻层位九佛堂组上段Ⅳ油组，水平段长度为 948m，油层钻遇率达 87.6%，该井压裂后放喷，最高日产油 30.6m³，获得较好投产效果。2020 年，河 19 块上报探明石油地质储量 626.22×10^4t，河 21 块上报控制储量 3039.00×10^4t。

第三阶段，2021 年以后。按照"大井丛、立体式、水平井、体积压裂"的增储建产模式，突出"新老平台、直平井型、砂岩油页岩三个兼顾"，共部署实施 9 口评价井（河 8-1 井、河 32-1 井、河 21-H218 导井、河 21-H230 导井、河 21-H234 导井、河 21-H209 井、河 21-H218 井、河 21-H230 井和河 21-H234 井），其中 5 口直井、4 口水平井，在九佛堂组上段Ⅳ油组均钻遇油层，4 口水平井平均油层钻遇率达 90.0%，试油 1 口井（河 21-H234 导井），试采 7 口井均获工业油流（河 21-H218 导井、河 21-H230 导井待投），为本次储量升级奠定了基础。

（二）地层特征

河 21 块地层自下而上为古生界基底，中生界下白垩统义县组、九佛堂组、沙海组、阜新组，上白垩统及新生界等。其中，下白垩统九佛堂组上段Ⅳ油组为本次储量申报层位。

1. 义县组（K_1y）

义县组为大套灰色、绿灰色、紫红色中性火山喷出岩，以凝灰岩及凝灰角砾岩、安山质为主，普遍具有水云母化和泥化现象，未见生物化石。河21井、河28井、陆参1井钻遇该套地层。从地震反射特征来看，该套地层发育较厚，且分布范围广，与上覆地层呈角度不整合接触。

2. 九佛堂组（K_1jf）

九佛堂组富含介形类、腹足类、孢粉等古生物化石，并发现典型热河生物群的狼鳍鱼、三尾拟蜉蝣和东方叶肢介[11]等。从区域地层对比来看，地层分布较为稳定，主要发育一套含火山碎屑物质的半深湖—深湖相沉积，沉积厚度大，其中河20井揭示九佛堂组地层最厚达1220m。其次，发育扇三角洲沉积。该组地层划分为上、下两段。其中：下段岩性为灰色、深灰色砂砾岩、细砂岩、粉砂岩与深灰色泥岩互层，视电阻率曲线表现为钟形高阻，电阻值最高达$120\Omega \cdot m$，平均为$50\Omega \cdot m$；上段岩性为灰褐色油页岩、灰色细砂岩、粉砂岩夹薄层深灰色泥岩、泥岩夹薄层粉砂岩、泥质粉砂岩，边部为砂砾岩，视电阻率曲线表现为锯齿状高阻，电阻值最高达$120\Omega \cdot m$，平均为$15\Omega \cdot m$。根据岩电组合特征，又将九佛堂组上段划分为5个油组，九上段V油层组（K_1jf_1V）：厚度为85~200m，岩性组合主要为灰色细砂岩、粉砂岩夹深灰色泥岩。自然电位曲线表现为多个箱形或钟形叠加，视电阻率曲线表现为锯齿状高阻，密度为$2.60g/cm^3$。

九上段IV油层组（K_1jf_1IV）：为本次储量申报目的层段，厚度为138~265m。岩性与九上段V油组相似，为灰色细砂岩、粉砂岩夹深灰色泥岩，局部发育砂泥岩薄互层。电性特征与九上段V油组相似，表现为低自然电位、中高电阻率，其中电阻率为$18\Omega \cdot m$，密度为$2.48g/cm^3$。

九上段I~III油层组（$K_1jf_1I~III$）：厚度为120~477m，主要为一套半深湖—深湖相沉积，岩性相近，为大套深灰色、褐灰色油页岩夹薄层粉砂岩、泥质粉砂岩。自然电位、视电阻率曲线表现为低平齿状，其中电阻率为$10\Omega \cdot m$左右，密度为$2.44g/cm^3$。

其中，K_1jf_1IV油层组（K_1jf_1IV）为研究部署的目的层段，地层厚度约138~265m。

3. 沙海组（K_1sh）

沙海组地层厚度约221~873m，主要为一套滨、浅湖相沉积。下部为灰色细砂岩、粉砂岩夹油页岩、泥岩；上部为灰色泥岩、细砂岩、粉砂岩呈不等厚互层沉积。沙海组泥岩质纯、性脆，含较多的黄铁矿结核。含丰富的孢粉、介形类、腹足类化石。视电阻率曲线表现为齿状低阻。与上覆地层呈整合接触。

4. 阜新组（K_1f）

阜新组地层厚度约238~851m，主要为一套滨、浅湖相沉积，下部为深灰色泥岩夹薄层灰、浅灰色细砂岩，粉砂岩，泥岩质纯、性脆，呈块状（易碎），局部含砂质团块；上部岩性以灰色泥岩为主，夹细砂岩、粉砂岩、含砾砂岩。含孢粉、介形类及丰富的腹足类化石。因后期构造抬升，剥蚀较强烈，地层缺失严重，厚度变化较大。视电阻率曲线平缓，起伏不大。与上覆地层呈角度不整合接触。

白垩系上统发育姚家组、嫩江组、四方台组和明水组，岩性为杂色砂砾岩夹灰色泥岩与白垩系下统为角度不整合接触。

（三）构造特征

河 21 块位于陆东凹陷中南段，整体为断裂背斜构造，沿构造短轴方向看，表现为一个中部高、东西两侧相对较低的低幅度背斜构造；沿构造长轴方向看，被北北东向断层切割为不同的地堑、地垒。该块被北北东向断层切割为河 8 条带、河 19 条带、河 32 条带等多个北东向的条带，不同条带构造高点不同。河 8 条带整体呈地垒形态，高点海拔在河 20 井附近，为 −1275m，向北东方向为单斜较陡地层，地层倾角为 6.4°；河 32 条带整体呈地堑形态，该条带发育多条北东向断层，构造更加破碎，地层高低起伏变化较大，在河 21 井、河 32 井、河 21-H234 导井等附近形成多个圈闭，其中在河 21 井附近高点海拔为 −1375m；河 19 条带内断层发育较少，整体表现为宽缓的背斜，构造高点在河 19-H 导井附近，高点海拔为 −1425m。

研究区内断层主要在九佛堂时期活动，控制着本区构造发育及圈闭的形成，将整个后河背斜分割成数个断块及断鼻，起到沟通油源的作用，对沉积及油藏分布控制作用不明显。

（四）储层特征

1. 沉积相类型及特征

通过研究区 22 口井所钻遇的岩石类型、沉积构造、测井相特征等相标志，结合地震反射特征及分析化验资料对沉积相特征进行研究，结合区域构造，确定本区沉积相为浅湖—半深湖环境下的扇三角洲沉积体系。

九上段沉积时期，陡坡带发育大型扇三角洲沉积，物源来自东南侧，沿舍伯吐断裂快速堆积，靠近物源根部砂体相互叠置连片，向洼陷中心沉积，形成三个扇三角洲沉积砂体，平面上呈朵叶状展布。

储量申报区发育扇三角洲前缘亚相沉积，可细分为水下分流河道、前缘席状砂、水下分流河道间三种沉积微相。水下分流河道是申报区发育的最主要优势相带，岩性为大套灰色细砂岩，局部夹薄层泥岩。前缘席状砂岩性主要为灰色粉砂岩夹深灰色泥岩，亦可作为有效沉积相带。

河 21 块位于中部后河扇体，平面上相带呈北西—南东向条带状展布，连片性好且延伸较远。纵向上沿建 3—河 20—陆参 1 一线垂直物源方向：后河扇体与西南部的前河扇体相互独立，互不连通；沿广 1—河 32—河 27 一线顺物源方向，九佛堂沉积时期，东侧物源供给充足，河 27—河 32 一线砂体发育，砂体厚度大，砂地比数值大于 0.6。

2. 储层岩石学特征

根据取心井的岩心观察分析统计，研究区九上段Ⅳ油组岩性以细砂和粉砂为主，占岩心总长度的 63%。

碎屑颗粒分选性较差—中等，磨圆度为次棱—次圆状。胶结类型主要为孔隙型胶结。碎屑接触方式主要为点—线接触，颗粒支撑方式为颗粒支撑，结构成熟度较低。

根据岩石薄片鉴定资料统计，按照岩石成分，九上段Ⅳ储层岩性以长石岩屑砂岩和岩屑长石砂岩为主（图 5-4-3）。岩石成分成熟度低，多为近源型沉积。砂岩碎屑颗粒含量分布在 59.0%～90.0% 之间，平均为 78.0%。根据石英、长石、岩屑的相对含量，认为 K_1jf_1Ⅳ砂岩具有高岩屑、高长石、低石英的特点。石英含量为 2.0%～9.0%，平均为 7%；长石含量为 25.0%～71.0%，平均为 45%；岩屑含量为 24.0%～71.0%，平均为 48.0%，成分以中性火山岩岩屑为主。

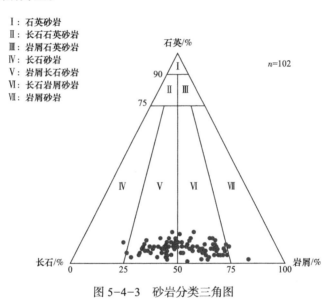

图 5-4-3　砂岩分类三角图

通过岩石薄片、扫描电镜及 X 衍射全岩定量分析统计得出：储层填隙物以黏土矿物和碳酸盐矿物为主。黏土矿物以伊 / 蒙混层为主，以伊利石次之，绿泥石和高岭石含量较小；碳酸盐胶结物以白云石类和方解石为主。

3. 储集空间类型

通过常规薄片、铸体薄片和扫描电镜观察，研究区九上段储层发育多种储集空间类型，包括残余粒间孔、粒间溶孔、粒内溶孔、铸模孔及晶间孔，见少量微裂缝，以粒间溶孔和粒内溶孔为主，平均孔径为 56.23μm，平均面孔率为 3.6%，孔隙连通性差，孔隙配位数多为 0～1 个。

4. 储层物性特征

根据研究区岩心物性分析资料统计，储层孔隙度一般分布在 11.2%～22.6% 之间，中值为 16.2%；渗透率一般分布在 0.5～124.6mD 之间，中值为 2.95mD。根据测井解释储层物性资料统计，储层孔隙度一般分布在 11.9%～21.5% 之间，中值为 16.5%；渗透率一般分布在 0.5～126.8mD 之间，中值为 3.50mD。属于中孔、特低渗储层。通过研究储层物性知主要受岩性控制，根据对岩心分析资料的进一步研究，制作孔隙度、渗透率与长石含量、岩屑含量关系图，发现储层孔隙度、渗透率与长石含量呈正相关性，与岩屑含量呈负相关性，说明长石含量高，储层易于形成长石溶孔，孔隙喉道较发育，而随着岩屑含量增高，岩屑塑性强抗压实能力减弱，孔隙喉道发育较差。

5. 储层分布特征

根据陆东凹陷中南段沉积相平面展布特征，结合反演预测，绘制了九上段Ⅳ组砂体图。九上段Ⅳ组时期，沿舍伯吐断裂发育三支南东—北西向砂体，平面上呈朵叶状展布。储量申报区河 21 块—河 19 块位于中间一支扇体上，砂体发育，连片性较好。

纵向上扇体核部砂体呈块状，砂地比数值最大为 0.8（河 21-H230 导井），局部夹薄层泥岩；扇体翼部砂体呈层状，砂地比数值 0.3 左右（河 28 井）。

平面上砂体受沉积相带控制，沿河 19 井—河 32 井一线厚度最大，厚度在 120m 以上，向两侧河 20 井西南方向、河 25 井东北方向逐渐减薄。

（五）油藏特征

1. 油藏分布特征

河 21 块九上段Ⅳ油组油藏埋藏深度为 1540～1920m，油层呈层状分布，油藏中深为 1700m，含油高度为 320m，驱动类型为弹性驱动，油藏类型为岩性油藏。

纵向上油层分布受岩性、物性控制，油层与差油层、干层（物性下限以下的砂岩）呈甜点式交互分布，单层厚度一般为 1.0～4.5m，单井累计厚度为 8.0～30.4m，油层段跨度在 60～120m 之间。河 21 块纵向上油层主要发育在九上段Ⅳ油组中上部和下部，单层厚度一般为 1.0～4.5m。中上部油层全区发育，下部油层局部发育。沿河 11 井—河 21-234 导井方向优势相带主体部位，油层发育且连续性较好，在河 21-234 导井附近，油层厚度在 30m 以上，向河道两翼油层逐渐减薄直至尖灭。河 19 块河 25 井区纵向上在局部油层主要发育在九段上Ⅳ油组顶，累计厚度为 8.2m。受物性影响，向河 25 井西部、南部油层逐渐减薄。

平面上沿北西向呈条带状展布，在河 19 井—河 21-H230 导井一线为水下分流河道优势相带，砂体厚，物性好，油层发育，厚度为 20～30m，向边部河 32-1 井、河 21 井、河 25 井方向砂体逐渐减薄，油层变薄，向南部河 12 井方向靠近物源区，分选性差，油层减薄直至尖灭。

2. 温度与压力特征

本区油藏埋藏深度为 1540～1920m，推算油层温度在 57.2～69.4℃ 之间，油藏中部地层温度为 63.3℃，地温梯度为 3.20℃/100m；计算相应地层压力为 15.0～18.7MPa，油藏中部地层压力为 16.9MPa，压力系数为 0.97，属于正常温度压力系统（表 5-4-5）。

表 5-4-5　前河油田河 21 块油藏参数表

区块	层位	油藏类型	驱动类型	高点海拔深度 / m	含油高度 / m	中部海拔 / m	原始地层压力 / MPa	压力系数	饱和压力 / MPa	地饱压差 / MPa	饱和程度 / %	地层温度 / ℃	地温梯度 / ℃ /100m
河 21 块	K_1jf_1Ⅳ	岩性	弹性	−1275	380	−1510	16.9	0.97	—	—	—	63.3	3.2

3. 流体性质

根据原油物性分析资料统计，原油性质在平面和纵向上变化不大。

地面原油密度为 $0.8800 \sim 0.9137 t/m^3$，50℃ 时地面原油黏度为 $30.7 \sim 192.44 mPa \cdot s$，含蜡量为 $4.50\% \sim 9.10\%$，凝固点为 $11 \sim 31$℃，不含硫，为不含硫、中质、常规原油。

（六）部署及效果

河 21 块开发目的层 K_1jf_1Ⅳ，砂体发育稳定、连续，具有统一的温度压力系统，储层物性、原油性质相近，纵向上砂体厚度为 $60 \sim 150m$，油层分布相对集中，采用一套层系开发，依据油层跨度差异分段部署水平井。压裂监测资料显示，河 21-H218 井平均压裂缝高为 $43.5m$，因此油层跨度小于 $40m$ 区域设计一层水平井；油层跨度大于 $40m$ 区域，优选集中段，分两层部署水平井。

1. 部署结果

河 21 块以 K_1jf_1Ⅳ 为开发目的层，采用"大平台、多层系、立体式"一次井网布井，整体设计各类井 106 口，其中新井 91 口（均为水平井），利用老井 15 口（水平井 5 口，直井 10 口）。

2. 部署效果

河 21 块投产水平井 8 口，其中河平 1 井累计产油 7600t，河 21-H234 井最高日产油 21.5t，阶段累计产油 2171t。该区水平井投产效果较好，并为辽河油区同类型油藏采用水平井体积压裂技术提供了强有力的技术支撑。

第五节　复杂断块油藏综合评价

辽河断陷是在引张应力场作用下形成的裂谷盆地，其形成与发育可以划分为张裂、深陷、收敛三个发育阶段。断裂活动是辽河基底构造和新生界裂谷盆地形成与发展的主导因素，贯穿于裂谷盆地发育的始终，有北东向断层、北西向断层、近东西向断层三组走向、四个级次，控制了古近纪各个时期的沉积。辽河断陷古近系沉积体系可分为陆上的冲积扇－泛滥平原沉积体系、湖底扇和湖泊沉积体系、过渡类型的扇三角洲及三角洲沉积体系，以冲积扇、泛滥平原、扇三角洲及湖底扇沉积体系为主。该区主要发育前新生界变质岩、碳酸盐岩、碎屑岩、火山岩储层及新生界古近系碎屑岩、火山岩储层。该区新生界发育侵蚀残山、断块山、火山堆积山等构造样式；新生界发育背斜构造、断裂鼻状构造、披覆构造、滚动背斜构造、滑动挤压背斜构造、滑动断阶构造、泥岩刺穿构造、差异压实鼻状构造、地层不整合、地层超覆、断块、断背斜、断层遮挡的单斜或砂岩上倾尖灭等构造样式。本书以东部凹陷中段于楼油田于 606 块、外围盆地张强凹陷强 1 块为例，分析复杂断块油藏的油气藏类型、分布规律及评价思路和方法。

一、于楼油田于 606 块

（一）概况

于楼油田构造上位于下辽河坳陷东部凹陷黄于热构造带中部，北靠热河台油田，南与黄金带油田相邻，于 606 块位于于楼油田西翼的断鼻构造带上，该构造带构造面积约 17.9km²，是一个油源丰富、油气封闭条件较好的复杂断块含油气区，发育多套油层。

（二）地层特征

据钻井揭露，研究区地层自下而上依次为：古近系沙河街组、东营组（E_3d），新近系馆陶组（Ng），明化镇组（Nm）及第四系平原组（Qp）。其中，古近系东营组和沙河街组为本区含油气目的层。

沙三下：上部主要为深灰、灰黑色泥岩、碳质泥岩夹中—薄层砂岩组合，局部发育火山岩；中、下部主要为深灰、褐灰色泥岩、块状火山岩夹薄层状砂岩。火山岩以中基性安山岩、玄武岩为主。

沙三上：本段地层是在沙三下段地势较平坦的泛滥平原相沉积基础上形成的一套沼泽相沉积。岩性主要为深灰、灰黑色泥岩、碳质泥岩与含砾砂岩组合。

沙一下：地层是在沙三段沼泽相沉积的基础上，地壳下降而快速沉积的粗碎屑物。本段地层岩性主要为含砾砂岩、砂砾岩夹灰色泥岩。泥质岩一般呈灰色，且含少量化石，局部地区有杂色泥岩分布，砂岩粒度粗，成分杂。

沙一中：为一套半深水湖相沉积，沙一中地层是在沙一下沉积后，构造处于稳定下降而形成的沉积物。岩性主要为中—细砂岩和含砾砂岩，具有正旋回特征，且含钙。泥岩色深、质纯、富含生物化石。在本段地层顶部发育"低电阻暗色泥岩—油页岩组合"。

沙一上：地层厚度在于楼地区变化不大。岩性主要为一套灰、绿灰及杂色泥岩夹薄层砂质岩。泥岩与上、下地层呈渐变过渡关系。

东营组：为一套不稳定的浅水河、湖相沉积，厚度变化大。东营组上部地层岩性为灰色砂砾岩、砾岩、泥岩不等厚互层，岩性较粗；中部地层岩性为灰色泥岩、泥质粉砂岩夹砂岩，岩性较细；下部地层为灰色泥岩夹砂岩，大部分井底部有一层砂砾岩，是东营组的主要含油层段。

区域地层对比标志一般选取全区岩性稳定、厚度变化不大、在电性曲线上具有明显特征，与上、下邻层容易区别的地层。根据标志层特征和分布的稳定程度，共选择了三个标志层：

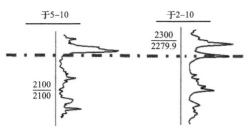

图 5-5-1 沙一下段顶部双"鼓包"砂岩示意图

主要标志层特点如下。

1. 沙一下顶部低平泥岩夹双"鼓包"砂岩

以灰色泥岩为主，泥岩质较纯、性脆，电阻率曲线呈明显的"钟形"（图 5-5-1），厚度为 10～30m，在全区大范围分布，钻遇率达 85%。

2. 沙三上 I 组顶部大套碳质泥岩集中发育段

沙三上段顶部集中发育一组深灰色泥岩夹灰黑色碳质泥岩段，厚度为 50～200m。电阻率曲线呈明显的"锯齿化"，钻遇率达 70%～80%。

3. 沙三上 II 组大套火山岩

沙三上 II 组为大套火山岩，岩性以玄武岩为主，局部发育粗面岩，厚度大于 100m，电阻率曲线呈明显高阻，钻遇率达 100%。

根据上述标志层，卡准大层，划分出各套含油层系，结合沉积旋回性，考虑岩性组合和储层性质相对一致性、厚度的大致均一性建立骨干剖面，由大到小逐级对比。利用不同级次垂向上的旋回性和平面上的稳定性划分油层组（表 5-5-1）。

表 5-5-1 层组划分结果表

层位	沙一下						沙三上	
油层组	I	II	III	IV	V	VI	I	II

（三）构造特征

于 606 块构造形态为典型的断鼻状构造。本区断层十分发育，主要发育 1 条北东向边界断层，6 条北西向断层及 1 条近南北向断层，北东向断层为本区主干断层，形成时间早，规模大；北西向断层形成时间较晚，断距小，断距在 30m 左右，切割北东向断层，形成 5 个断块。

于 606 块是一个被 2 条正断层所围限的断鼻状构造。$E_3s_1{}^{\text{下}}$ V顶、$E_2s_3{}^{\text{上}}$ I 顶构造高点均位于于 15 井附近，$E_2s_1{}^{\text{下}}$ V 顶构造高点埋藏深度为 2370m，构造幅度约 280m，$E_2s_3{}^{\text{上}}$ I 顶构造高点埋藏深度为 2440m，构造幅度约 360m，构造面积约 2.52km^2（表 5-5-2）。

表 5-5-2 断层要素表

断层名称	断层级别	断距 /m	延伸长度 /m	走向	倾向	倾角 / (°)	断开层位
于 1 断层	II	>200	>3.0	NE	SE	60～80	$E_2s_1{}^{\text{中}}$—$E_2s_3{}^{\text{上}}$ I
于 16 断层	III	50	>3.0	NW	NNE	60～70	$E_2s_1{}^{\text{中}}$—$E_2s_3{}^{\text{上}}$ I

续表

断层名称	断层级别	断距/m	延伸长度/m	走向	倾向	倾角/（°）	断开层位
于15北断层	Ⅲ	50	>3.0	NW	SW	40～60	$E_2s_1^{中}$—$E_2s_3^{上}$ Ⅰ
于5-10断层	Ⅲ	75	>3.0	NW	SW	50～60	$E_2s_1^{中}$—$E_2s_3^{上}$ Ⅰ
于6-11断层	Ⅲ	150	>3.0	NW	SW	60～70	$E_2s_1^{中}$—$E_2s_3^{上}$ Ⅰ
于606南断层	Ⅲ	25	>3.0	NW	SW	40～60	$E_2s_1^{中}$—$E_2s_3^{上}$ Ⅰ
于34南断层	Ⅲ	25	2.7	NW	NE	50～60	$E_2s_1^{中}$—$E_2s_3^{上}$ Ⅰ
于4东断层	Ⅳ	10	0.6	NNE	NWW	40～50	$E_2s_1^{中}$—$E_2s_1^{下}$ Ⅴ

（四）储层特征

1. 沉积特征

于606块处于中央凸起和东部凸起两大物源交会区，由于构造活动频繁，古地形复杂，造成复杂的沉积环境，具有多物源、近物源的沉积特点。储层分布不稳定，变化较大，主要表现为纵向上储层发育程度差异大，平面上储层相互交错，叠加连片，连通性差。

沙三早期：裂谷深陷阶段，本区为深水—半深水环境。此时期内，盆地沉降速度快，气候干旱，沉积物补偿不足，以扇三角洲沉积为特点，形成沙三下部砂砾岩。同时，区内有多期喷溢性玄武岩分布。

沙三晚期：由于凹陷抬升，广泛发育泛滥平原相沉积，储层以河流相砂岩沉积为主。沉积剖面上表现为大套暗色泥岩与河流相砂岩、砂砾岩、碳质泥岩交互发育的特点。由于本区抬升，造成沉积较薄，局部低洼地区沉积稍厚。区内普遍有20～80m厚的碳质泥岩段分布。

沙一期：该区再次沉降，与沙三期相比，在物源供给、沉积环境、沉积体系等方面都发生很大变化，是在沙三末期准平原化后形成的广泛浅湖背景下的扇三角洲沉积，以扇三角洲前缘相为主。储层岩性主要为中—细砂岩、含砾砂岩。

2. 储层岩性、物性特征

依据岩石薄片统计分析，该区储层岩石相类型有两类，其特征详述如下：第一类是细砂砾岩，粒径小于0.5cm，粒石成分复杂，主要为石英、长石和燧石，可见泥砾。此岩石相在本区内不发育，厚度一般小于1.0cm，呈块状，底部的冲刷面具明显的正韵律，泥质胶结疏松易碎，是分流河道的产物，反映高能状态的沉积。该岩石相类型占总岩石相类型的7.5%。沉积构造主要有平行层理、大型波状交错层理。第二类是细砂岩—粗砂岩，颜色以浅灰色为主，颗粒成分以石英为主，岩屑次之。长石部分风化为高岭土，平行层理和交错层理发育，砂岩相是沙一段的主要岩石相类型，该岩石相类型占总岩石相类型的23.6%。沉积构造主要有斜层理、平行层理和波状交错层理等。

根据岩心物性资料分析，本区储层孔隙度主要分布在7.7%～25.3%之间，渗透率主要分布在1～1000mD之间，碳酸盐含量均不高，平均为0.6%，总体上属于中孔、中渗储层。

3. 储层分布特征

纵向分布规律表现特点：一是砂体长期发育，反复叠加呈互层状分布；二是砂体形态多呈顶凸底平的透镜状；三是沙一下段砂体单井叠加最厚达150.0m，平均为53.2m，砂地比最大为0.41，平均为0.24。沙三上段单井叠加厚度为73.8m，平均为28.4m，砂地比最大为0.38，平均为0.13。

通过对各不同沉积单元的砂体厚度图分析，发现储层的平面变化与沉积相带变化具有较好的吻合性。小层砂体受沉积条件控制，沉积微相的分流河道频繁出现导致砂体厚度平面变化快，主流线附近砂体厚度大；河道砂体、河口砂坝砂体呈条带状、片状分布，薄层砂呈席状分布。各套含油层系砂体平面呈叠加连片分布：

沙一下段各小层砂体平面展布具有北东向和北西向的条带性特点，各相邻小层间，既有继承性，又存在有规律的变化，条带中心部位砂体厚度一般为5～10m，边部及侧缘一般为2～3m，砂体的形态变化直接反映了砂体的沉积微相特征。沙三上段砂体平面分布具有明显的北东向的条带性特点，北东向的物源主要控制于11断块区砂体的分布；北西向的物源主要控制于4断块区砂体的分布，反映了河道砂体沉积具有较好的继承性。

（五）油藏特征

于606块油藏是在断鼻构造背景下，受构造和岩性双重控制，由此在不同层位形成不同类型的油气藏。沙一段构造高部位油气层厚度大，说明构造对油气的分布具有至关重要的作用。局部断块存在岩性控制的油气藏，构造高部位该砂体不发育，形成岩性油气藏。沙三段油层层状交叉分布，相互尖灭现象普遍，油层在低部位发育边水，但无统一油水界面。综合上述情况，于606块内油气藏类型应为构造—岩性油气藏。

油、气、水纵向分布特征：于楼油田于606块含油气层位多、含油气井段长（高达483m）、油气层发育且比较分散，各层段均发育油层。每组含油气层段包括多套油、气、水组合，且无统一的油、气、水界面。

油、气、水平面分布特征：沙一下段油层为本区主力含油层系，油层比较发育，在各构造带均有分布。从平面分布看，主要依附于于1断层、被北西向派生次级断层分割而成断块的高部位，局部受岩性控制。油层厚度一般为10～30m，个别井区油层厚度大于40m，如于15井、于6-109井、于7-11井。沙三上I组油层主要依附于于1段发育，油层平面上叠加范围较大且在各断块内均有分布。各断块内油层在低部位发育油、水界面，高部位油层厚度较大。油层厚度一般为10～20m，个别井厚度大于30m。

根据于606块高压物性资料，地层原油密度分布在0.8182～0.8410g/cm³之间，地层原油黏度小于0.50mPa·s，地层压力分布在22.22～26.60MPa之间，饱和压力分布在15.98～20.65MPa之间，体积系数分布在1.345～1.532之间，一次脱气气油比分布在115～175m³/m³之间。

沙一下段地面原油密度平均为0.8307g/cm³，地面原油黏度为4.54mPa·s；凝固点平均为 26.2℃；含蜡量平均为 12.92%；胶质和沥青分布平均为 6.58%。

沙三上段地面原油密度平均为 0.8419g/cm³；地面原油黏度为 6.94mPa·s；凝固点平均为 25.2℃；含蜡量平均为 12.55%；胶质和沥青分布平均为 8.87%（表 5-5-3）。

表 5-5-3　于 606 块原油性质统计表

井号	井段 / m	密度 20℃ / （g/cm³）	黏度（50℃）/ mPa·s	凝固点 / ℃	含蜡量 / %	沥青 + 胶质含量 / %
于 4 井	2018.0～2025.2	0.8307	4.54	26.2	12.92	6.58
	2132.50～2140.3	0.8419	6.94	25.2	12.55	8.87

（六）井位部署及效果

该块的天然能量弱，前期由于注采对应率低，注入强度过大，部分井水窜严重，注入过程中未考虑储层保护，未加防膨处理，造成储层堵塞后注入困难等因素，导致该区采收率仅 12.0%，根据对于 606 块地质体的综合评价分析，认为此类复杂断块油藏，受含油面积、几何形态、储量大小、含油层系发育分布特点等多方面因素控制，主体按照不规则井网，区域面积大的区块多采用三角形井网。通过调整精细注水方式能提高于 606 块可采储量和最终采收率，充分、合理地利用该油藏资源，缓解目前开发中存在的矛盾，改善油藏开发效果和提高管理水平，获得较高经济效益。

根据上述研究成果，依据以下四点原则进行井位部署：一是区域产能落实，周边老井平均单井累计产油 1.7×10⁴t；二是部署区域油层分布稳定，油层厚度一般为 10～50m；三是部署区域具有一定物质基础，部署井单井控制储量均在 8×10⁴t 以上；四是区域未水淹，且井间剩余油富集。在该块共设计油水井 85 口，62 口采油井、23 口注水井，其中新钻油井 23 口，新钻水井 1 口，转注水井 16 口。

通过应用采油强度法和邻井动态分析法，对该区单井生产能力进行预测，沙三上段 2013—2014 年投产新井 8 口，平均单井日产油 6.8t，采油强度为 0.6t/（d·m）。综合考虑油层钻遇风险因素，确定产层厚度取预测厚度的 1/2，单井日产能力为 7t；沙一下段 2016 年投产 4 口新井，初期可自喷生产，单井日产油在 7t 以上（表 5-5-4）。

表 5-5-4　采油强度法确定单井日产油能力

层位	井号	投产时间	厚度 /m	第一年日产油 /t	采油强度 /[t/（d·m）]	计产厚度 /m	日产油能力 /t
沙三上	于 3-108	2013-05	16	6.1	0.38	15	7
	于 1-106	2013-05	23.7	9.6	0.41		
	于 3-109	2014-02	5.8	4.4	0.76		
	于 2-107	2015-05	18.6	8.3	0.45		
	平均		16.9	7	0.46		

续表

层位	井号	投产时间	厚度 /m	第一年日产油 /t	采油强度 / [t/(d·m)]	计产厚度 /m	日产油能力 /t
沙一下	于 3-11	2015-04	3.2	4.8	1.51	10	7
	于 3-109	2013-05	13.8	8.7	0.63		
	于 3-9	2015-04	16.3	6.2	0.38		
	平均		11.1	6.6	0.74		

于 606 块新井递减率取降产后 10 年内的预测递减率，初期取值为 15%，后期降低至 8%～10%。部署新井 23 口。预计 23 口新井年产能力为 3.45×10^4t，计算预测未来 10 年的开发指标，预计采收率可达 17.25%（表 5-5-5）。

表 5-5-5　于 606 块新井开发指标预测

评价期 /a	1	2	3	4	5	6	7	8	9	10
新钻井 / 口	10	7	6	0	0	0	0	0	0	0
油井总数 / 口	43	50	62	62	60	60	59	58	58	58
老井年产油 /10^4t	3.24	2.92	2.62	2.36	2.13	1.98	1.84	1.71	1.59	1.48
新井年产油 /10^4t	0.7	1.79	1.52	1.37	1.23	1.11	1.03	0.96	0.89	0.83
累计产油 /10^4t	54.01	58.71	62.85	66.58	69.93	73.02	75.89	78.55	81.03	83.34
含水 /%	0.3	0.35	0.35	0.4	0.45	0.5	0.55	0.55	0.6	0.7
年产液 /10^4m³	5.63	7.23	6.37	6.21	6.1	6.17	6.37	5.93	6.2	7.69
累计产液 /10^4m³	99.23	106.46	112.83	119.05	125.14	131.31	137.68	143.61	149.81	157.5
采油速度 /%	0.82	0.97	0.86	0.77	0.69	0.64	0.59	0.55	0.51	0.48
采出程度 /%	11.18	12.16	13.01	13.78	14.48	15.12	15.71	16.26	16.78	17.25
注水井数 / 口	15	19	23	23	23	23	23	23	23	23
单井注水量 / (m³/d)	50	50	30	25	20	20	20	20	20	20
断块年注水量 /10^4m³	22.5	28.5	20.7	14.38	11.5	9.2	9.2	9.2	9.2	9.2
断块累计注水量 /10^4m³	62.8	91.3	112	119.05	125.14	131.31	137.68	143.61	149.81	157.7
累计注采比	0.63	0.86	0.99	1	1	1	1	1	1	1

二、外围张强凹陷强 1 块

（一）概况

强 1 凹陷强 1 块构造上处于彰武盆地张强凹陷七家子洼陷东北部，含油目的层为下白垩统沙海组下段,2011年上报含油面积6.09km²,探明石油地质储量631.88×10⁴t。强1块目前有油井53口,开井44口;注水井11口,开井7口;断块日产油75.4t,日注水26.3m³,综合含水为17%,区块累计产油34.4×10⁴t,累计注水22.7×10⁴m³,采油速度为0.55%,采出程度为8.36%。储量动用411.49×10⁴t,动用率仅为65.1%,强1块边部由于储层物性变差,直井产量低,边部有220.39×10⁴t地质储量难以实现有效动用,通过调研国内外同类型油田水平井体积压裂效果,认为该区块可以采用水平井体积压裂手段来提高储量动用程度。

(二)地层特征

根据区域地质研究成果,结合本区完钻井情况,强1块地层层序自下而上为太古界,古生界奥陶系—志留系,中生界白垩系下统义县组、九佛堂组、沙海组、阜新组,白垩系上统泉头组及新生界第四系等,其中沙海组下段为本油田含油目的层。对白垩系下统的地层特征描述如下:

(1)义县组。岩性主要为大套中基性火山岩夹沉积岩层。以灰黑色玄武岩,灰绿色、紫红色气孔状安山岩夹紫红色、灰黑色泥岩为主。视电阻率曲线表现为锯齿状或块状不规则高阻,电阻率值为100~1000Ω·m,自然电位为箱状负异常。未见生物化石。该组与下伏地层呈角度不整合接触。

(2)九佛堂组。本组地层由南向北差异较大。南部沉积区岩性为灰紫、紫、灰绿色块状砂砾岩、含砾砂岩、细砂岩夹紫红色、灰绿色泥质粉砂岩、粉砂岩、泥岩,地层厚度大,在强参1井揭示最大厚度为1016m,为巨厚陆上冲积扇沉积,视电阻率曲线为块状或刺刀状中高阻。中部沉积区岩性为灰色、灰绿色粉砂岩、含砾细砂岩与灰色泥岩不等厚互层,中间夹火山岩及煤层,为浅湖沼泽—滨浅湖相沉积。北部沉积区下部为灰色含砾砂岩、细砂岩、粉砂岩与深灰色泥岩不等厚互层;上部为灰黑色泥岩、粉砂岩夹薄层褐色劣质油页岩,含炭屑和孢粉化石,具下粗上细沉积特点,为一套浅湖—半深湖相背景下的扇三角洲相沉积,视电阻率曲线为锯齿状中低阻。本组地层在长北地区超覆在下伏地层之上,局部与下伏地层呈角度不整合接触。

(3)沙海组。根据岩电特征及地震反射特征可将沙海组分为上、下两段。下段为含钙粉砂岩、劣质油页岩、煤层和粗碎屑岩段,不同地质构造单元岩性不同。本区上部为褐色含钙粉砂岩与深灰色泥岩、灰褐色劣质油页岩薄互层,长北背斜以含煤段灰色粉砂岩、泥质粉砂岩为主;中、下部以细砂岩、砂砾岩夹深灰色泥岩、粉砂质泥岩为主。砂岩中见油浸、油迹、油斑等丰富的油气显示,局部含螺化石,视电阻率曲线为尖刀状中高阻。揭露厚度为125~220m。上段岩性为灰色泥岩、粉砂质泥岩与浅灰色粉砂岩薄互层,富含腹足类、软体动物化石,视电阻率曲线为齿状中低阻,厚度变化范围为120~242m。该组与下伏地层呈整合接触,东部凸起区呈不整合接触。沙海组为本区主要的生油层和储集层,是勘探的重要目的层。沙海组下段为本区主要含油层段,富集褐色含钙粉砂岩与深灰色泥岩、灰褐色劣质油页岩薄互层或煤层,为本区对比标志层。强1块沙海组下段分布有稳定的煤层，油层分布在煤层的上、下部，因此以煤层作为对比标志层，将沙海组下段划分为两个油层组：煤层上为Ⅰ油层组，煤层下为Ⅱ油层组。

（4）阜新组。岩性以灰绿、杂色砂砾岩、含砾粗砂岩夹灰色泥岩、粉砂质泥岩为主，下部灰绿色、灰黑色碳质泥岩发育。在长北背斜以北相变为红色、杂色砂砾岩夹紫红色泥岩，地层剥蚀严重，视电阻率曲线以山状中—高阻为主，下部为较平直低阻，自然电位曲线平直，与下伏地层整合接触。

（5）泉头组。下部为紫红色泥岩、粉砂质泥岩夹杂色细砂岩、砂砾岩，视电阻率曲线为次波状—齿状中、低阻；上部为厚层杂色砂砾岩夹紫红色泥岩，视电阻率曲线为块状高阻。本组地层广覆于白垩系下统之上，与下伏地层呈区域性角度不整合接触。

（三）构造特征

张强凹陷是辽河外围盆地的一个中生代凹陷，是彰武盆地的一个次级负向构造单元，呈近南北向窄带状展布，凹陷东邻双辽—康平隆起，西邻三刀吐—四家子凸起，北为安乐凹陷，南与叶茂台凹陷相望，是发育在海西褶皱基底和前寒武纪基底上，经晚侏罗世—早白垩世燕山期构造运动发展起来的断坳型凹陷。

该区构造具有如下特征：主要受一条近南北向正断层、一条北东向正断层和两条北西向断层共同控制的断块构造控制，内部在一条近东向正断层的作用下分割为两个较大的次级断块。其中，强5断块由北东向南西、由北向南逐渐变低，地层倾角为9°左右，强1-4断块由北东向南西逐渐变低，地层倾角为14°左右（表5-5-6）。各断块内部发育多条次级小断层，使断块圈闭进一步复杂化。

表5-5-6 强1块圈闭要素表

构造单元	层位	构造形态	地层倾角/（°）	圈闭要素		
				面积/km²	闭合幅度/m	高点埋藏深度/m
强5断块	$K_1sh^{\mathrm{下}}Ⅱ$	断背斜	9	3.55	140	1350
强1-4断块	$K_1sh^{\mathrm{下}}Ⅱ$	断背斜	14	1.05	225	1395

本区断层比较发育，主要有近南北向、北东向、北西向和近东西向断层，共发育各级别断层30余条，主要断层特征见表2-2-2。其中，强1-2断层，走向近南北，是本区规模最大的二级断层，断距近500m，延伸长度近7km，控制强1块圈闭的形成；强4东断层，走向北东—南西，断距为75m，延伸长度近3.5km，控制着强5次级断块圈闭的形成；强1-42-8西断层，走向北东—南西，断距为70m，延伸长度近1.7km，它与强1-54-16西断层（走向北东—南西，断距为50m，延伸长度近2.5km）共同控制着强1-4断块圈闭的形成；强1-42-16南断层，走向近东西，断距为25m，延伸长度近2.5km，把整个圈闭分为强5和强1-4两个次级断块。其他次级小断层断距一般小于50m，走向主要有近南北向、北西向、北东向三个方向，这些次级小断层使构造进一步复杂化（表5-5-7）。

表 5-5-7 强 1 块主要断层要素表

序号	断层名称	断层级别	断距 /m	延伸长度 /km	走向	倾向	倾角 / (°)	断开层位
1	强 1-2 断层	Ⅲ	500	7	近 SN	近 W	40	Ar~K_1f
2	强 4 东断层	Ⅳ	75	3.5	NE-SW	SE	60	K_1jf~K_1f
3	强 1-42-8 西断层	Ⅳ	70	1.7	NW-SE	NE	55	K_1jf~K_1f
4	强 1-54-16 西断层	Ⅳ	50	2.5	NW-SE	SW	55	K_1jf~K_1f
5	强 1 断层	Ⅳ	50	2	NE-SW	SE	40	K_1jf~K_1f
6	强 1-38-24 断层	Ⅳ	50	3.5	近 SN	近 E	40	K_1jf~K_1f
7	强 1-42-16 南断层	Ⅳ	25	2.5	近 EW	近 N	40	K_1jf~K_1f
8	强 1-42-K24 断层	Ⅳ	15	1.2	NW-SE	NE	45	K_1jf~K_1f
9	强参 1 断层	Ⅳ	75	2.5	近 SN	近 E	55	K_1jf~K_1f
10	强参 1 东断层	Ⅳ	25	1.2	NW-SE	SW	55	K_1jf~$K_1sh_下$ Ⅰ
11	强参 1 东南断层	Ⅳ	25	1	NW-SE	NE	55	K_1jf~K_1f

（四）储层特征

1. 沉积特征

根据区域古地理特征、岩心、粒度分析、岩性组合、地震、地层倾角等资料分析认为，沙海组下段沉积期受古地貌和断层控制，物源来自东部康平隆起，是典型的近物源扇三角洲沉积。

通过岩心、岩石类型及电性特征等分析，确定工区内主要为扇三角洲前缘亚相和前扇三角洲亚相。沙海组下段早期（Ⅱ油组沉积时期），主要为扇三角洲前缘水下分流河道微相，沉积块状砂砾岩、含砾砂岩夹薄层泥岩，层理结构不清楚，发育冲刷面、砾石重荷构造，岩石分选性、磨圆度差，结构成熟度和颗粒成分成熟度低。沙海组下段晚期（Ⅰ油组沉积时期），水体明显加深，主要为扇三角洲前缘河口坝微相，沉积粉砂岩、泥质粉砂岩和泥岩，水平层理发育，岩石分选性、磨圆度中等，结构成熟度和颗粒成分成熟度较低。

2. 储层岩性、物性特征

Ⅰ油组储层岩性以含白云泥质方沸石岩，含方沸泥质白云岩，含白云粉砂岩、灰色粉砂岩为主。Ⅱ油组储层岩性以砂砾岩为主。

根据岩心分析资料统计：强 1 块 Ⅰ油组孔隙度主要分布在 3.1%~17.4% 之间，平均孔隙度为 11.7%，有效储层平均孔隙度为 14.8%；Ⅰ油组渗透率主要分布在 0.05~122mD 之间，平均渗透率为 4.5mD，有效储层渗透率为 7.4mD；Ⅱ油组孔隙度主要分布在 3.4%~21.5% 之间，平均孔隙度为 9.5%，有效储层平均孔隙度为 11.1%；Ⅱ油组渗透率主要分布在 0.04～180mD 之间，平均渗透率为 8.7mD，有效储层渗透率为 12mD。总体上，Ⅰ油组和Ⅱ油组表现为低—中孔、低渗储层，但是在局部地区具有高渗层带（表 5-5-8）。

表 5-5-8　强 1 块沙海组下段物性统计表

层位	孔隙度 /%					渗透率 /mD				
	最大	最小	块数	平均	有效储层平均	最大	最小	块数	平均	有效储层平均
Ⅰ油组	17.4	3.1	120	11.7	14.8	122	0.05	111	4.5	7.4
Ⅱ油组	21.5	3.4	182	9.5	11.1	180	0.04	192	8.7	12.0

3. 储层分布特征

沙海组下段Ⅰ油组和Ⅱ油组砂体均较发育，平面上以南东东—北西西向呈扇形展布，砂体厚度由东向西逐渐减薄。Ⅰ油组在强 1-42-16 井和强 1-54-16 井最厚（超过 150m），强 1-K2 井和强 2 井最薄（70m 左右），全区单井平均厚度为 111m；Ⅱ油组在强 1-38-16 井最厚（超过 110m），强 2 井和强 1-54-20 井最薄（小于 50m），全区单井平均厚度为 80m。

（五）油藏特征

1. 油、气、水分布特征

在该区钻井和测井及试油生产数据等资料的基础上，分析了油层的分布特征，表现如下：

油层平面分布受沉积相带、储层物性和构造等多重因素控制，南北断块有一定的差异。强 1-4 断块Ⅰ油组、Ⅱ油组均较发育；强 5 断块以Ⅱ油组为主，Ⅰ油组分布局限。Ⅰ油组单井油层厚度最大为 27.4m（强 1-54-16 井），最小为 4.0m（强 1-38-24 井），一般在 10～25m 之间，平均为 18.5m；Ⅱ油组单井油层厚度最大为 33.5m（强 1-42-16 井），最小为 12.5m（强 1-54-20 井），一般在 15～30m 之间，平均为 22.1m（表 5-5-9）。

表 5-5-9　强 1 块油藏特征统计

含油层段	油藏埋深 /m	单井油层厚度 /m		
		最大	最小	平均
Ⅰ油组	1240～1710	27.4	4.0	18.5
Ⅱ油组	1320～1920	33.5	12.5	22.1

油层纵向分布主要集中于沙海组下段煤层上、下 200m 范围内。其中，Ⅰ油组油藏埋藏深度为 1240～1710m，Ⅱ油组油藏埋藏深度为 1320～1920m。

2.油藏类型

从油层平面和纵向分布特征来看，本区油藏主要受岩性和物性控制，同时构造也起一定的控制作用，油藏类型为构造—岩性油藏。

3.流体性质

根据本区沙海组原油实测资料表明，Ⅰ油组强 1 井油品性质为稠油，分析是由于该井位于断裂带附近，受强氧化作用所致，不具有代表性；强 1-54-16 井和强 1-50-24 井位于构造主体部位，能够代表 Ⅰ 油组的原油性质，20℃ 时密度为 0.8904g/cm³，50℃ 时密度为 0.8723g/cm³，50℃ 时黏度为 35.34mPa·s，凝固点为 26.0℃，含蜡量为 12.94%，胶质 + 沥青质含量为 31.93%，油品性质为稀油。Ⅱ油组 20℃ 时密度为 0.8881g/cm³，50℃ 时密度为 0.8694g/cm³，50℃ 时黏度为 34.4mPa·s，凝固点为 22.2℃，含蜡量为 5.08%，胶质 + 沥青质含量为 29.17%，油品性质为稀油（表 5-5-10）。

表 5-5-10　强 1 块原油性质表

层位	井号	密度 /（g/cm³）		黏度 /（mPa·s）	凝固点 /℃	含蜡量 /%	胶质 + 沥青质含量 /%
		20℃	50℃	50℃			
$K_1sh_下$ Ⅰ	强 1 井	0.9171		490.3	25	5.1	41.27
	强 1-54-16 井	0.9014	0.884	44.94	26	12.94	31.93
	平均	0.8904	0.8723	35.34	26	12.94	31.93
$K_1sh_下$ Ⅱ	强 5 井	0.8868	0.8679	37.51	18	5.71	25.96
	强 1-4 井	0.885	0.8661	34.89	25	4.65	26.88
	强 1-K2 井	0.8981	0.8798	32.91	23	5.5	25.31
	平均	0.8881	0.8694	34.44	21	5.80	27.37

据强 1 区块实测的地层压力和温度资料，地层压力系数为 0.81~0.83，油藏温度为 59~75℃，属于正常温度压力系统（表 5-5-11）。

表 5-5-11　强 1 块实测地层压力情况表

井号	层位	试油井段 /m	油层中深 /m	静压 /MPa	压力系数	测点深度 /m	温度 /℃	试油结果
强 1 井	$K_1sh_2^1$	1435.5~1463.2	1449.35	11.8	0.81	1425.24	61.3	油层
强 1 井	$K_1sh_2^1$	1383.0~1409.0	1396.00	11.47	0.82	1372.38	59.0	油层
强 2 井	$K_1sh_2^2$	1580.0~1595.8	1587.90			1568.14	65.5	油层
强 2 井	$K_1sh_2^2$	1545.9~1554.4	1550.15	12.6	0.81	1529.28	64.25	油层
强 1-5 井	$K_1sh_2^2$	1690.0~1737.3	1713.65	14.21	0.83	1672.96		干层见油

续表

井号	层位	试油井段 /m	油层中深 /m	静压 /MPa	压力系数	测点深度 /m	温度 /℃	试油结果
强 1-K2 井	$K_1sh_2^2$	1579.0～1683.9	1631.45	13.39	0.82	1563.94		油层
强 1-50-14 井	$K_1sh_2^2$	1846.8～1917.8	1882.30	15.2	0.81	1830.78	75.00	油层
强 1-50-14 井	$K_1sh_2^1$	1634.3～1718.6	1676.45	13.55	0.81	1607.87		油层

（六）部署及效果

1. 试验水平井情况

2015 年，在强 1 块北部 II 油组强 2 井至强 5 井之间未动用储量区实施 1 口体积压裂水平井试验井强 1-H203 井。该井于 2016 年 1 月 14 日完钻，水平井井段长度为 672m，按设计完钻，油层钻遇率为 96.8%。2016 年 5 月 10 日到 20 日，完成 9 段压裂改造，采用速钻桥塞分段压裂方式，分 9 段、24 簇进行体积压裂，共压入压裂液 13800m³，累计加砂 1028m³（40～70 目陶粒 54m³、20～40 目陶粒 128m³、20～40 目石英砂 846m³）、生物酶 67kg、纤维 2100kg、注入滑溜水 7080m³、胍胶压裂液 6820m³。施工最高排量 14m³/min。该井压裂的成功实施在辽河油田外围盆地首次达到了千方砂、万方液、十万方排量 ❶ 的压裂规模。

2016 年 5 月 21 日，用 3mm 油嘴放喷，日产油最高 60.4t，初期日产油 21t，日产液 44m³，含水 52.2%，阶段累计产油 2192t，累计产液 5680m³，返排率 25.1%。该井证明了水平井体积压裂在该区进行提产的可行性。

2. 整体部署情况及效果

2016 年，根据强 1-H203 井的实施效果，针对强 1 块边部以体积压裂开发方式，采用直平组合交错注采井网，水平井井段长度为 600m 左右，排距为 350～400m，垂直裂缝方向注采井距为 200m，平行裂缝方向注采井距为 400m，在有利部位部署水平井 9 口、直井 2 口。

截至 2021 年末，该区水平井体积压裂取得丰硕成果，单井平均初期日产油可达 20t，单井累计产油最高 23404t，平均为 11191t（表 5-5-12）。

表 5-5-12　强 1 块实测地层压力情况表

井号	投产时间	生产情况						累计产油 /t
		初期			目前			
		工作制度	日产液 /m³	日产油 /t	工作制度	日产液 /m³	日产油 /t	
强 1-H201 井	2017-6-15	8mm	70.1	8.7	$\phi38$	4.2	3.4	14294
强 1-H202 井	2017-6-28	2mm	34.2	5.9	$\phi38$	1.2	1	5881

---

❶ 此处"方"实际指立方米。

续表

井号	投产时间	生产情况						累计产油 /t
		初期			目前			
		工作制度	日产液 /m³	日产油 /t	工作制度	日产液 /m³	日产油 /t	
强 1-H203 井	2016-5-24	5mm	102.2	60.4	$\phi38$	9.5	5.6	23404
强 1-H209 井	2017-7-10	4mm	85.6	5	$\phi38$	1.2	0.5	1186

该区水平井投产效果较好，实现强 1 块边部储量有效动用，提高了采收率，并为辽河油区同类型油藏采用水平井体积压裂技术提供了强有力的技术支撑。

第六节　页岩油先导试验

"十三五"以来，辽河油田储采失衡形势日趋严峻，千万吨规模稳产及高质量发展面临挑战。油田发展形势需要探明储量持续有效增长，必须加快寻找新的增储目标，而页岩油是潜在的且最具潜力的接替领域之一。因此，为实现油田资源有效接替和可持续发展，须及早谋划、超前评价，对页岩油等非常规资源，从技术层面着手，充分剖析不同类型页岩油储层特点，把握"甜点"空间展布控制要素，探索储量计算参数求取方法，开展优化部署设计，为页岩油增储建产做好技术及目标储备。资源评价表明，辽河坳陷页岩油评估资源量为 12.33×10^8t。目前，已揭示的页岩油主要有三种类型，即纹层型、夹层型及页岩型。为推动油公司页岩油增储建产进程，相继优选了西部凹陷雷家地区沙四段、大民屯凹陷中央构造带沙四段及外围开鲁地区陆东凹陷九佛堂组，开展储层评价及开发试验区建设技术攻关，力求对"甜点段、甜点区"取得新认识，对提产措施取得新进展，优化开发试验区及试验井组方案设计，强力助推页岩油规模增储、有效建产。

一、西部凹陷雷家地区沙四段页岩油先导试验

雷家地区位于辽河坳陷西部凹陷西斜坡中段，页岩油主要富集于沙四段杜家台油层杜Ⅲ段及高升油层。该区为湖相碳酸岩沉积，共发育三大类 9 种岩性，多为过渡岩类，造岩矿物十分相近，同时，孔隙结构复杂，时差—孔隙度相关性差，导致有效储层识别与评价难度大；与美国巴肯、鄂尔多斯长 7 等国内外典型的页岩油相比，雷家页岩油油层厚度薄、纵向集中度差，横向连续性差，导致井间"甜点"预测难度大；该区烃源岩 R_o 值一般在 0.3～0.5 之间，整体处于中低演化阶段，造成原油黏度高达 98mPa·s，明显高于同类油藏，加之渗透率仅为 1.6mD，导致流度小，投产井产能低，经济开采难度大。为有效应对上述三方面挑战，开展了有效储层识别评价、井间甜点综合预测及体积压裂提产攻关等三大类 12 项技术攻关，旨在破解单井有效储层有多厚、油层分布范围有多大、单井产量有多高等技术难题，进而为开辟开发先导试验区提供依据，为实现择优探明升级、推进有

序建产提供技术支撑。

涵盖物性、含油性等地质品质及储层脆性、地应力特性等工程品质的储层"七性"关系评价是页岩油勘探开发的重点工作之一，而岩性识别是"七性"表征及相关关系研究的关键环节。雷家地区基本为过渡岩性，矿物成分十分相近，测井响应特征相似，导致常规曲线交会法难以准确识别岩性。实践中应用多矿物最优化建模方法计算造岩矿物含量，进而准确识别岩性。优选能够大概率反映地层特征的测井项目，结合全岩定量分析结果建立涵盖白云石、方沸石等组分的多矿物模型，正演理论测井响应值，采用非线性加权最小二乘原理求解正演误差，反复调整各矿物含量至误差最小，得出主要造岩矿物的含量，再根据岩性定名规则准确识别岩性。

矿物含量计算值与 X 衍射的岩心测试值比对表明，解释模型具有较好的适用性和有效性。岩心薄片分析鉴定结果显示多矿物模型法得出的岩性解释结果符合率达 88%，比照传统的曲线交会法可提高 20% 以上。以岩性识别为基础，结合岩石力学实验，将含油性好、脆性指数高的云质岩类确定为优势岩性，并建立涵盖岩性、物性、含油性及矿物含量等指标的有效储层判识标准。为了明确雷家页岩油优质烃源岩的控藏作用，克服地化资料不足的限制，优选电阻率—孔隙度叠加曲线法计算有机碳含量，优选多元统计回归法计算镜质体反射率 R_o。依据计算的烃源岩特性参数，圈定杜家台油层 I 类源岩面积为 165km^2，高升油层 I 类源岩面积为 138km^2。

古地貌分析表明，斜坡区单井优势岩性厚度最大，洼陷区次之，高垒带最薄，表现出古地貌控制沉积，沉积控制优势岩性分布的整体规律。在此基础上，根据研究区特点，优选 G-C 公式法对横波速度进行预测，进而开展叠前地震反演，进一步落实优势岩性分布。基于弹性参数敏感性分析结果，优选杨氏模量进行反演预测，对云质岩储层与泥页岩进行区分，得到优势岩性展布范围，再应用横波反演预测对优势岩性发育区内白云石含量的分布进行刻画。依据横波、纵波数据计算出脆性指数并进行反演预测，对工程"甜点"分布进行刻画。综上研究成果，将烃源岩品质、储层品质及工程品质等多类型评价参数相叠合，圈定杜 III 段"甜点区"面积为 74km^2，高升油层"甜点区"面积为 81km^2。

应用阵列声波和电阻率扫描成像资料综合确定雷家地区沙四段最大主应力方向为北西—南东向。水平段方位优化时，设计水平段与最大主应力方向夹角在 30° 以上，以利于体积压裂缝网充分扩展，提高压裂改造效果。水平段轨迹设计立足于"地质甜点"和"工程甜点"刻画结果，按照"两避两找"的原则开展优化设计，即避开隔夹层、避开角度折点，找集中段、找脆性段，一方面保障水平段快速、精准钻进，另一方面锁定"地质甜点"和"工程甜点"相叠合的"经济甜点区"，最大程度提高油层钻遇率和油藏动用程度。

基于上述研究成果，优选雷家地区雷 88 块杜 III 段及曙古 169 块高升油层开展开发先导试验研究。上述目标区油层分布较集中，优势岩性厚度 50m 左右。脆性指数平均为 39.9%，最大脆性指数为 60.36%，已有水平井微地震压裂缝监测结果表明，水平井纵向压裂缝缝高为 50m 左右，可实现纵向储层的整体动用。隔夹层厚度一般为 1～5m，主要为云质泥岩、含云方沸石泥岩和页岩，体积压裂可以压开形成压裂缝。

试验区地质储量为 $970 \times 10^4 t$，按照水平井体积压裂方式，排距为 $230 \sim 300m$，水平段长度为 $600 \sim 1200m$，整体部署水平井 29 口，单井控制储量为 $32 \times 10^4 t$。其中，雷 88块杜Ⅲ段优化部署水平开发井 16 口，水平段长度为 $700 \sim 1100m$；曙古 169 块高升油层优化部署水平开发井 12 口，水平段长度为 $600 \sim 1200m$。预计规模实施后，试验区高峰年产油为 $5.44 \times 10^4 t$，采油速度为 0.56%，采用体积压裂蓄能开发，预计阶段末采出程度为 6.0%。

二、大民屯凹陷中央构造带沙四段页岩油先导试验

大民屯凹陷沙四段沉积期，中央构造带相对封闭，发育一套碳酸盐岩和油页岩沉积体，纵向可分为三组，Ⅰ组以油页岩为主，Ⅱ组以泥质云岩为主，Ⅲ组为云岩与油页岩互层。分布面积为 $220km^2$，资源量为 $2.36 \times 10^8 t$。源岩类型好、储层类型多样，是页岩油勘探的有利地区。

该区烃源岩品质较好，总有机碳含量 $\geq 4\%$，最高达 19.3%，有机质类型以Ⅰ型为主；源岩 R_o 基本大于 0.5%，在 $0.4\% \sim 0.65\%$ 之间，热演化程度适中；烃源岩厚度为 $20 \sim 180m$。其中，Ⅰ组一类源岩面积为 $73km^2$，二类源岩面积为 $188km^2$；Ⅱ组二类源岩面积为 $115km^2$；Ⅲ组一类源岩面积为 $23km^2$，二类源岩面积为 $160km^2$。大民屯页岩油岩石类型多样，共发育三大类，26 种类型，具有"源储一体""源储共生"的特点，岩性主要以含碳酸盐岩油页岩、云质泥岩、泥质云岩为主。相较国内外其他页岩油气田，大民屯页岩油黏土矿物含量高（33.6%）、长石含量低（6.9%）。黏土矿物中以伊/蒙混层为主，占比达 72.4%，导致储层多为中强水敏。孔隙空间包括粒间孔、溶蚀孔、微孔，常见有机孔；裂缝以成岩－构造缝、收缩缝为主，含少量的溶蚀缝。含碳酸盐岩油页岩孔隙较发育，孔径集中分布在 $15 \sim 500nm$ 之间；泥质泥晶粒屑云岩次之；白云质泥岩孔隙不发育，孔径小于 $30nm$。Ⅰ油组原油在含碳酸盐岩油页岩页理缝中富集，含油性好；Ⅱ油组仅在泥质白云岩裂缝中富集；Ⅲ油组岩性复杂，在页岩的页理缝和云岩的裂缝中均有富集，整体含油性较好。Ⅱ油组、Ⅲ油组石英、白云石等脆性矿物含量高，储层脆性相对较好，脆性指数在 $40\% \sim 50\%$ 之间，Ⅰ油组次之，脆性指数在 $35\% \sim 45\%$ 之间。地应力差在 $2 \sim 5MPa$ 之间，平均为 $3.2MPa$，实施体积压裂有利于形成复杂缝网。

大民屯页岩油勘探始于 2010 年，历经直井评价阶段、短水平井试验评价阶段及长水平井风险评价阶段三个勘探阶段。期间以系统取心井沈 352 井分析化验资料为基础，开展了较为系统的"七性"关系评价研究，锁定Ⅰ油组、Ⅲ油组为甜点段，2020 年实施风险探井沈页 1 井，实施长水平井风险评价，该井水平段长度为 1800m，其中 2/3 钻遇的是含油性较好的Ⅰ油组地层，在长水平井风险评价阶段实施了风险探井沈页 1 井，该井于2020 年 5 月采用"水平井强化细分切割体积压裂技术"实施 23 段压裂改造。加砂总量为 $2008m^3$，液体总量为 $50743m^3$，施工排量为 $14.0 \sim 16.0m^3/min$。6 月 12 日开始放喷排液，最高日产油 12.7t（日产液 73.8t），9 月 8 日泵抽，$\Phi 44$ 泵 2200m，最高日产油 16.9t（日产液 37.8t），截至 2020 年底，日产液 16.7t，日产油 8t，含水为 52.2%，累计产油 1829t，累

计产压裂液 7080m³，返排率为 14.0%。该井见到了提产效果，但是否具有经济开采价值仍需要进一步探索论证。

沈页 1 井实施后，评价重点由 Ⅰ 油组的页岩型页岩油转向 Ⅲ 油组的纹层型页岩油。沈 224 井在 Ⅲ 油组试采，阶段累计产油达 3700t，投产段优质页岩储层段厚度为 30m 左右，且平面分布稳定，为此优选沈 224 块开展开发先导试验，整体部署水平井 9 口，优先实施南侧试验井组（3 口），认识油井生产规律，评价建井经济性，落实资源品质及规模。试验井组 3 口井完钻后引入层次分析法，优选四大类 10 项参数综合表征页岩油富集程度，结果表明 Ⅰ 类 + Ⅱ 类优质储层钻遇率均达 80% 以上，平均钻遇率达 85% 以上，为后期体积压裂提产奠定了较好的物质基础。

三、外围开鲁地区陆东凹陷九佛堂组页岩油先导试验

陆东凹陷九佛堂组上段发育半深湖—深湖沉积，页岩油主要发育在九佛堂组上段 Ⅰ—Ⅲ 油组，其中 Ⅰ 油组岩性主要为油页岩夹薄层泥岩，Ⅱ 油组岩性主要为大套油页岩，相对较纯，Ⅲ 油组岩性主要为油页岩夹薄层白云岩，面积为 520km²，资源量为 4.19×10^8t。

该区烃源岩品质较好，有机碳含量平均为 3.15%，$R_o > 0.7$，氯仿沥青 "A" 丰度为 0.45%，总烃含量为 2874ppm（$1ppm = 10^{-6}$），生烃潜量为 13.8mg/g；干酪根多 Ⅰ 型、Ⅱ₁ 型，厚度为 160~240m。

陆东页岩油岩石类型多样，共发育三大类 8 种类型，具有 "源储一体" "源储共生" 的特点，岩性主要以长英质页岩、混合质页岩为主。相较国内外其他页岩油气田，陆东页岩油黏土矿物含量中等（30.7%）、长石含量较高（15.3%）。黏土矿物中以伊/蒙混层为主，占比达 70.4%，混层比为 23.4%。物性分析平均孔隙度为 9.9%，多集中在 6%~15% 之间。通过宏/微观含油性分析表明，纹层状长英质页岩石油最为富集，其次为纹层状混合质页岩，裂缝发育的云岩含油性较好。游离烃含量平均为 5.6mg/g，多集中在 4~9mg/g 之间，核磁含油饱和度分析表明，游离烃含油饱和度多集中在 30%~60% 之间。分析储层的脆性指数，脆性指数为 40%，水平主应力差为 1~2MPa，实施体积压裂有利于形成复杂缝网。

2021 年，在烃源岩评价、"七性" 关系研究基础上，优选块内 2 口老井针对页岩发育段进行试油，均已见到良好效果。其中：河 25 井试油 1681.0~1705.0m 井段，层位 K_1jf_1-Ⅱ，5.0m/5 层，地层测试，折合日产油 12.95t；河 28 井试油 1695.0~1745.0m 井段，层位 K_1jf_1-Ⅱ，50m/3 层，压后放喷，日产油 1.2t。9 月 13 日，审批通过试验井组 1 个，部署水平井 3 口（河页 -H231 井、河页 -H232 井、河页 -H233 井）。旨在通过开发先导试验，落实合理井网井距，探究长水平段油井生产规律，探索配套的钻井、采油、地面工程技术，为页岩油规模增储、效益建产做好资源和技术储备。试验井组 3 口井完钻后引入层次分析法，优选四大类 10 项参数综合表征页岩油富集程度，结果表明 Ⅰ 类 + Ⅱ 类优质储层钻遇率均达 82% 以上，为后期体积压裂提产奠定了较好的物质基础。

参 考 文 献

[1]谯汉生，牛嘉玉.中国东部深层石油地质学丛书（卷3）：渤海湾盆地深层石油地质［M］.北京：石油工业出版社，2002.

[2]王燮培，费琪，张家骅.石油勘探构造分析［M］.北京：中国地质大学出版社，1990.

[3]吴胜和，熊琦华.油气储层地质学［M］.北京：石油工业出版社，1998.

[4]贺同兴，卢良兆，李树勋.变质岩岩石学［M］.北京：地质出版社，1980.

[5]邱家骧.岩浆岩岩石学［M］.北京：地质出版社，1985.

[6]郑毅，黄伟和，鲜保安.国外分支井技术发展综述［J］.石油钻探技术，1997，25（4）：52-55.

[7]王亚伟，石德勤，王述德，等.分支井钻井完井技术［M］.北京：石油工业出版社，2000.

[8]李军生，庞雄奇，宁金华，等.辽河坳陷曹台潜山太古宇高凝油藏封闭特征［J］.石油勘探与开发，2011，38（2）：191-195.

[9]李龙，李渔刚，韩东.辽河坳陷清水洼陷深层油藏形成主控因素研究与勘探实践［J］.石油科技论坛，2022，41（2）：1-8.

[10]赵立旻，孙卉.大民屯凹陷西陡坡古近系岩性地层油气藏勘探［J］.石油勘探与开发，2006，33（3）：309-310.

[11]吴炳伟.内蒙古开鲁盆地早白垩世孢粉组合［J］.古生物学报，2006，45（4）：549-550.

第六章 辽河油田滚动勘探与油藏评价潜力分析及展望

辽河油区尽管整体探明程度较高，新发现资源禀赋逐年变差，但借助评价理念持续转变、工艺技术不断进步、市场化进程深入推进，仍然有望在深层潜山、外围开鲁地区特低渗、老油田周边及内部新层持续取得规模发现。辽河坳陷新生界、外围开鲁地区中生界页岩油也是较为现实的资源接替领域。深入剖析滚动勘探与油藏评价面临的形势，研究制定下步增储建产技术对策并深入推进，才能有效挖掘新老区增储建产潜力，不断夯实千万吨稳产物质基础。

第一节 滚动勘探与油藏评价潜力分析

一、滚动勘探潜力分析

辽河探区为我国主要含油气区之一，按自然条件和勘探状况，习惯上将其划分为三个探区，即辽河坳陷陆上、浅海—海滩地区及外围中生代盆地群，总面积为 $90682km^2$。勘探始于 1965 年，自 20 世纪 70 年代以来，进行了大规模勘探，已建成年产超过 1000×10^4t 原油的生产能力。

截至 2020 年底，辽河探区已完成各类探井 3200 口，进尺 849.9×10^4m，完成二维地震 104089km，三维地震 $23110km^2$，共发现太古宇、中上元古界、中生界和新近系、古近系等 18 套含油层系，已探明石油地质储量 250479×10^4t，石油可采储量 63478×10^4t，探明天然气地质储量 $2158.94 \times 10^8m^3$，天然气可采储量 $1050.49 \times 10^8m^3$（表 6-1-1）。

表 6-1-1 2020 年底辽河油田剩余控制储量表

区域	序号	区块	层位	储层岩性	储集类型	油藏类型	原油类型	含油面积/ km^2	地质储量/ 10^4t	上报年度
西部凹陷	1	千 12 井区	Ng	砂岩	孔隙	物性水封	稠油	1.5	1363	1992
	2	齐 111	E_3s_2	砂岩	孔隙	构造	稠油	2.2	389	1993
	3	注 21	E_3s_2	砂砾岩	孔隙	岩性—构造	稀油、稠油	3.7	622	2000
	4	马深 1	E_3s_3	砂砾岩	孔隙	岩性—构造	稀油	5.6	699	2000

续表

区域	序号	区块	层位	储层岩性	储集类型	油藏类型	原油类型	含油面积/km²	地质储量/10⁴t	上报年度
西部凹陷	5	马古5	E_2s_3	砂岩	孔隙	岩性	稀油	3.1	220	2006
	6	坨45	E_2s_4	砂砾岩	孔隙	构造	稀油	6.5	1098	2007
	7	欢177	E_2s_4	砂砾岩	孔隙	构造	稀油	10.8	743	2010
	8	马古6	Mz	变质岩	裂缝	裂缝块状	稀油	4.5	444	2010
	9	赵古1	Ar	变质岩	孔隙—裂缝	断块	稀油	8.6	1444	2012
	10	雷88	E_2s_4	白云岩	裂缝—孔隙	岩性	稀油	17.8	4199	2014
	11	杜古89	Pt	石英岩	裂缝	裂缝	稀油	4.2	732	2016
	12	陈古6	Mz	砾岩	裂缝	潜山	稀油	24.1	1924	2018
	13	马古20	Mz	砾岩	裂缝	潜山	稀油	10.3	2080	2019
	14	马古16	Mz	碎屑岩	裂缝—孔隙	岩性—构造	稀油	8.9	2119	2020
东部凹陷	1	大40	E_3d_3、E_3s_1	砂岩	孔隙	构造	稀油	2.6	305	2005
	2	红23	E_2s_3	细砂岩	孔隙	构造—岩性	稀油	17.9	1558	2016
	3	于70	E_2s_3	粗面岩	裂缝—孔隙	构造—岩性	稀油	18.1	2937	2017
大民屯凹陷	1	沈289	Ar	变质岩	裂缝	裂缝块状	高凝油	9.3	1503	2010
	2	沈281	E_2s_4	砂砾岩	孔隙	地层—岩性	高凝油	7.7	856	2015
滩海	1	仙鹤3-仙鹤4	E_2s_3	砂岩	孔隙	构造	稀油	16.6	1702	2002
外围	1	河21	K_1jf	碎屑岩	孔隙	构造—岩性	稀油	28.7	3039	2020
合计（21）								212.7	29976	

近年来，在资源探明程度变高、资源品质变差的背景下，滚动勘探由最初的单井、单层挖潜的游击战转变为立足区带整体评价的阵地战，按照"大尺度整体编图与小目标刻画相结合、整体规律认识与局部个性解析相结合、滚动扩边增储与快速高效建产相结合"的工作思路深入推进，深挖老油田增储建产潜力，取得了较好的工作成效，在前期的滚动勘探实践中已构建具有辽河特色的滚动勘探理念与技术系列，形成以富油气区带整体评价为总领，横向探边、纵向探底的"四老四新一整体"，滚动勘探技术思路，为下步深入推进老油田立体勘探、精细勘探、滚动增储指明了方向。

根据四次资评结果，辽河油区包括陆上、滩海、外围三大探区，石油远景资源量为 461372×10^4t，从总的资源探明率分析，三大探区平均石油探明程度为54.3%。其中，陆上探明程度较高，石油探明程度为62.8%，相对于陆上，滩海及外围盆地探明程度较低，均在30%以下，滩海为26.7%，外围盆地为17.9%。勘探上普遍存在较大的潜力（表6-1-1）。

辽河陆上三大凹陷即西部凹陷、东部凹陷和大民屯凹陷一直是辽河油区勘探开发的主战场，由于不同地质时期各个凹陷的湖盆宽度不同，因而其沉积体系发育的类型及规模有较大差异，在断裂活动和坡降的影响和控制下，形成多种沉积体系，每个沉积体系一般由多个砂体复合而成，其间由于深大断裂的活动，导致多期次的火山岩喷发、侵入。这样就导致坳陷内上有古近系盖层的砂岩油藏、火山岩油藏，下有前第三系基底岩性各异的潜山油藏，形成辽河坳陷叠加成藏的复式油气藏体系。这种复式油气藏体系为辽河油区提供了广阔的滚动勘探开发空间和前景。按照四次资源评价结果，辽河陆上石油远景资源量为 $35.5 \times 10^8 t$，仍有 $14.8 \times 10^8 t$ 待探明的石油地质储量，考虑辽河断陷是一个富油气断陷，其资源的转化率可能会更高，存在进一步深化勘探的物质基础和条件，主要涵盖三大滚动勘探领域，即岩性油气藏、潜山油气藏、火成岩油气藏。

岩性油气藏是现实领域，目前待探资源最大（$5.91 \times 10^8 t$）、开发动用效果最好（动用率86%）、是滚动勘探领域最广阔的类型，辽河坳陷为狭长形凹陷，具有近物源、多物源的特点，砂体横向上广泛分布，纵向上多层叠置，与烃源岩配置良好，发育陡坡带砂砾岩和洼陷带薄砂岩两种类型岩性油藏。坡带砂砾岩体潜力目标区包括沙四段的大民屯西部陡坡砂砾岩、牛心坨沙四砂砾岩、雷家砂砾岩，沙三段的驾掌寺东侧砂砾岩、牛居东侧砂砾岩、荣胜堡南部砂砾岩、冷东—雷家砂砾岩等。洼陷区岩性油气藏潜力目标包括西部凹陷清水—鸳鸯沟洼陷、大民屯荣胜堡洼陷等。

辽河坳陷基底受断层切割，在古地貌背景上形成多个翘倾断块潜山，具有"四多一优"的成藏特点，即含油层系多、岩性类型多、储集类型多、潜山形态多、供油条件优。按照源储配置关系来分，可以划分为源内型潜山、源边型潜山、源外型潜山，目前累计钻井揭露潜山25个，探明潜山16个，上报探明储量 $4.28 \times 10^8 t$，占辽河坳陷探明储量的17.9%。潜山油气藏是重点领域，勘探程度较高（探明率42%）、剩余目标复杂（源边山型潜山内幕），但地质条件优越、勘探配套技术完善、剩余资源丰富（$5.86 \times 10^8 t$），具明显形态的源内山已基本勘探殆尽，与富烃洼陷直接对接的源边山是下步勘探的重要领域，台安—大洼断裂带、营口—佟二堡断裂带潜山、韩三家子等源边型潜山是下步重点目标。

受郯庐断裂带控制，辽河坳陷新生界火成岩极为发育，具有多期次、广泛分布的特征。西部凹陷、大民屯凹陷以房身泡组火成岩为主，东部凹陷房身泡组、沙三段、沙一段、东营组火成岩都十分发育。1997—2006年，针对东部凹陷中部开展研究，发现铁匠炉、欧利坨子—黄沙坨、小龙湾、红星四大火成岩体，总面积为403km²，探明石油地质储量3304.1×10⁴t，初期建成50×10⁴t级年产能力，累计产油380×10⁴t。辽河坳陷火成岩油藏储层连续性差、目标复杂、勘探发现点多面少、待探资源规模较小（$1.8 \times 10^8 t$），是规模增储的重要补充。房身泡组玄武岩为分布面积大（2730km²），上覆沙四段优质源岩，多口井见油气显示，是下步部署研究的有利地区。

滩海地区自下而上分为下部、中部、上部三套成藏组合，目前在上部成藏组合探明石油地质储量 $1.23 \times 10^8 t$，发现了月东、葵花岛等多个油气田，累计产油748×10⁴t，年产油

$53 \times 10^4 t$。与辽东湾海域和渤中凹陷在层位上具有可对比性。中、下部成藏组合勘探程度低、潜力大，是未来规模增储的潜力点。

辽河外围包括陆家堡、奈曼、张强、龙湾筒、钱家店等五个主力凹陷，在北北东和近南北向控盆断裂的控制下，凹陷沿控盆断裂狭长展布。凹陷普遍具有宽度窄、面积较小、断裂发育的特点，阜新组末期区域构造抬升，各凹陷普遍遭到剥蚀，形成各自孤立的残留型凹陷。体积压裂技术在陆东凹陷后河地区的成功应用，实现了提产、稳产的目的，为辽河外围低孔、低渗储层实施"高效勘探、低成本开发"提供了有效技术手段。分布范围广、储层物性差的交力格扇体及库伦塔拉扇体为下步滚动勘探重点领域。

二、油藏评价潜力分析

（一）剩余控制预测储量分析

截至 2020 年底，辽河油田共有剩余控制石油储量区块 21 个，累计剩余控制含油面积 212.7km²，石油地质储量 $3.00 \times 10^8 t$（表 6-1-1）。

剩余控制储量多为物性差、产能低、储量规模小的区块。从分布区域上看，剩余控制储量分布较为集中，主要分布在西部凹陷，占总储量的 60%。从储量规模上看，区块较为零散，控制储量规模小于 $1000 \times 10^4 t$ 的区块占总储量的 17%。从上报时间上看，多为近期上报储量，统计表明近 5 年上报控制储量占总剩余控制储量的 48%，说明控制储量区块油藏品质逐年变差，控制升级探明的难度逐年增大。制约控制储量升级探明的核心问题是产能问题，近年来日益成熟的水平井体积压裂技术为部分低渗、特低渗区块实现探明升级提供了技术支撑。此外，控制储量区块复杂的地质条件也是重要因素，近年来在坨 45、沈 289 等区块的评价实践表明，即便油井具备较好产能，但对断裂系统的刻画和对油气富集规律的剖析等相关工作也十分重要，是能否实现探明升级的重要因素。

截至 2020 年底，辽河油田共有剩余预测石油储量区块 31 个，累计剩余预测含油面积 360.7km²，石油地质储量 $4.20 \times 10^8 t$（表 6-1-2）。

表 6-1-2　2020 年底辽河油田剩余预测储量表

区域	序号	区块	层位	储层岩性	原油类型	含油面积/km²	地质储量/10⁴t	上报年度
西部凹陷	1	冷 143	E_2s_3	砂岩	稀油	1.0	112	1994
	2	洼 38 潜山	Ar	混合花岗岩	稠油	3.0	300	1995
	3	坨 23	Ar	混合花岗岩	稀油	0.9	553	1999
	4	冷 175	E_2s_3	砂砾岩	稀油	5.5	1051	2000
	5	高 101	E_2s_4	砂岩	稀油	1.1	68	2001
	6	兴东 1—冷 181	E_2s_3	砂岩	稀油	18.5	2104	2005
	7	锦 315	E_3s_{1+2}	砂砾岩	稠油	44.3	7363	2007

续表

区域	序号	区块	层位	储层岩性	原油类型	含油面积/km²	地质储量/10⁴t	上报年度
西部凹陷	8	赵古2	Ar	变质岩	稠油	6.2	922	2011
	9	海57	E_2s_3	砂砾岩	稀油	8.7	1549	2016
	10	雷99	E_2s_4	泥质白云岩	稀油	63.3	3848	2017
	11	马古16	Mz	砾岩	稀油	20.8	3451	2019
	12	冷165	E_2s_3	砂砾岩	稠油	2.8	687	2019
东部凹陷	1	欧39	E_2s_3	砂岩、砂砾岩	稀油	8.7	1878	2000
	2	牛94	E_2s_3	砂岩	稀油	15.9	2127	2015
	3	开54	E_2s_3	细砂岩	稀油	2.7	126	2019
大民屯凹陷	1	沈143	E_2s_3	细砂岩	稀油	6.9	362	1999
	2	沈235	Ar	混合花岗岩	高凝油	3.9	613	2002
	3	沈257	Ptd_2	白云岩	高凝油	6.0	1146	2004
	4	沈279	Pt	白云岩	高凝油	5.3	603	2005
	5	沈275	Pt	白云岩	高凝油	15.1	2184	2005
	6	哈20	Ar	变质岩	高凝油	2.0	500	2007
	7	胜29	Ar	变质岩	高凝油	7.2	1286	2016
滩海	1	月东3	N_1g	砂砾岩	稠油	4.0	1200	1998
	2	仙鹤—月牙	E_2s_3	细砂粉砂岩	稀油	9.9	1194	2001
	3	月东9	Pz	灰岩	稠油	3.8	815	2002
	4	葵花4、葵花9	E_3d_3	砂岩	稀油	1.1	48	2011
外围	1	额1	K_1jf	安山岩	稀油	2.5	135	1995
	2	包32	K_1jf	砂岩	稀油	2.9	108	2006
	3	交38	K_1jf	砂岩	稀油	8.5	1002	2009
外围	4	庙3	K_1jf	砂岩	稠油	9.4	1246	2019
鄂尔多斯	1	乐83		细砂岩	稀油	68.8	3417	2020
合计（31）						360.7	41998	

从剩余预测储量上报时间看，跨度较大，前后历时27年，其中2010年以前上报的预测储量（区块数占比65%，储量规模占比55%），处于长期搁置状态，未列入近期控制升级计划，直接实现探明升级的难度很大。从总体上看，资源品质较差，多为产能低、物性差的区块，其中哈20、高101等6个区块，覆盖地质储量2984×10⁴t，为主体区块升级控制后剩余的预测储量，包32等4个区块为2019年由控制储量降级为预测储量，覆盖地质储量2167×10⁴t，均未达到升级控制标准，直接探明升级的难度大；占总剩余预测储量29%的为稠油区块，储层较薄、净总比低、油气比低，不具备经济开采条件，探明升级的难度大。

为了借助新采集地震资料、储量资料及压裂提产工艺技术的进步，充分挖潜剩余控制预测储量探明升级潜力，对2020年底21个剩余控制储量区块和31个剩余预测储量区块开展了分类评价，并在此基础上，对具备评价升级条件的区块开展了增储潜力分析工作。

剩余控制预测储量分类原则与依据如下：

（1）区块内投产井千米井深累计产油大于2000t（是否经济可行）。

（2）突出稀油、高凝油区块升级评价（后续开发成本低）。

（3）区块所处地面的地理条件优劣（海上、城区、农田所需不同的基础建设成本）。

（4）区块内储层物性条件及体积压裂预期提产幅度（影响后期压裂改造成本）。

（5）上报储量后地震资料补充、钻井工作量投入（取得新认识、新突破的资料基础）。

按照上述原则，结合具体区块评价工作进展，将21个剩余控制储量区块划分为两大类5种类型（表6-1-3），将31个剩余预测储量区块划分为两大类4种类型（表6-1-4）。

控制预测储量升级评价是评价增储的重要来源，2020年通过对剩余控制储量区块雷77块、河19块、洼605块开展升级评价研究，新增探明储量1329×10⁴t，占当年新增总探明储量的32.5%。2021年继续加大剩余控制、预测储量升级评价工作。

表6-1-3 2020年底辽河油田剩余控制储量分类表

类型	类别	区块数／个	区块名称
具备评价升级条件	完成评价井部署实施	9	赵古1、沈289、马深1、坨45、大40、于70、雷88、红23、陈古6
	已开展评价部署	2	河21、洼21
	具备提产潜力	1	沈281
	基本满足井控要求	1	马古6
	小计	13	
不具备评价升级条件	投产证实产能低	4	千12、欢177、马古5、杜古89
	无投产井，产能不落实	4	齐111、仙鹤3—仙鹤4、马古16、马古20
	小计	8	
合计		21	

表 6-1-4　2020 年底辽河油田剩余预测储量分类表

类型	类别	区块数/个	区块名称
具备评价升级条件	已完成评价井部署实施	3	雷 99、海 57、锦 315
	具有升级潜力,正评价	4	坨 23、兴东 1—冷 181、乐 83、马古 16
	小计	7	
不具备评价升级条件	投产证实产能低	16	冷 143、洼 38、赵古 2、欧 39、沈 143、交 38、开 54、哈 20、沈 275、月东 3、葵花 4—葵花 9、牛 94、庙 3、包 32、冷 165、胜 29
	无投产井,产能不落实	8	冷 175、高 101、沈 235、沈 257 西、沈 279、时 1、月东 9、额 1
	小计	24	
合计		31	

在分类评价基础上,综合考虑油藏产能、储层物性、油品性质等各类指标及自然保护区划定情况,应用层次分析法对具备评价升级条件区块的增储潜力进行量化排序,优选剩余控制、预测储量区块作为探明增储目标。

(二)预探成果评价分析

预探新发现是油藏评价目标储备的主要来源,是实现探明增储的重要途径。油藏评价在深入分析预探新发现部署重点及升级潜力基础上,紧跟预探新发现及时评价,对预探井试采取得较好效果区块,优选作为次年新区准备层次跟踪评价部署目标。通过对预探成果及时评价分析,为次年提供增储目标的同时,也为后续评价增储工作做了较好的储备。重点围绕西部凹陷冷家沙三中砂砾岩、西部凹陷雷家角砾岩体、陆东凹陷等三个区带积极准备评价目标。

2020 年,预探在冷家沙三中砂砾岩体开展老井复查。冷家地区发育三期扇体,钻遇Ⅰ期扇体的多口井获得良好油气显示,试油见油,而且地层压力较高,试油方式以地层测试为主,未压裂或压裂规模较小,试油结论以低产油层为主。2021 年,预探在该区深化研究,开展录井岩性复查及储层评价研究,按照"水平井提高产能,直井控制面积"的思路,实施预探井 2 口。油藏评价将在该区预探部署研究的基础上,紧密跟踪南部预探井实施效果,及时深化地质认识,开展评价部署,储备评价目标。

2020 年,预探在雷家沙三下亚段、沙四段开展勘探部署。该时期雷家地区继承性发育来自东侧物源形成的两期角砾岩扇体,南北呈三个扇体展布。近期在中部的雷 77块砂砾岩扇体沙四段实施的雷平 7 井试油日产油 18.2t,累计产油 8760t,新增探明储量 532×10^4t,为拓展储量规模,部署实施雷 121 井,油气显示活跃,在角砾岩段取心 5.23m,油斑显示 4.77m,初步展示了该区的勘探潜力。2021 年,预探继续拓展雷家角砾岩扇体,跟踪老井试油及新井钻探进展,落实角砾岩优势相带分布,实施预探井 2 口。油藏评价重点跟踪该区预探井跟踪评价力度，及时开展评价部署，储备增储目标。

自 2017 年起，预探在陆东凹陷展开新的一轮勘探工作，在后河地区相继实施河 19 井、河 20 井、河 21 井等 8 口直井，河平 1 井、河平 3 井等 2 口水平井，在九佛堂组上段均获工业油流。2018 年，在后河地区上报预测石油地质储量 3208×10^4t。2019 年，河 19 块上报控制储量 1566×10^4t。2020 年，河 21 块上报控制储量 3039×10^4t。油藏评价紧跟预探开展研究工作，2020 年，后河河 19 块上报探明储量 648×10^4t。预探在"近源勘探"理念指导下，继后河扇体取得突破后，向北甩开探索库伦塔拉扇体，向南整体评价交力格扇体。评价紧跟预探步伐，在对预探成果进行评价分析的基础上，在持续评价后河扇体的同时，着手对交力格扇体开展评价，并紧跟库伦塔拉扇体预探成果和及时评价。

第二节　滚动勘探与油藏评价面临的形势与对策

一、滚动勘探面临的形势与对策

（一）滚动勘探形势

经过石油工作者 40 多年的艰苦工作，辽河盆地内相对大型的、整装的、丰度高的富集区块已基本被探明，勘探目标越来越小。"十二五"以来，早期上报的探明储量以大于 100×10^4t 的区块为主，许多区块甚至大于 500×10^4t 或大于 2000×10^4t，小于 100×10^4t 的储量区块相对较少。随着滚动勘探开发工作的深入，探明储量区块越来越小，近几年小于 100×10^4t 的区块数量已开始占绝大多数，以 2020 年为例，低于 100×10^4t 的区块占 80%，勘探目标越来越小，工作难度明显变大（表 6-2-1）。

表 6-2-1　2011—2020 年滚动勘探开发储量规模统计

年份	储量 /10^4t	储量区块规模>200×10^4t		储量区块规模（$100 \sim 200$）$\times 10^4t$		储量区块规模<100×10^4t	
		区块数 / 个	储量 /10^4t	区块数 / 个	储量 /10^4t	区块数 / 个	储量 /10^4t
2011	2605	1	2461	1	144	0	0
2012	3179	2	2901	1	195	1	83
2013	0	0	0	0	0	0	0
2014	826	1	382	3	401	1	43
2015	154	0	0	1	154	0	0
2016	407	0	0	2	328	2	79

续表

年份	储量 /10⁴t	储量区块规模＞200×10⁴t		储量区块规模（100～200）×10⁴t		储量区块规模＜100×10⁴t	
		区块数 / 个	储量 /10⁴t	区块数 / 个	储量 /10⁴t	区块数 / 个	储量 /10⁴t
2017	614	1	258	2	261	2	95
2018	1502	2	926	3	350	4	226
2019	618	1	242	1	123	4	253
2020	745	0	0	2	238	8	507
合计	10650	8	7170	16	2194	22	1286

在含油气区块越来越小的同时，年探明储量规模也越来越小，2011 年和 2012 年滚动探明储量规模分别为 $2605×10^4t$ 和 $3179×10^4t$，2013—2020 年储量规模都在 $1600×10^4t$ 以下，且大多数年份储量规模不足 $800×10^4t$（表 6-2-1）。同时，研究区块数却逐年增加，在滚动勘探工作量增加的同时，储量规模逐渐变小，不可避免地提高了勘探成本。

另一方面，尽管区块越来越小、目标越来越复杂，面对辽河油区增储建产的严峻形势，需要我们转变思维，立足富油气区带，在"精"和"细"上下功夫，多提供可快速建产的优质储量[1]。2014—2020 年，探明储量动用率明显提升，实现了由资源向产量的快速转化（图 6-2-1、图 6-2-2）。

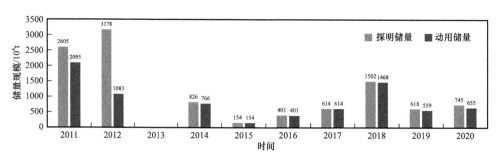

图 6-2-1　2011—2020 年滚动勘探新增储量动用情况对比图

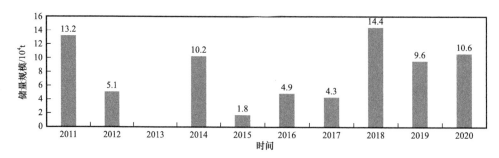

图 6-2-2　2011—2020 年滚动勘探新增储量建产情况对比图

（二）滚动勘探对策

滚动勘探开发是油田发展到特定阶段的必然产物，也是老油区持续稳定发展的有效途径，但滚动勘探开发发展至今，面临着单井探明储量或单位面积探明储量逐年降低、地震解释工作量逐年增加、圈闭储备却逐年减少、研究对象越来越复杂的现实，面对这种勘探现状，滚动勘探开发的持续发展应采取以下对策[2]：

（1）在滚动勘探理念方面，须转变传统思维。面对辽河油区资源探明程度逐年变高、资源品质逐渐变差的背景下，滚动勘探面临寻找目标难、规模增储难、有效动用难的"三难"局面，滚动勘探须由最初的单井、单层挖潜的"游击战"转变为立足区带整体评价的"阵地战"，在整体研究基础上，开展"四老四新"的评价部署，深挖老油田增储建产潜力。

（2）在人才培养方面，须加大培养力度。先进的技术要通过人的应用发挥其强大威力。滚动勘探开发涉及地质、物探、测井、油藏等多学科知识，这就对研究人员素质要求越来越高，既需要"广"又需要"专"，因而加强科研培训，努力培养一批业务素质高、责任心强的复合型人才。还要完善激励机制，避免人才流失。

（3）在科技投入方面，须不断完善发展新技术、新方法。开拓新认识，找油无止境。辽河油田发展到今天，面临诸多困境，但仍然具有较大的勘探潜力。新认识的获得离不开科学技术的应用和变革，辽河油田滚动勘探开发已经成熟应用了13项技术，今后亟待发展以下五项技术：高分辨率储层预测技术、裂缝识别及预测技术、火山岩油层预测评价技术、处理解释一体化技术及井间地震技术。

（4）在项目管理方面，力争实现低成本滚动勘探开发。树立"向科技要发展、向管理要效益"的观念，加强过程管理，降低每个环节的费用。加强钻井、试油、试采等施工过程的管理，实现"低成本勘探、低成本开发、低成本科研"的目标。

二、油藏评价面临的形势与对策

油藏评价，是在石油预探提交控制储量的基础上，用必要的工艺技术手段将其转化为可经济有效开发动用储量的过程，也就是将资源转变为产量的过程，将控制储量经过进一步评价，上升到可供开发的探明储量。辽河油田勘探开发已50多年，在资源探明程度变高、资源品质变差的背景下，评价工作面临寻找目标难、认识油藏难、规模增储难的"三难"局面。油气资源的隐蔽性增强，滚动勘探寻找有利目标的难度越来越大。主体评价对象由大圈闭转变为小断块，由大幅度高潜山转变为低幅度低潜山，由常规油藏转变为隐蔽油藏，基本为品质差、产能低的目标区块，经济有效动用难度很大。

在新时期的油藏评价工作中，要积极应对"三难"挑战，努力破解增储困局，服务稳产大局。要辩证地理解工作量实施程度和对油藏的认识程度的关系，要认识到不同构造单元、不同区带、不同层系勘探程度的不均衡性，努力在不均衡中寻求评价空间，深挖增储潜力。在新区精细勘探的基础上，以复式油气成藏理论为指导，借助储层预测新方法、评价部署新思路、储层改造新工艺等多种手段，不断挖掘老油田增储建产潜力，为油田增储建产提供有力支撑。

在空间上由单断块评价向整体评价转变，按照"长期规划与近期目标相结合、整体评价与局部增储相结合、整体评价与局部增储相结合"的总体思路，持续推进剩余控制储量升级评价工作，突出油藏评价工作的整体性、继承性和进攻性，依据潜力大小及落实程度，分年度优化安排研究进度及增储工作量，缓解了增储目标不足的压力。

在节奏上阶段评价向一体化评价转变，在评价工作推进过程中要强化地质储量评价向经济储量评价转变，单因素评价向多因素评价转变，串联式评价向并联式评价转变。产能相对落实的目标要同步推进探明增储和产能建设，加快由资源向产量的转化进程，变"有效"为"高效"；超低渗、致密油等非常规低品位目标要着力开展提产攻关，大力实施勘探开发一体化部署、地质工程一体化设计，着力突破产能关，带动增储建产，变"无效"为"有效"。

在对象上由单一对象向多目标评价转变，针对纵向发育多套层系的特点，注重新区增储目标与老区建产目标兼顾、常规低渗目标与非常规页岩油目标兼顾，开展多靶点、大平台、多进型优化设计，实施全方位、立体式评价，全力打开低品位油藏规模增储、效益建产的新局面，保障辽河本部增规模稳定，外围地区增储规模快增长。

参 考 文 献

[1] 武毅. 辽河油田开发技术思考与建议 [J]. 特种油气藏，2018，25（6）：96-100.

[2] 王元基，尚尔杰，李正文. 富油气区带整体再评价工作方法与实践 [M]. 北京：石油工业出版社，2015.